限用兽药知识手册

XIANYONG SHOUYAO ZHISHI SHOUCE

张金艳　主编

中国农业出版社
北　京

图书在版编目（CIP）数据

限用兽药知识手册 / 张金艳主编．—北京：中国农业出版社，2022.12

ISBN 978-7-109-30303-4

Ⅰ.①限… Ⅱ.①张… Ⅲ.①兽用药—手册 Ⅳ.①S859.79-62

中国版本图书馆 CIP 数据核字（2022）第 236600 号

中国农业出版社出版

地址：北京市朝阳区麦子店街 18 号楼

邮编：100125

责任编辑：廖 宁 李 辉

版式设计：文翰苑 责任校对：周丽芳

印刷：北京中兴印刷有限公司

版次：2022 年 12 月第 1 版

印次：2022 年 12 月北京第 1 次印刷

发行：新华书店北京发行所

开本：700mm×1000mm 1/16

印张：22.75

字数：435 千字

定价：98.00 元

编写人员名单

主　　编　张金艳

统筹主编　李思明　周瑶敏　张大文　陈智辉

技术主编　戴廷灿　彭西甜　刘　丽　张志芳　李伟红

副 主 编　魏益华　赖　艳　熊　艳　王冬根　万伟杰

参编人员　万欢欢　肖　勇　冯　艳　郭孝培　严　寒
余应梅　廖且根　聂根新　邬　磊　况缘英
胡丽芳　黄　坚　黄启华　陈宏晖　董秋洪
涂田华　尹德凤　龙　伟　袁学明　王逸轩
魏爱花　刘育松　杨文平　刘锦新　张　莉
张　楠　张　颖　卢　强　黄恒康　吴丽红
杨汉辉　胡文文　邓贤辉　吴晓晖　张　琪
郭莲花

前言
FOREWORD

近年来，我国农产品质量安全水平总体呈现稳中向好的发展态势，但风险隐患在部分地区、部分品种中依然存在。2021年，农业农村部、国家市场监督管理总局、公安部、最高人民法院、最高人民检察院、工业和信息化部、国家卫生健康委员会七部门部署启动食用农产品“治违禁 控药残 促提升”三年行动，旨在着力解决农兽药残留超标问题，努力让老百姓吃得安全放心，增强人民群众的获得感、幸福感、安全感。

兽药作为一种能够预防、治疗、诊断动物疾病和调节机体性能的物质，在防治动物疾病、提高动物产品品质、促进生长和提高饲料利用率等方面有着重要作用，已经成为畜牧业生产中必不可少的物资。但由于受经济利益的驱使，生产中兽药不当使用、滥用现象屡有发生，过度或违规使用会导致兽药在动物体内蓄积，并通过食物链传递，最终影响人体健康。

我国动物性食品中兽药残留限量工作开始于1994年，农业部发布了《动物性食品中兽药最高残留限量（试行）》（农牧发〔1994〕5号），随后在1999年和2002年2次进行修订。2019年，为完善我国现行兽药的使用规范和标准、缩小与发达国家的差距，由农业农村部、国家卫生健康委员会、国家市场监督管理总局三部门联合发布《食品安全国家标准　食品中兽药最大残留限量》（GB 31650—2019）（以下简称“新标准”），于2020年4月1日正式实施。新标准规定了267种（类）兽药在畜禽产品、水产品、蜂产品中2 191项残留限量及使用要求，将替代《动物性食品中兽药最高残留限量》（农业部公告第235号）的相应部分。本书根据新标准兽药用途分类，围绕药物特性、生产应用、历史沿革、发展趋势等关键点，介绍了药物的基本信息、环境归趋特征、毒理学信息、常用检验检测方法，适合广大食品安全检验检测部门、食品安全监管部门、食品生产经营者等单位使用，同时可供广大消费者参考使用。相信本书的出版将对普及限用兽药知识、提高人们安全用药意识发挥很好的作用，有助于推动我国农业绿色发展，保障农产品质量安全。

由于水平有限，书中疏漏之处在所难免，敬请读者批评指正。

编　者

2022年8月

目录
CONTENTS

前言

第一章　抗线虫药 …… 1

一、阿苯达唑 …… 1
二、越霉素 A …… 5
三、莫昔克丁 …… 7
四、噻苯达唑 …… 9
五、阿维菌素 …… 12
六、多拉菌素 …… 16
七、乙酰氨基阿维菌素 …… 20
八、非班太尔 …… 23
九、芬苯达唑 …… 25
十、奥芬达唑 …… 27
十一、氟苯达唑 …… 30
十二、伊维菌素 …… 32
十三、左旋咪唑 …… 36
十四、甲苯咪唑 …… 38
十五、奥苯达唑 …… 40
十六、哌嗪 …… 42
十七、敌百虫 …… 43

第二章　抗球虫药 …… 49

一、氨丙啉 …… 51
二、氯羟吡啶 …… 53
三、癸氧喹酯 …… 56
四、地克珠利 …… 58
五、二硝托胺 …… 61

六、乙氧酰胺苯甲酯 …… 63
七、常山酮 …… 65
八、拉沙洛西 …… 67
九、马度米星铵 …… 69
十、莫能菌素 …… 71
十一、甲基盐霉素 …… 74
十二、尼卡巴嗪 …… 77
十三、氯苯胍 …… 79
十四、盐霉素 …… 81
十五、赛杜霉素 …… 85
十六、托曲珠利 …… 86

第三章 抗吸虫药 …… 89

一、氯氰碘柳胺 …… 89
二、硝碘酚腈 …… 91
三、碘醚柳胺 …… 93
四、三氯苯达唑 …… 94

第四章 抗锥虫药 …… 97

一、三氮脒 …… 97
二、氮氨菲啶 …… 99

第五章 抗梨形虫药 …… 101

咪多卡 …… 101

第六章 杀虫药 …… 103

一、双甲脒 …… 103
二、氟氯氰菊酯 …… 106
三、三氟氯氰菊酯 …… 112
四、氯氰菊酯/α-氯氰菊酯 …… 114
五、环丙氨嗪 …… 121
六、溴氰菊酯 …… 124
七、二嗪农 …… 131
八、敌敌畏 …… 138
九、倍硫磷 …… 145

十、氰戊菊酯 …… 151
十一、氟氯苯氰菊酯 …… 156
十二、氟胺氰菊酯 …… 158
十三、马拉硫磷 …… 164
十四、辛硫磷 …… 171
十五、巴胺磷 …… 176

第七章 驱虫药 …… 178

一、地昔尼尔 …… 178
二、氟佐隆 …… 180

第八章 抗生素类 …… 183

一、阿莫西林 …… 183
二、氨苄西林 …… 186
三、青霉素/普鲁卡因青霉素 …… 189
四、氯唑西林 …… 193
五、苯唑西林 …… 196
六、安普霉素 …… 198
七、庆大霉素 …… 200
八、卡那霉素 …… 203
九、新霉素 …… 205
十、大观霉素 …… 208
十一、链霉素/双氢链霉素 …… 210
十二、阿维拉霉素 …… 212
十三、杆菌肽 …… 214
十四、黏菌素 …… 216
十五、吉尼亚霉素 …… 217
十六、头孢氨苄 …… 219
十七、头孢喹肟 …… 222
十八、头孢噻呋 …… 225
十九、多西环素 …… 227
二十、土霉素/金霉素/四环素 …… 230
二十一、红霉素 …… 236
二十二、吉他霉素 …… 240
二十三、螺旋霉素 …… 243

二十四、替米考星 …… 247
二十五、泰乐菌素 …… 251
二十六、泰万菌素 …… 255
二十七、氟苯尼考 …… 257
二十八、甲砜霉素 …… 260
二十九、林可霉素 …… 263
三十、吡利霉素 …… 266
三十一、泰妙菌素 …… 267
三十二、安乃近 …… 270
三十三、氮哌酮 …… 271
三十四、倍他米松 …… 273
三十五、地塞米松 …… 276
三十六、卡拉洛尔 …… 279
三十七、克拉维酸 …… 281
三十八、达氟沙星 …… 282
三十九、二氟沙星 …… 286
四十、恩诺沙星 …… 289
四十一、氟甲喹 …… 295
四十二、噁喹酸 …… 299
四十三、沙拉沙星 …… 303
四十四、醋酸美仑孕酮 …… 306
四十五、磺胺二甲嘧啶及磺胺类 …… 307
四十六、甲氧苄啶 …… 311

附录 …… 314

附表 1　猪肌肉限用兽药残留限量明细表 …… 314
附表 2　猪脂肪限用兽药残留限量明细表 …… 316
附表 3　猪肝限用兽药残留限量明细表 …… 318
附表 4　猪肾限用兽药残留限量明细表 …… 320
附表 5　牛肌肉限用兽药残留限量明细表 …… 322
附表 6　牛脂肪限用兽药残留限量明细表 …… 324
附表 7　牛肝限用兽药残留限量明细表 …… 326
附表 8　牛肾限用兽药残留限量明细表 …… 328
附表 9　羊肌肉限用兽药残留限量明细表 …… 330

附表 10　羊脂肪限用兽药残留限量明细表 …………………………………… 332
附表 11　羊肝限用兽药残留限量明细表 ……………………………………… 334
附表 12　羊肾限用兽药残留限量明细表 ……………………………………… 336
附表 13　禽肌肉限用兽药残留限量明细表 …………………………………… 338
附表 14　禽脂肪限用兽药残留限量明细表 …………………………………… 340
附表 15　禽肝限用兽药残留限量明细表 ……………………………………… 342
附表 16　禽肾限用兽药残留限量明细表 ……………………………………… 344
附表 17　所有食品动物奶限用兽药残留限量明细表 ………………………… 346
附表 18　所有食品动物蛋限用兽药残留限量明细表 ………………………… 348
附表 19　所有食品动物鱼限用兽药残留限量明细表 ………………………… 350

主要参考文献 ……………………………………………………………………………… 352

第一章　抗线虫药

抗线虫药是一类抗击肠道线虫蠕虫的药品总称，以阿苯达唑、左旋咪唑等为主，是目前使用最多的抗线虫药。线虫纲虫的虫体大多两端略尖，是呈细长圆柱形的假体腔动物，是线形动物门中种类最多的一个类群。线虫种类分布很广，土壤中常含有大量线虫，也有许多是人体、动物和植物的重要寄生虫，常引起人、畜、家禽和某些农作物的严重病害。

一、阿苯达唑

1. 基本信息

化学名称：[5-(丙硫基)-1H-苯并咪唑-2-基] 氨基甲酸甲酯。

英文名称：Albendazole。

CAS 号：54965-21-8。

分子式：$C_{12}H_{15}N_3O_2S$。

分子量：265.33。

化学结构式：

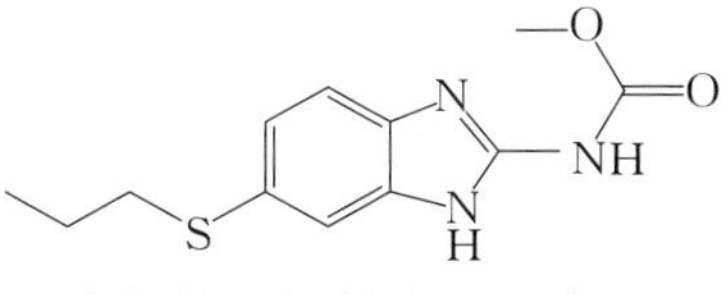

性状：白色至淡黄色结晶性粉末，无臭。

熔点：207～211 ℃。

相对密度：1.256 1 g/cm^3。

溶解性：在丙酮或氯仿中微溶，不溶于水，微溶于热稀盐酸，可溶于甲醇、乙醇、乙酸等。

2. 作用方式与用途

阿苯达唑由史克比切姆公司研制开发，属于苯并咪唑类药物。自 20 世纪 60 年代以来，据文献报道的苯并咪唑类药物多达数千种，其中有将近 20 多种作为抗寄生虫药物被广泛用于动物生产，如阿苯达唑、阿苯达唑亚砜、阿苯达唑砜、噻苯达唑、5-羟基-噻苯达唑、奥苯达唑、奥芬达唑、芬苯达唑、芬苯达唑砜、2-氨基阿苯达唑砜、苯硫胍、硫菌灵。

苯并咪唑类抗寄生虫药物除前体药物苯硫胍、硫苯脲酯外都具有相同的母核结构，根据2位取代基的不同大致可以分为3类：第一种是2位被氨基甲酸酯取代，包括阿苯达唑、芬苯达唑、奥苯达唑及其砜和亚砜等；第二种为2位被噻唑取代，如噻苯达唑及5-羟基噻苯达唑等；第三种为其他类，如三氯苯达唑等。阿苯达唑适用于畜禽线虫病、绦虫病和吸虫病。如马的副蛔虫、尖尾线虫、圆线虫、无齿圆线虫、普通圆线虫和安氏网尾线虫等；牛的奥斯特线虫、血矛线虫、毛圆线虫、细颈线虫、库珀线虫、仰口线虫、食道口线虫、网尾线虫等成虫及第四期幼虫、肝片形吸虫成虫和莫尼茨绦虫；羊的血矛线虫、奥斯特线虫、毛圆线虫、古柏线虫、细颈线虫、仰口线虫、夏伯特线虫、食道口线虫、毛首线虫及网尾线虫成虫及幼虫；猪的红色猪圆线虫、蛔虫、食道口线虫成虫及幼虫；犬和猫的毛细线虫、猫肺并殖吸虫和犬的丝虫；禽的鞭毛虫。近年来，发现该兽药对牛囊尾蚴也有很强的作用，治疗后囊尾蚴减少，病灶消失。此外，还可用于预防寄生虫的感染，促进绵羊羊毛产量。

作用机制：通过抑制虫体肠道或吸收细胞中的蛋白质，从而导致虫体无法摄取赖以生存的糖分，使虫体内源性糖原耗竭，并抑制延胡索酸还原酶系统，阻止三磷酸腺苷的产生，致使虫体无法生存和繁殖，最终虫体因能源耗竭而逐渐死亡。

3. 毒理信息

阿苯达唑对人体存在一些典型的不良反应，包括头痛、头晕、恶心、呕吐、腹泻、口干、乏力等。长期服用会引起严重的不良反应，主要涉及血液系统、消化系统、免疫系统、神经系统等。并且能够产生交叉耐药性，长期超剂量服用，存在致死、致残的危险。阿苯达唑还具有潜在的胚胎毒性和致畸作用，在动物实验中，给予妊娠早期的大白鼠、雌兔以及绵羊较大剂量的阿苯达唑，会产生胎儿吸收并造成骨骼畸形等各种胚胎畸形。

4. 药物代谢动力学

牛可从胃肠道吸收50%的给药剂量。9 d内可从尿中回收47%内服剂量的药物代谢物。绵羊内服后，因为很快代谢为阿苯达唑亚砜，在血中检测不到或只能短时检测到原型药。给药后20 h，代谢物阿苯达唑亚砜和阿苯达唑砜达到血浆药物峰浓度。亚砜代谢物在牛、羊、猪、兔和鸡的半衰期分别为20.5 h、7.7～9.0 h、5.9 h、4.1 h和4.3 h，砜代谢物的半衰期分别为11.6 h、

11.8 h、9.2 h、9.6 h 和 2.5 h。除亚砜和砜外，尚有羟化、水解和结合产物，经胆汁排出体外。

5. 毒性等级

急性毒性，经口（类别 5）；生殖毒性（类别 2）；特异性靶器官系统毒性（反复接触），经口（类别 2），血液；经口（大白鼠），半数致死剂量（LD_{50}）为 2.4 g/kg；经口（绵羊），LD_{50} 为 100 mg/kg。

6. 每日允许摄入量（ADI）

0～50 μg/kg 体重。

7. 最大残留限量

见表 1-1。

表 1-1　阿苯达唑最大残留限量

动物种类	靶组织	最大残留限量（μg/kg）
所有食品动物	肌肉	100
	脂肪	100
	肝	5 000
	肾	5 000
	奶	100

8. 常用检验检测方法

阿苯达唑进入动物体内会迅速代谢为驱虫作用的主要活性代谢物阿苯达唑亚砜，阿苯达唑亚砜进一步转化成阿苯达唑砜和阿苯达唑-2-氨基砜后排出体外。因此，检测目标应包含阿苯达唑及其代谢物阿苯达唑亚砜和阿苯达唑-2-氨基砜，主要的检测方法是依据样品基质建立了水产品、牛奶和奶粉、动物可食性组织、动物性食品中阿苯达唑及其代谢物的液相色谱法和液相色谱-串联质谱联用法，检测限是 1 μg/kg。相关标准如下。

方法一：《食品安全国家标准水产品中阿苯达唑及其代谢物多残留的测定　高效液相色谱法》（GB 29687—2013）规定了水产品中阿苯达唑及代谢物（2-氨基阿苯达唑砜、阿苯达唑亚砜、阿苯达唑砜）残留量检测的制样和高效液相色谱测定方法。该标准的检测限：阿苯达唑为 10 μg/kg，2-氨基阿苯达唑砜为 2.5 μg/kg，阿苯达唑亚砜为 5 μg/kg，阿苯达唑砜为 0.5 μg/kg；标准的定量限：阿苯达唑为 25 μg/kg，2-氨基阿苯达唑砜为 5 μg/kg，阿苯达唑亚砜为 10 μg/kg，阿苯达唑砜为 1 μg/kg。

方法二：《牛奶和奶粉中噻苯达唑、阿苯达唑、芬苯达唑、奥芬达唑、苯硫氨酯残留量的测定　液相色谱-串联质谱法》（GB/T 22972—2008），该标准的检测限：牛奶中阿苯达唑为 0.01 mg/kg，奶粉中阿苯达唑为 0.08 mg/kg。

方法三：《动物可食性组织中阿苯达唑及其主要代谢物残留检测方法　高效液相色谱法》（农业部 958 号公告—9—2007），该标准的检测限为 5 μg/kg，猪、牛、羊肌肉组织中的定量限为 10 μg/kg，肝脏组织中的定量限为 30 μg/kg。

方法四：《动物性食品中阿苯达唑及其标示物残留检测　高效液相色谱法》（农业部 1163 号公告—4—2009），该标准适用于猪、鸡的肌肉、肝脏组织和牛奶中阿苯达唑及其表示物阿苯达唑亚砜、阿苯达唑砜和阿苯达唑 2-氨基砜残留检测。该标准的检测限为 10 μg/L，在猪、鸡肉组织中的定量限为 5 μg/kg，在牛奶中的定量限均为 5 μg/L，在猪、鸡肝脏组织中的定量限为 10 μg/kg。

方法五：《食用动物肌肉和肝脏中苯并咪唑类药物残留量检测方法》（GB/T 21324—2007），该标准适用于液相色谱法和液相色谱-串联质谱法测定鸡肉、牛肉、猪肉、鸡肝、牛肝、猪肝中奥芬达唑、芬苯达唑及它们的代谢物奥芬达唑砜，阿苯达唑及其代谢物阿苯达唑-2-氨基砜、阿苯达唑亚砜和阿苯达唑砜，甲苯咪唑及其代谢物氨基甲苯咪唑和羟基甲苯咪唑，氟苯咪唑及其代谢物 2-氨基氟苯咪唑，噻苯咪唑及其代谢物 5-羟基噻苯咪唑，噻苯咪唑酯残留量的测定。该标准方法的检测限为 0.010 mg/kg。

方法六：《河豚鱼、鳗鱼和烤鳗中苯并咪唑类药物残留量的测定　液相色谱-串联质谱法》（GB/T 22955—2008），该标准的检测限：奥芬达唑、芬苯达唑、奥芬达唑砜、阿苯达唑、阿苯达唑-2-氨基砜、阿苯达唑亚砜、阿苯达唑砜，甲苯咪唑、羟基甲苯咪唑，氟苯咪唑、2-氨基氟苯咪唑，噻苯咪唑、5-羟基噻苯咪唑、噻苯咪唑酯、氧苯达唑均为 0.010 mg/kg。

方法七：《饲料中 8 种苯并咪唑类药物的测定　液相色谱-串联质谱法和液相色谱法》（农业部 1730 号公告—1—2012），该标准规定了配合饲料、浓缩饲料和预混合饲料中 8 种苯并咪唑类药物（噻苯达唑、阿苯达唑、芬苯达唑、奥芬达唑、氟苯哒唑、甲苯咪唑、氧苯达唑和三氯苯达唑）含量的液相色谱-串联质谱测定方法和液相色谱测定方法。液相色谱串联质谱法的检测限为 0.20 mg/kg，定量限为 0.50 mg/kg；液相色谱法的检测限为 0.20 mg/kg，定量限为 0.50 mg/kg。

方法八：《食品安全国家标准　动物性食品中阿苯达唑及其代谢物残留量的测定　高效液相色谱法》（GB 31658.11—2021），该标准适用于猪、牛、羊、鸡的肌肉、肝脏、肾脏、脂肪组织，以及牛奶中阿苯达唑、阿苯达唑砜、阿苯达唑亚砜、阿苯达唑-2-氨基砜残留量的检测。该方法阿苯达唑、阿苯达唑砜、阿苯达唑亚砜、阿苯达唑-2-氨基砜在猪、牛、羊、鸡的肌肉、肝脏、肾脏、脂肪组织和牛奶中检测限均为0.02 mg/kg，定量限均为0.05 mg/kg。

方法九：《动物源性食品中多种碱性药物残留量的检测方法　液相色谱-质谱/质谱法》（SN/T 2624—2010），该标准适用于猪肉、猪肝、鸡蛋虾、牛奶中76种兽药残留量的测定。该标准中苯二氮卓类药物和硝基咪唑类药物的检测限为1.0 μg/kg，β-受体激动剂类药物和三苯甲烷类药物的检测限为0.5 μg/kg，苯并咪唑类药物的检测限为5.0 μg/kg，磺胺类药物的检测限为20.0 μg/kg。

方法十：《畜禽血液和尿液中160种兽药及其他化合物的测定　液相色谱-串联质谱法》（农业农村部公告第197号—10—2019），该标准适用于猪血、牛血、羊血和鸡血及猪尿、牛尿、羊尿中160种兽药及其他化合物的测定。该标准的检测限为0.3 μg/L，定量限为1 μg/L。

二、越霉素A

1. 基本信息

中文别名：越霉素、德利肥素、德畜霉素A、德利肥素。

英文名称：Destomycin A。

CAS号：14918-35-5。

分子式：$C_{20}H_{37}N_3O_{13}$。

分子量：527.52。

化学结构式：

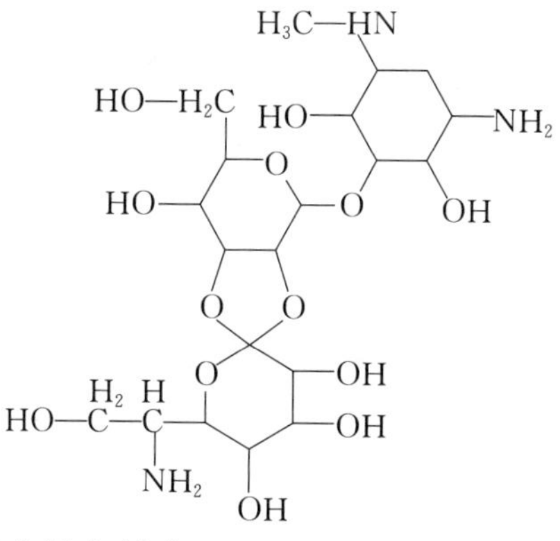

性状：黄色或黄褐色粉末。

闪点：496.7 ℃。

熔点：180～190 ℃。

相对密度：1.67 g/cm^3。

溶解性：本品在水中溶解，在乙醇中微溶，在丙酮、氯仿或乙醚中几乎不溶。

2. 作用方式与用途

1965年，日本明治制果株研究所近藤等发现越霉素A，我国曾从日本进口的德利肥素的有效成分也是越霉素A。越霉素A是动物专用抗生素，对革兰氏阴性菌和革兰氏阳性菌都有抑菌作用，对猪蛔虫、猪鞭虫、猪肠结节虫、猪类圆线虫、鸡盲肠虫、鸡绦虫、鸡毛细线虫也有较好的驱虫效果，是一种高效安全的抑制蛋白质合成、静止期杀菌性抗生素。

氨基糖苷类抗生素是由氨基糖与氨基环醇通过氧桥连接而成的苷类抗生素。按其来源可分为两大类，一类是链霉菌产生的。例如，1943年发现的链霉素、1949年发现新霉素、1957年发现的卡那霉素、1965年发现的巴龙霉素、1970年发现的妥布霉素、安普霉素、核糖霉素，1965发现的越霉素A，1971年发现的大观霉素和1972年发现的利微霉素等，都是从链霉菌中提取的天然氨基糖苷类药物；另一类是一类由小单胞菌产生，如1963年发现的庆大霉素，1970年发现的西索米星，1974年发现的奈替米星、1977年发现的异帕米星、1997年发现的依替米星。其中，依替米星是我国自行开发的新药，是以庆大霉素C1a为母核，经将其二脱氧链霉胺1－N位上的1个氢原子用1个乙基取代所得。

作用机制：使虫体的体壁、生殖器管壁、消化管壁变薄变脆，削弱虫体的运动活性，并且阻碍雌虫子宫内卵的卵膜形成，故使得产出的卵异常而不能成熟，截断了寄生虫的生命循环周期，正是这种驱虫机理的独特性，即使连续使用这种驱虫性添加剂，虫体也不会产生抗药性，从而保证了添加剂的驱虫效果。因此，目前多以本品制成预混剂，长期连续饲喂作为预防性给药。

3. 最大残留限量

见表1－2。

表1－2　越霉素A最大残留限量

动物种类	靶组织	最大残留限量（μg/kg）
猪/鸡	可食组织	2 000

4. 常用检验检测方法

国内外研究较少。国内目前有两种方法：微生物检定法和液相色谱法。日本曾用以下几种方法检测越霉素：微生物检定法、薄层层析法（TLC）与生物自显影法联用、高效液相色谱法，据中屋谦一等人报道，采用强酸溶出，离子交换色谱纯化，柱前衍生化柱后检测器检出，自动数字处理，越霉素 A 的检测限为 0.1×10^{-6} μg/kg。

三、莫昔克丁

1. 基本信息

中文别名：莫西菌素、莫西丁克、莫西克汀。
化学名称：5-氨基-4-氰基-3-(2-乙氧基-2-氧代乙基)-2-噻吩甲酸乙酯。
英文名称：Moxidectin。
CAS 号：113507-06-5。
分子式：$C_{37}H_{53}NO_8$。
分子量：639.82。
化学结构式： 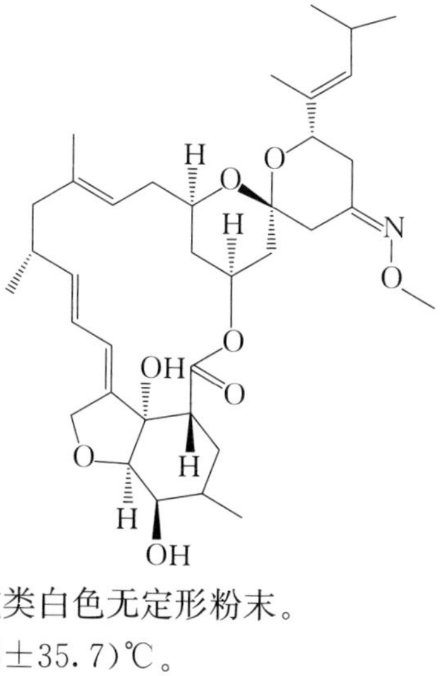
性状：白色或类白色无定形粉末。
闪点：(431.6±35.7)℃。
相对密度：1.23 g/cm^3。
溶解性：几乎不溶于水，极易溶于乙醇（96%），微溶于己烷。

2. 作用方式与用途

莫昔克丁是一种由链霉菌发酵产生的结构单一的大环内酯类抗生素。大环内酯类抗生素是指十四至十六元大环内酯类抗生素（如红霉素类衍生物、乙酰螺旋霉素等）。而实际上，广义的大环内酯类抗生素药物包括 14～16 元大环内酯类抗生素、二十四元或三十一元大环内酯内酰胺类抗生素、多烯大环内酯类抗生素等。而莫昔克丁是由链霉素发酵产生尼莫克汀，对尼莫克汀的 C_{23} 位进行肟醚基取代，C_{13} 位缺一个二糖基，C_{25} 位替换其他取代基，一系列化学修饰后合成莫昔克丁，属于第 3 代米尔贝霉素类抗寄生虫药物。

20 世纪 80 年代中期开始，在畜牧业中被作为驱虫药应用，对常见的体内寄生虫，如蛔虫、结节虫、猪毛首线虫、后圆线虫等都有良好的驱杀；而其对体外寄生虫，如疥螨、蜱、虱、蚤类等也有非常理想的驱杀效果。

作用机制：不可逆的结合到细菌核糖体 50S 亚基上，通过阻断转肽作用及 mRNA 位移，选择性抑制蛋白质合成，属于快速抑菌剂。由于大环内酯类在细菌核糖体 50S 亚基上的结合点与克林霉素和氯霉素相同，当与这些药物合用时，可发生相互拮抗作用。

3. 药物代谢动力学

动力学表现出非线性特征。其在牛体内主要代谢产物为 $C_{20\sim30}$ 及 C_{14} 位上的羟甲基化合物，其次还有少量的单双羟基化和 O-脱甲基化合物。主要经胆汁、粪便排泄为主，其次是乳汁，只有少量自尿液排泄。

4. 急性毒性

由中国农业大学对莫昔克丁浇泼溶液在小鼠上的急性毒性试验结果来看，莫昔克丁对雄性和雌性小白鼠的急性经口 LD_{50} 分别为 35.42 mg/kg 和 73.48 mg/kg，其 95% 可信限范围分别为 28.15～44.57 mg/kg、59.36～90.26 mg/kg，属于中等毒性。据国外文献报道莫昔克丁对小鼠的 LD_{50} 为 42～118 mg/kg，试验所得结果与国外报道相当。

5. 每日允许摄入量（ADI）

0～2 μg/kg 体重。

6. 最大残留限量

见表 1-3。

表 1-3　莫昔克丁最大残留限量

动物种类	靶组织	最大残留限量（μg/kg）
牛	肌肉	20
	脂肪	500
	肝	100
	肾	50

（续）

动物种类	靶组织	最大残留限量（μg/kg）
绵羊	肌肉	50
	脂肪	500
	肝	100
	肾	50
牛/绵羊	奶	40
鹿	肌肉	20
	脂肪	500
	肝	100
	肾	50

7. 常用检验检测方法

目前，我国对于莫昔克丁的残留检测方法主要有酶联免疫法、液相色谱和液相色谱-质谱联用法，基质均为动物性组织，如刘永涛等建立的 QuEChERS 结合高效液相色谱-串联质谱法测定水产品基质中莫昔克丁的药物残留；潘新明等建立的液相色谱串联质谱法检测动物源性食品中莫昔克丁的残留，检测限为 5 μg/kg；IOULIA 等建立了鱼组织中阿维菌素和米尔贝霉素的液相色谱质谱联用法；徐峰等建立了超高效液相色谱-串联质谱法检测莫昔克丁在牛奶中残留的分析方法。

《动物源性食品中莫西丁克残留量检测方法　液相色谱-质谱/质谱法》（SN/T 2442—2010），该标准适用猪肉、鹿肉、羊肉、猪肾、猪肝、脂肪、奶和鱼肉中莫昔丁克残留量的测定，检测限为 0.01 mg/kg。

四、噻苯达唑

1. 基本信息

化学名称：2-(4-噻唑基) 苯并咪唑。

英文名称：Thiabendazole。

CAS 号：148-79-8。

分子式：$C_{10}H_7N_3S$。

分子量：201.248。

化学结构式：

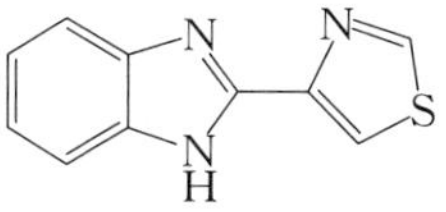

性状：为白色或类白色粉末；味微苦，无臭。

闪点：226.2 ℃。

相对密度：1.415 g/cm^3。

溶解性：不溶于水，微溶于醇、丙酮，易溶于乙醚、氯仿。在稀盐酸中溶解。

2. 作用方式与用途

噻苯达唑属于苯并咪唑类驱虫药，对牛、羊的肝片吸虫、大片形吸虫及前后盘吸虫均有良好的杀灭效果，且毒性较小。因此从1960年开始已经广泛应用于畜牧养殖业中。噻苯达唑对大部分胃肠道线虫，尤其是成虫及特定的幼虫有很好的驱虫效果。

作用机制：噻苯达唑是虫体延胡索酸还原酶的一种抑制剂。延胡索酸还原酶的催化反应是糖酵解过程中必不可少的一个部分，很多寄生性蠕虫都是通过这一过程获得能量来源，如果这一过程受阻，则虫体代谢发生障碍。由于寄生虫利用糖酵解过程和无氧代谢与其需氧的宿主的基本代谢途径不同，因此，噻苯达唑对宿主无害。

噻苯达唑对皮炎芽生菌、念珠菌、青霉菌和发癣菌等均有抑制作用，也可减少饲料中黄曲霉毒素的形成。

3. 药物代谢动力学

噻苯达唑能由动物消化道迅速吸收，而广泛分布于机体大部分组织，因而对组织中移行期幼虫和寄生于肠腔和肠壁内的成虫都有驱杀作用。猪、羊、牛给药后2～7 h血药浓度达峰值。在人体内代谢为5-羟基噻苯达唑，并在肝脏内形成葡萄糖醛酸酯或硫酸酯，90%在2 d内随尿排出，少量随粪便排出。

4. 毒理信息

属低毒杀菌剂。实验资料显示：对兔眼睛有轻度刺激，对皮肤无刺激作用；未发现动物有致畸、致突变、致癌作用。受热分解释出氮氧化物烟雾。

5. 毒性等级

经口（大鼠），LD_{50}为2 080 mg/kg；经口（小鼠），LD_{50}为1 300 mg/kg；经口（兔），LD_{50}为3 850 mg/kg；吸入（虹鳟鱼），半数致死浓度（LC_{50}）为5.5 mg/L（48 h）、3.5 mg/L（96 h）；吸入（蓝鳃鱼），LC_{50}为18.5 mg/L（48 h）、4.0 mg/L（96 h）。

6. 每日允许摄入量（ADI）

0～100 μg/kg 体重。

7. 最大残留限量

见表 1-4。

表 1-4 噻苯达唑最大残留限量

动物种类	靶组织	最大残留限量（μg/kg）
牛/猪/羊	肌肉	100
	脂肪	100
	肝	100
	肾	100
牛/羊	奶	100

8. 常用检验检测方法

目前，国内外检测噻苯达唑及其代谢物的主要方法有液相色谱-串联质谱联用法、高效液相色谱法、荧光检测及紫外检测。李丹等依次建立了高效液相色谱法检测羊、鸡组织和动物组织中氟苯达唑、噻苯达唑及其代谢物残留量的研究，方法的定量限分别为 20 μg/kg（羊组织）、5 μg/kg（猪组织）、20 μg/kg（牛组织）。相关标准如下。

方法一：《牛奶和奶粉中噻苯达唑、阿苯达唑、芬苯达唑、奥芬达唑、苯硫氨酯残留量的测定 液相色谱-串联质谱法》（GB/T 22972—2008），该标准的检测限：牛奶中噻苯达唑、阿苯达唑、芬苯达唑、奥芬达唑和苯硫氨酯的检测限为 0.01 mg/kg；奶粉中噻苯达唑、阿苯达唑、芬苯达唑、奥芬达唑和苯硫氨酯的检测限为 0.08 mg/kg。

方法二：《食用动物肌肉和肝脏中苯并咪唑类药物残留量检测方法》（GB/T 21324—2007），该标准适用于液相色谱法和液相色谱-串联质谱法测定鸡肉、牛肉、猪肉、鸡肝、牛肝、猪肝中奥芬达唑、芬苯达唑及它们的代谢物奥芬达唑砜，阿苯达唑及其代谢物阿苯达唑-2-氨基砜、阿苯达唑亚砜和阿苯达唑砜，甲苯咪唑及其代谢物氨基甲苯咪唑和羟基甲苯咪唑，氟苯咪唑及其代谢物 2-氨基氟苯咪唑，噻苯咪唑及其代谢物 5-羟基噻苯咪唑，噻苯咪唑酯残留量。适用于液相色谱-串联质谱法测定鸡肉、牛肉、猪肉、鸡肝、牛肝、猪肝中丙氧苯咪唑残留量。适用于液相色谱法测定鸡肉、牛肉、猪肉、鸡肝、牛肝中丙氧苯咪唑残留量。该标准的检测限为 0.010 mg/kg。

方法三：《河豚鱼、鳗鱼和烤鳗中苯并咪唑类药物残留量的测定　液相色谱-串联质谱法》（GB/T 22955—2008），该标准的检测限：奥芬达唑、芬苯达唑、奥芬达唑砜、阿苯达唑、阿苯达唑-2-氨基砜、阿苯达唑亚砜、阿苯达唑砜，甲苯咪唑、羟基甲苯咪唑、氟苯咪唑、2-氨基氟苯咪唑、噻苯咪唑、5-羟基噻苯咪唑、噻苯咪唑酯、氧苯达唑均为 0.010 mg/kg。

方法四：《饲料中 8 种苯并咪唑类药物的测定　液相色谱-串联质谱法和液相色谱法》（农业部 1730 号公告—1—2012）规定了配合饲料、浓缩饲料和预混合饲料中 8 种苯并咪唑类药物（噻苯达唑、阿苯达唑、芬苯达唑、奥芬达唑、氟苯哒唑、甲苯咪唑、氧苯达唑和三氯苯达唑）含量的液相色谱-串联质谱测定方法和液相色谱测定方法。该标准的检测限和定量限：液相色谱串联质谱法的检测限为 0.20 mg/kg，定量限为 0.50 mg/kg；液相色谱法的检测限为 0.20 mg/kg，定量限为 0.50 mg/kg。

方法五：《畜禽血液和尿液中 160 种兽药及其他化合物的测定　液相色谱-串联质谱法》（农业农村部公告第 197 号—10—2019），该标准适用于猪血、牛血、羊血和鸡血及猪尿、牛尿、羊尿中 160 种兽药及其他化合物的测定。该标准的检测限为 0.3 μg/L，定量限为 1 μg/L。

五、阿维菌素

1. 基本信息

CAS 号：71751-41-2。

分子式：$C_{49}H_{74}O_{14}$。

分子量：887.11。

化学结构式：

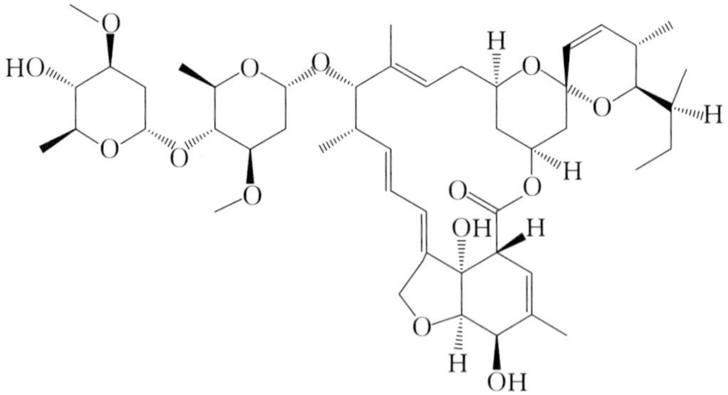

性状：白色或黄白色结晶粉。

熔点：150～155 ℃。

闪点：268.1 ℃。

密度：1.24 g/cm^3。

溶解性：21 ℃时溶解度为甲苯 350 g/L、丙酮 100 g/L、异丙醇 70 g/L、氯仿 25 g/L、乙醇 20 g/L、甲醇 19.5 g/L、环已烷 6 g/L、煤油 0.5 g/L、水 10 μg/L。

2. 作用方式与用途

1975 年，日本北里研究所分离到阿维链霉菌。1976 年，美国默克公司从其培养物中发现了含有 8 个组分的十六元大环内酯化合物，该混合物对寄生于动植物的线虫和外寄生虫有很强的杀灭作用，后来被命名为阿维菌素类药物，该类药物的发现，揭开了抗蠕虫药物研究的新纪元。自从 1991 年进入我国农药市场以后，阿维菌素农药在我国的害虫防治体系中占有较重要地位。20 世纪 80 年代末，上海市农药研究所从广东揭阳土壤中分离筛选得到 7051 菌株，后经鉴定证明该菌株与 S. avermitilisMa－8460 相似，与阿维菌素的化学结构相同。1993 年，北京农业大学新技术开发总公司立项研究并生产开发此药。目前已经商品化的阿维菌素类药物有阿维菌素、伊维菌素、莫西菌素、多拉菌素、埃玛菌素、埃普利诺菌素和塞拉菌素等。阿维菌素是一种新型抗生素类，具有结构新颖、农畜两用的特点。对动物体内外寄生的线虫、节肢动物以及农作物上的害虫、螨类有极强的驱杀作用，可使抗蠕虫药物用药剂量大幅下降，在国内外农牧业生产中使用广泛。对螨类和昆虫具有胃毒作用和触杀作用，但不能杀卵。

作用机制：与一般杀虫剂不同的是，阿维菌表通过干扰神经生理活动，刺激释放 γ-氨基丁酸，而氨基丁酸对节肢动物的神经传导有抑制作用。螨类成虫、若虫和昆虫幼虫与阿维菌素接触后立即出现麻痹症状，不活动、不取食，2～4 d 后死亡。

3. 环境归趋特征

阿维菌素在土内被土壤吸附不会移动，并且被微生物分解，因而在环境中无累积作用。

4. 毒理信息

急性毒性：经口（大鼠），LD_{50} 为 10 mg/kg；经口（小鼠），LD_{50} 为 13 mg/kg；经皮（兔），半数致死剂量（LD_{50}）为＞2 000 mg/kg；经皮（大鼠），LD_{50} 为＞380 mg/kg。对鸟类低毒，经口（鹌鹑），LD_{50} 为＞2 000 mg/kg；经口（野鸭），LD_{50} 为 86.4 mg/kg。

5. 毒性等级

剧毒。

6. 每日允许摄入量

0～2 μg/kg 体重。

7. 最大残留限量

见表 1－5。

表 1－5　阿维菌素最大残留限量

动物种类	靶组织	最大残留限量（μg/kg）
牛（泌乳期禁用）	脂肪	100
	肝	100
	肾	50
羊（泌乳期禁用）	肌肉	20
	脂肪	50
	肝	25
	肾	20

8. 常用检验检测方法

阿维菌素作为脂溶性药物，在动物体内的残留时间较长，世界卫生组织将其列为高毒化合物。由于阿维菌素类药物相对分子质量大，难以气化，尚无可行的气相色谱测定方法。因此，畜产品中阿维菌素残留的检测方法主要有酶联免疫吸附法、液相色谱-荧光检测法、液相色谱-串联质谱检测法。

现颁布在用的检验检测方法是针对不同的样品基质建立的食品、牛奶、水产品、奶粉、牛肝脏、牛肉、鸡肉、肝脏、肾脏、河豚肌肉、鳗鱼肌肉、烤鳗中阿维菌素残留量检测方法。

方法一：《食品安全国家标准　食品中阿维菌素残留量的测定　液相色谱-质谱/质谱法》（GB 23200.20—2016），该标准适用于大米、大蒜、菠菜、苹果、板栗、茶叶、牛肉、羊肉、鸡肉、鱼肉、赤芍、食醋和蜂蜜中阿维菌素残留量的检测。该标准的定量限为 0.005 mg/kg。

方法二：《食品安全国家标准　牛奶中阿维菌素类药物多残留的测定　高效液相色谱法》（GB 29696—2013），该标准适用于牛奶中伊维菌素、阿维菌素、多拉菌素和埃普利诺菌素单个或多个药物残留量的检测。方法的检测限为1 μg/kg。该标准的定量限为2 μg/kg。

方法三：《食品安全国家标准　水产品中阿维菌素和伊维菌素多残留的测定　高效液相色谱法》（GB 29695—2013），该标准适用于鱼的可食性组织中阿维菌素和伊维菌素残留量的检测。该标准的检测限为2 μg/kg。方法的定量限为4 μg/kg。

方法四：《牛奶和奶粉中伊维菌素、阿维菌素、多拉菌素和乙酰氨基阿维菌素残留量的测定　液相色谱-串联质谱法》（GB/T 22968—2008），该标准的检测限：牛奶中伊维菌素、阿维菌素、多拉菌素和乙酰氨基阿维菌素均为5 μg/kg，奶粉中伊维菌素、阿维菌素、多拉菌素和乙酰氨基阿维菌素均为40 μg/kg。

方法五：《动物源食品中阿维菌素类药物残留量的测定　液相色谱-串联质谱法》（GB/T 21320—2007），该标准适用于牛肝脏和牛肌肉中埃普利诺菌素、阿维菌素、多拉菌素和伊维菌素残留量的测定。该标准的检测限：埃普利诺菌素、阿维菌素、多拉菌素和伊维菌素均为1.5 μg/kg。

方法六：《动物性食品中阿维菌素类药物残留检测-酶联免疫吸附法　高效液相色谱和液相色谱-串联质谱法》（农业部1025号公告—5—2008），该标准适用于牛肝脏和牛肌肉中埃普利诺菌素、阿维菌素和伊维菌素残留量的测定。该标准的牛肝和牛肉中的检测限均为2 μg/kg。

方法七：《动物源食品中阿维菌素类药物残留量的测定高效液相色谱法》（农业部781号公告—5—2006），该标准适用于猪和鸡的肌肉、肝脏、肾脏、脂肪组织中阿菌素类药物单个或混合物残留量检测。该标准的牛肝和牛肉中的检测限均为1 μg/kg。

方法八：《牛肝和牛肉中阿维菌素类药物残留量的测定　液相色谱-串联质谱法》（GB/T 20748—2006），该标准适用于牛肝和牛肉中伊维菌素、阿维菌素、多拉菌素和爱普瑞菌素残留量的测定。该标准的检测限：伊维菌素、阿维菌素、多拉菌素和爱普瑞菌素均为4 μg/kg。

方法九：《河豚鱼、鳗鱼和烤鳗中伊维菌素、阿维菌素、多拉菌素和乙酰氨基阿维菌素残留量的测定　液相色谱-串联质谱法》（GB/T 22953—2008），该标准适用于河豚肌肉、鳗鱼肌肉、烤鳗中伊维菌素、阿维菌素、多拉菌素和乙酰氨基阿维菌素残留量的测定。该标准的检测限为5 μg/kg。

方法十：《动物源食品中阿维菌素类药物残留的测定　酶联免疫吸附法》（GB/T 21319—2007），该标准适用于牛肉和牛肝中阿维菌素、伊维菌素和埃普利诺菌素残留量的测定。该标准的检测限：阿维菌素类药物在牛肝组织和牛肉组织中的检测限均为2 μg/kg。

方法十一：《食品安全国家标准　动物性食品中阿维菌素类药物残留量的

测定　高效液相色谱法和液相色谱-串联质谱法》（GB 31658.16—2021）。本文件适用于猪、牛、羊的肌肉、肝脏、肾脏和脂肪组织中阿维菌素、伊维菌素、多拉菌素和乙酰氨基阿维菌素残留量的测定。该方法的检测限为1.5 μg/kg，定量限为5 μg/kg。

方法十二：《食品安全国家标准　食品中烯啶虫胺、呋虫胺等20种农药残留量的测定　液相色谱-质谱/质谱法》（GB 23200.37—2016），该标准适用于进出口大米、糙米、玉米、大麦和小麦中20种农药残留量的检测和确证。该方法的定量限均为5 μg/kg。

方法十三：《水果和蔬菜中450种农药及相关化学品残留量的测定　液相色谱-串联质谱法》（GB/T 20769—2008），该标准适用于苹果、橙子、洋白菜、芹菜、番茄中450种农药及相关化学品残留的定性鉴别，381种农药及相关化学品残留量的定量测定。该标准的检测限为0.08 μg/kg。

方法十四：《蜂蜜中486种农药及相关化学品残留量的测定　液相色谱-串联质谱法》（GB/T 20771—2008），该标准适用于洋槐蜜、油菜蜜、椴树蜜、荞麦蜜、枣花蜜中486种农药及相关化学品残留的定性鉴别，也适用于461种农药及相关化学品残留量的定量测定。该标准的检测限为0.03 μg/kg。

方法十五：《食品安全国家标准　植物源性食品中331种农药及其代谢物残留量的测定　液相色谱-质谱联用法》（GB 23200.121—2021），该标准适用于植物源性食品中331种农药及其代谢物残留量的测定。该方法中蔬菜、水果食用菌和糖料的定量限为0.01 mg/kg，谷物、油料、坚果和植物油的定量限为0.01 mg/kg，茶叶和香辛料（调味料）的定量限为0.05 mg/kg。

方法十六：《饲料中阿维菌素类药物的测定　液相色谱-质谱法》（农业部1486号公告—5—2010），该标准适用于配合饲料、浓缩饲料和添加剂预混合饲料中埃普利诺菌素、阿维菌素、多拉菌素和伊维菌素含量的测定。该标准的检测限：饲料中4种阿维菌素类药物均为10 μg/kg。该标准的定量限：饲料中4种阿维菌素类药物均为25 μg/kg。

方法十七：《食品安全国家标准　水果和蔬菜中阿维菌素残留量的测定液相色谱法》（GB 23200.19—2016），该标准适用于苹果和菠菜中阿维菌素残留量的检测。该方法的定量限为0.01 mg/kg。

六、多拉菌素

1. 基本信息

化学名称：25-环己烷基-5-O-去甲基-25-去（1-甲基丙基）阿维菌素A1a。

CAS号：117704－25－3。

分子式：$C_{50}H_{74}O_{14}$。

分子量：899.11。

化学结构式：

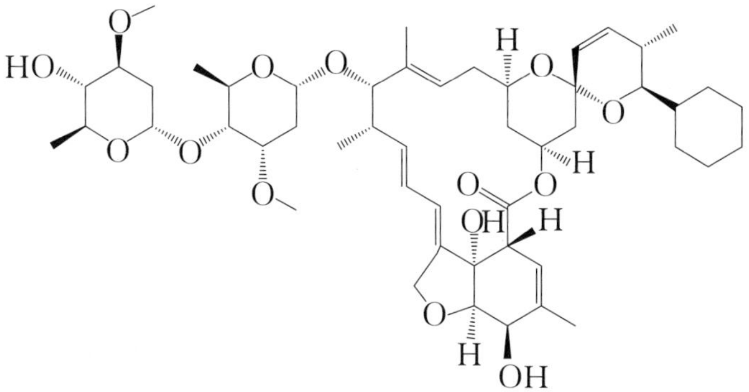

性状：白色或类白色结晶性粉末，无臭，有引湿性。

熔点：116～119 ℃。

闪点：274.4 ℃。

密度：1.25 g/cm^3。

溶解性：在氯仿、甲醇中溶解，在水中极微溶解。

2. 作用方式与用途

1993年，多拉菌素是由美国辉瑞公司研制开发出的新一代大环内酯类抗寄生虫药，是以环己胺羧酸为前体，通过基因重组的阿维链霉菌新菌株发酵而成的一种阿维菌素类抗生素，是大环内酯类抗寄生虫药物阿维菌素类的第三代衍生物，是被认为目前阿维菌素族中最优秀的抗寄生虫药物之一。与伊维菌素主要差别为C_{25}位为环己基取代，为新型、广谱抗寄生虫药，对胃肠道线虫、肺线虫、眼虫、虱、蜱、螨和伤口蛆均有强效，对体内外寄生虫特别是某些线虫（圆虫）和节肢动物也具有良好的驱杀作用，临床使用效果也显著优于这2种药物。

多拉菌素对兽医临床上3纲12目73个属的寄生虫敏感，因抗虫谱广泛、安全高效和低毒的特点，被广泛应用于猪、牛、羊、马、骆驼和犬等多种动物体内外寄生虫病的防治中，其作用机制主要是增加虫体的抑制性递质γ氨基丁酸的释放，从而阻断神经信号的传递，使肌肉细胞失去收缩能力，而导致虫体死亡。

周绪正等通过对200头感染寄生虫的猪进行多拉菌素治疗前后的罹患数进行比较，证明了多拉菌素对猪线虫病和血虱病有明显效果；同时根据猪再次感染的时间确定了多拉菌素的持效期，结果表明对于体内线虫的平均有效期为28 d，对于体外血虱的平均有效期为120 d；并根据临床试验推荐多拉菌素最佳用药量为按体重300 μg/kg剂量。刘建国等在进行多拉菌素防治绵羊胃肠道寄生虫病的研究中发现，按体重 20 μg/kg 剂量肌肉注射 1%多拉菌素注射液，第一次用药后粪便虫卵转阴率可达 90%，7 d 后第二次用药转阴率可达到 100%，并发现主要驱虫种类为食道口线虫、细颈线虫、仰口线虫、夏伯特线虫和毛圆线虫。

3. 环境归趋特征

多拉菌素性质不太稳定，在阳光照射下迅速分解灭活，其残存药物对鱼类及水生生物有毒，因此，应注意水源保护。

4. 药代动力学

多拉菌素相对于伊维菌素和莫西菌素，其达峰时间一般是 6 d 左右，然而莫西菌素只需 7 h，因此多拉菌素的作用明显慢于莫西菌素，但多拉菌素在动物体内消除时间比伊维菌素快 3 倍左右，比莫西菌素快 2 倍多。C. M. Carceles 等研究了多拉菌素和莫西菌素在山羊奶中的药代动力学规律，结果发现用按体重 200 μg/kg 剂量的多拉菌素皮下注射后，在羊奶中 21 d 后能检测到多拉菌素，而在 40 d 后的羊奶中却仍然能够检测出莫西菌素，此时羊奶中已检测不到多拉菌素。并且通过奶中排泄的多拉菌素和莫西菌素占注射剂量的比例分别为 2.90%和 22.53%。

5. 毒理信息

口服（大鼠），LD_{50} 为 7.67 g/kg；口服（小鼠），LD_{50} 为 4.58 g/kg。

6. 每日允许摄入量

0～1 μg/kg 体重。

7. 最大残留限量

见表 1-6。

表 1-6　多拉菌素最大残留限量

动物种类	靶组织	最大残留限量（μg/kg）
牛	肌肉	10
	脂肪	150
	肝	100
	肾	30
	奶	15

（续）

动物种类	靶组织	最大残留限量（μg/kg）
羊	肌肉	40
	脂肪	150
	肝	100
	肾	60
猪	肌肉	5
	脂肪	150
	肝	100
	肾	30

8. 常用检验检测方法

多拉菌素与伊维菌素相比，其持效期更长，生物利用度也更高，因此在畜牧业上也广泛使用，目前主要检测方法是高效液相色谱法和高效液相色谱法-串联质谱法。相关标准如下。

方法一：《牛奶和奶粉中伊维菌素、阿维菌素、多拉菌素和乙酰氨基阿维菌素残留量的测定　液相色谱-串联质谱法》（GB/T 22968—2008），该标准的检测限：牛奶中伊维菌素、阿维菌素、多拉菌素和乙酰氨基阿维菌素均为5 μg/kg，奶粉中伊维菌素、阿维菌素、多拉菌素和乙酰氨基阿维菌素均为 40 μg/kg。

方法二：《河豚鱼、鳗鱼和烤鳗中伊维菌素、阿维菌素、多拉菌素和乙酰氨基阿维菌素残留量的测定　液相色谱-串联质谱法》（GB/T 22953—2008），该标准的检测限为 5 μg/kg。

方法三：《动物性食品中多拉菌素残留检测　高效液相色谱法》（农业部 1025 号公告—9—2008），该标准适用于牛肝脏、牛肌肉、猪肝脏和猪肌肉中多拉菌素残留量的检测。该标准的检测限为 0.6 μg/kg，定量限为 2.0 μg/kg。

方法四：《动物源食品中阿维菌素类药物残留量的测定高效液相色谱法》（农业部 781 号公告—5—2006），该标准适用于猪和鸡肌肉、肝脏、肾脏、脂肪组织中阿维菌素类药物（阿维菌素、依维菌素、多拉菌素）单个或混合物的残留量检测。该标准在猪和鸡的肌肉、肝脏、肾脏、脂肪组织中测定阿维菌素类药物检测限为 1 μg/kg。

方法五：《食品安全国家标准　动物性食品中阿维菌素类药物残留量的测定　高效液相色谱法和液相色谱-串联质谱法》（GB 31658.16—2021），该标准适用于猪、牛、羊的肌肉、肝脏、肾脏和脂肪组织中阿维菌素、伊维菌素、多拉菌素和乙酰氨基阿维菌素残留量的测定。该标准的检测限为 1.5 μg/kg，定量限为 5 μg/kg。

方法六：《饲料中阿维菌素类药物的测定　液相色谱-质谱法》(农业部1486号公告—5—2010)，该标准适用于配合饲料、浓缩饲料和添加剂预混合饲料中埃普利诺菌素、阿维菌素、多拉菌素和伊维菌素含量的测定。该标准的检测限：饲料中 4 种阿维菌素类药物均为 10 μg/kg。该标准的定量限：饲料中 4 种阿维菌素类药物均为 25 μg/kg。

方法七：《食品安全国家标准　牛奶中阿维菌素类药物多残留的测定　高效液相色谱法》(GB 29696—2013)，该标准适用于牛奶中伊维菌素、阿维菌素、多拉菌素和埃普利诺菌素单个或多个药物残留量的检测。该标准的检测限为 1 μg/kg，定量限为 2 μg/kg。

方法八：《动物源食品中阿维菌素类药物残留量的测定　免疫亲和-液相色谱法》(GB/T 21321—2007)，该标准适用于牛肝脏和牛肌肉组织样品中阿维菌素、伊维菌素、多拉菌素和埃普利诺菌素残留量的测定。该标准的检测限：阿维菌素、伊维菌素、多拉菌素和埃普利诺菌素均为 1 μg/kg。

方法九：《动物源食品中阿维菌素类药物残留量的测定　液相色谱-串联质谱法》(GB/T 21320—2007)，该标准适用于牛肝脏和牛肌肉中埃普利诺菌素、阿维菌素、多拉菌素和伊维菌素残留量的测定。该标准的检测限：埃普利诺菌素、阿维菌素、多拉菌素和伊维菌素均为 1.5 μg/kg。

方法十：《牛肝和牛肉中阿维菌素类药物残留量的测定　液相色谱-串联质谱法》(GB/T 20748—2006)，该标准适用于牛肝和牛肉中伊维菌素、阿维菌素、多拉菌素和爱普瑞菌素残留量的测定。该标准的检测限：伊维菌素、阿维菌素、多拉菌素和爱普瑞菌素均为 4 μg/kg。

七、乙酰氨基阿维菌素

1. 基本信息

中文别名：依普菌素、爱普瑞菌素、依普克汀、依立诺克丁。

化学名称：(4″R)-4″-(乙酰氨基)-4″-脱氧-阿维菌素 B_1。

CAS 号：123997-26-2。

分子式：$C_{50}H_{75}NO_{14}$。

分子量：914.128 8。

化学结构式：

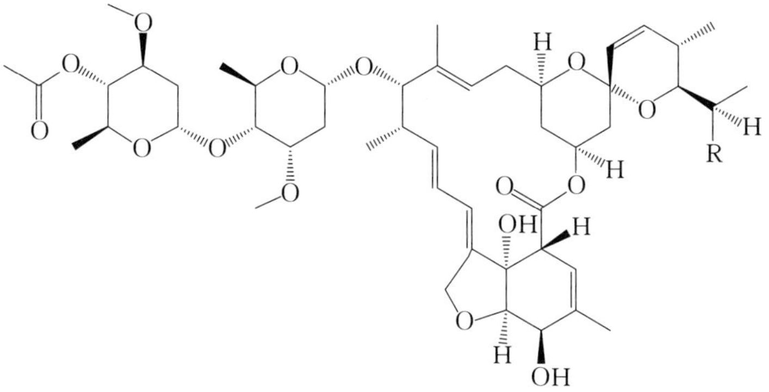

性状：为白色或浅黄色结晶粉末。

熔点：163～166 ℃。

闪点：2 ℃。

密度：1.23 g/cm^3。

溶解性：溶于甲醇，乙醇中，乙酸乙酯等溶剂，几乎不溶于水。

2. 作用方式与用途

乙酰氨基阿维菌素是默克公司在 1996 年从 60 多种爱比菌素结构改造产物中筛选出来的一种新型阿维菌素类药物，由阿维菌素 4″端引入乙酰胺基而成，对绝大多数线虫和节肢昆虫有效。1997 年，乙酰氨基阿维菌素继续由默克公司开发并应用于奶牛和肉牛，成为一种不需要休药期的广谱抗寄生虫药，在奶牛养殖行业得到广泛应用。乙酰氨基阿维菌素对家畜体内外各种寄生虫具有极高的杀灭活性，同时在乳品中的分配系数极低，成为防治家畜体内外各种寄生虫的首选药剂，是第一个可用于各种家畜任何生长期的杀虫剂。

作用机制：乙酰氨基阿维菌素属于大环内酯类抗寄生虫药，其驱杀原理在于增加虫体的抑制性递质 γ-氨基丁酸的释放，以及打开谷氨酸控制的 Cl^- 通道，增强神经膜对 Cl^- 的通透性，从而阻断神经信号的传递，最终神经麻痹，使肌肉细胞失去收缩能力，导致虫体死亡。

3. 环境归趋特征

乙酰氨基阿维菌素 C_4″位上的酰胺基团活跃，致使产品稳定性较差，储存过程中易于氧化降解。

4. 毒理信息

长期毒性实验：连续 14 周以剂量 0 mg/kg、1 mg/kg、5 mg/kg、20 mg/kg 体重的乙酰氨基阿维菌素给大鼠口服，临床上仅 20 mg/kg 体重剂量组有 15%的大鼠表现出共济失调、尾巴身体颤抖和坐骨神经变性。连续 14 周以0 mg/kg、0.4 mg/kg、0.8 mg/kg、1.6 mg/kg 体重的乙酰氨基阿维菌素给狗口服，仅 1.6 mg/kg 体重剂量组表现出瞳孔散大、共济失调。

致突变试验：用中国仓鼠细胞进行的基因致突变试验、哺乳动物体内细胞的致畸试验（小鼠的微核试验）以及体外染色体畸变试验的检测结果均为阴性，表明乙酰氨基阿维菌素致突变阴性。

致癌性：乙酰氨基阿维菌素的化学结构没有提供其潜在致癌性的基础，经过长期测试，在大鼠和小鼠体内没有表现出潜在的致癌性，目前也未见乙酰氨基阿维菌素的致癌性试验数据报道。

急性毒性：口服（老鼠），LD_{50} 为 24 mg/kg。

5. 每日允许摄入量

0～10 μg/kg 体重。

6. 最大残留限量

见表 1－7。

表 1－7　乙酰氨基阿维菌素最大残留限量

动物种类	靶组织	最大残留限量（μg/kg）
牛	肌肉	100
	脂肪	250
	肝	2 000
	肾	300
	奶	20

7. 常用检验检测方法

乙酰氨基阿维菌素的检测方法包括高效液相色谱法、酶联免疫吸附法和液相色谱-串联质谱法。乙酰氨基阿维菌素可在三氟乙酸酐和 N－甲基咪唑的作用下衍生化，衍生产物具有较强的荧光特性且可被高效液相色谱-荧光检测法准确的定性定量检测。相关标准如下。

方法一：《牛奶和奶粉中伊维菌素、阿维菌素、多拉菌素和乙酰氨基阿维菌素残留量的测定　液相色谱-串联质谱法》（GB/T 22968—2008），该标准的检测限：牛奶中伊维菌素、阿维菌素、多拉菌素和乙酰氨基阿维菌素均为 5 μg/kg，奶粉中伊维菌素、阿维菌素、多拉菌素和乙酰氨基阿维菌素均为 40 μg/kg。

方法二：《河豚鱼、鳗鱼和烤鳗中伊维菌素、阿维菌素、多拉菌素和乙酰氨基阿维菌素残留量的测定　液相色谱-串联质谱法》（GB/T 22953—2008），该标准适用于河豚肌肉、鳗鱼肌肉、烤鳗中伊维菌素、阿维菌素、多拉菌素和乙酰氨基阿维菌素残留量的测定。该标准的检测限：河豚、鳗鱼和烤鳗中伊维菌素、阿维菌素、多拉菌素和乙酰氨基阿维菌素均为 5 μg/kg。

方法三：《食品安全国家标准　动物性食品中阿维菌素类药物残留量的测定　高效液相色谱法和液相色谱-串联质谱法》（GB 31658.16—2021），该标准适用于猪、牛、羊的肌肉、肝脏、肾脏和脂肪组织中阿维菌素、伊维菌素、多拉菌素和乙酰氨基阿维菌素残留量的测定。该标准的检测限为 1.5 μg/kg，定量限为 5 μg/kg。

八、非班太尔

1. 基本信息

中文别名：苯硫胍。

化学名称：N-{2-[2,3-双(甲氧基甲酰)-胍基]-5-(苯硫基)-苯基}-2-甲氧基乙酰胺。

CAS 号：58306-30-2。

分子式：$C_{20}H_{22}N_4O_6S$。

分子量：446.476 9。

化学结构式：

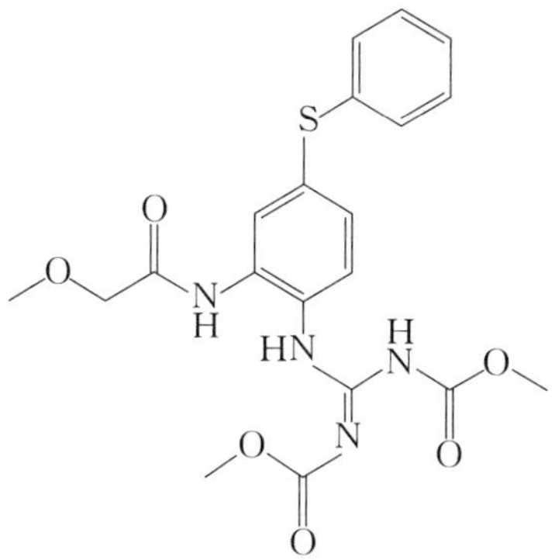

性状：结晶化合物。

熔点：129～130 ℃。

密度：1.31 g/cm^3。

溶解性：微溶于有机溶剂。

2. 作用方式与用途

非班太尔最先由德国拜耳制药公司研制成功，是一种广谱驱虫药，属于苯并咪唑类药物。对狗、羊、猪、马等动物的各线虫、成虫和幼虫均有高度活性，主要用于治疗和控制牛、羊、猪、马等动物的胃肠蛔虫、肺蠕虫、绦虫等，具有高效、低毒、体内停留时间短、安全范围大等特点，非班太尔没有单独使用的剂型，通常将其与吡喹酮和噻嘧啶联合使用制成复方非班太尔片，作为宠物驱虫药。

作用机制：主要通过影响蠕虫的糖类代谢活动产生杀虫作用。它可以抑制线粒体内延胡索酸还原酶，减少葡萄糖的转运，对成虫和幼虫卵均有效果。在结构上与虫体的微管蛋白有很强的亲和力，因此能够阻止微管的聚合，破坏吸收细胞的运输系统，最后通过激活各种溶酶体酶导致因营养微粒的吸收和消化不完全，产生细胞自我分解。作为一种前药，在体内代谢为抗寄生虫药芬苯达唑或进一步代谢为奥芬达唑。

3. 环境归趋特征

受热分解有毒氮氧化物。

4. 毒理信息

口服（大鼠），LD_{50}为10 605 mg/kg；口服（兔），LD_{50}为1 250 mg/kg。

5. 毒性等级

中毒。

6. 每日允许摄入量

0～7 μg/kg 体重。

7. 最大残留限量

见表1-8。

表1-8 非班太尔最大残留限量

动物种类	靶组织	最大残留限量（μg/kg）
牛/羊/猪/马	肌肉	100
	脂肪	100
	肝	500
	肾	100
牛/羊	奶	100

8. 常用检验检测方法

方法一：《出口肉及肉制品中奥芬达唑、芬苯达唑、苯硫胍及奥芬达唑砜残留量检测方法　液相色谱-质谱/质谱法》（SN/T 0684—2011），该标准适用于牛肉、猪肝、午餐肉中奥芬达唑、芬苯达唑、苯硫胍和奥芬达唑砜残留量的检测。该标准的检测限为 10 μg/kg。

方法二：《饲料中苯硫胍和硫菌灵的测定　液相色谱-串联质谱法》（农业农村部公告第 358 号—2—2020），该标准适用于配合饲料、浓缩饲料、精料补充料和添加剂预混合饲料中苯硫胍和硫菌灵的测定。该标准的检测限为 0.004 mg/kg，定量限为 0.008 mg/kg。

方法三：《动物源性食品中多种碱性药物残留量的检测方法　液相色谱-质谱/质谱法》（SN/T 2624—2010），该标准适用于猪肉、猪肝、鸡蛋虾、牛奶中 76 种兽药残留量的测定。该方法中苯二氮卓类药物和硝基咪唑类药物的检测限为 1.0 μg/kg，β-受体激动剂类药物和三苯甲烷类药物的检测限为 0.5 μg/kg，苯并咪唑类药物的检测限为 5.0 μg/kg，磺胺类药物的检测限为 20.0 μg/kg。

九、芬苯达唑

1. 基本信息

中文别名：苯硫咪胺甲酯、苯硫醚胍甲酯、硫苯咪唑、苯硫苯咪胺酯、苯硫咪唑。

化学名称：5-苯硫基苯并咪唑-2-氨基甲酸甲酯。

CAS 号：43210-67-9。

分子式：$C_{15}H_{13}N_3O_2S$。

分子量：299.3476。

化学结构式：

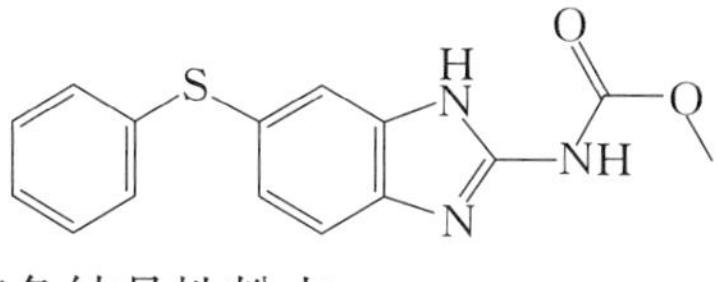

性状：浅棕灰色结晶性粉末。

熔点：233 ℃。

密度：1.4 g/cm^3。

溶解性：易溶于二甲基亚砜，微溶于一般有机溶剂，不溶于水。无臭，无味。

2. 作用方式与用途

20 世纪 70 年代，芬苯达唑由 Hoechst 公司研制，芬苯达唑具有广谱的驱虫活性，属于苯并咪唑类药物。对牛、绵羊、山羊和马的胃肠道线虫、肺线虫和绦虫均有效，也能有效的驱除犬、猫和多种动物园动物的多种寄生蠕虫。

作用机制：由于其结构上与虫体的微管蛋白有很强的亲和力，通过影响细胞的运输和能量代谢，从而起到阻止微管的聚合，最终达到破坏虫体细胞的完整性和能量传输功能。芬苯达唑进入机体后至少转化为两个活性代谢产物，分别是奥芬达唑亚砜和奥芬达唑砜。

3. 毒理信息

经口（大鼠），LD_{50} 为 10 000 mg/kg 以上。

4. 每日允许摄入量

0～7 μg/kg 体重。

5. 最大残留限量

见表 1－9。

表 1－9　芬苯达唑最大残留限量

动物种类	靶组织	最大残留限量（μg/kg）
牛/羊/猪/马	肌肉	100
	脂肪	100
	肝	500
	肾	100
牛/羊	奶	100
家禽	肌肉	50
	皮＋脂	50
	肝	500
	肾	50
	蛋	1 300

6. 常用检验检测方法

目前，研究芬苯达唑及其主要代谢物的方法主要有：高效液相色谱法，高效液相色谱-串联质谱法以及电化学方法。相关标准如下。

方法一：《牛奶和奶粉中噻苯达唑、阿苯达唑、芬苯达唑、奥芬达唑、苯硫氨酯残留量的测定　液相色谱-串联质谱法》（GB/T 22972—2008），该标准适用于牛奶和奶粉中噻苯达唑、阿苯达唑、芬苯达唑、奥芬达唑和苯硫氨酯残留量的测定。该标准的检测限：牛奶中噻苯达唑、阿苯达唑、芬苯达唑、奥芬达唑和苯硫氨酯的检测限均为 0.01 mg/kg；奶粉中噻苯达唑、阿苯达唑、芬苯达唑、奥芬达唑和苯硫氨酯的检测限均为 0.08 mg/kg。

方法二：《食用动物肌肉和肝脏中苯并咪唑类药物残留量检测方法》（GB/T 21324—2007），该标准适用于液相色谱-串联质谱法测定鸡肉、牛肉、猪肉、鸡肝、牛肝、猪肝中丙氧苯咪唑残留量；适用于液相色谱法测定鸡肉、牛肉、猪肉、鸡肝、牛肝中丙氧苯咪唑残留量。该标准的检测限为 0.010 mg/kg。

方法三：《河豚鱼、鳗鱼和烤鳗中苯并咪唑类药物残留量的测定　液相色谱-串联质谱法》（GB/T 22955—2008），该标准的检测限：奥芬达唑、芬苯达唑、奥芬达唑砜、阿苯达唑、阿苯达唑-2-氨基砜、阿苯达唑亚砜、阿苯达唑砜，甲苯咪唑、羟基甲苯咪唑，氟苯咪唑、2-氨基氟苯咪唑，噻苯咪唑、5-羟基噻苯咪唑、噻苯咪唑酯、氧苯达唑均为 0.010 mg/kg。

方法四：《饲料中 8 种苯并咪唑类药物的测定　液相色谱-串联质谱法和液相色谱法》（农业部 1730 号公告—1—2012），该标准适用于配合饲料、浓缩饲料和预混合饲料中苯并咪唑类药物（噻苯达唑、阿苯达唑、芬苯达唑、奥芬达唑、氟苯哒唑、甲苯咪唑、氧苯达唑和三氯苯达唑）的测定。该标准的检测限和定量限：液相色谱串联质谱法的检测限为 0.20 mg/kg，定量限为 0.50 mg/kg；液相色谱法的检测限为 0.20 mg/kg，定量限为 0.50 mg/kg。

方法五：《畜禽血液和尿液中 150 种兽药及其他化合物鉴别和确认　液相色谱-高分辨串联质谱仪法》（农业农村部公告第 197 号—9—2019），该标准适用于猪血、牛血、羊血和鸡血以及猪尿牛尿、羊尿中 150 种兽药及其他化合物的鉴别和确认。该标准物检测限为 5 ng/mL。

十、奥芬达唑

1. 基本信息

中文别名：苯砜苯咪唑、苯硫氧咪唑、亚砜咪酯、芬达唑、奥吩哒唑。

化学名称：5-苯-2-苯并咪唑-氨基甲酸甲酯。

CAS 号：53716-50-0。

分子式：$C_{15}H_{13}N_3O_3S$。

分子量：315.347。

化学结构式：

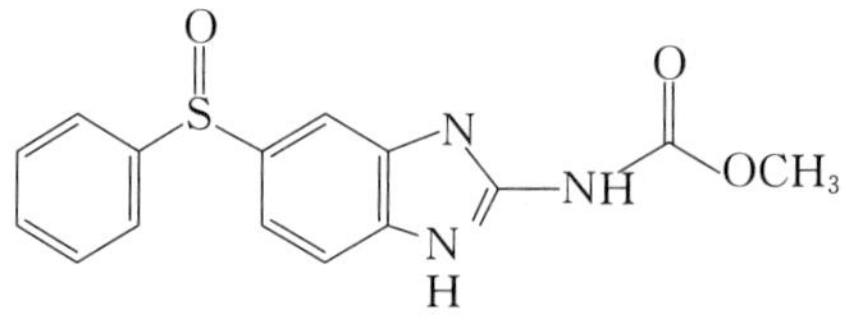

性状：为白色或类白色粉末；有轻微的特殊气味。

熔点：278～293 ℃。

密度：1.5 g/cm^3。

溶解性：在甲醇、丙酮、氯仿、乙醚中微溶，在水中不溶。

2. 作用方式与用途

奥芬达唑是一种新型的高效、广谱、低毒的苯并咪唑氨基甲酸酯类抗蠕虫药物，又称砜苯咪唑或磺苯咪唑，为芬苯达唑硫原子上的氧化物。于20世纪70年代初由美国新泰克斯公司最先研制成功，《英国兽药典》（1985年版）已收载。目前，该药在国外已被广泛用于家畜、家禽驱虫。在国内，于1993年被农业部批准为二类新兽药，属新合成药，在中国兽药典委员会和陕西汉江制药厂的共同合作下研制合成了此药。

作用机制：驱虫原理为破坏虫体胃肠道蠕虫上皮细胞的微管结构，抑制虫体从肠道内摄取葡萄糖，可用作抗蠕虫药；对绵羊、牛、猪的各种胃肠道线虫成虫，按5～23.5 mg/kg剂量给药，减虫率为95%～100%。对各期幼虫的减虫率为91%～98%。对短膜壳绦虫、网尾线虫也有效，但对猪鞭虫药效较差。奥芬达唑和阿苯达唑一样，在体内代谢物都是相应的砜和亚砜，均具有驱虫活性，最终代谢物为氨基砜。

3. 毒理信息

急性毒性：大鼠，途径未知，LD_{50}为＞6 400 mg/kg；小鼠，途径未知，LD_{50}为＞6 400 mg/kg；狗，途径未知，LD_{50}为＞1 600 mg/kg；

致突变性：人体细胞，2 mg/L。

4. 每日允许摄入量

0～7 μg/kg体重。

5. 最大残留限量

见表1-10。

表 1-10　奥芬达唑最大残留限量

动物种类	靶组织	最大残留限量（μg/kg）
牛/羊/猪/马	肌肉	100
	脂肪	100
	肝	500
	肾	100
牛/羊	奶	100

6. 常用检验检测方法

方法一：《牛奶和奶粉中噻苯达唑、阿苯达唑、芬苯达唑、奥芬达唑、苯硫氨酯残留量的测定　液相色谱-串联质谱法》（GB/T 22972—2008），该标准适用于牛奶和奶粉中噻苯达唑、阿苯达唑、芬苯达唑、奥芬达唑和苯硫氨酯残留量的测定。该标准的检测限：牛奶中噻苯达唑、阿苯达唑、芬苯达唑、奥芬达唑和苯硫氨酯的检测限为 0.01 mg/kg；奶粉中噻苯达唑、阿苯达唑、芬苯达唑、奥芬达唑和苯硫氨酯的检测限为 0.08 mg/kg。

方法二：《食用动物肌肉和肝脏中苯并咪唑类药物残留量检测方法》（GB/T 21324—2007），该标准适用于液相色谱-串联质谱法测定鸡肉、牛肉、猪肉、鸡肝、牛肝、猪肝中丙氧苯咪唑的残留量。适用于液相色谱法测定鸡肉、牛肉、猪肉、鸡肝、牛肝中丙氧苯咪唑的残留量。该标准的检测限为 0.010 mg/kg。

方法三：《河豚鱼、鳗鱼和烤鳗中苯并咪唑类药物残留量的测定　液相色谱-串联质谱法》（GB/T 22955—2008），该标准的检测限：奥芬达唑、芬苯达唑、奥芬达唑砜、阿苯达唑、阿苯达唑-2-氨基砜、阿苯达唑亚砜、阿苯达唑砜，甲苯咪唑、羟基甲苯咪唑，氟苯咪唑、2-氨基氟苯咪唑，噻苯咪唑、5-羟基噻苯咪唑、噻苯咪唑酯、氧苯达唑均为 0.010 mg/kg。

方法四：《饲料中 8 种苯并咪唑类药物的测定　液相色谱-串联质谱法和液相色谱法》（农业部 1730 号公告—1—2012），该标准适用于配合饲料、浓缩饲料和预混合饲料中苯并咪唑类药物（噻苯达唑、阿苯达唑、芬苯达唑、奥芬达唑、氟苯哒唑、甲苯咪唑、氧苯达唑和三氯苯达唑）的测定。该标准的检测限和定量限：液相色谱串联质谱法的检测限为 0.20 mg/kg，定量限为 0.50 mg/kg；液相色谱法的检测限为 0.20 mg/kg，定量限为 0.50 mg/kg。

方法五：《畜禽血液和尿液中 150 种兽药及其他化合物鉴别和确认　液相色谱-高分辨串联质谱仪法》（农业农村部公告第 197 号—9—2019），该标准适用于猪血、牛血、羊血和鸡血以及猪尿牛尿、羊尿中 150 种兽药及其他化合物的鉴别和确认。该标准检测限为 5 ng/mL。

方法六：《动物源性食品中多种碱性药物残留量的检测方法　液相色谱-质谱/质谱法》（SN/T 2624—2010），该标准适用于猪肉、猪肝、鸡蛋虾、牛奶中 76 种兽药残留量的测定。该标准中苯二氮卓类药物和硝基咪唑类药物的检测限为 1.0 μg/kg，β-受体激动剂类药物和三苯甲烷类药物的检测限为 0.5 μg/kg，苯并咪唑类药物的检测限为 5.0 μg/kg，磺胺类药物的检测限为 20.0 μg/kg。

十一、氟苯达唑

1. 基本信息

中文别名：氟苯咪唑、氟化甲苯哒唑。

化学名称：5-(4-氟苯甲酰基)苯并咪唑-2-氧基甲酸甲酯。

CAS 号：31430-15-6。

分子式：$C_{16}H_{12}FN_3O_3$。

分子量：313.283 2。

化学结构式：

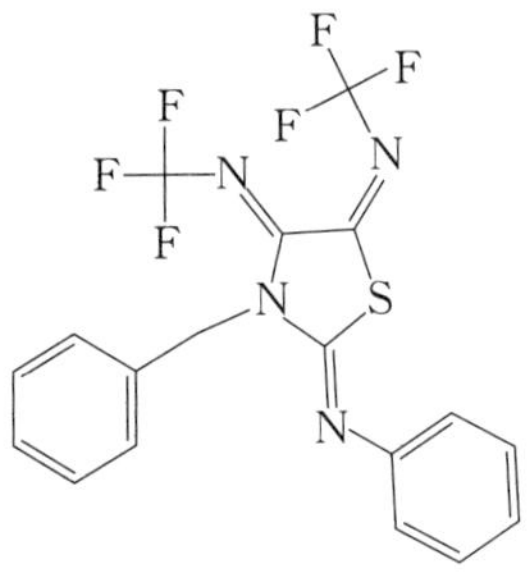

性状：本品为白色或类白色粉末；无臭。

熔点：290 ℃。

密度：1.444 g/cm^3。

溶解性：在甲醇或氯仿中不溶，在稀盐酸中略溶。

2. 作用方式与用途

氟苯达唑属于苯并咪唑类药物，主要用于人和动物的肠道寄生虫及全身性蠕虫感染，具有良好的驱虫效果。

作用机制：氟苯达唑驱虫机理为通过与微管蛋白相结合，抑制微管蛋白的聚合作用，阻滞细胞周期，从而影响细胞增殖、有丝分裂等，最后导致寄生虫死亡。

3. 毒理信息

急性毒性：经口（大鼠），LD_{50}为2 560 mg/kg；经口（小鼠），LD_{50}为>2 560 mg/kg；经口（兔），LD_{50}为2 560 mg/kg；经口（豚鼠），LD_{50}为>2 560 mg/kg。

致突变性：沙门氏细菌微生物突变实验，500 nmol/L。

小鼠腹腔姐妹染色单体交换：100 mg/kg。

4. 每日允许摄入量

0～12 μg/kg 体重。

5. 最大残留限量

见表1-11。

表1-11　氟苯达唑最大残留限量

动物种类	靶组织	最大残留限量（μg/kg）
猪	肌肉	10
	肝	10
家禽	肌肉	200
	肝	500
	蛋	400

6. 常用检验检测方法

方法一：《食用动物肌肉和肝脏中苯并咪唑类药物残留量检测方法》（GB/T 21324—2007），该标准适用于液相色谱-串联质谱法测定鸡肉、牛肉、猪肉、鸡肝、牛肝、猪肝中丙氧苯咪唑的残留量。适用于液相色谱法测定鸡肉、牛肉、猪肉、鸡肝、牛肝中丙氧苯咪唑的残留量。该标准的检测限为0.01 mg/kg。

方法二：《河豚鱼、鳗鱼和烤鳗中苯并咪唑类药物残留量的测定　液相色谱-串联质谱法》（GB/T 22955—2008），该标准的检测限：奥芬达唑、芬苯达唑、奥芬达唑砜、阿苯达唑、阿苯达唑-2-氨基砜、阿苯达唑亚砜、阿苯达唑砜，甲苯咪唑、羟基甲苯咪唑，氟苯咪唑、2-氨基氟苯咪唑、噻苯咪唑、5-羟基噻苯咪唑、噻苯咪唑酯、氧苯达唑均为0.010 mg/kg。

方法三：《饲料中8种苯并咪唑类药物的测定　液相色谱-串联质谱法和液

相色谱法》(农业部1730号公告—1—2012),该标准适用于配合饲料、浓缩饲料和预混合饲料中苯并咪唑类药物(噻苯达唑、阿苯达唑、芬苯达唑、奥芬达唑、氟苯哒唑、甲苯咪唑、氧苯达唑和三氯苯达唑)的测定。该标准的检测限和定量限:液相色谱串联质谱法的检测限为0.20 mg/kg,定量限为0.50 mg/kg;液相色谱法的检测限为0.20 mg/kg,定量限为0.50 mg/kg。

方法四:《动物源性食品中多种碱性药物残留量的检测方法 液相色谱-质谱/质谱法》(SN/T 2624—2010),该标准适用于猪肉、猪肝、鸡蛋虾、牛奶中76种兽药残留量的测定。该标准中苯二氮卓类药物和硝基咪唑类药物的检测限为1.0 μg/kg,β-受体激动剂类药物和三苯甲烷类药物的检测限为0.5 μg/kg,苯并咪唑类药物的检测限为5.0 μg/kg,磺胺类药物的检测限为20.0 μg/kg。

方法五:《畜禽血液和尿液中150种兽药及其他化合物鉴别和确认 液相色谱-高分辨串联质谱仪法》(农业农村部公告第197号—9—2019),该标准适用于猪血、牛血、羊血和鸡血以及猪尿牛尿、羊尿中150种兽药及其他化合物的鉴别和确认。该标准的检测限为5 ng/mL。

十二、伊维菌素

1. 基本信息

中文别名:依维菌素。

化学名称:5-O-双甲基-22,23-双氢阿维菌素(B1A)和5-O-双甲基-25-双(1-甲基丙基)-22,23-双氢-25-(1-甲基乙基)阿维菌素(B1b)。

CAS号:70288-86-7。

分子式:$C_{48}H_{74}O_{14}$。

分子量:875.09。

化学结构式:

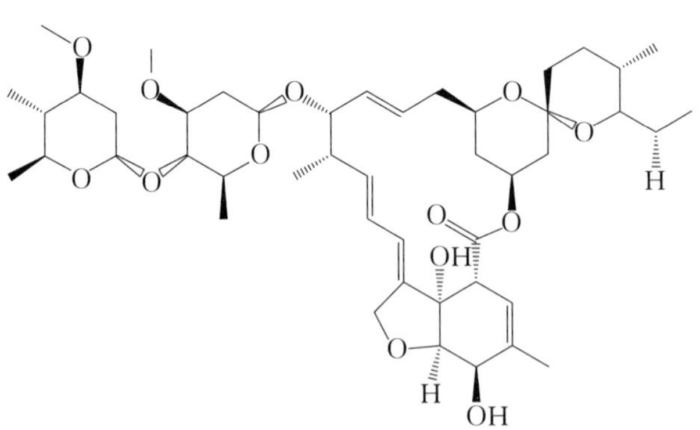

性状：该品为白色或微黄色结晶性粉末。

熔点：154.5～157 ℃。

闪点：267.3 ℃。

密度：1.23 g/cm^3。

溶解性：溶于甲醇、酯和芳香烃中，不溶于水。水中溶解度约 4 μg/mL。极易溶于甲基乙基酮、丙二醇或聚丙二醇，不溶于饱和碳氢化物，如环己烷。

2. 作用方式与用途

伊维菌素是 1976 年由美国 Merck 公司开发的一种阿维菌素类的驱虫抗生素，属于大环内酯类药物，是 Streptomyces avermitilis 发酵产物阿维菌素类的衍生物，由双氢阿维菌素 B1a（>80%）和双氢阿维菌素 B1b（<20%）两个组分组成，具有很高的脂溶性，伊维菌素对吸虫和绦虫没有活性，但对线虫具有广谱活性，对一些体外寄生虫（节肢动物）具有全身的杀灭作用，故有“内外杀虫剂”之称。

1981 年，伊维菌素作为兽药开始用于动物驱虫，并在随后的 5 年内，占全球抗寄生虫药总销量的 16%。Guillot 等发现伊维菌素在很低剂量时（0.2 mg/kg），对多种体内外寄生虫均有效，用于马（0.2 mg/kg）、牛（0.2 mg/kg）、绵羊（0.2 mg/kg）、猪（0.3 mg/kg）、犬（0.044～0.2 mg/kg）、禽等多种动物驱杀胃肠道和肺部的线虫以及多种体外寄生虫，Courtney 等发现血矛线虫、奥斯特线虫、库珀线虫、毛圆线虫、圆线虫、仰口线虫、细颈线虫、鞭虫、结节线虫、网尾线虫、夏柏线虫、牛皮蝇、纹皮蝇、羊狂蝇、牛疥螨、痒螨、血虱等具有 94%～100%的驱杀作用。

作用机制：主要作用于寄生虫的神经系统，促进 GABA 释放，打开氯离子通道，阻止向肌肉的兴奋传递，最终引起寄生虫麻痹死亡。

3. 毒理信息

急性毒性：口服（小鼠），LD_{50} 为 29 500 μg/kg；皮下（牛），LD_{Lo} 为 8 mg/kg。

4. 毒性等级

低毒。

5. 每日允许摄入量

0～10 μg/kg 体重。

6. 最大残留限量

见表 1－12。

表 1－12　伊维菌素最大残留限量

动物种类	靶组织	最大残留限量（μg/kg）
牛	肌肉	30
	脂肪	100
	肝	100
	肾	30
	奶	10
猪/羊	肌肉	30
	脂肪	100
	肝	100
	肾	30

7. 常用检验检测方法

方法一：《食品安全国家标准　水产品中阿维菌素和伊维菌素多残留的测定　高效液相色谱法》（GB 29695—2013），该标准适用于鱼的可食性组织中阿维菌素和伊维菌素残留量的检测。方法的检测限为 2 μg/kg。方法的定量限为4 μg/kg。

方法二：《牛奶和奶粉中伊维菌素、阿维菌素、多拉菌素和乙酰氨基阿维菌素残留量的测定　液相色谱-串联质谱法》（GB/T 22968—2008），该标准适用于牛奶和奶粉中伊维菌素、阿维菌素、多拉菌素和乙酰氨基阿维菌素残留量的测定。该标准的检测限：牛奶中伊维菌素、阿维菌素、多拉菌素和乙酰氨基阿维菌素均为 5 μg/kg，奶粉中伊维菌素、阿维菌素、多拉菌素和乙酰氨基阿维菌素均为 40 μg/kg。

方法三：《河豚鱼、鳗鱼和烤鳗中伊维菌素、阿维菌素、多拉菌素和乙酰氨基阿维菌素残留量的测定　液相色谱-串联质谱法》（GB/T 22953—2008），该标准适用于河豚肌肉、鳗鱼肌肉、烤鳗中伊维菌素、阿维菌素、多拉菌素和乙酰氨基阿维菌素残留量的测定。该标准的检测限为 5 μg/kg。

方法四：《进出口食用动物、饲料中伊维菌素残留测定　液相色谱-质谱/质谱法》（SN/T 5121—2019），该标准适用于进出口食用动物（如猪、牛、羊、兔、鸡、鸭）血液以及动物饲料中伊维菌素的测定和确证。该标准的检测限为 10 μg/kg。

方法五：《畜禽血液和尿液中 150 种兽药及其他化合物鉴别和确认　液相色谱-高分辨串联质谱仪法》（农业农村部公告第 197 号—9—2019），该标准适用于猪血、牛血、羊血和鸡血以及猪尿牛尿、羊尿中 150 种兽药及其他化合物的鉴别和确认。该标准的检测限为 5 ng/mL。

方法六：《食品安全国家标准　动物性食品中阿维菌素类药物残留量的测定　高效液相色谱法和液相色谱-串联质谱法》（GB 31658.16—2021），该标准适用于猪、牛、羊的肌肉、肝脏、肾脏和脂肪组织中阿维菌素、伊维菌素、多拉菌素和乙酰氨基阿维菌素残留量的测定。该标准的检测限为 1.5 μg/kg，定量限为 5 μg/kg。

方法七：《饲料中阿维菌素类药物的测定　液相色谱-质谱法》（农业部 1486 号公告—5—2010），该标准适用于配合饲料、浓缩饲料和添加剂预混合饲料中埃普利诺菌素、阿维菌素、多拉菌素和伊维菌素含量的测定。该标准的检测限：饲料中 4 种阿维菌素类药物均为 10 μg/kg。该方法的定量限：饲料中 4 种阿维菌素类药物均为 25 μg/kg。

方法八：《食品安全国家标准　牛奶中阿维菌素类药物多残留的测定　高效液相色谱法》（GB 29696—2013），该标准适用于牛奶中伊维菌素、阿维菌素、多拉菌素和埃普利诺菌素单个或多个药物残留量的检测。该标准的检测限为 1 μg/kg，定量限为 2 μg/kg。

方法九：《动物性食品中阿维菌素类药物残留检测——酶联免疫吸附法，高效液相色谱和液相色谱-串联质谱法》（农业部 1025 号公告—5—2008），该标准适用于牛肝脏和牛肌肉中埃普利诺菌素、阿维菌素和伊维菌素残留量的测定。该标准牛肝和牛肉中的检测限为 2 μg/kg。

方法十：《动物源食品中阿维菌素类药物残留量的测定　免疫亲和-液相色谱法》（GB/T 21321—2007），该标准适用于牛肝脏和牛肌肉组织样品中阿维菌素、伊维菌素、多拉菌素和埃普利诺菌素残留量的测定。该标准的检测限：阿维菌素、伊维菌素、多拉菌素和埃普利诺菌素均为 1 μg/kg。

方法十一：《动物源食品中阿维菌素类药物残留量的测定　液相色谱-串联质谱法》（GB/T 21320—2007），该标准适用于牛肝脏和牛肌肉中埃普利诺菌素、阿维菌素、多拉菌素和伊维菌素残留量的测定。该标准的检测限：埃普利诺菌素、阿维菌素、多拉菌素和伊维菌素均为 1.5 μg/kg。

方法十二：《牛肝和牛肉中阿维菌素类药物残留量的测定　液相色谱-串联质谱法》（GB/T 20748—2006），该标准适用于牛肝和牛肉中伊维菌素、阿维菌素、多拉菌素和爱普瑞菌素残留量的测定。该标准的检测限为 4 μg/kg。

十三、左旋咪唑

1. 基本信息

中文别名：左咪唑、左旋咪唑碱。

化学名称：左旋-6-苯基-2,3,5,6-四氢咪唑并（2,1-b）噻唑。

CAS号：14769-73-4。

分子式：$C_{11}H_{12}N_2S$。

分子量：204.29。

化学结构式：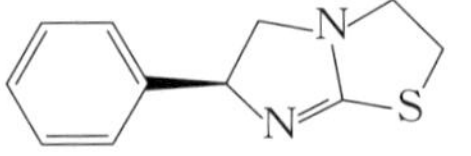

性状：白色至灰白色结晶粉末。

熔点：230～233℃。

闪点：162.1℃。

密度：1.32 g/cm^3。

2. 作用方式与用途

左旋咪唑属咪唑并噻唑类抗蠕虫药，最早在1966年在国外用于临床驱虫，临床常用其盐酸盐或磷酸盐。对畜禽的主要胃肠道线虫效果极佳，对猪蛔虫、肾虫和毛首线虫的幼虫有良效。对猪可用于驱除毛圆属线虫、仰口属线虫、皱胃寄生虫（血矛属线虫、奥斯特线虫）、蛔虫、肠道线虫（类圆线虫），对结节虫（食道口线虫）和处于输尿管的肾虫（有齿冠尾线虫）也有效。对犬可用于驱除蛔虫、钩虫和心丝虫。随后的研究中发现左旋咪唑有免疫增强功能，能恢复体内受抑制的免疫系统，增强机体抗感染能力。因此，左旋咪唑广泛用于畜牧行业一些其他病症的辅助治疗。但长期反复的使用驱虫药，会使虫体产生抗药性，并且化学驱虫药的大量使用，造成畜禽产品的药物残留，严重的危害人畜健康，同时被驱虫动物体排出的已降解或未经改变的化学药物会污染环境、破坏生态平衡，进一步形成不可估量的恶性循环。

作用机制：通过抑制寄生虫虫体延胡索酸酶的活性，阻断延胡索酸还原为琥珀酸，影响虫体糖代谢过程，使虫体ATP减少，导致虫体麻痹而死亡。左旋咪唑驱虫作用还能通过使虫体神经肌肉去极化，使虫体肌肉持续麻痹来完成，并且对动物体具有很好的免疫调节功能，使动物体内抑制的免疫功能得到恢复。

3. 环境归趋特征

碱性水溶液中均易分解失效。

4. 毒理信息

鸡能很好地耐受左旋咪唑，LD_{50} 为 2.75 g/kg。

5. 每日允许摄入量

0～6 μg/kg 体重。

6. 最大残留限量

见表 1－13。

表 1－13　左旋咪唑最大残留限量

动物种类	靶组织	最大残留限量（μg/kg）
牛/羊/猪/家禽（泌乳期禁用、产蛋期禁用）	肌肉	10
	脂肪	10
	肝	100
	肾	10

7. 常用检验检测方法

方法一：《食品安全国家标准　牛奶中左旋咪唑残留量的测定　高效液相色谱法》（GB 29681—2013），该标准规定了牛奶中左旋咪唑残留量检测的制样和高效液相色谱测定方法。该标准适用于牛奶中左旋咪唑残留量检测。该标准检测限为 2.5 μg/kg，定量限为 5 μg/kg。

方法二：《牛奶和奶粉中左旋咪唑残留量的测定　液相色谱-串联质谱法》（GB/T 22994—2008），该标准适用于液态奶（包括原料奶、纯牛奶、脱脂牛奶）和奶粉（包括纯奶粉、脱脂奶粉和婴幼儿配方奶粉）中左旋咪唑残留量的测定。该标准牛奶中左旋咪唑检测限为 0.4 μg/kg；奶粉中左旋咪唑检测限为 3.2 μg/kg。

方法三：《饲料中左旋咪唑的测定　高效液相色谱法》（NY/T 3139—2017），该标准配合饲料的检测限为 0.2 mg/kg；浓缩饲料、精料补充料检测限为0.4 mg/kg。

方法四：《畜禽血液和尿液中 150 种兽药及其他化合物鉴别和确认　液相色谱-高分辨串联质谱仪法》（农业农村部公告第 197 号—9—2019），该标准适用于猪血、牛血、羊血和鸡血以及猪尿牛尿、羊尿中 150 种兽药及其他化合物的鉴别和确认。该标准的检测限为 5 ng/mL。

十四、甲苯咪唑

1. 基本信息

中文别名：甲苯达唑、二苯酮胍甲酯、甲苯哒唑、二苯酮咪胺酯、二苯酮咪唑胺酯、苯甲酰咪胺甲酯、安乐士、驱虫康、一片灵、威乐治。

化学名称：(5-苯甲酰-1-苯并咪唑-2-基) 氨基甲酸甲酯。

CAS 号：31431-39-7。

分子式：$C_{16}H_{13}N_{3}O_{3}$。

分子量：295.292 7。

化学结构式：

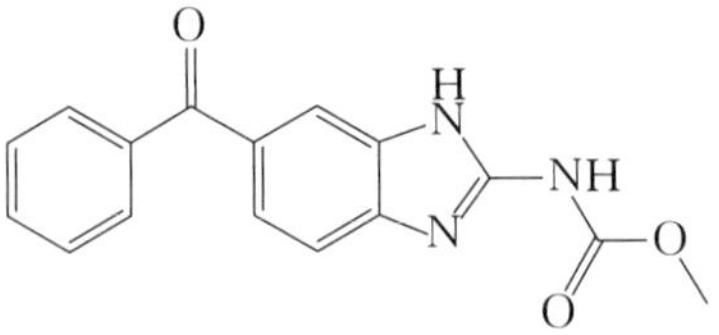

性状：白色至淡黄色结晶性粉末，无臭，无味。

熔点：288.5 ℃。

密度：1.388 g/cm^{3}。

溶解性：水溶解性 35.4 mg/L (25 ℃)。溶于甲醛、甲酸、冰醋酸和苦杏仁油，不溶于水。不吸湿，在空气中稳定。

2. 作用方式与用途

甲苯咪唑在 1971 年由 Van Geldev 首次合成，并获美国专利。同年由比利时 Tanssen 公司研制进入临床。甲苯咪唑有 3 种晶体类型，分别为 A 型、B 型、C 型。临床表明，C 型甲苯咪唑具有广谱驱肠道寄生虫药的特性，对线虫、绦虫有强大的驱除作用，如对蛲虫、蛔虫、十二指肠钩虫、美洲钩虫、类圆线虫、绦虫等都有效果。具有广谱的杀虫性质，对哺乳动物低毒，适合作为控制动物及鱼体消化道寄生虫病的药物。在水产养殖的过程中，经常用来杀死鱼类中的环虫类，例如，在欧鳗的养殖过程中使用甲苯咪唑对寄生虫病有较好的治疗效果。

作用机制：甲苯咪唑作为一种广谱杀虫剂，其主要的作用机制是能抑制虫体对葡萄糖的吸收以及利用，阻碍 ATP 的产生或延长细胞水解酶半衰期，加速细胞溶解，从而导致糖原耗尽，使寄生虫无法生存和繁殖。

3. 毒理信息

经口（绵羊），LD_{50} 为＞80 mg/kg；经口（老鼠），LD_{50} 为＞40 mg/kg；

经口（鸡），LD_{50}为>40 mg/kg。

4. 每日允许摄入量（ADI）

0～12.5 μg/kg 体重。

5. 最大残留限量

见表 1-14。

表 1-14　甲苯咪唑最大残留限量

动物种类	靶组织	残留限量（μg/kg）
羊/马（泌乳期禁用）	肌肉	60
	脂肪	60
	肝	400
	肾	60

6. 常用检验检测方法

甲苯咪唑既是一种人用药，也是一种兽用药，具有广谱的杀虫性质，对哺乳动物低毒，适合作为控制动物及鱼体消化道寄生虫病的药物。在水产养殖的过程中常会用来杀死水产当中的环虫类。目前，检测甲苯咪唑的方法主要有滴定法、紫外分光光度法、比色法、磷光分光光度法、荧光分光光度法、红外分光光度法、薄层色谱法、高效液相色谱法等。相关标准如下。

方法一：《食用动物肌肉和肝脏中苯并咪唑类药物残留量检测方法》（GB/T 21324—2007），该标准适用于液相色谱法和液相色谱-串联质谱法测定鸡肉、牛肉、猪肉、鸡肝、牛肝、猪肝中奥芬达唑、芬苯达唑及它们的代谢物奥芬达唑砜，阿苯达唑及其代谢物阿苯达唑-2-氨基砜、阿苯达唑亚砜和阿苯达唑砜，甲苯咪唑及其代谢物氨基甲苯咪唑和羟基甲苯咪唑，氟苯咪唑及其代谢物2-氨基氟苯咪唑，噻苯咪唑及其代谢物5-羟基噻苯咪唑，噻苯咪唑酯的残留量。适用于液相色谱-串联质谱法测定鸡肉、牛肉、猪肉、鸡肝、牛肝、猪肝中丙氧苯咪唑的残留量。适用于液相色谱法测定鸡肉、牛肉、猪肉、鸡肝、牛肝中丙氧苯咪唑的残留量。该标准的检测限为0.010 mg/kg。

方法二：《河豚鱼、鳗鱼和烤鳗中苯并咪唑类药物残留量的测定　液相色谱-串联质谱法》（GB/T 22955—2008），该标准的检测限：奥芬达唑、芬苯达唑、奥芬达唑砜、阿苯达唑、阿苯达唑-2-氨基砜、阿苯达唑亚砜、阿苯达唑砜，甲苯咪唑、羟基甲苯咪唑，氟苯咪唑、2-氨基氟苯咪唑，噻苯咪唑、5-

羟基噻苯咪唑、噻苯咪唑酯、氧苯达唑均为 0.010 mg/kg。

方法三：《饲料中 8 种苯并咪唑类药物的测定　液相色谱-串联质谱法和液相色谱法》（农业部 1730 号公告—1—2012），该标准适用于配合饲料、浓缩饲料和预混合饲料中苯并咪唑类药物（噻苯达唑、阿苯达唑、芬苯达唑、奥芬达唑、氟苯哒唑、甲苯咪唑、氧苯达唑和三氯苯达唑）的测定。该标准的检测限和定量限：液相色谱串联质谱法的检测限为 0.20 mg/kg，定量限为 0.50 mg/kg；液相色谱法的检测限为 0.20 mg/kg，定量限为 0.50 mg/kg。

方法四：《畜禽血液和尿液中 150 种兽药及其他化合物鉴别和确认　液相色谱-高分辨串联质谱仪法》（农业农村部公告第 197 号—9—2019），该标准适用于猪血、牛血、羊血和鸡血以及猪尿牛尿、羊尿中 150 种兽药及其他化合物的鉴别和确认。该标准的检测限为 5 ng/mL。

十五、奥苯达唑

1. 基本信息

中文别名：氧苯达唑、丙氧咪唑。

化学名称：（5-丙氧基-1H-苯并咪唑-2-基）氨基甲酸甲酯。

CAS 号：20559-55-1。

分子式：$C_{12}H_{15}N_3O_3$。

分子量：249.27。

化学结构式：

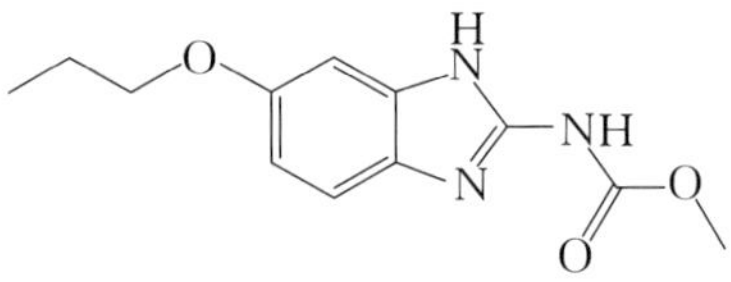

性状：白色结晶。

熔点：230～231 ℃。

密度：1.301 g/cm^3。

2. 作用方式与用途

作用机制：主要是与线虫的微管蛋白结合发挥作用。对蛔虫、钩虫和鞭虫均有明显作用。与其他驱钩虫药比较，本品不但对十二指肠钩虫疗效较好，而且对美洲钩虫也有较好疗效，2 d 和 3 d 疗法的虫卵转阴率可达 56%～100%。一般驱虫药物对鞭虫疗效较差，奥克太尔驱鞭虫时虫卵转阴率虽可达 70%，但对钩虫和蛔虫无效，而本品不仅对钩虫和蛔虫有效，驱鞭虫的疗效也可达 70%左右。

3. 毒理信息

急性毒性：经口（大鼠），LD_{50} 为 32 mg/kg。
致突变：1 mg/L。

4. 每日允许摄入量

0～60 μg/kg 体重。

5. 最大残留限量

见表 1－15。

表 1－15　奥苯达唑最大残留限量

动物种类	靶组织	最大残留限量（μg/kg）
猪	肌肉	100
	皮＋脂	500
	肝	200
	肾	100

6. 常用检验检测方法

方法一：《河豚鱼、鳗鱼和烤鳗中苯并咪唑类药物残留量的测定　液相色谱-串联质谱法》（GB/T 22955—2008），该标准的检测限：奥芬达唑、芬苯达唑、奥芬达唑砜、阿苯达唑、阿苯达唑-2-氨基砜、阿苯达唑亚砜、阿苯达唑砜，甲苯咪唑、羟基甲苯咪唑，氟苯咪唑、2-氨基氟苯咪唑，噻苯咪唑、5-羟基噻苯咪唑、噻苯咪唑酯、氧苯达唑均为 0.010 mg/kg。

方法二：《饲料中 8 种苯并咪唑类药物的测定　液相色谱-串联质谱法和液相色谱法》（农业部 1730 号公告—1—2012），该标准适用于配合饲料、浓缩饲料和预混合饲料中苯并咪唑类药物（噻苯达唑、阿苯达唑、芬苯达唑、奥芬达唑、氟苯哒唑、甲苯咪唑、氧苯达唑和三氯苯达唑）的测定。该标准的检测限和定量限：液相色谱串联质谱法的检测限为 0.20 mg/kg，定量限为 0.50 mg/kg；液相色谱法的检测限为 0.20 mg/kg，定量限为 0.50 mg/kg。

方法三：《畜禽血液和尿液中 150 种兽药及其他化合物鉴别和确认　液相色谱-高分辨串联质谱仪法》（农业农村部公告第 197 号—9—2019），该标准适用于猪血、牛血、羊血和鸡血以及猪尿牛尿、羊尿中 150 种兽药及其他化合物的鉴别和确认。该标准检测限为 5 ng/mL。

方法四：《动物源性食品中多种碱性药物残留量的检测方法　液相色谱-质谱/质谱法》（SN/T 2624—2010）。该标准中苯二氮卓类药物和硝基咪唑类药物的检测限为 1.0 μg/kg，β-受体激动剂类药物和三苯甲烷类药物的检测限为 0.5 μg/kg，苯并咪唑类药物的检测限为 5.0 μg/kg，磺胺类药物的检测限为 20.0 μg/kg。

十六、哌嗪

1. 基本信息

中文别名：无水哌嗪、对二氮己环、二乙基二胺、哌吡嗪、双二甲胺、四甲二胺、对二氮己环。

化学名称：二乙烯二胺。

CAS 号：110－85－0。

分子式：$C_4H_{10}N_2$。

分子量：86.14。

化学结构式：HN　NH（哌嗪环结构式）

性状：无色结晶，具有氨的气味，有强吸湿性。

熔点：107～111 ℃。

闪点：49.726 ℃。

密度：0.874 g/cm^3。

溶解度：150 g/L（20 ℃，水）。

2. 作用方式与用途

本品能麻痹蛔虫肌肉，使虫体不能附着于宿主肠壁，然后随粪便排出体外。

作用机制：哌嗪能阻断神经肌肉接头处的胆碱受体，从而阻止神经冲动的传递和乙酰胆碱的兴奋作用。作为医药中间体，主要用于制磷酸哌嗪、氟奋乃静和利福平等，也用于制润湿剂、乳化剂、分散剂、抗氧剂等。

3. 毒理信息

急性毒性：经口（大鼠），LD_{50} 为 2 050 mg/kg；经口（小鼠），LD_{50} 为 600 mg/kg；经皮（兔），LD_{50} 为 4 000 mg/kg；吸入（小鼠），LC_{50} 为 5 400 mg/m^3/2H。

4. 毒性等级

中毒。

5. 每日允许摄入量

0～250 μg/kg 体重。

6. 最大残留限量

见表 1－16。

表 1－16　哌嗪最大残留限量

动物种类	靶组织	最大残留限量（μg/kg）
猪	肌肉	400
	皮＋脂	800
	肝	2 000
	肾	1 000
鸡	蛋	2 000

7. 常用检验检测方法

《进出口动物源性食品中哌嗪残留量检测方法　液相色谱-质谱/质谱法》（SN/T 2317—2009），该标准适用于牛肉、牛肝、牛肾、蛋、鳗鱼、蜂蜜等动物源食品中哌嗪残留量的检测和确证，检测限为 10 μg/mg。

十七、敌百虫

1. 基本信息

中文别名：敌百虫可溶性粉剂、敌百虫兽用、敌百虫原粉。
化学名称：O,O－二甲基-(2,2,2－三氯-1－羟基乙基）磷酸酯。
CAS 号：52－68－6。
分子式：$C_4H_8Cl_3O_4P$。
分子量：257.44。
化学结构式：

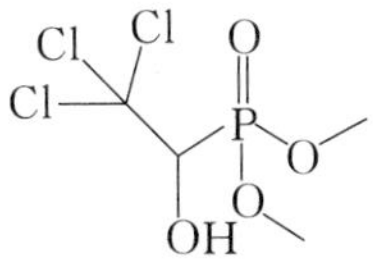

Cl Cl O
Cl— P O
OH O

性状：纯品为白色结晶，有醛类气味。

熔点：77～81 ℃。

闪点：116.7 ℃。

密度：1.574 g/cm^3。

溶解性：溶解度（20 ℃，水）120 g/L，溶于大多有机溶剂，但不溶于脂肪烃和石油。20 ℃下，己烷 0.1～1 g/L，二氯甲烷、异丙醇＞200 g/L，甲苯 20～50 g/L。

2. 作用方式与用途

敌百虫具有胃毒作用，能抑制害虫神经系统中胆碱酯酶的活动而致死，杀虫谱广，通常以原药溶于水中施用，也可制成粉剂、乳油、毒饵（见农药剂型）使用。敌百虫在中国广泛用于防治农林和园艺的多种咀嚼式口器害虫、家畜寄生虫、蚊蝇等。农业上应用范围很广，用于防治菜青虫、棉叶跳虫、桑野蚕、桑黄、象鼻虫、果树叶蜂、果蝇等多种害虫。精制敌百虫可用于防治猪、牛、马、骡牲畜体内外寄生虫，对家庭和环境卫生害虫均有效。可用于治疗血吸虫病，是畜牧上一种很好的多效驱虫剂。

敌百虫具有触杀和胃毒作用、渗透活性。原粉可加工成粉剂、可湿性粉剂、可溶性粉剂和乳剂等各种剂型使用，也可直接配制水溶液或制成毒饵，用于防治咀嚼式口器和刺吸式口器的农林、园艺害虫以及地下害虫等。

3. 环境归趋特征

光解缓慢。被碱很快地转化成敌敌畏。

生物降解性：好氧生物降解：24～1 080 h；厌氧生物降解：96～4 320 h。

非生物降解性：光解最大光吸收：＜200 nm；空气中光氧化半衰期：1～101 h；一级水解半衰期：68 h。

4. 毒理信息

急性毒性：经口（小鼠），半数致死剂量（LD_{50}）为 400～600 mg/kg；经口（大鼠），半数致死剂量（LD_{50}）为 450～500 mg/kg；经皮（小鼠），半数致死剂量（LD_{50}）为 1 700～1 900 mg/kg；经口（人），估计致死剂量：10～20 g。

亚急性和慢性毒性：慢性中毒，多见于精制本品的包装工，由于呼吸道吸入和皮肤污染所致，主要表现为乏力、头昏、食欲减退、多汗、肌束颤动、“板颈”（颈部活动不自如）等症状。

代谢：代谢途径中主要有 2 方面的反应。甲氧基部分的水解，甲基由于烃基化（或甲基化）而被结合或转移至肝的蛋白质；磷酸酯键的水解产生三氯乙醇，与葡萄糖醛酸结合后从尿排出。

中毒机理：在酸性介质中水解，先脱去甲基，成为无毒的去甲基敌百虫，在碱性溶液中则发生脱氯化氢反应，变为毒性较大的敌敌畏。

刺激性：家兔经眼为 120 mg/6 d（间歇），轻度刺激。

致癌性：大鼠经口最低中毒剂量为 186 mg/kg，6 周（间歇），疑致肿瘤、肝肿瘤。

致突变性：微生物致突变性，鼠伤寒沙门氏菌 3 400 nmol/皿。哺乳动物体细胞突变性，小鼠淋巴细胞 80 mg/L。姊妹染色单体交换：仓鼠肺 20 mg/L。

5. 毒性等级

低毒。

6. 每日允许摄入量

0～2 μg/kg 体重。

7. 最大残留限量

见表 1 - 17。

表 1 - 17　敌百虫最大残留限量

动物种类	靶组织	最大残留限量（μg/kg）
牛	肌肉	50
	脂肪	50
	肝	50
	肾	50
	奶	50

8. 常用检验检测方法

方法一：《食品安全国家标准　动物源性食品中敌百虫、敌敌畏、蝇毒磷残留量的测定液相色谱-质谱/质谱法》（GB 23200.94—2016），该标准适用于分割肉、盐渍肠衣以及蜂蜜中敌百虫、敌敌畏、蝇毒磷残留量的测定，定量限是 0.01 mg/kg。

方法二：《水产品中敌百虫残留量的测定　气相色谱法》（农业部 783 号公

告—3—2006），该标准适用于水产品及水产加工品可食部分中敌百虫残留量的检测，定量限是 0.04 mg/kg。

方法三：《出口粮谷中敌百虫、辛硫磷残留量测定方法　液相色谱-质谱/质谱法》(SN/T 3769—2014)，该标准适用于玉米、糙米、大米、小麦和荞麦中敌百虫、辛硫磷有机磷农药残留量的液相色谱-质谱/质谱法检测和确证方法，定量限是 0.002 mg/kg。

方法四：《进出口食品中敌百虫残留量检测方法　液相色谱-质谱/质谱法》(SN/T 0125—2010)，该标准适用于出口清蒸猪肉罐头、猪肉、鸡肉、牛肉、鱼肉、香肠、糙米、玉米、洋葱、核桃中敌百虫残留量的测定。该标准对出口清蒸猪肉罐头、猪肉、鸡肉、牛肉、鱼肉、香肠中敌百虫残留量的检测限均为 0.002 mg/kg；糙米、玉米、洋葱、核桃中敌百虫残留量的检测限均为 0.004 mg/kg。

方法五：《蜂蜜中 486 种农药及相关化学品残留量的测定　液相色谱-串联质谱法》(GB/T 20771—2008)，该标准适用于洋槐蜜、油菜蜜、椴树蜜、荞麦蜜、枣花蜜中 486 种农药及相关化学品残留的定性鉴别，也适用于 461 种农药及相关化学品残留量的定量测定。该标准定量测定的 461 种农药及相关化学品的检测限为 0.52 μg/kg。

方法六：《动物肌肉中 461 种农药及相关化学品残留量的测定　液相色谱-串联质谱法》(GB/T 20772—2008)，该标准适用于猪肉、牛肉、羊肉、兔肉、鸡肉中 461 种农药及相关化学品的定性鉴别，396 种农药及相关化学品残留量的定量测定。该标准定量测定的 396 种农药及相关化学品的检测限为 0.56 μg/kg。

方法七：《河豚鱼、鳗鱼和对虾中 450 种农药及相关化学品残留量的测定　液相色谱-串联质谱法》(GB/T 23208—2008)，该标准适用于河豚、鳗鱼和对虾中 450 种农药及相关化学品的定性鉴别。该标准的检测限为 0.45 μg/kg。

方法八：《牛奶和奶粉中 493 种农药及相关化学品残留量的测定　液相色谱-串联质谱法》(GB/T 23211—200)，该标准适用于牛奶中 482 种农药及相关化学品的定性鉴别，441 种农药及相关化学品的定量测定；适用于奶粉中 481 种农药及相关化学品的定性鉴别，427 种农药及相关化学品的定量测定。该标准牛奶的检测限为 0.28 μg/L；奶粉中的检测限为 0.92 μg/kg。

方法九：《食品安全国家标准　水产品中有机磷类药物残留量的测定　液相色谱-串联质谱法》(GB 31656.8—2021)，该标准适用于鱼、海参、蟹和虾等水产品可食部分中辛硫磷、巴胺磷、倍硫磷、马拉硫磷、二嗪农、敌百虫、敌敌畏、甲基吡啶磷和蝇毒磷残留量的检测。该标准敌百虫的检测限为 5 μg/kg，定量限为 10 μg/kg。

方法十：《粮谷中486种农药及相关化学品残留量的测定　液相色谱-串联质谱法》(GB/T 20770—2008)，该标准适用于大麦、小麦、燕麦、大米、玉米中486种农药及相关化学品残留的定性鉴别，376种农药及相关化学品残留量的定量测定。该标准的检测限为0.56 μg/kg。

方法十一：《水果和蔬菜中450种农药及相关化学品残留量的测定　液相色谱-串联质谱法》(GB/T 20769—2008)，该标准适用于苹果、橙子、洋白菜、芹菜、番茄中450种农药及相关化学品残留的定性鉴别，381种农药及相关化学品残留量的定量测定。该标准的检测限为0.28 μg/kg。

方法十二：《饮用水中450种农药及相关化学品残留量的测定　液相色谱-串联质谱法》(GB/T 23214—2008)，该标准适用于饮用水中450种农药及相关化学品的定性鉴别，也适用于其中427种农药及相关化学品的定量测定。该标准定量测定的427种农药及相关化学品的检测限为0.11 μg/L。

方法十三：《蔬菜中334种农药多残留的测定　气相色谱质谱法和液相色谱质谱法》(NY/T 1379—2007)，该标准适用于蔬菜中334种农药残留量的测定，检测限为0.01 mg/kg。

方法十四：《出口粮谷中敌百虫、辛硫磷残留量测定方法　液相色谱-质谱/质谱法》(SN/T 3769—2014)，该标准适用于玉米、糙米、大米、小麦和荞麦中敌百虫、辛硫磷有机磷农药残留量的液相色谱-质谱/质谱法检测和确证方法，检测限为0.002 mg/kg。

方法十五：《食品安全国家标准　茶叶中448种农药及相关化学品残留量的测定　液相色谱-质谱法》(GB 23200.13—2016)，该标准适用于绿茶、红茶、普洱茶、乌龙茶中448种农药及相关化学品残留的定性鉴别，也适用于418种农药及相关化学品残留的定量测定。该标准的定量限为1.12 μg/kg。

方法十六：《食品安全国家标准　食用菌中440种农药及相关化学品残留量的测定　液相色谱-质谱法》(GB 23200.12—2016)，该标准适用于滑子菇、金针菇、黑木耳和香菇中440种农药及相关化学品的定性鉴别，364种农药及相关化学品的定量测定。该标准的定量限为0.56 μg/kg。

方法十七：《食品安全国家标准　果蔬汁和果酒中512种农药及相关化学品残留量的测定　液相色谱-质谱法》(GB 23200.14—2016)，该标准适用于橙汁、苹果汁、葡萄汁、白菜汁、胡萝卜汁、干酒、半干酒、半甜酒、甜酒中512种农药及相关化学品残留的定性鉴别，也适用于490种农药及相关化学品残留量的定量测定。该标准的定量限为0.38 μg/kg。

方法十八：《水中88种农药及代谢物残留量的测定　液相色谱-串联质谱法和气相色谱-串联质谱法》(NY/T 3277—2018)，该标准适用于地表水和地下水中88种农药及代谢物残留量的测定和确证。该标准的定量限为5 μg/kg。

方法十九：《食品安全国家标准　蜂蜜中5种有机磷农药残留量的测定　气相色谱法》(GB 23200.97—2016)，该标准适用于蜂蜜中敌百虫、皮蝇磷、毒死蜱、马拉硫磷、蝇毒磷农药残留量的测定和确证。该标准有机磷类农药定量限均为0.01 mg/kg。

方法二十：《进出口水果蔬菜中有机磷农药残留量检测方法　气相色谱和气相色谱-质谱法》(SN/T 0148—2011)，该标准适用于菠萝、苹果、荔枝、胡萝卜、马铃薯、茄子、菠菜、荷兰豆、鲜木耳、鲜蘑菇、鲜牛蒡、鲜香菇、大葱等70种有机磷类农药残留量的检测。该标准的检测限为0.01 mg/kg。

方法二十一：《蔬菜和水果中有机磷、有机氯、拟除虫菊酯和氨基甲酸酯类农药多残留的测定》(NY/T 761—2008)第1部分：蔬菜和水果中有机磷类农药多残留的测定，该标准适用于蔬菜和水果中上述54种农药残留量的检测。

第二章　抗球虫药

球虫病是一种寄生虫病，是一种由单细胞寄生虫 Eimeria（艾美耳）引起的，Eimeria 在动物小肠内成倍增殖导致损伤，会降低动物采食量和饲料中养分的吸收率，导致动物脱水和血液损失，引起家禽肉和蛋生产出现严重损失。一个卵囊像一个胶囊，有一层厚厚的保护层保护着寄生虫。当活动的卵囊被鸡采食吞噬后，Eimeria 的生活就开始了，如果湿度、温度或者氧气合适，它们就开始生长，在肠道内着床，嵌合在肠细胞之间，成倍繁殖后，损害组织。

自从 1939 年有人首次提出在生产中使用氨苯磺胺控制球虫病以来，用于预防鸡球虫病的药物达 50 余种。目前在不同国家中，应用的抗球虫药一般为广谱抗球虫药，其中一类为聚醚类离子载体抗生素，如莫能菌素、拉沙里菌素、盐霉素、那拉霉素、马杜拉霉素、海南霉素等，大多都含有一个一元有机酸和许多醚基，因而可形成多种金属盐。聚醚类抗球虫药经常以钠盐、钾盐或铵盐的形式存在，微溶或不溶于水，易溶于低级醇、丙酮、氯仿、苯、乙醚、石油醚、乙酸乙酯、四氯化碳及正己烷等，且在中性或碱性环境中稳定。它们能与球虫细胞中的阳离子紧密结合，改变细胞膜上脂质屏障的渗透性，使细胞内外离子浓度发生变化，导致大量水分进入球虫细胞，最终使球虫肿胀死亡。另一类为化学合成类抗球虫药，主要有磺胺类、球痢灵、氯羟吡啶、氯苯胍、氨丙啉、尼卡巴嗪、氟嘌呤、地克珠利、二甲硫胺、喹啉类等。

抗球虫病药物的作用方式如下。

作用于细胞膜的药物：聚醚类离子载体抗生素是 20 世纪 70 年代开始投放市场的一类抗球虫药。我国从 1985 年开始推广应用，主要有莫能菌素、盐霉素、甲基盐霉素、拉沙里菌素和马杜霉素等。聚醚类离子载体抗生素能穿过细胞膜影响离子的运输，这些药物在子孢子或裂殖子穿入宿主细胞之前被吸收，与球虫体内的离子结合并形成络合物，破坏了细胞的正常离子平衡，导致球虫新陈代谢紊乱以致死亡。同时激活 $Na^{+}-K^{+}-ATP$ 酶，使 ATP 的消耗增加，乳酸生成增多，支链淀粉消耗也增多。其作用峰期是在球虫入侵期，即对细胞外的子孢子和第 1 代裂殖子有效。

影响辅酶吸收和合成的药物：作为控制球虫病的预防性药物，磺胺和氨丙啉曾一度被广泛应用。磺胺类药物通过与对氨基苯甲酸竞争二氢叶酸合成酶妨碍二氢叶酸的形成从而抑制球虫的正常发育，对所有球虫的第 2 代裂殖子最为有效。氨丙啉在球虫代谢过程中取代硫胺素，使许多有硫胺素参与的碳水化合物代谢反应不能进行，从而抑制球虫的发育。它的最高活性在周期的第 3 d，即对第 1 代裂殖子最为有效，另外它对有性周期和子孢子也有一定作用。

影响线粒体功能的药物：喹啉类和吡啶类抗球虫药在 20 世纪 70 年代用于控制球虫病，由于耐药性来得快，其应用有所下降。它们均通过阻断线粒体电子运输抑制球虫的呼吸作用，使之不能发育，但作用模式不同。这 2 类化合物的最高活性期是球虫生命周期的第 1 d，即子孢子期，它们只是抑制子孢子的发育，不能杀灭球虫。氯苯胍和尼卡巴嗪的活性成分具有与蛋白质结合的能力，使线粒体不能偶联，抑制氧化磷酸化过程。氯苯胍对柔嫩艾美耳球虫的最高活性期在其生命周期的第 2 d，尼卡巴嗪的抗球虫活性期为球虫生命周期的第 2 代裂殖子，其杀灭球虫的作用大于抑制作用。

作用于类质体的药物：三嗪酮是一种新型的广谱抗球虫药，可抑制 D1 蛋白质的功能，从而影响低氧浓度时的电子运输或球虫对宿主细胞的侵袭。

其他抗球虫药物：常山酮又名速丹，具有较高的杀灭球虫活性，对球虫发育的 3 个阶段都有作用。二硝托胺又名球痢灵，主要抑制球虫生活周期的无性生殖阶段，即周期的第 3 d。杀球灵是一种高效、广谱、低毒的新型抗球虫药。

抗球虫病的问题与对策：一是每种抗球虫药都有自己的抗虫谱，在选用 1 种药物之前，应当先明确动物的敏感性、致病虫种和药物的抗虫谱，然后再合理用药。二是在应用药物防治球虫病的过程中，不断出现一些耐药虫株。为减少或延迟耐药性的产生，保持抗球虫药的有效性，人们常常采用轮换用药、穿梭用药及配合用药等用药方案。三是化学疗法中存在的另一个问题是对免疫力产生的抑制。球虫的阶段性发育比较明显，只有在其发育到第 2 代裂殖生殖阶段时才释放出功能性抗原，诱导免疫力的产生。但大多数抗球虫药的活性峰期在球虫发育的无性生殖阶段，有可能使球虫不能发育到第 2 代裂殖生殖阶段，从而不能诱导免疫力的产生。为此，必须限制饲料中的用药量，使雏鸡维持一定程度的感染但又不至于发病，并使部分卵囊在药物的包围中发育起来，以诱导免疫力的产生。这种方法对蛋用鸡和种用鸡比较适用。四是严格执行抗球虫药的停药期限。由于抗球虫药使用的时间一般较长，在肉、蛋中出现残留是必然的，这往往会影响产品的质量和人们的健康。因此，应重视药物残留问题，必须严格执行抗球虫药的停药期限。

一、氨丙啉

1. 基本信息

化学名称：1-[(4-氨基-2-丙基-5-嘧啶基)甲基]-2-甲基吡啶氯化物。
英文名称：Amprolium。
CAS 号：137-88-2。
分子式：$C_{14}H_{19}N_4Cl$。
分子量：278.79。

化学结构式：

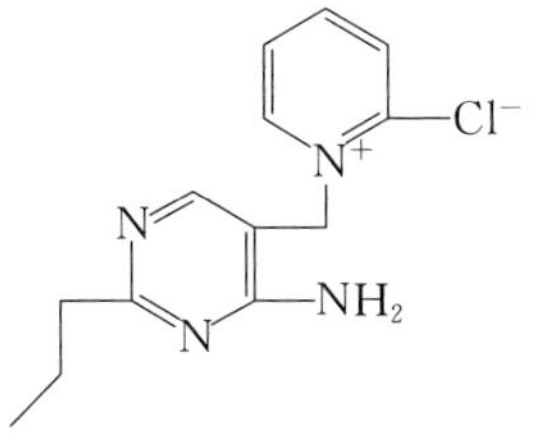

性状：白色或类白色粉末，无臭或几乎无臭。
溶解性：易溶于水、甲醇或乙醇，稍溶于乙醚，不溶于氯仿。

2. 作用方式与用途

氨丙啉是传统使用的抗球虫药，是美国默沙东公司于 1960 年开发，主要以盐酸盐形式被广泛应用。

作用机制：氨丙啉的化学结构与硫胺素类似，通过取代球虫机体内的硫胺素，干扰有硫胺素参与的代谢反应，阻滞球虫的生长发育。氨丙啉可以阻滞球虫的裂殖生殖，使其无法产生第 1 代裂殖子，对柔嫩艾美耳球虫的抑制作用最强，对毒害艾美耳球虫、布氏艾美耳球虫、巨型艾美耳球虫、和缓艾美耳球虫作用稍差，并且氨丙啉的使用有利于雏鸡免疫器官的发育，提高雏鸡的免疫机能。在临床实践中，该药常与磺胺喹噁啉和乙氧酰胺甲苯酯合用，可以增强抗球虫作用并扩大其抗球虫范围。氨丙啉对犊牛艾美耳球虫、羔羊艾美耳球虫也有良好预防效果。

3. 毒理信息

对鸡表现出竞争抑制硫胺素的作用，但毒性较小，雏鸡口服 LD_{50} 为 5 700 mg/kg，雏鸡内服治疗浓度连喂 23 周也无毒性反应。但若用药浓度过高，也能引起雏鸡硫胺素缺乏症而表现为多发性神经炎，增喂硫胺素虽可使鸡群康复，但也影响氨丙啉抗球虫活性。犊牛和绵羊喂服氨丙啉 20 d 以上，除出现神经症状以外，还能引起硫胺素不足。

4. 每日允许摄入量（ADI）

0～100 μg/kg 体重。

5. 最大残留限量

见表 2-1。

表 2-1　氨丙啉最大残留限量

动物种类	靶组织	最大残留限量（μg/kg）
牛	肌肉	500
	脂肪	2 000
	肝	500
	肾	500
鸡/火鸡	肌肉	50
	肝	1 000
	肾	1 000
	蛋	4 000

6. 常用检验检测方法

根据默沙东研究实验室的药物代谢实验证明：鸡口服氨丙啉在体内代谢后，99%以上的氨丙啉会以原形从粪和尿中排出，仅 1%以下变成 CO_2。因此，它的残留标志物就是氨丙啉。美国食品药物管理局（FDA）、日本、韩国、加拿大等国家均规定了氨丙啉在动物组织中的最大残留限量，美国 FDA 公布的氨丙啉在鸡蛋中的最大残留限量为 4 000 μg/kg。目前，已报道的饲料和动物组织中氨丙啉残留分析方法有紫外分光光度法、荧光分光光度法、高效液相色谱法和高效液相色谱-质谱联用法等。相关标准如下。

方法一：《出口动物源食品中氨丙啉残留量的测定　液相色谱-质谱/质谱法》(SN/T 4583—2016)，该标准适用于鸡肉、鸡肝、鸡肾、鸡蛋、牛肉、牛肝、牛肾、牛脂肪和牛奶中氨丙啉残留量的测定和确证。该标准的检测限为 10 μg/kg。

方法二：《进出口食用动物氨丙啉药物残留量的测定　液相色谱-质谱/质

谱法》（SN/T 4812—2017），该标准适用于兔、猪、牛、羊、鸡鸭、鹅的血液及兔，猪、牛、羊尿液中氨丙啉药物残留量的测定。该标准适用于出入境检验检疫工作，该标准的检测限为 10 μg/L。

方法三：《食品安全国家标准　牛可食性组织中氨丙啉残留量的测定　液相色谱-串联质谱法和高效液相色谱法》（GB 31613.1—2021），该标准适用于牛肌肉、肝脏、肾脏和脂肪中氨丙啉残留量的检测。该标准在牛肌肉、肝脏、肾脏和脂肪中的检测限为 10 μg/kg，定量限为 25 μg/kg。

方法四：《出口动物源食品中抗球虫药物残留量检测方法　液相色谱-质谱/质谱法》（SN/T 3144—2011），该标准适用于鸡肉，鸡肝、鸡蛋、牛肉、牛肝和牛奶中盐霉素、甲基盐霉素、莫能菌素、拉沙洛菌素、氯羟吡啶、氨丙啉、乙氧酰胺苯甲酯、尼卡巴嗪、常山酮、克拉珠利、甲苄喹啉、癸氧喹酯、二硝托胺、马杜霉素、地克珠利、硝米特 16 种抗球虫药物残留量的测定和确证；适用于鸡肉、鸡肝、鸡蛋、牛肉、牛肝和牛奶中甲基三嗪酮、甲基三嗪酮砜、甲基三嗪酮亚砜及阿克洛胺 4 种抗球虫药物残留量的测定。该标准的检测限：拉沙洛菌素为 0.005 mg/kg；盐霉素、莫能菌素、氯羟吡啶、氨丙啉、常山酮、甲苄喹啉和癸氧喹酯均为 0.01 mg/kg；甲基盐霉素、乙氧酰胺苯甲酯均为 0.02 mg/kg；马杜霉素、4,4′-二硝基均二苯脲（尼卡巴嗪残留标示物）、地克珠利、克拉珠利、甲基三嗪酮、甲基三嗪酮砜、甲基三嗪酮亚砜、二硝托胺、硝米特、阿克洛胺均为 0.05 mg/kg。

二、氯羟吡啶

1. 基本信息

化学名称：3,5-二氯-2,6-二甲基-4-羟基吡啶。

英文名称：Clopidol。

CAS号：2971-90-6。

分子式：$C_7H_7Cl_2NO$。

分子量：192.043。

化学结构式：

性状：白色或类白色粉末，无臭。

闪点：(146.4±26.5)℃。

密度：(1.4±0.1) g/cm^3。

溶解性：在甲醇或乙醇中极微溶，在水、丙酮、乙醚、苯中不溶；在氢氧化钠中溶解。

2. 作用方式与用途

氯羟吡啶属于吡啶类化合物，因其对球虫病具有较强的抑制作用，而在畜禽养殖业中被广泛应用。研究表明，在畜禽养殖过程中贸然停用该类药物，往往会导致球虫病暴发，而连续或过量的用药则会造成氯羟吡啶在动物体内的残留，并会随着食物链进行蓄积和传递。我国农业农村部公告第168号中规定蛋鸡产蛋期禁用氯羟吡啶。

3. 毒理信息

氯羟吡啶对体细胞和生殖细胞的染色体和DNA确有一定程度的畸变和损害作用，并能通过胎盘屏障对胎儿造成遗传损害，它有弱致突变作用，可能对人和动物有潜在危害。

4. 毒性等级

急性毒性：经口（大鼠），LD_{50}为18 g/kg。

5. 最大残留限量

见表2-2。

表2-2　氯羟吡啶最大残留限量

动物种类	靶组织	最大残留限量（μg/kg）
牛/羊	肌肉	200
	肝	1 500
	肾	3 000
	奶	20
猪	可食组织	200
鸡/火鸡	肌肉	5 000
	肝	15 000
	肾	15 000

6. 常用检验检测方法

关于氯羟吡啶残留的检测方法主要有气相色谱法、高效液相色谱法，气相色谱-质谱联用法，液相色谱-质谱联用法，液相色谱-串联质谱法。相关标准如下。

方法一：《食品安全国家标准　鸡肌肉组织中氯羟吡啶残留量的测定　气相色谱-质谱法》（GB 29699—2013），该标准适用于鸡肌肉组织中氯羟吡啶残留量的测定。该标准的检测限是 1 μg/kg，定量限是 5 μg/kg。

方法二：《食品安全国家标准　牛奶中氯羟吡啶残留量的测定　气相色谱-质谱法》（GB 29700—2013），该标准适用于牛奶中氯羟吡啶残留量的检测。该标准的检测限是 2 μg/kg，定量限是 5 μg/kg。

方法三：《鸡蛋中氯羟吡啶残留量的检测方法　高效液相色谱法》（GB/T 20362—2006），该标准适用于鸡蛋中氯羟吡啶残留量的检测，定量限是 20 μg/kg。

方法四：《饲料中氯羟吡啶的测定　高效液相色谱法》（GB/T 22262—2008），该标准适用于配合饲料、预混合饲料及浓缩饲料中氯羟吡啶的测定，定量限是 1 mg/kg。

方法五：《畜禽血液和尿液中 150 种兽药及其他化合物鉴别和确认　液相色谱-高分辨串联质谱仪法》（农业农村部公告第 197 号—9—2019），该标准适用于猪血、牛血、羊血和鸡血以及猪尿牛尿、羊尿中 150 种兽药及其他化合物的鉴别和确认。该标准检测限为 10 ng/mL。

方法六：《畜禽血液和尿液中 160 种兽药及其他化合物的测定　液相色谱-串联质谱法》（农业农村部公告第 197 号—10—2019），该标准适用于猪血、牛血、羊血和鸡血及猪尿、牛尿、羊尿中 160 种兽药及其他化合物的测定。该标准的检测限为 0.3 μg/L，定量限为 1 μg/L。

方法七：《出口动物源食品中抗球虫药物残留量检测方法　液相色谱-质谱/质谱法》（SN/T 3144—2011），该标准适用于鸡肉，鸡肝、鸡蛋、牛肉、牛肝和牛奶中盐霉素、甲基盐霉素、莫能菌素、拉沙洛菌素、氯羟吡啶、氨丙啉、乙氧酰胺苯甲酯、尼卡巴嗪、常山酮、克拉珠利、甲苄喹啉、癸氧喹酯、二硝托胺、马杜霉素、地克珠利、硝米特 16 种抗球虫药物残留量的测定和确证；适用于鸡肉、鸡肝、鸡蛋、牛肉、牛肝和牛奶中甲基三嗪酮、甲基三嗪酮砜、甲基三嗪酮亚砜及阿克洛胺 4 种抗球虫药物残留量的测定。该标准规定了动物源食品中 20 种抗球虫药物残留量的液相色谱-质谱/质谱测定方法。该标准的检测限：拉沙洛菌素为 0.005 mg/kg；盐霉素、莫能菌素、氯羟吡啶、氨丙啉、常山酮、甲苄喹啉和癸氧喹酯均为 0.01 mg/kg；甲基盐霉素、乙氧酰胺苯甲酯均为 0.02 mg/kg；马杜霉素、4,4′-二硝基均二苯脲（尼卡巴嗪残留标示物），地克珠利、克拉珠利、甲基三嗪酮、甲基三嗪酮砜、甲基三嗪酮亚砜、二哨托胺、硝米特、阿克洛胺均为 0.05 mg/kg。

方法八：《动物源食品中兽药残留检测方法该标准适用于鸡的肌肉和肝脏

中氯羟吡啶残留量检测》（农牧发〔2001〕38 号），该标准在鸡肌肉和肝脏组织中的检测限为 50 μg/kg。

7. 国外管理情况

美国、加拿大、日本规定禽肉组织中氯羟吡啶的残留限量为 5 μg/kg。

三、癸氧喹酯

1. 基本信息

化学名称：6 -癸氧基- 7 -乙氧基- 4 -羟基喹啉- 3 -羧酸乙酯。
英文名称：Decoquinate。
CAS 号：18507 - 89 - 6。
分子式：$C_{24}H_{35}NO_5$。
分子量：417.55。

化学结构式：

性状：白色或类白色结晶粉末。
闪点：(267.0±28.7)℃。
相对密度：1.091 g/cm^3。
溶解性：极微溶解于氯仿或乙醚中，在水或乙醇中不溶，溶于甲醇、乙腈、乙酸乙酯等有机溶剂。

2. 作用方式与用途

癸氧喹酯于 1967 年开始作为一种抗球虫药用于家禽养殖业，属于一种新型的喹诺酮类高效畜禽用抗球虫药，俗称地可喹酯、乙癸氧喹酯、敌球素、地考喹酯、苄氧喹甲酯，具有独特的抗球虫活性，抗球虫活性效果强于马度米星铵、尼卡巴嗪＋乙氧酰胺苯甲酯、甲基盐霉素。研究表明，癸氧喹酯能有效地击溃球虫的抗药性，临床上用于防治对禽类危害最大的柔嫩艾美耳球虫、巨型艾美耳球虫、堆型艾美耳球虫、毒害艾美耳球虫、布氏艾美耳球虫、变位艾美耳球虫 6 种球虫引起的家禽球虫病。还可防治牛、羊等家畜体内的新孢子虫病及反刍动物的小球隐孢子虫病等；对幼龄山羊还可提高其增重率和产奶量。

作用机制：主要对球虫子孢子和第一代裂殖体起作用，对常见的 7 种艾美耳球虫均有较好的防治效果。作用位点是虫体细胞内细胞色素 bc1 复合物，通过阻断球虫线粒体内细胞色素系统中的电子传递即从辅酶 Q 到细胞色素 c 的传递过程而抑制上皮细胞内子孢子和第一代裂殖子的发育，从而避免了配子体阶段虫体对肠道的进一步损害。

3. 药物代谢动力学

该药物吸收快，在 1 h 内即可达到抗球虫的有效浓度，3 d 后浓度达到高峰水平。在牛、羊分别静注未标记的癸氧喹酯 5 d 和 7 d 后，用^{14}C标记的癸氧喹酯单剂量给牛、羊静注，1.5 h 后血浆中放射物达到峰值。在大鼠体内有部分代谢，产生 3 种代谢产物，不能测定出其结构。在反刍动物体内，仅确定有 2 种代谢产物，而且所占比例比大鼠的低。反刍动物的主要排泄途径为粪，其次为尿。在绵羊，尿中排泄出总剂量的 36%，有 35%在 24 h 内排出，在 3 d 内尿中癸氧喹酯及代谢产物完全排出。

4. 毒理信息

癸氧喹酯无母系毒性、胎盘毒性和致畸性，但由于影响胎儿骨骼发育，具有一定的胎儿毒性。

5. 毒性等级

慢性水生毒性。

6. 每日允许摄入量（ADI）

0～75 μg/kg 体重。

7. 最大残留限量

见表 2－3。

表 2－3　癸氧喹酯最大残留限量

动物种类	靶组织	最大残留限量（μg/kg）
鸡	肌肉	1 000
	可食组织	2 000

8. 常用检验检测方法

《进出口动物源食品中甲苄喹啉和癸氧喹酯残留量的测定　液相色谱-质谱/质谱法》（SN/T 2444—2010），该标准适用于鸡肉、鸡肝、鸡肾、鸡蛋、牛肝和牛奶中甲苄喹啉和癸氧喹酯残留量的测定和确证，该标准的检测限为10 μg/kg。

四、地克珠利

1. 基本信息

化学名称：2,6-二氯-2-(4-氯苯)-4-(4,5-二氢-3,5-二氧代-1,2,4-三嗪-2(3H)-基)苯乙腈。

英文名称：Diclazuril。

CAS号：101831-37-2。

分子式：$C_{17}H_9Cl_3N_4O_2$。

分子量：407.64。

化学结构式：

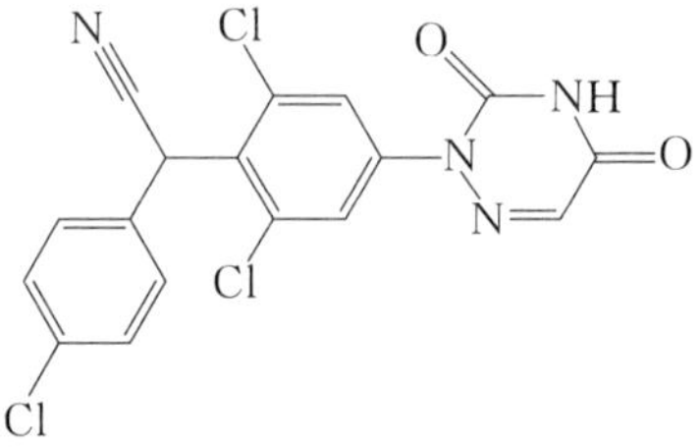

性状：淡黄色或类白色粉末。

密度：1.56 g/cm^3。

溶解性：几乎不溶于水，微溶于乙醇、乙醚，溶于N,N-2甲基甲酰胺、二甲基亚砜、四氢呋喃。

2. 作用方式与用途

地克珠利是一种全新的人工合成的非离子携带型抗球虫药物，属于三嗪苯乙腈化合物，具有低毒、广谱、用量小、安全范围广、无停药期、无毒副作用、无交叉耐药性、不受饲料制粒过程的影响等特点，广泛用于鸡球虫病，对鸡的6种主要艾美耳球虫（柔嫩艾美耳球虫、堆型艾美耳球虫、毒害艾美耳球虫、布氏艾美耳球虫、巨型艾美耳球虫）的抗球虫指数均在180以上。另外对多种球虫有预防、治疗作用，也可用于防止、避免鸭、鹌鹑、火鸡、鹅及兔得球虫病。临床试验表明，地克珠利对球虫的防治效果优于其他常规应用的抗球虫药和莫能菌素等离子载体抗球虫药；对氟嘌呤、氯羟吡啶、常山酮、氧苯胍、莫能菌素耐药的柔嫩艾美耳球虫，应用地克珠利仍然有效。例如，1 mg/kg饲料浓度能有效地控制鸭球虫病，其效果甚至超过聚醚类抗生素。1 mg/kg药料喂家兔，对家兔肝脏球虫和肠球虫具高效。其缺点是长期用药会出现耐药性，故应穿梭用药或短期使用或与其他抗球虫药交替使用。

3. 药物代谢动力学

用^{14}C标记的地克珠利悬浊液以10 mg/kg体重进行口服。在第1 d发现有约90%的放射性在粪便中检出，4 d后，分别在粪便和尿液检测到92%和0.04%的放射性；粪便中未代谢的地克珠利占绝大部分，2个代谢物占不到0.5%。在大鼠体内发现绝大部分的地克珠利经消化道排除到体外，只有少部分被吸收快速分布在全身各组织。放射物的血液-血浆浓度比为0.7，表明只有有限的地克珠利分布在血细胞中。肝脏放射性的浓度大约是血浆中总含量的50%，肾脏、肺和心脏的浓度是20%～30%，而肌肉和大脑中的是5%～7%的浓度。地克珠利在组织中代谢半衰期为1.5 d，总放射性的分布半衰期为53 h。总之，在所有物种调查中发现地克珠利几乎没有代谢迹象。地克珠利的衍生物质都是以原料药的形式从鸟类的排泄物及大鼠和兔的粪便中排除。大鼠和兔的尿液是一个很小的排泄途径，只有一些代谢物质可以观察到。在可食用组织中，几乎完全没有代谢的地克珠利的原料药残留（Varenina I.，2012）。

4. 毒理信息

经口（大鼠），LD_{50}为>5 000 mg/kg；经皮（兔），LD_{50}为>4 000 mg/kg。

5. 毒性等级

急性毒性，经皮。

6. 每日允许摄入量（ADI）

0～30 μg/kg。

7. 最大残留限量

见表2-4。

表2-4　地克珠利最大残留限量

动物种类	靶组织	最大残留限量（μg/kg）
绵羊/兔	肌肉	500
	脂肪	1 000
	肝	3 000
	肾	2 000

（续）

动物种类	靶组织	最大残留限量（μg/kg）
家禽（产蛋期禁用）	肌肉	500
	皮+脂	1 000
	肝	3 000
	肾	2 000

8. 常用检验检测方法

方法一：《食品安全国家标准　鸡可食性组织中地克珠利残留量的测定　高效液相色谱法》（GB 29701—2013），该标准适用于鸡的肌肉、肝脏和肾脏中地克珠利残留量的检测。该标准的检测限是 50 μg/kg，定量限是 250 μg/kg。

方法二：《动物源食品中地克珠利、妥曲珠利、妥曲珠利亚砜和妥曲珠利砜残留量的检测　高效液相色谱-质谱/质谱法》（SN/T 2318—2009），该标准适用于鸡肉、鸡肝、鸡肾、猪肉、猪肝、猪肾、兔肉、兔肝、兔肾和鸡蛋中地克珠利、妥曲珠利、妥曲珠利亚砜和妥曲珠利砜残留量的检测。该标准的检测限：肾脏、肝脏为 20 μg/kg，肌肉为 10 μg/kg，禽蛋为 1 μg/kg。

方法三：《饲料中地克珠利的测定　液相色谱-串联质谱法》（农业部 1862 号公告—5—2012），该标准适用于配合饲料、浓缩饲料和添加剂预混合饲料中地克珠利含量的测定。该标准的定量限为 5.0 μg/kg。

方法四：《出口动物源食品中抗球虫药物残留量检测方法　液相色谱-质谱/质谱法》（SN/T 3144—2011），该标准适用于鸡肉、鸡肝、鸡蛋、牛肉、牛肝和牛奶中盐霉素、甲基盐霉素、莫能菌素、拉沙洛菌素、氯羟吡啶、氨丙啉、乙氧酰胺苯甲酯、尼卡巴嗪、常山酮、克拉珠利、甲苄喹啉、癸氧喹酯、二硝托胺、马杜霉素、地克珠利、硝米特 16 种抗球虫药物残留量的测定和确证；适用于鸡肉、鸡肝、鸡蛋、牛肉、牛肝和牛奶中甲基三嗪酮、甲基三嗪酮砜、甲基三嗪酮亚砜及阿克洛胺 4 种抗球虫药物残留量的测定。该标准的检测限：拉沙洛菌素为 0.005 mg/kg；盐霉素、莫能菌素、氯羟吡啶、氨丙啉、常山酮、甲苄喹啉和癸氧喹酯均为 0.01 mg/kg；甲基盐霉素、乙氧酰胺苯甲酯均为 0.02 mg/kg；马杜霉素、4,4′-二硝基均二苯脲（尼卡巴嗪残留标示物）、地克珠利、克拉珠利、甲基三嗪酮、甲基三嗪酮砜、甲基三嗪酮亚砜、二硝托胺、硝米特、阿克洛胺均为 0.05 mg/kg。

五、二硝托胺

1. 基本信息

化学名称：2-甲基-3,5二硝基苯甲酰胺。

英文名称：Dinitolmide。

CAS号：148-01-6。

分子式：$C_8H_7N_3O_5$。

分子量：225.16 g/mol。

化学结构式：

性状：类白色或淡黄褐色粉末。无臭味苦，性质稳定。

闪点：(34.0±27.3)℃。

相对密度：(1.5±0.1) g/cm^3。

溶解性：能溶于丙酮，不溶于水，微溶于乙醇。

2. 作用方式与用途

二硝托胺是化学合成类抗球虫药，于20世纪60年代由法国DOW公司研发，1989年在我国开始批准使用，主要用于预防和治疗鸡盲肠和小肠球虫病。

二硝托胺在食品动物上均为被允许使用的抗球虫药。该药不仅对致病性较强的柔嫩艾美耳球虫和毒害艾美耳球虫具有最佳的治疗效果，对由布什艾美耳球虫、缓和艾美耳球虫和巨型艾美耳球虫引起的球虫病也有较好的防治作用。二硝托胺可以降低肉鸡死亡率和球虫卵囊检出率、提高饲料转化率、生长性能和增强免疫力。二硝托胺除单独使用作为抗球虫药物以外，还能与洛克沙生或硝酸胂酸抗球虫药联合使用产生协同作用。

3. 药物代谢动力学

二硝托胺在鸡体内的代谢产物有3-氨基-5-硝基邻甲苯酰胺（3-ANOT)、5-氨基-3-硝基邻甲苯酰胺（5-ANOT)、3-氨基-5-硝基邻甲苯甲酸（3-ANOTA)、5-氨基-3-硝基邻甲苯甲酸（5-ANOTA)、3,5-二氨基邻甲苯酰胺（DAOT）和3,5-二氨基邻甲苯甲酸（DAOTA)。其中，仅代谢产物 3－ANOT 存在于鸡组织中，其余代谢产物均存在于鸡排泄物中。二硝托胺对环境也可能存在危害，尤其是对水环境。

4. 毒理信息

二硝托胺毒性较低，在动物体内的代谢迅速，残留量少，较为安全。大白鼠急性口服 LD_{50} 为 600 mg/kg，狗静脉注射 LD_{50} 为 75 mg/kg。二硝托胺作为预防药物时，饲料中建议的最高添加水平为 125 mg/kg，如果添加水平过高，就会引起鸡生长缓慢、饲料转化率低、产蛋鸡产蛋停止、抑郁、共济失调等症状。在二硝托胺对鸽的毒理学研究中，饲喂含有二硝托胺的饲料（185～226 mg/kg）会引起鸽精神震颤和步态不协调等严重的神经症状。

5. 毒性等级

急性毒性，经口。

6. 最大残留限量

见表 2－5。

表 2－5　二硝托胺最大残留限量

动物种类	靶组织	最大残留限量（μg/kg）
鸡	肌肉	3 000
	脂肪	2 000
	肝	600
	肾	6 000
火鸡	肌肉	3 000
	肝	3 000

7. 常用检验检测方法

方法一：《进出口动物源性食品中二硝托胺残留量的测定　液相色谱-质谱/质谱法》（SN/T 2453—2010），该标准适用于动物肉、肝脏、肾脏、牛奶中二硝托胺残留量的测定。该标准的检测限为 5 μg/kg。

方法二：《饲料中二硝托胺的测定　高效液相色谱法》（农业部 783 号公告—5—2006），该标准适用于配合饲料、浓缩饲料和添加剂预混合饲料中二硝托胺的测定。该标准的定量限为 1.0 mg/kg。

方法三：《食品安全国家标准　鸡可食性组织中二硝托胺残留量的测定》

(GB 31613.3—2021)，该标准适用于鸡肌肉、肝脏、肾脏和脂肪中二硝托胺及其代谢物残留量的检测。该标准在鸡肌肉、肝脏、肾脏和脂肪中的检测限为150 μg/kg，定量限为500 μg/kg。

方法四：《出口动物源食品中抗球虫药物残留量检测方法 液相色谱-质谱/质谱法》(SN/T 3144—2011)，该标准适用于鸡肉、鸡肝、鸡蛋、牛肉、牛肝和牛奶中盐霉素、甲基盐霉素、莫能菌素、拉沙洛菌素、氯羟吡啶、氨丙啉、乙氧酰胺苯甲酯、尼卡巴嗪、常山酮、克拉珠利、甲苄喹啉、癸氧喹酯、二硝托胺、马杜霉素、地克珠利、硝米特 16 种抗球虫药物残留量的测定和确证；适用于鸡肉、鸡肝、鸡蛋、牛肉、牛肝和牛奶中甲基三嗪酮、甲基三嗪酮砜、甲基三嗪酮亚砜及阿克洛胺 4 种抗球虫药物残留量的测定。该标准的检测限：拉沙洛菌素为 0.005 mg/kg；盐霉素、莫能菌素、氯羟吡啶、氨丙啉、常山酮、甲苄喹啉和癸氧喹酯均为 0.01 mg/kg；甲基盐霉素、乙氧酰胺苯甲酯均为 0.02 mg/kg；马杜霉素、4,4′-二硝基均二苯脲（尼卡巴嗪残留标示物）、地克珠利、克拉珠利、甲基三嗪酮、甲基三嗪酮砜、甲基三嗪酮亚砜、二硝托胺、硝米特、阿克洛胺均为 0.05 mg/kg。

六、乙氧酰胺苯甲酯

1. 基本信息

化学名称：4-乙酰胺基-2-乙氧基苯甲酸甲酯。

英文名称：Ethopabate。

CAS 号：59-06-3。

分子式：$C_{12}H_{15}NO_4$。

分子量：237.25。

化学结构式：

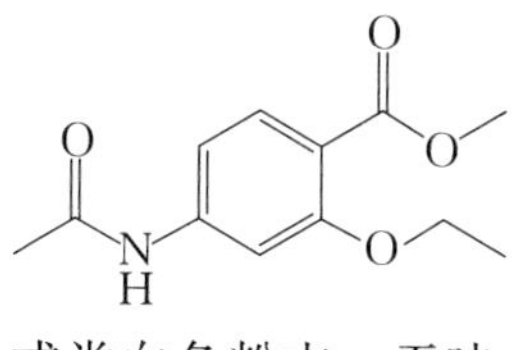

性状：为白色或类白色粉末，无味或几乎无味。

闪点：211.5 ℃。

相对密度：1.18 g/cm^3。

溶解性：在甲醇、乙醇、氯仿中溶解，在乙醚中微溶，在水中极微溶解。

2. 作用方式与用途

作为一种广谱抗球虫增效剂，常用作抗球虫药的增效剂添加于家禽饲料中，常与氨丙啉或者与氨丙啉和磺胺喹噁啉联合使用。

作用机制：抑制鸡排出感染的巨型艾美耳球虫卵囊，阻断对氨基苯甲酸-叶酸代谢路径中四氢叶酸的合成而发挥抗球虫作用。

我国2008年的《兽医药理学》叙述了乙氧酰胺苯甲酯对球虫的作用峰期是生活史周期的第4 d。

3. 毒理信息

目前未见与乙氧酰胺苯甲酯毒副作用相关的报道，可能是因为该药多作为球虫药的增效剂，多与其他抗球虫药配成复方制剂使用且用量极少，在鸡体内的休药期仅为1 d。因此，具有高效、无毒、无致突变、无致癌作用，并在家禽体内无积蓄。

4. 最大残留限量

见表2-6。

表2-6　乙氧酰胺苯甲酯最大残留限量

动物种类	靶组织	最大残留限量（μg/kg）
鸡	肌肉	500
	肝	1 500
	肾	1 500

5. 常用检验检测方法

方法一：《食品安全国家标准　家禽可食性组织中乙氧酰胺苯甲酯残留量的测定　高效液相色谱法》（GB 31660.9—2019），该标准适用于家禽肌肉、肝脏、肾脏组织中乙氧酰胺苯甲酯残留量的检测。该方法在禽肌肉组织中的检测限为20 μg/kg，定量限为50 μg/kg；在禽肝脏和肾脏组织中的检测限为50 μg/kg，定量限为100 μg/kg。

方法二：《饲料中乙氧酰胺苯甲酯的测定　高效液相色谱法》（农业农村部公告第316号—6—2020），该标准适用于配合饲料、浓缩饲料、精料补充料和添加剂预混合饲料中乙氧酰胺苯甲酯的测定。该标准的检测限为0.2 mg/kg，定量限为0.3 mg/kg。

方法三：《出口动物源食品中抗球虫药物残留量检测方法　液相色谱-质谱/质谱法》（SN/T 3144—2011），该标准适用于鸡肉、鸡肝、鸡蛋、牛肉、牛肝和牛奶中盐霉素、甲基盐霉素、莫能菌素、拉沙洛菌素、氯羟吡啶、氨丙啉、乙氧酰胺苯甲酯、尼卡巴嗪、常山酮、克拉珠利、甲苄喹啉、癸氧喹酯、二硝托胺、马杜霉素、地克珠利、硝米特 16 种抗球虫药物残留量的测定和确证；适用于鸡肉、鸡肝、鸡蛋、牛肉、牛肝和牛奶中甲基三嗪酮、甲基三嗪酮砜、甲基三嗪酮亚砜及阿克洛胺 4 种抗球虫药物残留量的测定。该标准的检测限：拉沙洛菌素为 0.005 mg/kg；盐霉素、莫能菌素、氯羟吡啶、氨丙啉、常山酮、甲苄喹啉和癸氧喹酯均为 0.01 mg/kg；甲基盐霉素、乙氧酰胺苯甲酯均为 0.02 mg/kg；马杜霉素、4,4′-二硝基均二苯脲（尼卡巴嗪残留标示物）、地克珠利、克拉珠利、甲基三嗪酮、甲基三嗪酮砜、甲基三嗪酮亚砜、二硝托胺、硝米特、阿克洛胺均为 0.05 mg/kg。

七、常山酮

1. 基本信息

化学名称：7-溴-6-氯-3-{3-[(2R，3S)-3-羟基-2-哌啶基]-2-氧代丙基}-4(3H)-喹唑啉酮。

英文名称：Halofuginone。

CAS 号：55837-20-2。

分子式：$C_{16}H_{17}BrClN_3O_3$。

分子量：414.681。

化学结构式：

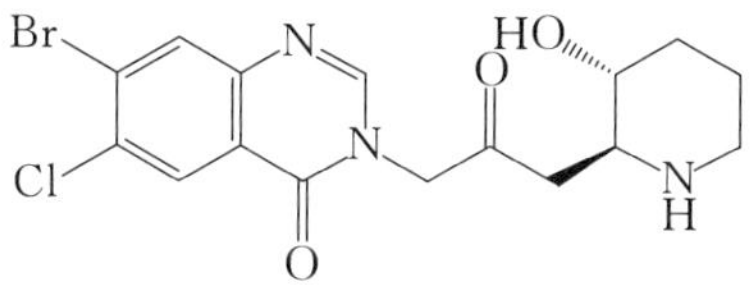

性状：灰白色固体。

闪点：314.1 ℃。

相对密度：(1.7±0.1) g/cm^3。

2. 作用方式与用途

常山酮于 1967 年首先由美国氰胺公司合成，然后转让给法国罗素-优克福公司，经技术改造后合成上市，其商品名为速丹。它是根据从中药常山中提取的一种生物碱人工合成的药物。常山酮可用于预防肉鸡或 12 周龄以下火鸡的球虫病，混饲，每吨饲料添加 2～3 g（效价）。停药期 4 d，对鸡的柔嫩艾美耳球虫、毒害艾美耳球虫、巨型艾美耳球虫、堆型艾美耳球虫、布氏艾美耳球虫均有较好的药效，与其他种类的抗球虫药物无交叉耐药性。本品毒性较小，对胚胎无不良影响，但剂量过大，会影响饲料的适口性，肉鸡使用每千克 9～

12 mg的药料，摄食量明显降低，生长受阻。鹅和鸭对本品较敏感，每千克为3 mg 饲料的剂量就使生长速度显著减慢，内脏器官出现器质性病理变化，甚至死亡。产蛋鸡用药后，药物可转移到蛋中，残留时间较长，所以禁用于产蛋鸡。对鸟类和哺乳动物的骨胶原细胞有抑制作用。对皮肤和眼有刺激性，注意避免药物与皮肤和眼接触。

作用机制：主要作用于球虫第 1 代裂殖子，对侵入上皮细胞的子孢子也有一定的抑制作用。

3. 药物代谢动力学

常山酮在体内能很快代谢消除，主要经粪便和尿中排出。常山酮经家禽消化后，在肠道被大量吸收，广泛代谢，并由粪便和胆汁排泄。小鼠口服 0.25 mg/kg ^{14}C 标记的氢溴酸常山酮，65%经粪便排出；静注 1.5 mg/kg 常山酮，72 h 内 7%～11%从尿中排出。小鼠口服 1.5 mg/kg 常山酮，24 h 内和 48 h内分别有 15%～16%和 16%从尿中排出；大鼠静注 3 mg/kg 常山酮，45 h 内 8%～10%从尿中排出。

4. 毒理信息

经口（大白鼠），LD_{50}为 25 mg/kg；但对鸭和鹅有毒，3 mg/kg 就会导致其死亡。

5. 每日允许摄入量（ADI）

0～0.3 μg/kg 体重。

6. 最大残留限量

见表 2 - 7。

表 2 - 7　常山酮最大残留限量

动物种类	靶组织	最大残留限量（μg/kg）
牛（泌乳期禁用）	肌肉	10
	脂肪	25
	肝	30
	肾	30
鸡/火鸡	肌肉	100
	皮+脂	200
	肝	130

7. 常用检验检测方法

方法一：《食品安全国家标准　动物性食品中常山酮残留量的测定　高效液相色谱法》（GB 29693—2013），该标准适用于鸡的肌肉和肝脏组织中常山酮残留量的检测。该标准的检测限是 25 μg/kg，定量限是 50 μg/kg。

方法二：《出口肉及肉制品中溴氯常山酮残留量检验方法》（SN 0643—1997），该标准规定了出口肉及肉制品中溴氯常山酮残留量检验的抽样、制样和液相色谱测定及液相色谱-质谱确证方法。该标准适用于出口鸡肉中溴氯常山酮残留量的检验。该标准的检测限是 0.05 mg/kg。

方法三：《饲料中氢溴酸常山酮的测定　液相色谱-串联质谱法》（NY/T 3479—2019），该标准适用于配合饲料、浓缩饲料、精料补充料和添加剂预混合饲料中氢溴酸常山酮的测定，检测限为 25 μg/kg，定量限为 50 μg/kg。

方法四：《常山酮残留检测方法标准（试行）》（农业农村部公告第 350 号），该标准适用于鸡的皮＋脂中常山酮残留量的测定，检测限为 1.5 μg/kg，定量限为 5 μg/kg。

方法五：《出口动物源食品中抗球虫药物残留量检测方法　液相色谱-质谱/质谱法》（SN/T 3144—2011）。适用于鸡肉、鸡肝、鸡蛋、牛肉、牛肝和牛奶中甲基三嗪酮、甲基三嗪酮砜、甲基三嗪酮亚砜及阿克洛胺 4 种抗球虫药物残留量的测定。该标准的检测限：拉沙洛菌素为 0.005 mg/kg；盐霉素、莫能菌素、氯羟吡啶、氨丙啉、常山酮、甲苄喹啉和癸氧喹酯均为 0.01 mg/kg；甲基盐霉素、乙氧酰胺苯甲酯均为 0.02 mg/kg；马杜霉素、4,4′-二硝基均二苯脲（尼卡巴嗪残留标示物）、地克珠利、克拉珠利、甲基三嗪酮、甲基三嗪酮砜、甲基三嗪酮亚砜、二硝托胺、硝米特、阿克洛胺均为 0.05 mg/kg。

八、拉沙洛西

1. 基本信息

英文名称：Lasalocid。

CAS 号：25999-31-9。

分子式：$C_{34}H_{54}O_8$。

分子量：590.788。

化学结构式：

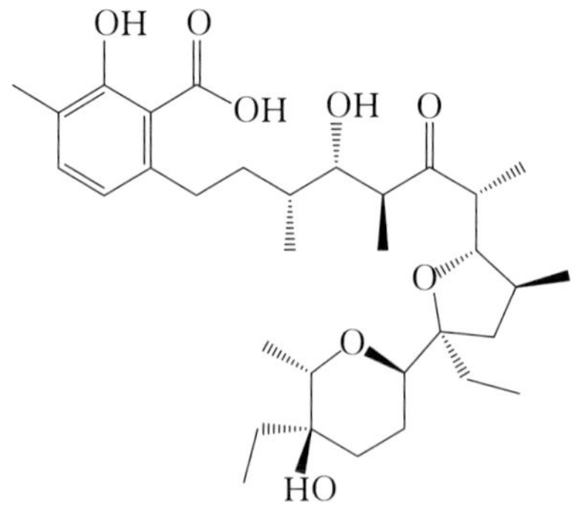

闪点：(224.8±26.4)℃。

相对密度：(1.1±0.1) g/cm^3。

2. 作用方式与用途

此外，拉沙洛西还可以与泰妙菌素或其他促生长剂合用，可促进动物生长，增加体重和提高饲料利用率，而且其增重效果优于单独用药。但是长期及过量使用会对动物产生毒副作用，并造成动物可食性组织中药物残留等问题。

3. 每日允许摄入量（ADI）

0～10 μg/kg 体重。

4. 最大残留限量

见表 2－8。

表 2－8　拉沙洛西最大残留限量

动物种类	靶组织	最大残留限量（μg/kg）
牛	肝	700
鸡	皮＋脂	1 200
	肝	400
火鸡	皮＋脂	400
	肝	400
羊	肝	1 000
兔	肝	700

5. 常用检验检测方法

方法一：《饲料中拉沙洛西钠的测定高效液相色谱法》（NY/T 724—

2003)，该标准适用于配合饲料、浓缩饲料和添加剂预混合饲料中拉沙洛西钠含量的测定。

方法二：《饲料中5种聚醚类药物的测定　液相色谱-串联质谱法》（农业部1862号公告—4—2012)，该标准适用于配合饲料、浓缩饲料和添加剂预混合饲料中甲基盐霉素、盐霉素、莫能菌素、拉沙洛西钠和马杜霉素含量的测定。该标准5种聚醚类药物的定量限均为10.0 μg/kg。

九、马度米星铵

1. 基本信息

中文别名：马杜霉素、马杜霉素铵。

英文名称：maduramicin ammonoium。

CAS号：84878－61－5。

分子式：$C_{47}H_{83}NO_{17}$。

分子量：934.16。

化学结构式：

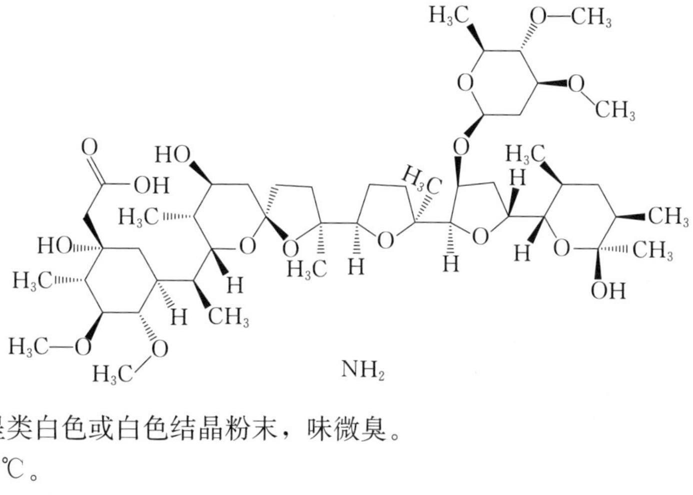

性状：外观呈类白色或白色结晶粉末，味微臭。

闪点：255.5 ℃。

溶解性：不溶于水，可溶于大部分有机溶剂，如甲醇、乙醇、氯仿等。

2. 作用方式与用途

马度米星铵是一种聚醚类离子载体抗生素，因其具备广谱抗球虫作用、效价高、低耐药性、用量小、不易产生抗药性等优点被用于防治鸡球虫病和提高饲料利用率的作用，被广泛用作饲料添加剂。

作用机制：马度米星铵具有多醚结构和一个一元羧酸，在溶液中由氢键连接形成特有的空间构型，因中心含有多个并列的氧原子而带负电，使得马度米星铵可以捕获金属阳离子，如钠、钾、锂，进而形成脂溶性复合物顺利透过虫体等的细胞膜，进入细胞内干扰胞内 Na^{+}、K^{+}、Ca^{2+} 的正常运转，扰乱离子平衡，导致虫体或其他细胞内渗透压升高。虫体细胞为了保持胞内离子平衡，大量摄入水分引起细胞的肿胀，同时消耗大量能量向外泵出多余的金属阳离子，最终由于代谢紊乱，能量耗竭，胞内细胞器损伤而死亡。

与其他离子载体抗生素不同的是，马度米星铵在成盐的过程中，羰基会和第 5 个环上的羟基发生反应，形成一个特殊的空间结构。莫能菌素在溶液中可以选择性的结合钾离子，而马度米星铵既可以结合钠离子也可以结合钾离子。正是由于对金属阳离子亲和力不同，马度米星铵在同类抗生素中药理活性最强，不仅对所有类型鸡球虫具有杀灭作用，而且可以杀死耐盐霉素和莫能菌素的虫株。马度米星铵作用于球虫生活史的早期阶段，可引起子孢子和第 1 代裂殖体的胞内离子紊乱，使球虫细胞膨胀、破裂，最终导致死亡。

3. 环境归趋特征

马度米星铵在鸡体内代谢较快且不会被完全代谢，部分以原型药物形式通过鸡粪进入土壤中，进一步污染水体生态环境，对人类和水生生物构成潜在威胁。有文献报道，在西班牙地表水中检测到马度米星铵的存在，平均质量浓度为 13.2 ng/L。已有研究表明，2.5 mg/L 的马度米星铵会损伤斑马鱼的鳃、肝脏和肠道等主要器官。食用残留有马度米星铵的动物组织能引起人肌肉疼痛、心脏冠状动脉扩张、肝肾功能受损等症状，对人类健康造成严重影响。

4. 毒理信息

马度米星铵可能残留在动物肌肉、肝脏、肾脏等组织中，人食用后这些组织可引起血管舒张，诱发心脏冠状动脉扩张和血流量增加，冠状动脉疾病患者摄入过多可引起冠状动脉扩张，心脏局部缺氧加重，导致病情恶化。人体摄入马度米星铵后的 8～10 d 内表现出与动物的神经肌毒病症状相似的多发性神经根病，并伴随横纹肌溶解，急性肾功能衰竭和面部出汗。人误食马度米星铵出现乏力，全身酸痛，腹痛，下肢麻木等症状，并且出现连续多天的血尿。诊断结果为横纹肌溶解综合征，伴随急性肾功能衰竭，后期出现呼吸衰竭。

5. 毒性等级

急性毒性：口服（大鼠），LD_{50} 为 33 mg/kg；口服（小鼠），LD_{50} 为 35 mg/kg；内服（仔鸡），LD_{50} 为 7 mg/kg；口服（兔），LD_{50} 为 0.7 mg/kg。

6. 每日允许摄入量（ADI）

0～1 μg/kg 体重。

7. 最大残留限量

见表 2－9。

表 2－9　马度米星铵最大残留限量

动物种类	靶组织	最大残留限量（μg/kg）
鸡	肌肉	240
	脂肪	480
	皮	480
	肝	720

8. 常用检验检测方法

方法一：《饲料中马杜霉素铵的测定》（GB/T 23873—2009），该标准规定了测定饲料中马杜霉素铵含量的高效液相色谱法和液相色谱-质谱法。高效液相色谱法的定量限为 1 mg/kg，液相色谱-质谱法的定量限为 0.5 mg/kg。

方法二：《饲料中 5 种聚醚类药物的测定　液相色谱-串联质谱法》（农业部 1862 号公告—4—2012），该标准适用于配合饲料、浓缩饲料和添加剂预混合饲料中甲基盐霉素、盐霉素、莫能菌素、拉沙洛西钠和马杜霉素含量的测定。该标准 5 种聚醚类药物的定量限均为 10.0 μg/kg。

方法三：《牛奶和奶粉中六种聚醚类抗生素残留量的测定　液相色谱-串联质谱法》（GB/T 22983—2008），该标准适用于液态奶（包括原料奶、纯牛奶、脱脂牛奶）和奶粉（包括纯奶粉、脱脂奶粉和婴幼儿配方奶粉）中拉沙洛菌素、莫能菌素、尼日利亚菌素、盐霉素、甲基盐霉素、马杜霉素铵残留量的测定。该标准的检测限：牛奶中拉沙洛菌素、莫能菌素、尼日利亚菌素、盐霉素、甲基盐霉素、马杜霉素铵检测限均为 0.2 μg/L；奶粉中拉沙洛菌素、莫能菌素、尼日利亚菌素、盐霉素、甲基盐霉素、马杜霉素铵检测限均为1.6 μg/kg。

十、莫能菌素

1. 基本信息

英文名称：Monensin。

CAS号：17090－79－8。

分子式：$C_{36}H_{61}NaO_{11}$。

分子量：670.871。

化学结构式：

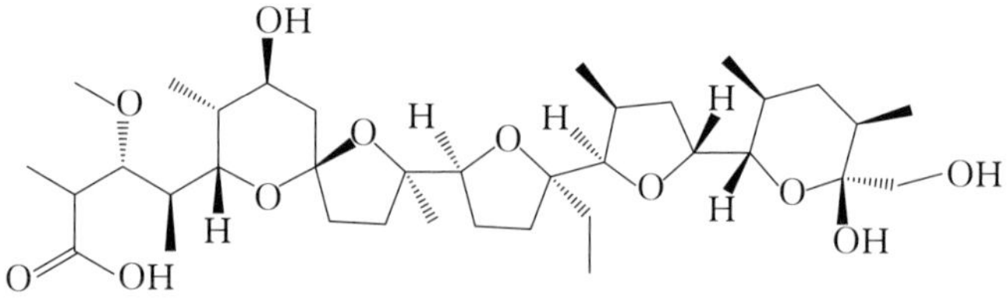

性状：为白色或者接近白色，形态为结晶粉末，气味为轻微特殊臭味。

闪点：(229.2±26.4)℃。

相对密度：1.077 3 g/cm^3。

溶解性：难溶于水，易溶于（氯仿、甲醇、乙醇等）有机溶剂。

2. 作用方式与用途

莫能菌素又称莫能霉素或瘤胃素，是一种在反刍动物中运用较广的饲料添加剂，原为链霉菌产生的一种聚醚类抗生素，具有控制瘤胃中挥发性脂肪酸比例，减少瘤胃中蛋白质降解，降低饲料干物质消耗，改善营养物质利用率和提高动物能量利用率等作用。这些药物被允许以添加剂的形式加入动物饲料或饮用水中。一方面，可以保持家禽家畜的健康，预防和治疗球虫病感染；另一方面，也可以提高饲料的转化率，因而在家禽家畜养殖业中有着重要且广泛的应用。我国农业部公告第2125号明确规定，莫能菌素的适用动物为牛、鸡，可用于防治鸡球虫感染、促进肉牛生长，马属动物禁用。

作用机制：药物分子容易与Na^+、K^+等离子结合生成亲脂性络合物，增加离子向球虫细胞内运输，为了平衡渗透压，大量水分进入球虫细胞内，导致球虫肿胀而死亡，因此也被称为离子载体类抗球虫药。

3. 环境归趋特征

莫能菌素被吸收后，主要分布在肝、肾和脂肪中，通过肝脏代谢，然后随胆汁排出，最后经粪便排出体外，并不在组织中蓄积。在胃液、瘤胃内容物、粪便和土壤中相当稳定，随动物粪便释入环境的莫能菌素可被逐渐降解，约1.0 mg/kg的土壤样品在一个月后无莫能菌素检出，粪便中的药物降解稍慢。研究表明，目前莫能菌素在目前的环境浓度下对淡水植物没有毒性，而且在加拿大泌乳期奶牛群中暴发的一种急性疾病与莫能菌素的使用量超过了规定限量的10倍有关，所有的泌乳奶牛表现出嗜睡、食欲缺乏和腹泻的症状，而且在莫能菌素暴露3 d后，牛奶产量从暴露前的28 kg/(牛·d) 下降为23kg/(牛·d)。

4. 毒理信息

莫能菌素安全范围小，超过建议剂量的 50%可对动物体细胞有毒性作用，出现中毒表现。正常控制球虫剂量对鸡有暂时性生长抑制作用；高剂量时引起心肌改变和细胞内钙离子增加，细胞代谢紊乱而导致动物体出现中毒反应。

经口（马），LD_{50} 为 2～3 mg/kg；经口（大鼠），LD_{50} 为 100 mg/kg；经口（猴），LD_{50} 为 160 mg/kg。

5. 每日允许摄入量（ADI）

0～10 μg/kg 体重。

6. 最大残留限量

见表 2－10。

表 2－10　莫能菌素最大残留限量

动物种类	靶组织	最大残留限量（μg/kg）
牛/羊	肌肉	10
	脂肪	100
	肾	10
羊	肝	20
牛	肝	100
	奶	2
鸡/火鸡/鹌鹑	肌肉	10
	脂肪	100
	肝	10
	肾	10

7. 常用检验检测方法

方法一：《饲料中莫能菌素的测定高效液相色谱法》（NY/T 725—2003），该标准规定了检测动物饲料中莫能菌素含量的高效液相色谱（HPLC）方法。该标准适用于配合饲料、浓缩饲料和添加剂预混合饲料中莫能菌素含量的测定。该标准的检测限为 5 mg/kg。

方法二：《饲料中 5 种聚醚类药物的测定　液相色谱-串联质谱法》（农业部 1862 号公告—4—2012），该标准适用于配合饲料、浓缩饲料和添加剂预混合饲料中甲基盐霉素、盐霉素、莫能菌素、拉沙洛西钠和马杜霉素含量的测定。该标准 5 种聚醚类药物的定量限均为 10.0 μg/kg。

方法三：《牛奶和奶粉中六种聚醚类抗生素残留量的测定　液相色谱-串联质谱法》（GB/T 22983—2008），该标准适用于液态奶（包括原料奶、纯牛奶、脱脂牛奶）和奶粉（包括纯奶粉、脱脂奶粉和婴幼儿配方奶粉）中拉沙洛菌素（lasalocid）、莫能菌素（monensin）、尼日利亚菌素（nigericin）、盐霉素（salinomycin）、甲基盐霉素（narasin）、马杜霉素铵（madubamycinammonium）残留量的测定。该标准的检测限：牛奶中拉沙洛菌素、莫能菌素、尼日利亚菌素、盐霉素、甲基盐霉素、马杜霉素铵检测限均为 0.2 μg/L；奶粉中拉沙洛菌素、莫能菌素、尼日利亚菌素、盐霉素、甲基盐霉素、马杜霉素铵检测限均为 1.6 μg/kg。

方法四：《出口动物源食品中抗球虫药物残留量检测方法　液相色谱-质谱/质谱法》（SN/T 3144—2011），该标准的检测限：拉沙洛菌素为 0.005 mg/kg；盐霉素、莫能菌素、氯羟吡啶、氨丙啉、常山酮、甲苄喹啉和癸氧喹酯均为 0.01 mg/kg；甲基盐霉素、乙氧酰胺苯甲酯均为 0.02 mg/kg；马杜霉素、4,4′-二硝基均二苯脲（尼卡巴嗪残留标示物）、地克珠利、克拉珠利、甲基三嗪酮、甲基三嗪酮砜、甲基三嗪酮亚砜、二硝托胺、硝米特、阿克洛胺均为 0.05 mg/kg。

方法五：《动物源产品中聚醚类残留量的测定》（GB/T 20364—2006），该标准的检测限：莫能菌素、盐霉素、甲基盐霉素为 1.0 μg/kg，定量限莫能菌素、盐霉素、甲基盐霉素为 5.0 μg/kg。

十一、甲基盐霉素

1. 基本信息

中文别名：甲基沙利霉素、纳那星。

英文名称：Narasin。

CAS 号：55134－13－9。

分子式：$C_{43}H_{72}O_{11}$。

分子量：765.03。

化学结构式：

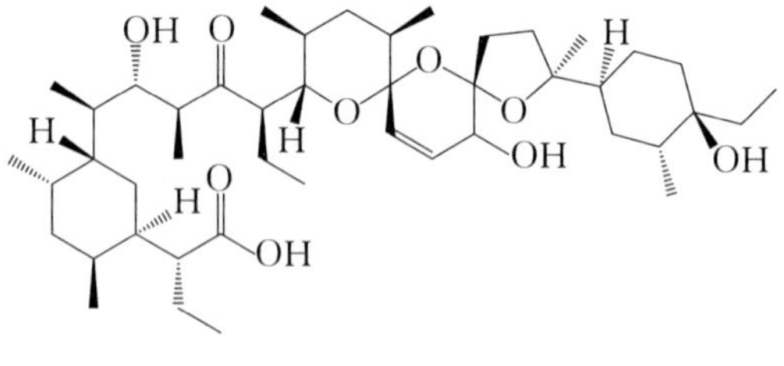

性状：白色或浅黄色结晶粉末。

闪点：(242.3±27.8)℃。

相对密度：(1.17±0.1) g/cm³。

溶解性：不溶于水，在绝大多数有机溶剂中有很高的溶解性，如异辛烷、苯、氯仿、乙醚、乙酸乙酯、丙酮或甲醇等。

2. 作用方式与用途

甲基盐霉素抗球虫普广，对鸡的堆型艾美耳球虫、巨型艾美耳球虫、布氏艾美耳球虫、变位艾美耳球虫、毒害艾美耳球虫、柔嫩艾美耳球虫有效，能大大降低鸡、鸭群的发病和死亡率。产蛋期的鸡禁用。马属动物忌用。禁止与泰妙菌素或竹桃霉素同时使用。

作用机制：甲基盐霉素能与+1价离子特别是钠离子结合使子孢子膨胀，抗虫活性高峰在球虫生活周期的最初几天，通过干扰球虫子孢子或裂殖子细胞的离子平衡，影响一些酶的活性，或导致表膜或细胞器破裂，阻止其侵入宿主肠上皮细胞。

3. 药物代谢动力学

甲基盐霉素内服吸收较少，生物利用度低。在肝脏和排泄物中可检测到原型药和15种代谢物，其中二羟、三羟甲基盐霉素和二羟、三羟甲基盐霉素B占1/2。

4. 毒理信息

甲基盐霉素在毒理学上属高毒物质。

5. 毒性等级

急性毒性，经口（类别2）。

经口（大鼠），LD_{50}为18.5 mg/kg；经口（猪），LD_{50}为8 mg/kg；经口（马），LD_{50}为1 mg/kg；经口（牛），LD_{50}为1 mg/kg。

6. 每日允许摄入量（ADI）

0～5 μg/kg体重。

7. 最大残留限量

见表2-11。

表 2-11　甲基盐霉素最大残留限量

动物种类	靶组织	最大残留限量（μg/kg）
牛/猪	肌肉	15
	脂肪	50
	肝	50
	肾	15
鸡	肌肉	15
	皮+脂	50
	肝	50
	肾	15

8. 常用检验检测方法

方法一：《饲料中5种聚醚类药物的测定　液相色谱-串联质谱法》（农业部1862号公告—4—2012），该标准适用于配合饲料、浓缩饲料和添加剂预混合饲料中甲基盐霉素、盐霉素、莫能菌素、拉沙洛西钠和马杜霉素含量的测定。该标准5种聚醚类药物的定量限均为10.0 μg/kg。

方法二：《动物源产品中聚醚类残留量的测定》（GB/T 20364—2006），该标准适用于禽、兔等动物源产品中莫能菌素、盐霉素、甲基盐霉素残留的确证和定量测定。该标准的检测限：莫能菌素、盐霉素、甲基盐霉素为1.0 μg/kg。定量限莫能菌素、盐霉素、甲基盐霉素为5.0 μg/kg。

方法三：《牛奶和奶粉中六种聚醚类抗生素残留量的测定　液相色谱-串联质谱法》（GB/T 22983—2008），该标准适用于液态奶（包括原料奶、纯牛奶、脱脂牛奶）和奶粉（包括纯奶粉、脱脂奶粉和婴幼儿配方奶粉）中拉沙洛菌素（lasalocid）、莫能菌素（monensin）、尼日利亚菌素（nigericin）、盐霉素（salinomycin）、甲基盐霉素（narasin）、马杜霉素铵（madubamycinammonium）残留量的测定。该标准的检测限：牛奶中拉沙洛菌素、莫能菌素、尼日利亚菌素、盐霉素、甲基盐霉素、马杜霉素铵检测限均为0.2 μg/L；奶粉中拉沙洛菌素、莫能菌素、尼日利亚菌素、盐霉素、甲基盐霉素、马杜霉素铵检测限均为1.6 μg/kg。

方法四：《出口动物源食品中抗球虫药物残留量检测方法　液相色谱-质谱/质谱法》（SN/T 3144—2011），该标准的检测限：拉沙洛菌素为0.005 mg/kg；盐霉素、莫能菌素、氯羟吡啶、氨丙啉、常山酮、甲苄喹啉和癸氧喹酯均为0.01 mg/kg；甲基盐霉素、乙氧酰胺苯甲酯均为0.02 mg/kg；马杜霉素、

4,4′-二硝基均二苯脲（尼卡巴嗪残留标示物）、地克珠利、克拉珠利、甲基三嗪酮、甲基三嗪酮砜、甲基三嗪酮亚砜、二硝托胺、硝米特、阿克洛胺均为0.05 mg/kg。

十二、尼卡巴嗪

1. 基本信息

化学名称：4,4-二硝基均二苯脲与2-羟基-4,6-二甲基嘧啶。

英文名称：Nicarbazin。

CAS号：330-95-0。

分子式：$C_{19}H_{18}N_6O_6$。

分子量：426.383。

化学结构式：

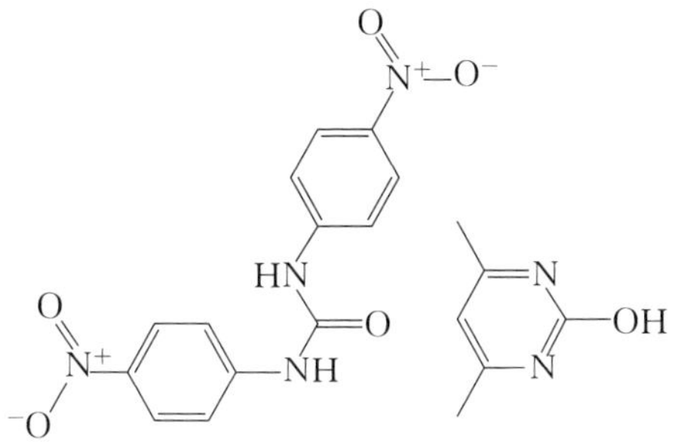

性状：黄色或绿黄色粉末，无气味，稍具异味。

闪点：204.7 ℃。

相对密度：1.466 3 g/cm^3。

溶解性：溶解性差，仅微溶于二甲基甲酰胺，在水、乙酸乙酯、乙醇及乙醚等有机溶剂中不溶，与水研磨时发生分解，与酸接触则分解更快。

2. 作用方式与用途

尼卡巴嗪又名双硝苯脲二甲嘧啶醇、硝脲嘧啶或球虫净，为4,4′-二硝基碳酰替苯胺（DNC）和2-羟基-4,6-二甲基嘧啶（HDP）等摩尔的复合物，是1955年由美国默克公司研制合成，到目前为止已在世界上使用70余年，并被列入美国、日本等国兽药典中。1974年，经美国FDA批准作为饲料添加剂用于肉鸡和青年鸡球虫病的预防和治疗。1986年，我国农业部批准尼卡巴嗪作为饲料添加剂抗球虫药使用，在治疗禽艾美耳球虫，特别是禽盲肠球虫病时，DNC-HDP复合物的抗球虫效力是DNC单体的10倍，HDP在单独使用时没有表现出抗球虫效力。尼卡巴嗪是目前全世界范围内公认最好的防治鸡球虫病的化学合成药物，可以在不影响鸡体免疫力的前提下有效地控制鸡球虫病，而且其耐药性产生缓慢，对其他耐药虫株仍有较好的抑制作用。尼卡巴嗪可以促进肉鸡生长，提高成活率。

作用机制：作为一种氧化磷酸化解偶联剂，尼卡巴嗪进入球虫细胞内后干扰线粒体代谢，麻痹球虫细胞内的腺嘌呤核苷三磷酸（ATP），中断细胞能量供应，使细胞壁上的钾钠泵停止工作，大量的 Na^{+} 和水同时进入细胞内，导致球虫细胞内离子失衡或细胞壁膨胀破裂而使球虫死亡。尼卡巴嗪对球虫第2代裂殖体活性最强，活性高峰为球虫感染后第4 d。有研究表明，尼卡巴嗪对球虫第一代裂殖体也有抑制作用。

3. 每日允许摄入量（ADI）

0～400 μg/kg 体重。

4. 最大残留限量

见表2-12。

表2-12　尼卡巴嗪最大残留限量

动物种类	靶组织	最大残留限量（μg/kg）
鸡	肌肉	200
	皮+脂	200
	肝	200
	肾	200

5. 常用检验检测方法

方法一：《食品安全国家标准　动物性食品中尼卡巴嗪残留标志物残留量的测定　液相色谱-串联质谱法》（GB 29690—2013），该标准适用于鸡的肌肉组织和鸡蛋中尼卡巴嗪残留标志物4,4′-二硝基均二苯脲残留量的检测。该标准的检测限是0.5 μg/kg，定量限是1.0 μg/kg。

方法二：《食品安全国家标准　鸡可食性组织中尼卡巴嗪残留量的测定　高效液相色谱法》（GB 29691—2013），该标准适用于鸡肌肉、肝脏和肾组织中尼卡巴嗪标识残留物4,4′-二硝基均二苯脲残留量的测定。该标准的检测限是20 μg/kg，定量限是100 μg/kg。

方法三：《出口禽肉和肾脏中尼卡巴嗪残留量的测定　液相色谱法》（SN/T 0216—2011），该标准适用于出口禽肉、肾脏、肝脏中尼卡巴嗪残留量的检测。该标准的检测限是0.1 mg/kg。

方法四：《饲料中尼卡巴嗪的测定》（GB/T 19423—2020），该标准高效液相色谱法中配合饲料、浓缩饲料的检测限为 0.5 mg/kg，定量限为 1 mg/kg，添加剂预混合饲料的检测限为 1 mg/kg，定量限为 2 mg/kg；液相色谱-串联质谱法的检测限为 0.02 mg/kg，定量限为 0.05 mg/kg。

方法五：《出口动物源食品中抗球虫药物残留量检测方法　液相色谱-质谱/质谱法》（SN/T 3144—2011），该标准适用于鸡肉、鸡肝、鸡蛋、牛肉、牛肝和牛奶中盐霉素、甲基盐霉素、莫能菌素、拉沙洛菌素、氯羟吡啶、氨丙啉、乙氧酰胺苯甲酯、尼卡巴嗪、常山酮、克拉珠利、甲苄喹啉、癸氧喹酯、二硝托胺、马杜霉素、地克珠利、硝米特 16 种抗球虫药物残留量的测定和确证；适用于鸡肉、鸡肝、鸡蛋、牛肉、牛肝和牛奶中甲基三嗪酮、甲基三嗪酮砜、甲基三嗪酮亚砜及阿克洛胺 4 种抗球虫药物残留量的测定。该标准的检测限：拉沙洛菌素为 0.005 mg/kg；盐霉素、莫能菌素、氯羟吡啶、氨丙啉、常山酮、甲苄喹啉和癸氧喹酯均为 0.01 mg/kg；甲基盐霉素、乙氧酰胺苯甲酯均为 0.02 mg/kg；马杜霉素、4,4′-二硝基均二苯脲（尼卡巴嗪残留标示物）、地克珠利、克拉珠利、甲基三嗪酮、甲基三嗪酮砜、甲基三嗪酮亚砜、二硝托胺、硝米特、阿克洛胺均为 0.05 mg/kg。

方法六：《进出口动物源性食品中二本脲类残留量检测方法》（SN/T 2314—2009），该标准液相色谱法和液相色谱-质谱/质谱法测定双硝基二苯脲和双咪苯脲残留量的检测限均为 0.050 mg/kg。

十三、氯苯胍

1. 基本信息

英文名称：Proguanil。

CAS 号：500-92-5。

分子式：$C_{11}H_{16}CLN_5$。

分子量：253.731 00。

化学结构式：

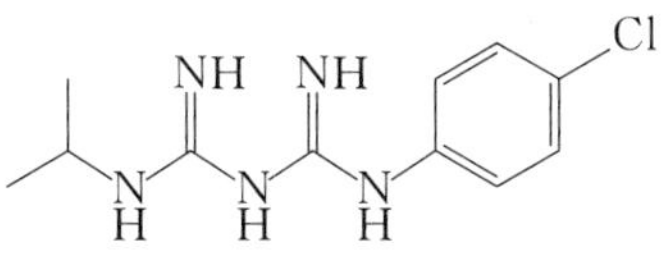

性状：白色或淡黄色结晶性粉末，遇光后颜色渐深，无臭，无味。

闪点：197.4 ℃。

相对密度：1.29 g/cm^3。

溶解性：略溶于乙醇、冰乙酸，极微溶于氯仿，几乎不溶于水和乙醚。

2. 作用方式与用途

氯苯胍于 20 世纪 70 年代初在美国上市，国内于 70 年代末批准生产，并作为饲料添加剂被广泛使用，主要用于预防和治疗鸡的球虫感染，对柔嫩艾美耳球虫、毒害艾美耳球虫、堆型艾美耳球虫、布氏艾美耳球虫、变位艾美耳球虫等均有效果，具有毒性低、疗效高、抗菌谱广、成本低廉等优点。同时，该药物还被证明具有轻微的促进营养吸收作用。临床上，氯苯胍常与地克珠利、盐霉素等交叉使用或与磺胺类药物联用防治各类球虫感染。此外，该药物还可用于其他寄生虫病，如治疗猪结肠小袋虫与弓形虫感染，特别是对于弓形虫感染，氯苯胍可以有效抑制弓形虫繁殖过程，具有较好的治疗效果。

作用机制：对球虫第 1 代与第 2 代繁殖体以及几乎所有发育成熟的球虫具有双重抑制作用。氯苯胍既能作用于寄生虫胞浆体内质网，影响蛋白质代谢，使内质网和高尔基复合体发生肿胀，抑制球虫生长发育，减轻宿主肠道病损和降低死亡率；同时也可以影响其他的细胞效应器，使寄生虫的细胞发生变性。氯苯胍是一种化学合成类抗球虫药，主要用于防治畜禽球虫病。

3. 药物代谢动力学

氯苯胍在动物体内的研究主要包括代谢与排泄规律以及残留消除规律两方面。Zulalian 采用 ^{14}C 标记法，对氯苯胍在大鼠和鸡体内的代谢和残留规律进行了初步研究。2 种动物分别单剂量口服用 ^{14}C 标记的氯苯胍，大鼠在 24 h 内放射性物质主要存在于粪便与尿液中，粪便中放射性约占 58%，而尿液中放射性为 20%，96 h 后组织中的放射性残留仅为给药总放射性的 0.4%。鸡在 24 h 内排出标记放射性化合物为 82%，144 h 后氯苯胍排出量达 99%。大鼠尿液中的 2 个主要代谢物为对氯苯甲酰基氨基乙酸和对-氯苯甲酸，2 种物质分别占尿中总放射性 88%和 2%，粪便中的放射性物质主要是未代谢的氯苯胍原型。从肝、肾和肌肉分离的代谢产物，与尿液中发现的主要代谢产物相同。其中，对氯苯甲酰氨基乙酸为肝肾的主要代谢产物，而氯苯胍原型为脂肪和皮肤中的主要化合物。氯苯胍在鸡体内的代谢产物为对氯苯甲酸、3-氨基-4-(对-氯苄叉氨基)-5-(对-氯苯基)-4H-1,2,4-三氮唑以及鸟氨酸、赖氨酸与对-氯苯甲酸的各种结合产物共计 9 种。

4. 毒性等级

急性毒性：口服（小鼠），LD_{50} 为 >350 mg/kg；口服（鸡），LD_{50} 为 450 mg/kg。

5. 每日允许摄入量（ADI）

0～5 μg/kg 体重。

6. 最大残留限量

见表 2 - 13。

表 2 - 13　氯苯胍最大残留限量

动物种类	靶组织	最大残留限量（μg/kg）
鸡	皮＋脂	200
	其他可食组织	100

7. 常用检验检测方法

方法一：《饲料中盐酸氯苯胍的测定　高效液相色谱法》（农业农村部公告第 316 号—2—2020），该标准适用于配合饲料、浓缩饲料、精料补充料和添加剂预混合饲料中盐酸氯苯胍的测定。该标准在配合饲料、浓缩饲料和精料补充料中盐酸氯苯胍的检测限为 0.5 mg/kg，定量限为 1.0 mg/kg；添加剂预混合饲料中盐酸氯苯胍的检测限为 1.0 mg/kg，定量限为 2.0 mg/kg。

方法二：《食品安全国家标准　动物性食品中氯苯胍残留量的测定　液相色谱-串联质谱法》（31658.13—2021），该标准适用于鸡的肌肉、肝脏、肾脏和皮＋脂组织中氯苯胍残留量的测定。该标准的检测限为 5 μg/kg，定量限为 10 μg/kg。

十四、盐霉素

1. 基本信息

中文别名：球虫粉、沙里诺霉素、优素精、沙利霉素、盐霉沙利霉素。
英文名称：Salinomycin。
CAS 号：471905 - 41 - 6。
分子式：$C_{21}H_{21}CLF_2O_4S$。
分子量：442.904。

化学结构式：

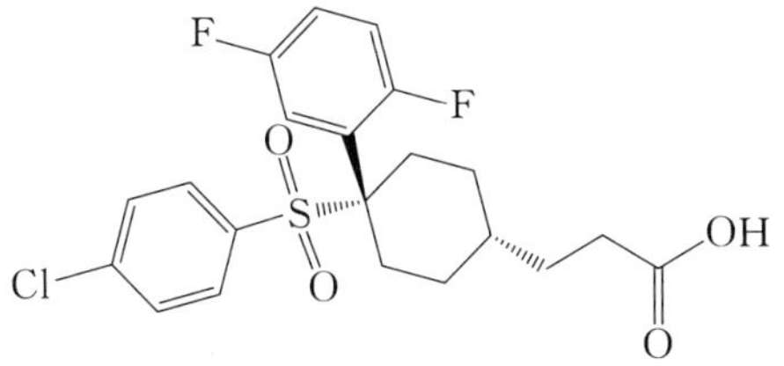

性状：白色粉末，有特殊异味。

闪点：(326.9±31.5)℃。

密度：(1.4±0.1) g/cm^3。

溶解性：易溶于丙酮、三氯甲烷、苯、乙酸乙酯、乙醚和甲醇，但几乎不溶于水。

2. 作用方式与用途

盐霉素是聚醚类离子载体抗生素，对鸡的多种艾美耳球虫有抑制作用；可用作猪的生长促进剂，防治与减少断奶仔猪腹泻综合征，可控制猪痢疾的发生，有效地防治自然感染的猪痢疾；对肉鸭生长具有促进作用，能抑制有害菌，调整并使鸭肠道菌群比例呈有利于肠道消化营养物质的状态发展，从而促进机体对营养物质的吸收和转化，提高饲料报酬；能改变牛等反刍动物瘤胃中挥发性脂肪酸的组成，提高丙酸浓度，降低乙酸、丁二酸含量，增加过瘤胃蛋白和抑制产气量，从而使饲料转化更为有效。

作用机制：主要作用于球虫生活史中孢子囊排出孢子体时及球虫侵入鸡肠内细胞后排出裂殖子及裂殖体两个阶段。盐霉素对细胞中的阳离子亲和性特别高，从而改变和加大细胞膜上膜质屏障的渗透性，抑制孢子体和裂殖体正常的离子平衡，进而抑制和杀死肠道内的球虫及有害细菌。用鼠肝粒体试验表明，线粒体内部的钾、钠和鎓离子有选择的流出膜外，致使线粒体出现收缩现象。这种扰乱细胞内离子浓度作用，是其抗球虫的机理。

3. 药物代谢动力学

用同位素标记法测定盐霉素在体内的吸收、排泄及残留情况发现，吸入小鼠、大鼠、鸡体内的盐霉素在肝脏迅速代谢，由小肠排出体外，大部分由粪排泄，投药后48～72 h可排完90%，尿中可排5%，另外少量的^{14}C标记的盐霉素在肝脏和胆汁中存在。饲喂产蛋鸡2周停药3 d，用高相液相色谱法测用药期和停药期鸡蛋及停药第0 d、1 d、3 d肌肉组织和卵巢卵黄内盐霉素的残留量，发现盐霉素在蛋黄、卵巢卵黄和皮下脂肪内浓度较高，在胸肌、腿部肌肉、肾脏、肝脏内残留浓度依次升高。饲料中60 mg/kg盐霉素饲喂鸡2周，停药0 d用TLC-BAG法（薄层层析生物自显影）测得血浆、脂肪、肝、肌肉中盐霉素残留量分别为700 μg/L、900 μg/kg、1 100 μg/kg、6 700 μg/kg；停药1 d后，脂肪、肝脏中盐霉素残留量分别为110 μg/kg、100 μg/kg。组织中各种残留组分的含量比较分散，尚无确切资料表明存在适宜作为标示残留物的主要残留组分。

鸡粪便中的盐霉素代谢产物在室温下6 d内可迅速从0.04 mg/kg下降至

0.01 mg/kg，但目前没有数据显示猪排泄物中盐霉素代谢产物的降解速率。在土壤中，盐霉素的半衰期为40～50 h（微生物检测法，检测线为0.01 mg/kg），21 d后仅存留1%。利用猪的排泄物施于土壤可能会引起盐霉素在土壤中的残留。土壤中含盐霉素原药可对胡萝卜、大头菜、甘蓝、马铃薯、糖用甜菜的生长产生抑制作用。

4. 毒理信息

在11～16周龄猪日粮中添加441 mg/kg的急性毒性试验表明，24 h死亡率为16.7%，有临床表现的66.7%，临床表现为呼吸困难、食欲减退、共济失调、肌肉痉挛、站立不稳和斜卧，排血尿组织学上表现为肾髓小管上皮细胞退化，骨骼肌有坏死，心肌、肝脏、大脑、肠没有显著变化。

超急性死亡的鸡几乎不出现任何症状即很快死亡。急性死亡（1～2 d内死亡）的鸡一般会出现典型的中毒症状，如腹泻、腿软、行走及站立不稳，严重的两腿麻痹向右伸直，昏睡直至死亡。亚慢性中毒表现为食欲缺乏、被毛紊乱、精神沉郁、腹泻、腿软、增重及饲料转化率降低。组织病理学上发现急性死亡（给药1～3 d）的鸡普遍性充血，心肌扩张，心肌苍白及出血，肺充血、水肿，肝淤血肿胀呈花斑状等，而亚急性死亡的鸡（1周内死亡）心肌充血、出血，心肌纤维空泡变性，严重的出现肌纤维的坏死，心肌线粒体受损，心肌变性纤维间有巨噬细胞及异嗜细胞浸润。肝脏淤血，在中央静脉周围出现肝细胞的变性和坏死，火鸡日粮中添加50 mg/kg盐霉素7 d后，死亡率达57.4%，发现火鸡血浆内肌酸激酶和天门冬氨酸氨基转移酶的活性升高，引起腿部肌肉坏死。

在大鼠器官形成期灌胃盐霉素10 d，剂量达LD_{50}（36 mg/kg）的1/8，除母鼠在妊娠期体重增长缓慢和胎仔平均窝重偏低外，没有发现明显的胚胎毒性和致畸胎作用。

5. 毒性等级

经口（大鼠），LD_{50}为70～100 mg/kg；经口（小鼠），LD_{50}为50 mg/kg；经口（鸡），LD_{50}为150 mg/kg。

6. 每日允许摄入量（ADI）

0～5 μg/kg体重。

7. 最大残留限量

见表2-14。

表 2-14　盐霉素最大残留限量

动物种类	靶组织	最大残留限量（μg/kg）
牛/猪	肌肉	15
	脂肪	50
	肝	50
	肾	15
鸡	肌肉	15
	皮+脂	50
	肝	50
	肾	15

8. 常用检验检测方法

方法一：《饲料中 5 种聚醚类药物的测定　液相色谱-串联质谱法》（农业部 1862 号公告—4—2012），该标准规定了配合饲料、浓缩饲料和添加剂预混合饲料中聚醚类药物的液相色谱-串联质谱分析方法。该标准适用于配合饲料、浓缩饲料和添加剂预混合饲料中甲基盐霉素、盐霉素、莫能菌素、拉沙洛西钠和马杜霉素含量的测定。该标准 5 种聚醚类药物的定量限均为 10.0 μg/kg。

方法二：《进出口肉及肉制品中盐霉毒素残留量检测方法　酶联免疫法》（SN/T 0673—2011），该标准适用于进出口鸡肉中盐霉素残留量的检测。该方法的检测限为 20 μg/kg。

方法三：《出口动物源食品中抗球虫药物残留量检测方法　液相色谱-质谱/质谱法》（SN/T 3144—2011），该标准适用于鸡肉、鸡肝、鸡蛋、牛肉、牛肝和牛奶中盐霉素、甲基盐霉素、莫能菌素、拉沙洛菌素、氯羟吡啶、氨丙啉、乙氧酰胺苯甲酯、尼卡巴嗪、常山酮、克拉珠利、甲苄喹啉、癸氧喹酯、二硝托胺、马杜霉素、地克珠利、硝米特 16 种抗球虫药物残留量的测定和确证；适用于鸡肉、鸡肝、鸡蛋、牛肉、牛肝和牛奶中甲基三嗪酮、甲基三嗪酮砜、甲基三嗪酮亚砜及阿克洛胺 4 种抗球虫药物残留量的测定。

该标准的检测限：拉沙洛菌素为 0.005 mg/kg；盐霉素、莫能菌素、氯羟吡啶、氨丙啉、常山酮、甲苄喹啉和癸氧喹酯均为 0.01 mg/kg；甲基盐霉素、乙氧酰胺苯甲酯均为 0.02 mg/kg；马杜霉素、4,4′-二硝基均二苯脲（尼卡巴嗪残留标示物）、地克珠利、克拉珠利、甲基三嗪酮、甲基三嗪酮砜、甲基三嗪酮亚砜、二硝托胺、硝米特、阿克洛胺均为 0.05 mg/kg。

方法四：《牛奶和奶粉中六种聚醚类抗生素残留量的测定　液相色谱-串联

质谱法》（GB/T 22983—2008），该标准适用于液态奶（包括原料奶、纯牛奶、脱脂牛奶）和奶粉（包括纯奶粉、脱脂奶粉和婴幼儿配方奶粉）中拉沙洛菌素、莫能菌素、尼日利亚菌素、盐霉素、甲基盐霉素、马杜霉素铵残留量的测定。该标准的检测限：牛奶中拉沙洛菌素、莫能菌素、尼日利亚菌素、盐霉素、甲基盐霉素、马杜霉素铵检测限均为 0.2 μg/L；奶粉中拉沙洛菌素、莫能菌素、尼日利亚菌素、盐霉素、甲基盐霉素、马杜霉素铵检测限均为 1.6 μg/kg。

方法五：《动物源产品中聚醚类残留量的测定》（GB/T 20364—2006），该标准检测限：莫能菌素、盐霉素、甲基盐霉素为 1.0 μg/kg。定量限莫能菌素、盐霉素、甲基盐霉素为 5.0 μg/kg。该标准的方法二是液相色谱-质谱法规定了动物源产品中莫能菌素、盐霉素种聚醚类残留量液相色谱-质谱的测定方法。该标准适用于畜、禽肉及肝脏中莫能菌素、盐霉素残留量的测定。该方法的检测限：莫能菌素为 1.0 μg/kg；盐霉素为 2.0 μg/kg。定量限：莫能菌素为 5.0 μg/kg；盐霉素为 10.0 μg/kg。

方法六：《饲料中盐霉素的测定》（GB/T 20196—2006），该标准规定了饲料中盐霉素的微生物检验方法和高效液相色谱仪柱前衍生化检验方法。该标准两种方法均适用于配合饲料、浓缩饲料、添加剂预混合饲料中盐霉素的测定。该标准的检测限为 1.25 mg/kg。

十五、赛杜霉素

1. 基本信息

英文名称：Semduramicin。

CAS 号：113378－31－7。

分子式：$C_{45}H_{76}O_{16}$。

分子量：873.08。

化学结构式：

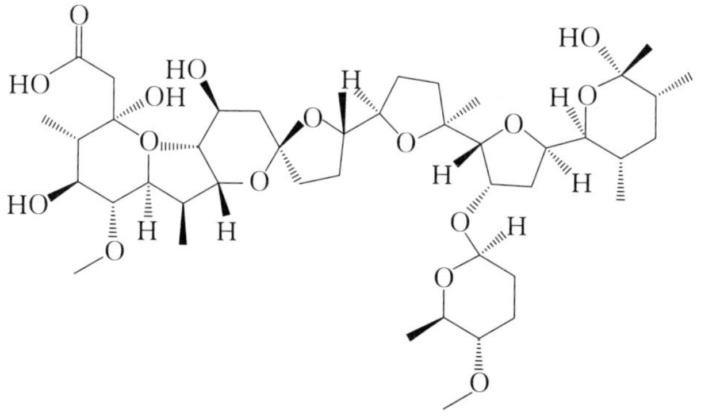

沸点：(921.3±65.0)℃。

密度：(1.27±0.1) g/cm^3。

2. 作用方式与用途

赛杜霉素用于预防由柔嫩艾美耳球虫、毒害艾美耳球虫、变位艾美耳球虫、堆型艾美耳球虫、巨型艾美耳球虫、波氏艾美耳球虫和 mitis 艾美耳球虫 7 种艾美耳球虫引起球虫病。预防对与洛克沙胂联合联合用药比单用赛杜霉素更有效的柔嫩艾氏野株引起的球虫病。

3. 每日允许摄入量（ADI）

0～180 μg/kg 体重。

4. 最大残留限量

见表 2-15。

表 2-15　赛杜霉素最大残留限量

动物种类	靶组织	最大残留限量（μg/kg）
鸡	肌肉	130
	肝	400

5. 常用检验检测方法

《饲料中赛杜霉素钠的测定-柱后衍生高效液相色谱法》（农业部 2349 号公告—2—2015），该标准规定了饲料中赛杜霉素钠的柱后衍生高效液相色谱测定方法。该标准适用于畜禽配合饲料、浓缩饲料和预混合饲料中赛杜霉素钠的测定。该标准的检测限为 0.75 mg/kg，定量限为 2.0 mg/kg。

十六、托曲珠利

1. 基本信息

化学名称：1-[3-甲基-4-(4-三氟甲硫基-苯氧基)-苯基]-3-甲基-1,3,5-三嗪-2,4,6-三酮。

英文名称：Toltrazuril。

CAS 号：69004-03-1。

分子式：$C_{18}H_{14}F_3N_3O_4S$。

分子量：425.381 7。

化学结构式：

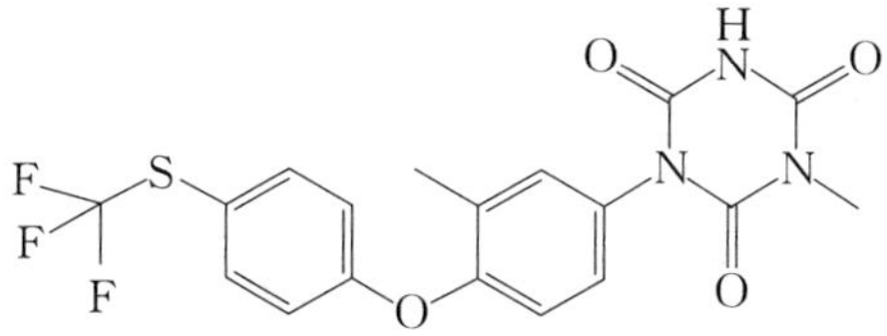

性状：白色或类白色结晶性粉末。

熔点：194～196 ℃。

密度：(1.5±0.1) g/cm^3。

溶解性：在乙酸乙酯或二氯甲烷中溶解，在甲醇中略溶，在水中不溶。

2. 作用方式与用途

托曲珠利是一种抗原生动物药，对球虫寄生物发挥作用。

作用机制：主要诱导球虫发育阶段细微结构的改变，主要由于内质网和高尔基体的肿胀和周围核空间的异常，来干扰核分裂。托曲珠利导致寄生虫呼吸链酶的减少。

3. 每日允许摄入量（ADI）

0～2 μg/kg 体重。

4. 最大残留限量

见表 2－16。

表 2－16　托曲珠利最大残留限量

动物种类	靶组织	最大残留限量（μg/kg）
家禽（产蛋期禁用）	肌肉	100
	皮＋脂	200
	肝	600
	肾	400
所有哺乳类食品动物（泌乳期禁用）	肌肉	100
	皮＋脂	150
	肝	500
	肾	250

5. 常用检验检测方法

方法一：《动物源食品中地克珠利、托曲珠利、托曲珠利亚砜和托曲珠利砜残留量的检测　高效液相色谱-质谱/质谱法》(SN/T 2318—2009)，该标准适用于鸡肉、鸡肝、鸡肾、猪肉、猪肝、猪肾、兔肉、兔肝、兔肾和鸡蛋中地克珠利、托曲珠利、托曲珠利亚砜和托曲珠利砜残留量的检测。该标准的检测限：肾脏、肝脏为 20 μg/kg；肌肉为 10 μg/kg；禽蛋为 1 μg/kg。

方法二：《饲料中托曲珠利的测定　高效液相色谱法》（农业部 2349 号公告—1—2015），该方法适用于配合饲料、浓缩饲料、添加剂预混合饲料中托曲珠利的测定。配合饲料和浓缩饲料的检测限和定量限分别为 0.2 mg/kg 和 0.5 mg/kg；添加剂预混合饲料的检测限和定量限分别为 0.2 mg/kg 和 1.0 mg/kg。

第三章　抗吸虫药

肝片吸虫是一种人畜共患的食源性寄生虫，主要寄生于哺乳动物的胆道内。人感染后可引起肝脏损害和出血，可造成胆管阻塞、肝实质变性、黄疸等。分泌的毒素具有溶血作用，且肝片吸虫病的诊断较困难，往往在作出诊断之前已经造成巨大经济损失，对社会、畜牧业和人类健康带来巨大威胁。对于此病的防治，目前主要靠抗肝片吸虫药物进行治疗，常见的包括硝碘酚腈、碘醚柳胺、氯氰碘柳胺、三氯苯达唑等。

一、氯氰碘柳胺

1. 基本信息

化学名称：N-[5-氯-4-(4-氯-γ-氰基苄基)-2-甲基苯基]-2-羟基-3,5-二碘苯甲酰胺。

CAS号：57808-65-8。

分子式：$C_{22}H_{14}Cl_2I_2N_2O_2$。

分子量：663.07。

化学结构式：

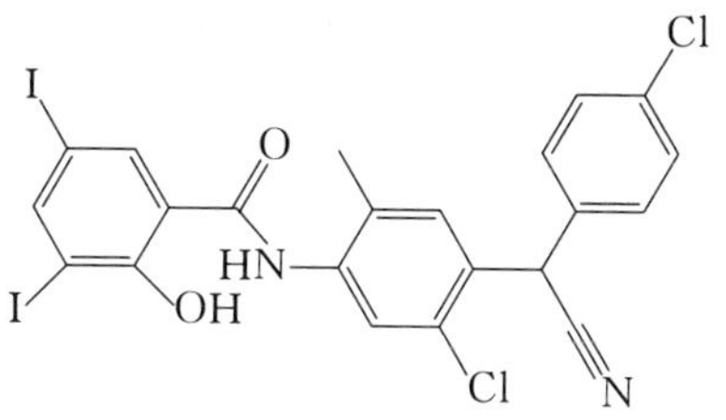

性状：常温下为微黄色粉末，无臭或微臭。

熔点：217.8℃。

闪点：310℃。

密度：1.943 g/cm^3。

溶解性：水中为0.0073 mg/L（25℃），在乙醇或丙酮中易溶，在水或在氯仿中不溶。

2. 作用方式与用途

氯氰碘柳胺是比利时 Janssen 公司研发的抗寄生虫药，并由 Janssen 和 Sipido 公司取得专利。自 20 世纪 80 年代问世以来，它以良好的驱螺和体外寄生虫效果闻名于世，受到广大消费者的青睐。并在 1993 年被我国农业部批准为二类新兽药。

作用机制：氯氰碘柳胺是一种强的氧化磷酸化解偶联剂，可以抑制虫体线粒体的磷酸化过程，从而阻止虫体内三磷酸腺苷的合成，导致虫体能量代谢的活力迅速减弱而死亡。对多种吸虫类、线虫类和节肢动物的幼虫类虫体均有良好疗效。

3. 毒理信息

急性毒性：口服（大鼠），LD_{50} 为 262 mg/kg；口服（小鼠），LD_{50} 为 331 mg/kg。

4. 毒性分级

高毒。

5. 每日允许摄入量

0～30 μg/kg 体重。

6. 最大残留限量

见表 3-1。

表 3-1　氯氰碘柳胺最大残留限量

动物种类	靶组织	最大残留限量（μg/kg）
牛	肌肉	1 000
	脂肪	3 000
	肝	1 000
	肾	3 000
羊	肌肉	1 500
	脂肪	2 000
	肝	1 500
	肾	5 000
牛/羊	奶	45

7. 国外标准管理情况

欧盟（EU）No 682/2014 号法规将氯氰碘柳胺在牛奶、羊奶中的临时最大残留限量修订为最终最大残留限量为 45 μg/kg。

8. 常用检验检测方法

氯氰碘柳胺为抗吸虫药，在体内能与血浆蛋白（主要是白蛋白）广泛结合，结合率大于 99%，在绵羊中的消除半衰期可长达 14.3～14.5 d。如果这些药物在兽医临床上不合理使用或滥用，将不可避免导致用药后的动物性食品中氯氰碘柳胺残留，进而给消费者健康带来安全隐患。目前，文献中报道的检测方法有紫外分光光度法、凯氏定氮法、高效液相色谱法、液相色谱串联质谱法等。王彬等建立了超高效液相色谱-串联质谱检测牛羊肉中 6 种抗肝片吸虫药残留的分析方法，用于分析硝氯酚、碘醚柳胺、氯氰碘柳胺、硝碘酚腈、三氯苯达唑和硫双二氯酚的残留量。

《进出口肉及肉制品中氯氰碘柳胺残留量检验方法　高效液相色谱法》（SN/T 1628—2005），该标准适用于牛肉、羊肉中氯氰碘柳胺残留量的测定。检测限为 0.1 mg/kg。

二、硝碘酚腈

1. 基本信息

化学名称：4-羟基-3-碘-5-硝基苯腈。

CAS 号：1689-89-0。

分子式：$C_7H_3IN_2O_3$。

分子量：290.014 8。

化学结构式：

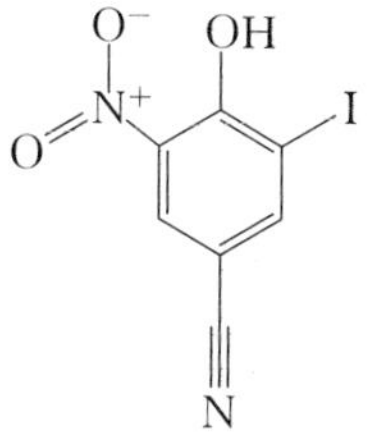

性状：是一种淡黄色粉末，无臭或几乎无臭。

熔点：136～139 ℃。

闪点：123.2 ℃。

密度：2.24 g/cm^3。

溶解性：在乙醚中略溶，在乙醇中微溶，在水中不溶，易溶于氢氧化钠试液。对光敏感，应避光储存。

2. 作用方式与用途

硝碘酚腈是由英国 Davis 等人从 100 余种化学合成的取代苯酚及其衍生物中筛选出对肝片吸虫成虫及幼虫均有很高驱虫活性的药物。该药从 1987 年起作为进口药物开始在我国兽医临床中应用。Corbett 和 Martin 等研究了硝碘酚腈对大鼠肝细胞线粒体功能的影响，证明了它是一种氧化磷酸化作用的解偶联剂。对牛、羊皮下注射硝碘酚腈，30 min 后可达血浆高峰浓度，药物被迅速吸收。当寄生虫摄取寄主血液后，药物可使虫体细胞内线粒体中产生 ATP 的氧化磷酸化反应解偶联，从而使 ATP 浓度降低，最终导致虫体死亡，达到杀虫目的。由于药物在血液中与血浆蛋白高度结合（结合率>97%），具有缓释作用，在寄主体内存留时间较长，因此可使虫体长期处于药物环境中，充分发挥其对幼虫的抑杀作用。

作用机制：硝碘酚腈能阻断虫体的氧化磷酸化作用，降低 ATP 浓度，减少细胞分裂所需能量而导致虫体死亡。对牛、羊肝片吸虫和前后盘吸虫成虫均有良好效果，对猪肝片吸虫、羊捻转血矛线虫、犬蛔虫也有良效。

3. 毒理信息

急性毒性：哺乳动物经口，LD_{50} 为 125 mg/kg；哺乳动物注射，LD_{50} 为 50 mg/kg。

4. 毒性等级

有毒。

5. 每日允许摄入量

0～5 μg/kg。

6. 最大残留限量

见表 3-2。

表 3-2　硝碘酚腈最大残留限量

动物种类	靶组织	最大残留限量（μg/kg）
牛、羊	肌肉	400
	脂肪	200
	肝	20
	肾	400
	奶	20

7. 国外管理情况

2012 年 3 月 9 日，欧盟委员会发布 No 201/2012 号法令，对 No 37/2010 号法令进行了修订。本次修订将硝碘酚腈在牛奶、羊奶中的最大残留限量制定为 20 μg/kg。

三、碘醚柳胺

1. 基本信息

中文别名：雷复尼特。

化学名称：N-(3′-氯-4′-对氯苯氧-3,5-二碘水杨酰)苯胺。

CAS 号：22662-39-1。

分子式：$C_{19}H_{11}Cl_2I_2NO_3$。

分子量：626.01。

化学结构式：

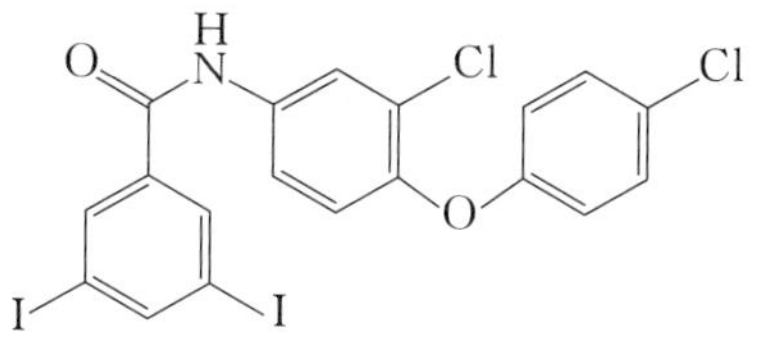

性状：灰白色至棕色粉末。

熔点：168～170 ℃。

闪点：272.3 ℃。

密度：2.05 g/cm^3。

溶解性：在丙酮中溶解，在氯仿或醋酸乙酯中略溶，在甲醇中微溶，在水中不溶。

2. 作用方式与用途

碘醚柳胺属于卤化水杨酰苯胺类杀虫剂，不仅能抗成虫而且能抗幼虫，是一种高效低毒的抗肝片吸虫药。是控制牛羊肝片吸虫、大片吸虫成虫和幼虫病的高效药物，对血毛线虫、巨片吸虫和羊蝇蛆也有较好作用。

作用机制：碘醚柳胺作为一种质子离子载体，通过跨细胞膜转运阳离子，最终对虫体线立体氧化磷酸化过程进行解偶联，减少 ATP 的产生，并降低糖原含量，使琥珀酸积累，从而影响虫体的能量代谢过程，使虫体死亡。

3. 最大残留限量

见表 3-3。

表 3-3　碘醚柳胺最大残留限量

动物种类	靶组织	最大残留限量（μg/kg）
牛	肌肉	30
	脂肪	30
	肝	10
	肾	40
羊	肌肉	100
	脂肪	250
	肝	150
	肾	150
牛/羊	奶	10

4. 国外管理情况

欧盟 No 681/2014 号法规制定了碘醚柳胺在牛奶和羊奶中的临时最大残留限量为 10 μg/kg。

5. 常用检验检测方法

《进出口动物源性食品中雷复尼特残留量的检测方法》（SN/T 1987—2007），该标准适用于牛肉、牛肝和牛肾中雷复尼特残留量的测定。该标准雷复尼特残留量的检测限为 0.01 mg/kg。

四、三氯苯达唑

1. 理化性质

化学名称：5-氯-6-(2,3-二氯苯氧基)-2-甲硫基-1H-苯并咪唑。

CAS 号：68786-66-3。

分子式：$C_{14}H_9Cl_3N_2OS$。

分子量：359.66。

化学结构式：

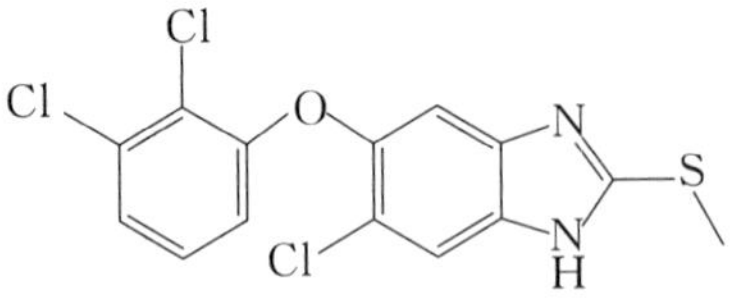

性状：白色至类白色粉末结晶。

熔点：175～176 ℃。

闪点：253.7 ℃。

密度：1.59 g/cm³。

2. 作用方式与用途

三氯苯哒唑是苯并咪唑类中专用于抗片形吸虫药，对牛、羊的肝片吸虫、大片形吸虫及前后盘吸虫均有良好的杀灭效果，在我国广泛应用于反刍动物肝片吸虫病治疗。

3. 毒理信息

急性毒性：口服（大鼠），LD_{50} 为＞8 000 mg/kg；口服（小鼠），LD_{50} 为＞8 000 mg/kg。

4. 毒性等级

低毒。

5. 每日允许摄入量（ADI）

0～3 μg/kg。

6. 最大残留限量

见表 3－4。

表 3－4　三氯苯达唑最大残留限量

动物种类	靶组织	最大残留限量（μg/kg）
牛	肌肉	250
	脂肪	100
	肝	850
	肾	400
羊	肌肉	200
	脂肪	100
	肝	300
	肾	200
牛/羊	奶	10

7. 国外管理情况

欧盟委员会发布 No 222/2012 号法规，对 No 37/2010 号法规进行了修订，将三氯苯达唑在反刍动物乳汁中的最大残留限量定为 10 μg/kg。

8. 常用检验检测方法

方法一：《饲料中 8 种苯并咪唑类药物的测定　液相色谱-串联质谱法和液相色谱法》（农业部 1730 号公告—1—2012），该标准的检测限和定量限：液相色谱串联质谱法的检测限为 0.20 mg/kg，定量限为 0.50 mg/kg；液相色谱法的检测限为 0.20 mg/kg，定量限为 0.50 mg/kg。

方法二：《畜禽血液和尿液中 160 种兽药及其他化合物的测定　液相色谱-串联质谱法》（农业农村部公告第 197 号—10—2019），该标准适用于猪血、牛血、羊血和鸡血及猪尿、牛尿、羊尿中 160 种兽药及其他化合物的测定。该标准的检测限为 0.3 μg/L，定量限为 1 μg/L。

方法三：《畜禽血液和尿液中 150 种兽药及其他化合物鉴别和确认　液相色谱-高分辨串联质谱仪法》（农业农村部公告第 197 号—9—2019），该标准适用于猪血、牛血、羊血和鸡血以及猪尿牛尿、羊尿中 150 种兽药及其他化合物的鉴别和确认。该标准的检测限为 10 ng/mL。

第四章　抗锥虫药

锥虫病是严重危害人畜健康的一种重要的血液原虫病。在非洲主要流行布氏锥虫，其通过舌蝇的叮咬传播可引起人非洲锥虫病（HAT），又称昏睡病，如果不能得到及时治疗会有生命危险，有些地区的死亡率超过30%（杜金等，2015）。在我国主要流行伊氏锥虫，可引起骆驼、马、牛、山羊、猪等家畜的伊氏锥虫病，造成家畜日渐消瘦，甚至死亡，在受锥虫病影响地区，抗锥虫药的使用仍然是控制家畜锥虫病的主要途径。目前，国内外常用的治疗锥虫感染的药物有三氮脒、氯化氮氨菲啶、二胺乙基苯菲啶、喹嘧胺、苏拉明等。在很多地区，三氮脒（又名血虫净、“贝尼尔”），和氯化氮氨菲啶（又名“沙莫林”），是运用最广的治疗牛伊氏锥虫感染的药物（Anene et al.，2001）。三氮脒主要用作治疗锥虫病，而氯化氮氨菲啶既可以用作治疗锥虫病，又可以用作预防锥虫病。虽然氯化氮氨菲啶使用了多年，但在一些地区仍然能够有效治疗和预防牛的刚果锥虫、活泼锥虫、布氏锥虫等。

一、三氮脒

1. 基本信息

化学名称：4,4′-(1-三氮烯-1,3-)双苯甲脒。

CAS号：536-71-0。

分子式：$C_{14}H_{15}N_7$。

分子量：281.315 8。

化学结构式：

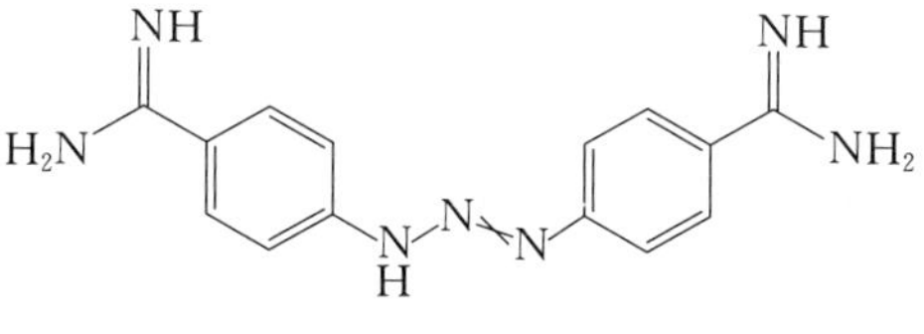

性状：为黄色或橙色结晶性粉末；无臭，遇光遇热变为橙红色。

闪点：234 ℃。

密度：1.39 g/cm^3。

溶解性：本品在水中溶解，在乙醇中几乎不溶，在氯仿及乙醚中不溶。

2. 作用方式与用途

三氮脒属于芳香双脒类，是传统使用的广谱抗血液原虫药，如对家畜梨形虫、锥虫、巴西虫和无形体均有治疗作用。例如，对马巴贝斯虫、牛双芽巴贝斯虫、牛巴贝斯虫、柯契卡巴贝斯虫和羊巴贝斯虫等梨形虫效果显著，对牛环形泰勒虫、边虫、马媾疫锥虫、水牛伊氏锥虫也有一定的治疗作用。三氮脒对家畜的锥虫、梨形虫及边虫（无形体）均有作用。三氮脒被用作抗锥虫药于1955年投放入市场。主要用于治疗牛、羊、山羊、犬的锥虫病。

作用机制：选择性地阻断锥虫动基体的DNA合成或复制，并与细胞核产生不可逆性结合，从而使锥虫的动基体消失，并不能分裂繁殖。会引起宿主低血糖。梨形虫和锥虫所进行的需氧糖酵解要依靠宿主的葡萄糖。杀锥虫作用，取决于它对锥虫需氧糖酵解的抑制作用和核蛋白变性作用。

使用注意事项：三氮脒毒性较大，安全范围较小，可引起副交感神经兴奋样反应，应严格掌握用药剂量，不得超量使用。用药后常出现不安、起卧、频繁排尿、肌肉震颤等反应。过量使用可引起死亡。

3. 每日允许摄入量

0～100 μg/kg。

4. 最大残留限量

见表4-1。

表4-1　三氮脒最大残留限量

动物种类	靶组织	最大残留限量（μg/kg）
牛	肌肉	500
	肝	12 000
	肾	6 000
	奶	150

5. 常用检验检测方法

目前，国外报道的三氮脒检测分析方法有很多种，国内报道的比较少，包括比色分析法、分光光度法、薄层色谱法、高效液相色谱法、气相/液相色谱串联质谱法等，这些方法广泛用于测定三氮脒在不同药物制剂和生物样品中的含量。

二、氮氨菲啶

1. 基本信息

化学名称：3-氨基-8-{3-[3-(脒基)苯基]-1-三氮烯基}-5-乙基-6-苯基菲啶。

CAS号：34301-55-8。

分子式：$C_{28}H_{26}ClN_7$。

分子量：496.01。

化学结构式：

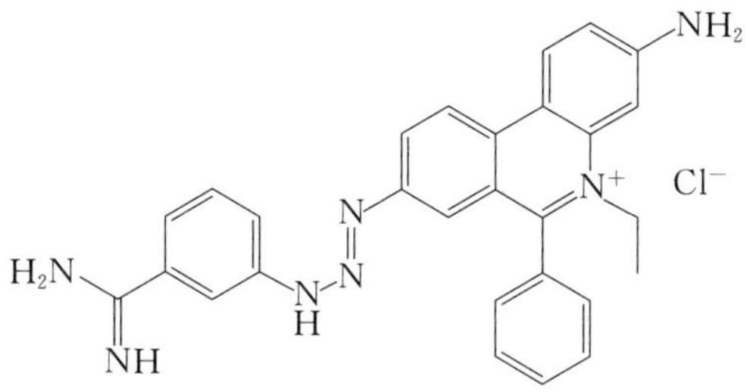

性状：氯化氮氨菲啶为暗红棕色粉末。

闪点：234℃。

密度：1.39 g/cm^3。

溶解性：在20℃时水溶性为6%（w/v）。难溶于纯有机试剂，在强酸强碱及高温环境下不稳定。

2. 作用方式与用途

氯化氮氨菲啶，由m-氨基苯甲脒氯化物和重氮化的3,8-二氨基-5-乙基-6-苯基菲啶氯化物（胡脒氯胺）经三氮烯桥相连，重氮氨基部分是由重氮盐和芳香族伯胺耦合而成，亲电取代反应发生在重氮离子和非电离的胺之间。由于在菲啶结构中有四价氮离子而表现为强阳离子性质，有苯基结构而带有疏水性，因而氯化氮氨菲啶被界定为具有亲水亲脂两性的阳离子化合物。

作用机制：主要是通过嵌入锥虫体内DNA的碱基对抑制核酸的合成，从而抑制RNA聚合酶和DNA聚合酶的合成，还能与核酸前体结合进入锥虫的DNA和RNA，干扰锥虫DNA和RNA的复制。

3. 每日允许摄入量

0～100 μg/kg。

4. 最大残留限量

见表 4-2。

表 4-2　氮氨菲啶最大残留限量

动物种类	靶组织	最大残留限量（μg/kg）
牛	肌肉	100
	脂肪	100
	肝	500
	肾	1 000
	奶	100

5. 常用检验检测方法

方法一：《食品安全国家标准　牛可食性组织及牛奶中氮氨菲啶残留量的测定　液相色谱-串联质谱法》（GB 31660.8—2019），该标准适用于牛肌肉、脂肪、肝脏和肾脏及牛奶中氮氨菲啶残留量的检测。方法的检测限是 5 μg/kg，定量限是 10 μg/kg。

方法二：《牛奶和奶粉中氮氨菲啶残留量的测定　液相色谱-串联质谱法》（GB/T 22974—2008），该标准适用于牛奶和奶粉中氮氨菲啶残留量的测定。该标准的检测限：牛奶为 0.010 mg/kg，奶粉为 0.080 mg/kg。

方法三：《进出口动物源性食品中氮氨菲啶残留量检测方法　液相色谱-质谱/质谱法》（SN/T 2239—2008），该标准适用于牛肉、牛肝、牛肾、牛脂肪、羊肝、鸡肝、鱼肉及牛奶中氮氨菲啶残留量的测定和确证。该标准的检测限：牛奶为 0.005 mg/kg。

第五章　抗梨形虫药

梨形虫，原生动物，顶复门孢子纲梨形目。虫体呈梨形，故名为梨形虫。梨形虫属于脊椎动物红细胞和淋巴细胞内寄生虫。梨形虫病是一种虫媒性病，必须通过硬蜱传播。因蜱的种类和分布有地区性，其活动有季节性，因而病的发生和流行具有明显的地区性和季节性。梨形虫的宿主特异性很强，各种动物各具有其一定的梨形虫病的病原体，彼此互不感染。

梨形虫主要有2属，巴贝属和泰勒属。巴贝虫寄生在牛、羊等家畜红细胞内简单二分裂繁殖，不产生色素，无裂体生殖，可引起多种严重的巴贝虫病。田鼠巴贝虫病可感染人，非致死性；人感染牛巴贝虫病有致死者。泰勒属虫寄生在牛、羊等的淋巴组织中，无人体感染病例。

咪多卡

1. 基本信息

中文别名：双咪苯脲。

化学名称：N,N′-二［3-(4,5-二氢-1H-咪唑-2-基)苯基]脲。

CAS号：27885-92-3。

分子式：$C_{25}H_{32}N_6O_5$。

分子量：496.5588。

化学结构式：

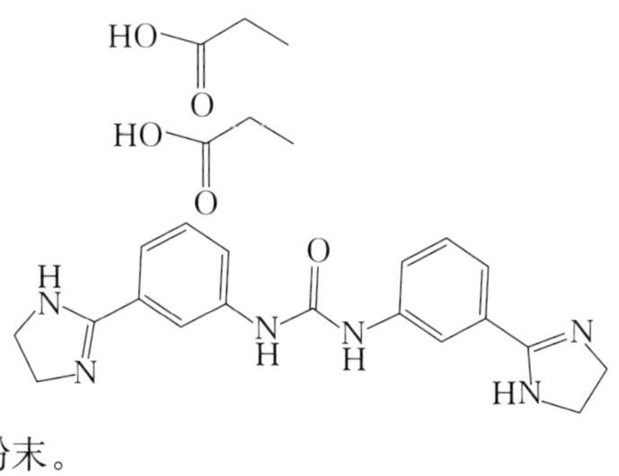

性状：无色粉末。

熔点：350 ℃。

闪点：363.3 ℃。

密度：(1.39±0.1) g/cm^3。

2. 作用方式与用途

咪多卡为兽药用化学品，是抗梨形虫药物二苯脲类联脒衍生物，是一种重要的具有生物活性的化合物。它们具有广谱、低毒、应用范围广、作用时间长、用药剂量小等优点，对家畜梨形虫病、无浆体病及猪犬等的附红细胞体病，不仅有很好的治疗作用，也具有良好的预防效果。

作用机制：能直接作用于巴贝虫虫体，改变细胞核的数量和大小，并且使细胞质产生空泡现象。

3. 每日允许摄入量（ADI）

0～10 μg/kg 体重。

4. 最大残留限量

见表 5-1。

表 5-1 咪多卡最大残留限量

动物种类	靶组织	最大残留限量（μg/kg）
牛	肌肉	300
	脂肪	50
	肝	1 500
	肾	2 000
	奶	50

5. 常用检验检测方法

《进出口动物源性食品中二本脲类残留量检测方法》(SN/T 2314—2009)，该标准适用于牛肉、鸡肉、牛肝、鸡肝和鸡蛋中尼卡巴嗪和双咪苯脲残留量的测定和确证。该标准液相色谱法和液相色谱-质谱/质谱法测定双硝基二苯脲和双咪苯脲残留量的检测限均 0.050 mg/kg。

第六章　杀 虫 药

一、双甲脒

1. 基本信息

中文别名：虫螨胱、螨克。

化学名称：1,5-双(2,4-二甲苯基)-3-甲基-1,3,5-三氮戊二烯-1,4。

英文名称：Amitraz。

CAS 号：33089-61-1。

分子式：$C_{19}H_{23}N_3$。

分子量：293.41。

化学结构式：

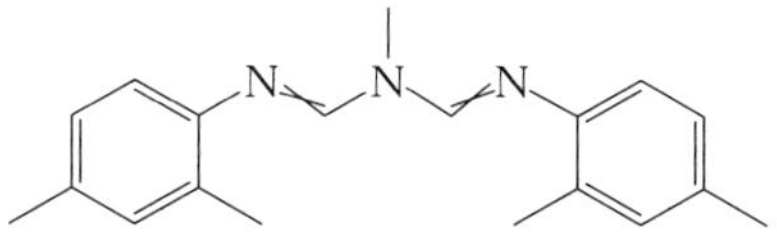

性状：为白色针状结晶。

熔点：86～87 ℃。

密度：1.128 0 g/cm^3。

溶解性：能溶于丙酮、二甲苯、甲醇等有机溶剂，丙酮中溶解度为 500 g/L，甲苯为 300 g/L；在水中溶解度为 1 mg/L，在中性或碱性时较稳定，20 ℃时在 pH 为 7 的水中半衰期为 6 h，在酸性介质中不稳定，在潮湿环境中长期存放将慢慢分解变质。

2. 作用方式与用途

双甲脒是一种广谱性甲脒类杀螨杀虫剂，属中等毒性杀螨剂。具有触杀、拒食、驱避作用，也有一定胃毒、熏蒸和内吸作用。对叶螨科各种虫态都有效，但对越冬卵效果较差。对已对其他杀螨剂产生抗药性的害螨也有较高活性。

作用机制：具有多种毒杀机制，主要是抑制单胺氧化酶的活性，对害螨中枢神经系统的非胆碱能神经突触诱发兴奋作用。

3. 毒理信息

急性毒性：经口（大鼠），LD_{50}为 600 mg/kg；经口（小鼠），LD_{50}为 1 600 mg/kg；经皮（大鼠），LD_{50}为>1 600 mg/kg；经皮（大鼠）（雌性），LD_{50}为>4 640 mg/kg；经皮（兔），LD_{50}为>200 mg/kg。

4. 毒性等级

中毒。

5. 每日允许摄入量（ADI）

0～3 μg/kg 体重。

6. 最大残留限量

见表 6－1。

表 6－1　双甲脒最大残留限量

动物种类	靶组织	最大残留限量（μg/kg）
牛	脂肪	200
	肝	200
	肾	200
	奶	10
绵羊	脂肪	400
	肝	100
	肾	200
	奶	10
山羊	脂肪	200
	肝	100
	肾	200
	奶	10
猪	脂肪	400
	肝	200
	肾	200
蜜蜂	蜂蜜	200

7. 常用检验检测方法

方法一：《食品安全国家标准　牛奶中双甲脒残留标志物残留量的测定

气相色谱法》（GB 29707—2013），该标准适用于牛奶中双甲脒残留标志物 2，4 -二甲基苯胺残留量的检测。方法的检测限为 2 μg/kg，定量限为 5 μg/kg。

方法二：《食品安全国家标准　蜂王浆中双甲脒及其代谢产物残留量的测定　气相色谱-质谱法》（GB 23200.103—2016），该标准规定了蜂王浆中双甲脒及其代谢产物残留量的气相色谱-质谱测定及确证方法。该标准适用于蜂王浆中双甲脒及其代谢产物残留量的测定和确证。该标准的方法定量限为 10 μg/kg。

方法三：《蔬菜、水果、食用油中双甲脒残留量的测定》（GB/T 5009.143—2003），该标准规定了蔬菜、水果、食用油中双甲脒残留量的测定方法。该标准适用于蔬菜、水果、食用油中双甲脒（及代谢物）残留量的测定。该标准的检测限为 0.02 mg/kg；线性范围：0.0～1.0 ng。

方法四：《蜂蜜中双甲脒残留量的测定　气相色谱-质谱法》（农业部 781 号公告—8—2006），该标准规定了蜂蜜中双甲脒残留量检测的制样和气质联用测定方法。该标准适用于蜂蜜中的双甲脒残留量的测定。该标准的检测限为 20 μg/kg。

方法五：《蜂蜜中双甲脒及其代谢物残留量测定—液相色谱法》（GB/T 21169—2007），该标准规定了蜂蜜中双甲脒及其代谢物残留量液相色谱测定方法提要、测定步骤、结果计算。该标准适用于蜂蜜中双甲脒及其代谢物残留量的测定。该标准的检测限双甲脒为 0.01 mg/kg，双甲脒代谢物（2,4 -二甲基苯胺）为 0.02 mg/kg。

方法六：《动物性食品中双甲脒残留标示物检测　气相色谱法》（农业部 1163 号公告—3—2009），该标准规定了动物可食性组织中双甲脒残留标示物检测的气相色谱测定方法。该标准适用于猪、牛、羊的脂肪、肝脏、肾脏中双甲醚及其代谢物 2,4 -二甲基苯胺残留量的检测。该标准在猪、牛、羊的脂肪、肝脏和肾脏组织中的检测限均为 10 μg/kg，定量限均为 20 μg/kg。

方法七：《饲料中克百威、杀虫脒和双甲脒的测定　液相色谱-串联质谱法》（农业农村部公告第 316 号—4—2020）。该标准适用于配合饲料、浓缩饲料、精料补充料、添加剂预混合饲料和植物性饲料原料中克百威杀虫脒和双甲脒的测定。该标准克百威、杀虫脒和双甲脒检测限分别为 2.5 μg/kg、25 μg/kg 和 0.50 μg/kg，定量限分别为 5.0 μg/kg、5.0 μg/kg 和 1.0 μg/kg。

方法八：《出口蜂王浆中双甲脒及其代谢产物残留量的测定　液相色谱-质谱/质谱法》（SN/T 2574—2019），该标准规定了蜂王浆中双甲脒及其代谢产物单甲脒，2,4 -二甲基苯基甲酰胺和 2,4 -二甲基苯胺残留量的液相色谱-质谱/质谱法测定方法。该标准定量限为 5 μg/kg。

方法九：《动物肌肉中 478 种农药及相关化学品残留量的测定　气相色谱-质谱法》（GB/T 19650—2006），该标准适用于猪肉、牛肉、羊肉、兔肉、鸡肉中 478 种农药及相关化学品残留量的测定。该标准的检测限为 0.037 5 mg/kg。

方法十：《茶叶中 519 种农药及相关化学品残留量的测定　气相色谱-质谱法》（GB/T 23204—2008），该标准适用于绿茶、红茶、普洱茶、乌龙茶中 490 种农药及相关化学品残留量的定性鉴别，其中可定量测定农药及相关化学品 453 种，以及绿茶、红茶、普洱茶、乌龙茶中二氯皮考啉酸、调果酸、对氯苯氧乙酸、麦草畏、2-甲-4-氯、2,4-滴丙酸、溴苯腈、2,4-滴、三氯吡氧乙酸、1-萘乙酸、5-氯苯酚、2,4,5-滴丙酸、草灭平、2-甲-4-氯丁酸、2,4,5-涕、氟草烟、2,4-滴丁酸、苯达松、碘苯腈、毒莠定、二氯喹啉酸、吡氟禾草灵、吡氟氯禾灵、麦草氟、三氟羧草醚、嘧硫草醚、环酰菌胺、喹禾灵、双草醚 29 种酸性除草剂残留量的测定。该标准的检测限为 0.015 0 mg/kg。

方法十一：《食品安全国家标准　食用菌中 503 种农药及相关化学品残留量的测定　气相色谱-质谱法》（GB 23200.15—2016），该标准适用于滑子菇、金针菇、黑木耳、香菇中 503 种农药及相关化学品的定性鉴别，478 种农药及相关化学品的定量测定。该标准的定量限为 0.037 6 mg/kg。

方法十二：《食品安全国家标准　蜂蜜、果汁和果酒中 497 种农药及相关化学品残留量的测定　气相色谱-质谱法》（GB 23200.7—2016），该标准适用于滑子菇、金针菇、黑木耳、香菇中 503 种农药及相关化学品的定性鉴别，478 种农药及相关化学品的定量测定。该标准的定量限为 0.020 mg/kg。

二、氟氯氰菊酯

1. 基本信息

英文名称：Cyfluthrin。

CAS 号：68359-37-5。

分子式：$C_{19}H_{23}N_3$。

分子量：293.41。

化学结构式：

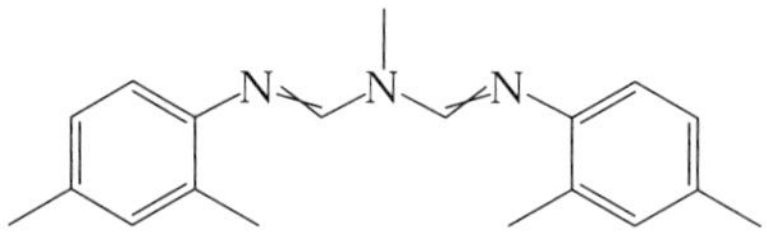

性状：为白色针状结晶。

熔点：86～87 ℃。

相对密度：1.128 0 g/cm^3。

溶解性：能溶于丙酮、二甲苯、甲醇等有机溶剂，丙酮中溶解度为 500 g/L，甲苯为 300 g/L；在水中溶解度为 1 mg/L。不易燃、不易爆，在中性或碱性时较稳定，20 ℃时在 pH 为 7 的水中半衰期为 6 h，在酸性介质中不稳定，在潮湿环境中长期存放将慢慢分解变质。

2. 作用方式与用途

拟除虫菊酯类杀虫剂是一种神经毒性药物，在天然除虫菊酯结构基础上发展起来的，于 1973 年开始大量合成的新型仿生农药。与天然除虫聚酯相比，拟除虫菊酯类杀虫剂具有广谱、毒效高、降解快、光稳定性好、对鸟类及哺乳动物毒性低、对环境影响小等特点，主要包括氯菊酯、氯氰菊酯、氰戊菊酯、溴氰菊酯、丙烯菊酯、胺菊酯、苄呋菊酯等。该药物可以进行药浴、喷淋喷雾或者制成驱动耳标。能有效地防治禾谷类作物、棉花、果树和蔬菜上的鞘翅目、半翅目、同翅目和鳞翅目害虫，如棉铃虫、棉红铃虫、烟芽夜蛾、棉铃象甲、苜蓿叶象甲、菜粉蝶、尺蠖、苹果蠹蛾、菜青虫、小苹蛾、美洲黏虫、马铃薯甲虫、蚜虫、玉米螟、地老虎等害虫，剂量为 0.012 5～0.05 kg（以有效成分计）/hm^2。20 世纪后期已作为禁用渔药，禁止在水生动物防病中使用。

作用机制：该化合物通过抑制细胞色素 C 和电子传递，延长神经膜动作电位去极化时间，最终导致虫体麻痹致死，被广泛地应用于动物外寄生虫病的防治。

3. 毒理信息

急性毒性：经口（大鼠），LD_{50} 为 900 mg/kg；经口（小鼠），LD_{50} 为 300 mg/kg；经口（狗），LD_{50} 为 500 mg/kg；经口（鸟），LD_{50} 为 250 mg/kg。

4. 每日允许摄入量（ADI）

0～20 μg/kg 体重。

5. 最大残留限量

见表 6-2。

表 6-2 氟氯氰菊酯最大残留限量

动物种类	靶组织	最大残留限量（μg/kg）
牛	肌肉	20
	脂肪	200
	肝	20
	肾	20
	奶	40

6. 常用检验检测方法

方法一：《食品安全国家标准　乳及乳制品中多种拟除虫菊酯农药残留量的测定　气相色谱-质谱法》（GB 23200.85—2016），该标准适用于液体乳、乳粉、炼乳、乳脂肪、干酪、乳冰激凌和乳清粉中 2,6-二异丙基萘、七氟菊酯、生物丙烯菊酯、烯虫酯、苄呋菊酯、联苯菊酯、甲氰菊酯、氯氟氰菊酯、氟丙菊酯、氯菊酯、氟氯氰菊酯、氯氰菊酯、氟氰戊菊酯、醚菊酯、氰戊菊酯、氟胺氰菊酯、溴氰菊酯等 17 种农药残留量的检测和确证，该标准的定量限为 0.02 mg/kg。

方法二：《食品安全国家标准　蜂王浆中多种菊酯类农药残留量的测定　气相色谱法》（GB 23200.100—2016），该标准适用于蜂王浆中联苯菊酯、甲氰菊酯、高效氯氟氰菊酯、氯菊酯、氟氯氰菊酯、氯氰菊酯、氟胺氰菊酯、氰戊菊酯、溴氰菊酯农药残留量的测定。该标准的定量限为 0.01 mg/kg。

方法三：《冻兔肉中有机氯及拟除虫菊酯类农药残留的测定方法　气相色谱/质谱法》（GB/T 2795—2008），该标准适用于冻兔肉中 α-六六六、β-六六六、林丹、δ-六六六、o,p′-滴滴滴、p,p′-滴滴伊、p,p′-滴滴涕、o,p′-滴滴涕、七氯、环氧七氯、艾氏剂、狄氏剂、异狄氏剂、氯丹、四氯硝基苯、五氯硝基苯、α-硫丹、β-硫丹、硫丹硫酸盐、六氯苯、甲氧滴滴涕、氯菊酯、溴氰菊酯、氰戊菊酯、S-氰戊菊酯、甲氰菊酯、联苯菊酯、氯氰菊酯、胺菊酯、三氟氯氰菊酯、醚菊酯、氟氯氰菊酯、氟氰戊菊酯、苯醚菊酯、生物苄呋菊酯、乙酯杀螨醇、三氯杀螨醇、三氯杀螨砜、氯杀螨、杀螨特、溴螨酯等 41 种农药残留量。该标准的检测限是 0.05 mg/kg。

方法四：《动物性食品中有机氯农药和拟除虫菊酯农药多组分残留量的测定》（GB/T 5009.162—2008），该标准第一法规定了动物性食品中六六六、滴滴涕、六氯苯、七氯、环氧七氯、氯丹、艾氏剂、狄氏剂、异狄氏剂、灭蚁灵、五氯硝基苯、硫丹、除螨酯、丙烯菊酯、杀螨蟥、杀螨酯、胺菊酯、甲氰菊酯、氯菊酯、氯氰菊酯、氰戊菊酯、溴氰菊酯的气相色谱-质谱（GC-MS）测定方法。

该标准第二法规定了动物性食品中六六六、滴滴涕、五氯硝基苯、七氯、环氧七氯、艾氏剂、狄氏剂、除螨酯、杀螨酯、胺菊酯、氯菊酯、氯氰菊酯、α-氰戊菊酯、溴氰菊酯的气相色谱-电子捕获器（GC-ECD）测定方法。

该标准第一法适用于肉类、蛋类、乳类食品及油脂（含植物油）中 α-六六六、六氯苯、β-六六六、γ-六六六、五氯硝基苯、δ-六六六、五氯苯胺、七氯、五氯苯基硫醚、艾氏剂、氧氯丹、环氧七氯、反氯丹、α-硫丹、顺氯丹、p,p′-滴滴伊、狄氏剂、异狄氏剂、β-硫丹、p,p′-滴滴滴、o,p′-滴滴涕、异狄氏剂醛、硫丹硫酸盐、p,p′-滴滴涕、异狄氏剂酮、灭蚁灵、除螨酯、丙烯菊酯、杀螨蟥、杀螨酯、胺菊酯、甲氰菊酯、氯菊酯、氯氰菊酯、氰戊菊酯、溴氰菊酯的确证分析。

该标准第二法适用于肉类、蛋类及乳类动物性食品中α-六六六、β-六六六、γ-六六六、δ-六六六、五氯硝基苯、七氯、环氧七氯、艾氏剂、狄氏剂、除螨酯、杀螨酯、p,p′-滴滴伊、p,p′-滴滴滴、o,p′-滴滴涕、p,p′-滴滴涕、胺菊酯、氯菊酯、氯氰菊酯、α-氰戊菊酯、溴氰菊酯等20种常用有机氯农药和拟除虫菊酯农药残留量分析。

该标准第一法的各种农药检测限（μg/kg）为：α-六六六0.20；六氯苯0.20；β-六六六0.20；γ-六六六0.20；五氯硝基苯0.50；δ-六六六0.20；五氯苯胺0.50；七氯0.50；五氯苯基硫醚0.50；艾氏剂0.50；氧氯丹0.20；环氧七氯0.50；反氯丹0.20；α-硫丹0.50；顺氯丹0.20；p,p′-滴滴伊0.20；狄氏剂0.20；异狄氏剂0.50；β-硫丹0.50；p,p′-滴滴滴0.20；o,p′-滴滴涕0.20；异狄氏剂醛0.50；硫丹硫酸盐0.50；p,p′-滴滴涕0.50；异狄氏剂酮0.50；灭蚁灵0.20；除螨酯0.50；丙烯菊酯0.50；杀螨磺0.50；杀螨酯0.50；胺菊酯1.00；甲氰菊酯1.00；氯菊酯1.00；氯氰菊酯2.00；氰戊菊酯2.00；溴氰菊酯2.00。

该标准第二法的各种农药检测限：α-六六六0.25 μg/kg；β-六六六0.50 μg/kg；γ-六六六0.25 μg/kg；δ-六六六0.25 μg/kg；五氯硝基苯0.25；七氯0.50 μg/kg；环氧七氯0.50 μg/kg；艾氏剂0.25 μg/kg；狄氏剂0.50 μg/kg；除螨酯1.25 μg/kg；杀螨酯1.25 μg/kg；p,p′-滴滴涕0.50 μg/kg；o,p′-滴滴涕0.50 μg/kg；p,p′-滴滴伊0.60 μg/kg；p,p′-滴滴滴0.75 μg/kg；胺菊酯12.5 μg/kg；氯菊酯7.5 μg/kg；氯氰菊酯2.00 μg/kg；α-氰戊菊酯2.5 μg/kg；溴氰菊酯2.5 μg/kg。

方法五：《进出口食用动物拟除虫菊酯类残留量测定方法　气相色谱-质谱/质谱法》（SN/T 4813—2017），该标准适用于进出口猪、牛、羊等动物的血液和尿液中联苯菊酯、氟丙菊酯、氟氯氰菊酯、丙烯菊酯、氯氰菊酯、溴氰菊酯、醚菊酯、甲氰菊酯、氰戊菊酯、氟胺氰菊酯、氯菊酯和七氟菊酯12种拟除虫菊酯类残留量的测定和确证。该标准中12种拟除虫菊酯农药的检测限均为0.01 mg/kg。

方法六：《出口植物源性食品中多种菊酯残留量的检测方法　气相色谱-质谱法》（SN/T 0217—2014），该标准适用于茶叶、玉米、大米、花菜、菠萝、香菇中联苯菊酯、甲氰菊酯、氯氟氰菊酯、氯菊酯、氟氯氰菊酯、氯氰菊酯、醚菊酯、氟硅菊酯、氰戊菊酯和溴氰菊酯残留量的检测和确证。该方法对所测定的农药的检测限均为0.01 mg/kg，其中茶叶的检测限为0.05 mg/kg。

方法七：《饲料中除虫菊酯类农药残留量测定　气相色谱法》（GB/T 19372—2003），该标准适用于配合饲料和浓缩饲料中联苯菊酯、甲氰菊酯、三氟氯氰菊酯.氯菊酯、氯氰菊酯、氰戊菊酯、氟胺氰菊酯和溴氰菊醋八种除虫菊酯类农药残留量的测定。联苯菊酯、甲氰菊酯、三氟氯氰菊酯检测限为 0.005 mg/kg；氯菊酯、氯氰菊酯、氰戊菊酯、氟胺氰菊酯和溴氰菊酯检测限为 0.02 mg/kg。

方法八：《进出口食品中生物苄呋菊酯、氟丙菊酯、联苯菊酯等 28 种农药残留量的检测方法　气相色谱-质谱法》（SN/T 2151—2008），该标准检测限为 0.010 mg/kg。

方法九：《动物肌肉中 478 种农药及相关化学品残留量的测定　气相色谱-质谱法》（GB/T 19650—2006），该标准适用于猪肉、牛肉、羊肉、兔肉、鸡肉中 478 种农药及相关化学品残留量的测定。该标准的检测限为 0.150 0 mg/kg。

方法十：《茶叶中 519 种农药及相关化学品残留量的测定　气相色谱-质谱法》（GB/T 23204—2008），该标准检测限为 0.120 0 mg/kg。

方法十一：《植物性食品中有机氯和拟除虫菊酯类农药多种残留量的测定》（GB/T 5009.146—2008）。粮食、蔬菜中 16 种有机氯和拟除虫菊酯农药残留量测定方法的检测限 0.8 μg/kg；果蔬中 40 种有机氯和拟除虫菊酯农药残留量测定方法的定量限 0.10 μg/g；浓缩果汁中 40 种有机氯农药和拟除虫菊酯农药残留量测定方法的检测限为 0.005 mg/kg，定量限为 0.01 mg/kg。

方法十二：《河豚鱼、鳗鱼和对虾中 485 种农药及相关化学品残留量的测定　气相色谱-质谱法》（GB/T 23207—2008），该标准适用于河豚、鳗鱼和对虾中 485 种农药及相关化学品残留的定性鉴别，也适用于对其中 402 种农药及相关化学品进行定量测定检测限为 0.600 0 mg/kg。

方法十三：《牛奶和奶粉中 511 种农药及相关化学品残留量的测定　气相色谱-质谱法》（GB/T 23210—2008），该标准适用于牛奶中 504 种农药及相关化学品的定性鉴别，487 种农药及相关化学品的定量测定；适用于奶粉中 498 种农药及相关化学品的定性鉴别，489 种农药及相关化学品的定量测定。该方法的牛奶检测限为 0.050 mg/L，奶粉的检测限为 0.025 mg/kg。

方法十四：《蔬菜中 334 种农药多残留的测定　气相色谱质谱法和液相色谱质谱法》（NY/T 1379—2007），该标准适用于蔬菜中 334 种农药残留量的测定，检测限为 0.01 mg/kg。

方法十五：《饲料中 36 种农药多残留测定　气相色谱-质谱法》（GB/T 23744—2009），该标准适用于配合饲料、浓缩饲料、单一饲料中 36 种农药残留的测定。该标准的检测限为 0.075 mg/kg，定量限为 0.237 5 mg/kg。

方法十六：《出口水果和蔬菜中敌敌畏、四氯硝基苯、丙线磷等 88 种农药

残留的筛选 检测 QuEChERS-气相色谱-负化学源质谱法》(SN/T 4138—2015),该标准适用于胡萝卜、白菜、生姜、苹果、梨、黄桃、草莓、菠菜、西瓜、豇豆、火龙果等蔬菜和水果中88种农药残留量的筛选检测,该标准不适用于橙子等柑橘类水果中灭藻剂残留量的检测,各种农药检测限为0.008 mg/kg。

方法十七:《水果和蔬菜中多种农药残留量的测定》(GB/T 5009.218—2008),该标准适用于菠菜、大葱、番茄、柑橘、苹果中211种农药残留量的测定和苹果、梨、白菜、萝卜、藕、大葱、菠菜、洋葱中107种农药残留量的测定,定量限为0.05 μg/g。

方法十八:《食品安全国家标准 蜂蜜、果汁和果酒中497种农药及相关化学品残留量的测定 气相色谱-质谱法》(GB 23200.7—2016),该标准适用于滑子菇、金针菇、黑木耳、香菇中503种农药及相关化学品的定性鉴别,478种农药及相关化学品的定量测定,定量限为0.200 mg/kg。

方法十九:《食品安全国家标准 水果和蔬菜中500种农药及相关化学品残留量的测定 气相色谱-质谱法》(GB 23200.8—2016),该标准适用于苹果、柑橘、葡萄、甘蓝、芹菜、番茄中500种农药及相关化学品残留量的测定,定量限为0.150 0 mg/kg。

方法二十:《食品安全国家标准 粮谷中475种农药及相关化学品残留量的测定 气相色谱-质谱法》(GB 23200.9—2016),该标准适用于大麦小麦、燕麦、大米、玉米中475种农药及相关化学品残留量的测足。该标准的定量限为0.030 0 mg/kg。

方法二十一:《食品安全国家标准 桑枝、金银花、枸杞子和荷叶中488种农药及相关化学品残留量的测定 气相色谱-质谱法》(GB 23200.10—2016),该标准适用于桑枝、金银花、枸杞子和荷叶中488种农药及相关化学品的定性鉴别,431种农药及相关化学品的定量测定,定量限为0.300 0 mg/kg。

方法二十二:《食品安全国家标准 食用菌中503种农药及相关化学品残留量的测定 气相色谱-质谱法》(GB 23200.15—2016),该标准适用于滑子菇、金针菇、黑木耳、香菇中503种农药及相关化学品的定性鉴别,478种农药及相关化学品的定量测定,定量限0.150 0 mg/kg。

方法二十三:《水中88种农药及代谢物残留量的测定 液相色谱-串联质谱法和气相色谱-串联质谱法》(NY/T 3277—2018),该标准适用于地表水和地下水中88种农药及代谢物残留量的测定和确证,定量限为1 μg/L。

方法二十四:《蔬菜和水果中有机磷、有机氯、拟除虫菊酯和氨基甲酸酯类农药多残留的测定》(NY/T 761—2008),该标准适用于蔬菜和水果中41种农药残留量的检测,检测限为0.002 mg/kg。

方法二十五:《食品安全国家标准 植物源性食品中208种农药及其代谢

物残留量的测定　气相色谱-质谱联用法》（GB 23200.113—2018），该标准中蔬菜、水果、食用菌的定量限为 0.01 mg/kg，谷物、油料的定量限为 0.02 mg/kg，茶叶、香辛料的定量限为 0.05 mg/kg，植物油的定量限为 0.02 mg/kg。

三、三氟氯氰菊酯

1. 基本信息

英文名称：cyhalothrin。

CAS 号：91465-08-6。

分子式：$C_{23}H_{19}ClF_{3}NO_{3}$。

分子量：449.850 1。

化学结构式：

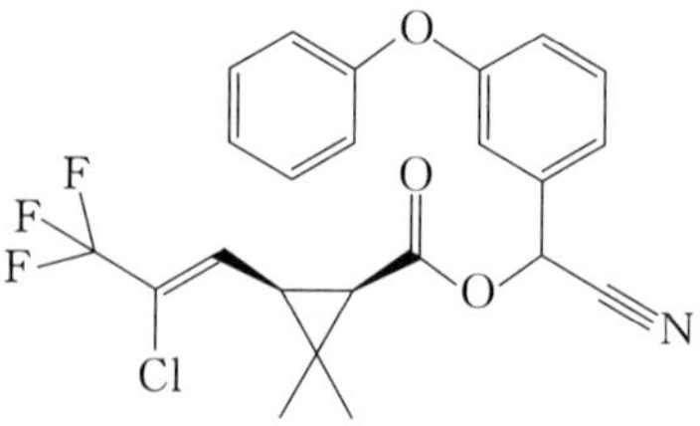

性状：纯品为白色固体。

熔点：86～87 ℃。

沸点：187～190 ℃。

相对密度：1.128 0 g/cm^3。

溶解性：在丙酮中溶解度为 500 g/L，甲苯为 300 g/L；在水中溶解度为1 mg/L。

2. 作用方式与用途

三氟氯氰菊酯别名高效氯氟氰菊酯、功夫菊酯，属于拟除虫菊素，是由天然除虫菊素改变结构后发展而来，并在 20 世纪 70 年代迅速发展成为一种新型农药，由于其良好的杀虫活性和较快的代谢降解导致较低的农药残留，很快取代了之前不易降解的高残留有机氯农药而被广泛使用。

作用机制：抑制昆虫神经轴突部位的传导，对昆虫具有趋避、击倒及毒杀的作用，杀虫谱广，活性较高，药效迅速，喷洒后耐雨水冲刷，但长期使用易对其产生抗性，对刺吸式口器的害虫及害螨有一定防效。

3. 环境归趋特征

50 ℃黑暗处存放 2 年不分解，光下稳定，275 ℃分解，光下 pH 7～9 缓慢分解，pH>9 加快分解。易溶于丙酮、甲醇、醋酸乙酯、甲苯等多种有机溶剂，溶解度均>500 g/L；不溶于水。常温下可稳定储藏半年以上；日光下在水中半衰期 20 d；土壤中半衰期 22～82 d。

4. 毒理信息

经口（大鼠），LD_{50}为 900 mg/kg；经口（小鼠），LD_{50}为 300 mg/kg；经口（狗），LD_{50}为500 mg/kg；经口（鸟），LD_{50}为 250 mg/kg。

5. 每日允许摄入量（ADI）

0～5 μg/kg 体重。

6. 最大残留限量

见表 6－3。

表 6－3　三氟氯氰菊酯最大残留限量

动物种类	靶组织	最大残留限量（μg/kg）
牛/猪	肌肉	20
	脂肪	400
	肝	20
	肾	20
牛	奶	30
绵羊	肌肉	20
	脂肪	400
	肝	50
	肾	20

7. 常用检验检测方法

方法一：《食品安全国家标准　蜂王浆中多种菊酯类农药残留量的测定　气相色谱法》（GB 23200.100—2016），该标准适用于蜂王浆中联苯菊酯、甲氰菊酯、高效氯氟氰菊酯、氯菊酯、氟氯氰菊酯、氯氰菊酯、氟胺氰菊酯、氰戊菊酯、溴氰菊酯农药残留量的测定。该标准的定量限为 0.01 mg/kg。

方法二：《冻兔肉中有机氯及拟除虫菊酯类农药残留的测定方法　气相色谱/质谱法》（GB/T 2795—2008），该标准适用于冻兔肉中 α-六六六、β-六六六、林丹、δ-六六六、o,p′-滴滴滴、p,p′-滴滴伊、p,p′-滴滴涕、o,p′-滴滴涕、七氯、环氧七氯、艾氏剂、狄氏剂、异狄氏剂、氯丹、四氯硝基苯、五氯硝基苯、α-硫丹、β-硫丹、硫丹硫酸盐、六氯苯、甲氧滴滴涕、氯菊酯、溴氰菊酯、氰戊菊酯、S-氰戊菊酯、甲氰菊酯、联苯菊酯、氯氰菊酯、胺菊酯、三氟氯氰菊酯、醚菊酯、氟氯氰菊酯、氟氰戊菊酯、苯醚菊酯、生物苄呋菊酯、乙酯杀螨醇、三氯杀螨醇、三氯杀螨砜、氯杀螨、杀螨特、溴螨酯等 41 种农药残留量的测定。该标准的检测限为 0.02 mg/kg。

方法三：《饲料中除虫菊酯类农药残留量测定　气相色谱法》(GB/T 19372—2003)，该标准适用于配合饲料和浓缩饲料中联苯菊酯、甲氰菊酯、三氟氯氰菊酯、氯菊酯、氯氰菊酯、氰戊菊酯、氟胺氰菊酯和溴氰菊醋 8 种除虫菊酯类农药残留量的测定。联苯菊酯、甲氰菊酯、三氟氯氰菊酯检测限为 0.005 mg/kg；氯菊酯、氯氰菊酯、氰戊菊酯、氟胺氰菊酯和溴氰菊酯检测限为 0.02 mg/kg。

四、氯氰菊酯/α-氯氰菊酯

1. 基本信息

中文别名：阿锐克、奥思它、格达、韩乐宝、轰敌。

化学名称：(RS)-A-氰基-3-苯氧苄基 (1R，S)-顺、反-3-(2,2-二氯化烯基)-2,2-二甲基环丙烷羟酸酯。

英文名称：Cypermethrin。

CAS 号：52315-07-8。

分子式：$C_{22}H_{19}Cl_2NO_3$。

分子量：416.30。

化学结构式：

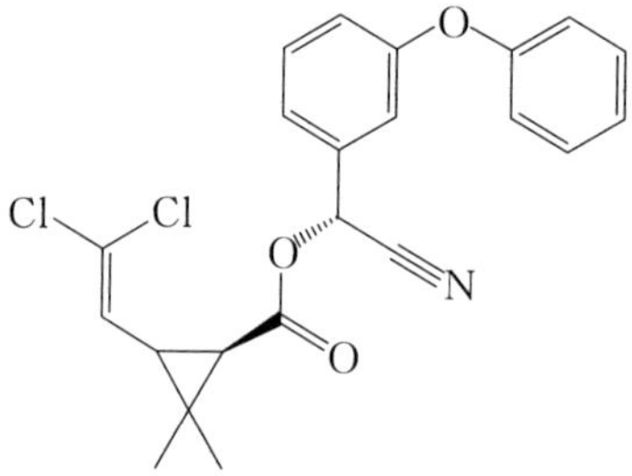

性状：工业品为黄色至棕色黏稠固体，60 ℃时为黏稠液体。是一种杀虫剂。属中等毒类，对皮肤黏膜有刺激作用。

熔点：60～80 ℃。

闪点：100 ℃。

相对密度：1.12 g/cm^3。

溶解性：难溶于水，在醇、氯代烃类、酮类、环己烷、苯、二甲苯中溶解度＞450 g/L。

2. 作用方式与用途

氯氰菊酯/α-氯氰菊酯属于拟除虫菊酯类杀虫剂。具有广谱、高效、快速的作用特点，对害虫以触杀和胃毒作用为主，适用于鳞翅目、鞘翅目等害虫，对螨类效果不好。可用于公共场所防治苍蝇、蟑螂、蚊子、跳蚤、虱和臭虫等许多卫生害虫，也可防治牲畜外寄生虫，如蜱、螨等。在农业上，对棉花、大豆、玉米、果树、葡萄、蔬菜、烟草、花卉等作物上的蚜虫、棉铃虫、斜纹夜蛾、尺蠖、卷叶虫、跳甲、象鼻虫等多种害虫有良好防治效果。

作用机制：对寄生虫以触杀作用为主，药物接触寄生虫后迅速作用于神经系统，改变神经突触膜对离子的通透性，造成 Na^+ 持续内流，引起过度兴奋、痉挛，最后麻痹而死。

3. 毒理信息

急性毒性：经口（大鼠），LD_{50} 为 251 mg/kg；经口（小鼠），LD_{50} 为 138 mg/kg；经皮（大鼠），LD_{50} 为＞1 600 mg/kg；经皮（兔），LD_{50} 为＞2 400 mg/kg。

对皮肤有轻微刺激作用，对眼睛有中度刺激作用。大鼠亚急性经口无作用剂量为每天 5 mg/kg，慢性经口无作用剂量为每天 7 mg/kg。动物试验未发现致畸、致癌、致突变作用。

5. 毒性等级

中等毒性杀虫剂。

6. 每日允许摄入量（ADI）

0～20 μg/kg 体重。

7. 最大残留限量

见表 6－4。

表 6－4　氯氰菊酯/α-氯氰菊酯最大残留限量

动物种类	靶组织	最大残留限量（μg/kg）
牛/绵羊	肌肉	50
	脂肪	1 000
	肝	50
	肾	50
牛	奶	100
鱼	皮＋肉	50

8. 常用检验检测方法

方法一：《食品安全国家标准　乳及乳制品中多种拟除虫菊酯农药残留量的测定　气相色谱-质谱法》（GB 23200.85—2016），该标准适用于液体乳、乳粉、炼乳、乳脂肪、干酪、乳冰激凌和乳清粉中2,6-二异丙基萘、七氟菊酯、生物丙烯菊酯、烯虫酯、苄呋菊酯、联苯菊酯、甲氰菊酯、氯氟氰菊酯、氟丙菊酯、氯菊酯、氟氯氰菊酯、氯氰菊酯、氟氰戊菊酯、醚菊酯、氰戊菊酯、氟胺氰菊酯、溴氰菊酯17种农药残留量的检测和确证。该标准氯氰菊酯的定量限为0.02 mg/kg。

方法二：《食品安全国家标准　蜂王浆中多种菊酯类农药残留量的测定　气相色谱法》（GB 23200.100—2016），该标准适用于蜂王浆中联苯菊酯、甲氰菊酯、高效氯氟氰菊酯、氯菊酯、氟氯氰菊酯、氯氰菊酯、氟胺氰菊酯、氰戊菊酯、溴氰菊酯农药残留量的测定。该标准定量限为：0.01 mg/kg。

方法三：《冻兔肉中有机氯及拟除虫菊酯类农药残留的测定方法　气相色谱/质谱法》（GB/T 2795—2008），该标准适用于冻兔肉中α-六六六、β-六六六、林丹、δ-六六六、o,p′-滴滴滴、p,p′-滴滴伊、p,p′-滴滴涕、o,p′-滴滴涕、七氯、环氧七氯、艾氏剂、狄氏剂、异狄氏剂、氯丹、四氯硝基苯、五氯硝基苯、α-硫丹、β-硫丹、硫丹硫酸盐、六氯苯、甲氧滴滴涕、氯菊酯、溴氰菊酯、氰戊菊酯、S-氰戊菊酯、甲氰菊酯、联苯菊酯、氯氰菊酯、胺菊酯、三氟氯氰菊酯、醚菊酯、氟氯氰菊酯、氟氰戊菊酯、苯醚菊酯、生物苄呋菊酯、乙酯杀螨醇、三氯杀螨醇、三氯杀螨砜、氯杀螨、杀螨特、溴螨酯41种农药残留量的测定。该标准中氯氰菊酯的检测限为0.05 mg/kg。

方法四：《动物性食品中有机氯农药和拟除虫菊酯农药多组分残留量的测定》（GB/T 5009.162—2008），该标准第一法规定了动物性食品中六六六、滴滴涕、六氯苯、七氯、环氧七氯、氯丹、艾氏剂、狄氏剂、异狄氏剂、灭蚁灵、五氯硝基苯、硫丹、除螨酯、丙烯菊酯、杀螨螨、杀螨酯、胺菊酯、甲氰菊酯、氯菊酯、氯氰菊酯、氰戊菊酯、溴氰菊酯的气相色谱-质谱（GC-MS）测定方法。

该标准第二法规定了动物性食品中六六六、滴滴涕、五氯硝基苯、七氯、环氧七氯、艾氏剂、狄氏剂、除螨酯、杀螨酯、胺菊酯、氯菊酯、氯氰菊酯、α-氰戊菊酯、溴氰菊酯的气相色谱-电子捕获器（GC-ECD）测定方法。

该标准第一法适用于肉类、蛋类、乳类食品及油脂（含植物油）中α-六六六、六氯苯、β-六六六、γ-六六六、五氯硝基苯、δ-六六六、五氯苯胺、七氯、五氯苯基硫醚、艾氏剂、氧氯丹、环氧七氯、反氯丹、α-硫丹、顺氯丹、p,p′-滴滴伊、狄氏剂、异狄氏剂、β-硫丹、p,p′-滴滴滴、o,p′-滴滴涕、异狄氏剂醛、硫丹硫酸盐、p,p′-滴滴涕、异狄氏剂酮、灭蚁灵、除螨酯、丙烯菊酯、杀螨磺、杀螨酯、胺菊酯、甲氰菊酯、氯菊酯、氯氰菊酯、氰戊菊酯、溴氰菊酯的确证分析。

该标准第二法适用于肉类、蛋类及乳类动物性食品中α-六六六、β-六六六、γ-六六六、δ-六六六、五氯硝基苯、七氯、环氧七氯、艾氏剂、狄氏剂、除螨酯、杀螨酯、p,p′-滴滴伊、p,p′-滴滴滴、o,p′-滴滴涕、p,p′-滴滴涕、胺菊酯、氯菊酯、氯氰菊酯、α-氰戊菊酯、溴氰菊酯等20种常用有机氯农药和拟除虫菊酯农药残留量分析。

该标准第一法的各种农药检测限为：α-六六六 0.20 μg/kg；六氯苯 0.20 μg/kg；β-六六六 0.20 μg/kg；γ-六六六 0.20 μg/kg；五氯硝基苯 0.50 μg/kg；δ-六六六 0.20 μg/kg；五氯苯胺 0.50 μg/kg；七氯 0.50 μg/kg；五氯苯基硫醚 0.50 μg/kg；艾氏剂 0.50 μg/kg；氧氯丹 0.20 μg/kg；环氧七氯 0.50 μg/kg；反氯丹 0.20 μg/kg；α-硫丹 0.50 μg/kg；顺氯丹 0.20 μg/kg；p,p′-滴滴伊 0.20 μg/kg；狄氏剂 0.20 μg/kg；异狄氏剂 0.50 μg/kg；β-硫丹 0.50 μg/kg；p,p′-滴滴滴 0.20 μg/kg；o,p′-滴滴涕 0.20 μg/kg；异狄氏剂醛 0.50 μg/kg；硫丹硫酸盐 0.50 μg/kg；p,p′-滴滴涕 0.50 μg/kg；异狄氏剂酮 0.50 μg/kg；灭蚁灵 0.20 μg/kg；除螨酯 0.50 μg/kg；丙烯菊酯 0.50 μg/kg；杀螨蟥 0.50 μg/kg；杀螨酯 0.50 μg/kg；胺菊酯 1.00 μg/kg；甲氰菊酯 1.00 μg/kg；氯菊酯 1.00 μg/kg；氯氰菊酯 2.00 μg/kg；氰戊菊酯 2.00 μg/kg；溴氰菊酯 2.00 μg/kg。

该标准第二法的各种农药检测限为：α-六六六 0.25 μg/kg；β-六六六 0.50 μg/kg；γ-六六六 0.25 μg/kg；δ-六六六 0.25 μg/kg；五氯硝基苯 0.25 μg/kg；七氯 0.50 μg/kg；环氧七氯 0.50 μg/kg；艾氏剂 0.25 μg/kg；狄氏剂 0.50 μg/kg；除螨酯 1.25 μg/kg；杀螨酯 1.25 μg/kg；p,p′-滴滴涕 0.50 μg/kg；o,p′-滴滴涕 0.50 μg/kg；p,p′-滴滴伊 0.60 μg/kg；p,p′-滴滴滴 0.75 μg/kg；胺菊酯 12.5 μg/kg；氯菊酯 7.5 μg/kg；氯氰菊酯 2.00 μg/kg；α-氰戊菊酯 2.5 μg/kg；溴氰菊酯 2.5 μg/kg。

方法五：《动物肌肉中478种农药及相关化学品残留量的测定　气相色谱-质谱法》(GB/T 19650—2006)，该标准适用于猪肉、牛肉、羊肉、兔肉、鸡肉中478种农药及相关化学品残留量的测定。该标准的检测限为0.037 5 mg/kg。

方法六：《茶叶中519种农药及相关化学品残留量的测定　气相色谱-质谱法》(GB/T 23204—2008)，该标准适用于绿茶、红茶、普洱茶、乌龙茶中490种农药及相关化学品残留量的定性鉴别，其中可定量测定农药及相关化学品453种，以及29种酸性除草剂残留量的测定。该标准的检测限为0.015 0 mg/kg。

方法七：《蔬菜、水果中51种农药多残留的测定气相色谱质谱法》(NY/T

1380—2007），该标准适用于蔬菜水果中 51 种农药残留量的测定。该方法中氯氰菊酯-Ⅰ的检测限为 0.012 2 mg/kg，氯氰菊酯-Ⅱ的检测限为 0.012 5 mg/kg，氯氰菊酯-Ⅲ的检测限为 0.016 3 mg/kg。

方法八：《进出口食品中生物苄呋菊酯、氟丙菊酯、联苯菊酯等 28 种农药残留量的检测方法　气相色谱-质谱法》（SN/T 2151—2008），该标准的检测限为 0.020 mg/kg。

方法九：《植物性食品中有机氯和拟除虫菊酯类农药多种残留量的测定》（GB/T 5009.146—2008）。粮食、蔬菜中 16 种有机氯和拟除虫菊酯农药残留量测定方法的检测限 0.8 μg/kg；果蔬中 40 种有机氯和拟除虫菊酯农药残留量测定方法的定量限 0.10 μg/g；浓缩果汁中 40 种有机氯农药和拟除虫菊酯农药残留量测定方法的检测限 0.005 mg/kg 和定量限 0.01 mg/kg。

方法十：《河豚鱼、鳗鱼和对虾中 485 种农药及相关化学品残留量的测定　气相色谱-质谱法》（GB/T 23207—2008），该标准适用于河豚、鳗鱼和对虾中 485 种农药及相关化学品残留的定性鉴别，也适用于对其中 402 种农药及相关化学品进行定量测定。该标准的检测限为 0.037 5 mg/kg。

方法十一：《牛奶和奶粉中 511 种农药及相关化学品残留量的测定　气相色谱-质谱法》（GB/T 23210—2008），该标准适用于牛奶中 504 种农药及相关化学品的定性鉴别，487 种农药及相关化学品的定量测定；适用于奶粉中 498 种农药及相关化学品的定性鉴别，489 种农药及相关化学品的定量测定。该方法的牛奶检测限为 0.012 5 mg/L，奶粉的检测限为 0.250 0 mg/kg。

方法十二：《蔬菜中 334 种农药多残留的测定气相色谱质谱法和液相色谱质谱法》（NY/T 1379—2007），该标准适用于蔬菜中 334 种农药残留量的测定。该标准检测限为 0.02 mg/kg。

方法十三：《饲料中 36 种农药多残留测定　气相色谱-质谱法》（GB/T 23744—2009），该标准适用于配合饲料、浓缩饲料、单一饲料中 36 种农药残留的测定。该标准的检测限为 0.05 mg/kg，定量限为 0.112 5 mg/kg。

方法十四：《出口植物源性食品中多种菊酯残留量的检测方法　气相色谱-质谱法》（SN/T 0217—2014），该标准适用于茶叶、玉米、大米、花菜、菠萝、香菇中联苯菊酯、甲氰菊酯、氯氟氰菊酯、氯菊酯、氟氯氰菊酯、氯氰菊酯、醚菊酯、氟硅菊酯、氰戊菊酯和溴氰菊酯残留量的检测和确证。该标准对所测定的农药的检测限均为 0.01 mg/kg，其中茶叶的检测限为 0.05 mg/kg。

方法十五：《出口水果和蔬菜中敌敌畏、四氯硝基苯、丙线磷等 88 种农药残留的筛选　检测 QuEChERS-气相色谱-负化学源质谱法》（SN/T 4138—2015），该标准适用于胡萝卜、白菜、生姜、苹果、梨、黄桃、草莓、菠菜、西瓜、豇豆、火龙果等蔬菜和水果中 88 种农药残留量的筛选检测，该标准不适用于橙子等柑橘类水果中灭藻剂残留量的检测。该标准中各种农药的检测限均为 0.008 mg/kg。

方法十六：《水果和蔬菜中多种农药残留量的测定》（GB/T 5009.218—2008），该标准适用于菠菜、大葱、番茄、柑橘、苹果中 211 种农药残留量的测定和苹果、梨、白菜、萝卜、藕、大葱、菠菜、洋葱中 107 种农药残留量的测定。该标准的定量限为 0.05 μg/g。

方法十七：《食品安全国家标准　水果和蔬菜中 500 种农药及相关化学品残留量的测定　气相色谱-质谱法》（GB 23200.8—2016），该标准适用于苹果、柑橘、葡萄、甘蓝、芹菜、番茄中 500 种农药及相关化学品残留量的测定。该标准氯氰菊酯的定量限为 0.037 6 mg/kg，顺式-氯氰菊酯的定量限为 0.025 0 mg/kg。

方法十八：《食品安全国家标准　粮谷中 475 种农药及相关化学品残留量的测定　气相色谱-质谱法》（GB 23200.9—2016），该标准适用于大麦、小麦、燕麦、大米、玉米中 475 种农药及相关化学品残留量的测定。该标准氯氰菊酯的定量限为 0.075 0 mg/kg，*a*-氯氰菊酯的定量限为 0.050 0 mg/kg。

方法十九：《食品安全国家标准　桑枝、金银花、枸杞子和荷叶中 488 种农药及相关化学品残留量的测定　气相色谱-质谱法》（GB 23200.10—2016），该标准适用于桑枝、金银花、枸杞子和荷叶中 488 种农药及相关化学品的定性鉴别，431 种农药及相关化学品的定量测定。该标准氯氰菊酯的定量限为 0.075 0 mg/kg，*a*-氯氰菊酯的定量限为 0.050 0 mg/kg。

方法二十：《食品安全国家标准　食用菌中 503 种农药及相关化学品残留量的测定　气相色谱-质谱法》（GB 23200.15—2016），该标准适用于滑子菇、金针菇、黑木耳、香菇中 503 种农药及相关化学品的定性鉴别，478 种农药及相关化学品的定量测定。该标准氯氰菊酯的定量限为 0.037 6 mg/kg，顺式-氯氰菊酯的定量限为 0.025 0 mg/kg。

方法二十一：《食品安全国家标准　蜂蜜、果汁和果酒中 497 种农药及相关化学品残留量的测定　气相色谱-质谱法》（GB 23200.7—2016），该标准适用于滑子菇、金针菇、黑木耳、香菇中 503 种农药及相关化学品的定性鉴别，478 种农药及相关化学品的定量测定。该标准氯氰菊酯的定量限为 0.050 mg/kg，顺式-氯氰菊酯的定量限为 0.016 mg/kg。

方法二十二：《食品安全国家标准　乳及乳制品中多种拟除虫菊酯农药残留量的测定　气相色谱-质谱法》（GB 23200.85—2016），该标准中的定量限为 0.02 mg/kg。

方法二十三：《进出口食用动物拟除虫菊酯类残留量测定方法　气相色谱-质谱/质谱法》（SN/T 4813—2017），该标准适用于进出口猪、牛、羊等动物的血液和尿液中联苯菊酯、氟丙菊酯、氟氯氰菊酯、丙烯菊酯、氯氰菊酯、溴氰菊酯、醚菊酯、甲氰菊酯、氰戊菊酯、氟胺氰菊酯、氯菊酯和七氟菊酯 12 种拟除虫菊酯类残留量的测定和确证。该标准中 12 种拟除虫菊酯农药的检测限均为 0.01 mg/kg。

方法二十四：《植物性食品中氯氰菊酯、氰戊菊酯和溴氰菊酯残留量的测定》(GB/T 5009.110—2003)，该标准适用于谷类和蔬菜中氯氰菊酯、氰戊菊酯和溴氰菊酯的多残留分析。该标准粮食和蔬菜的检测限氯氰菊酯为 2.1 μg/kg、氰戊菊酯为 3.1 μg/kg、溴氰菊酯为 0.88 μg/kg。

方法二十五：《蔬菜和水果中有机磷、有机氯、拟除虫菊酯和氨基甲酸酯类农药多残留的测定》(NY/T 761—2008)，该标准适用于蔬菜和水果中 41 种农药残留量的检测。该方法的检测限为 0.003 mg/kg。

方法二十六：《饲料中除虫菊酯类农药残留量测定　气相色谱法》(GB/T 19372—2003)，该标准适用于配合饲料和浓缩饲料中联苯菊酯、甲氰菊酯、三氟氯氰菊酯、氯菊酯、氯氰菊酯、氰戊菊酯、氟胺氰菊酯和溴氰菊醋八种除虫菊酯类农药残留量的测定。联苯菊酯、甲氰菊酯、三氟氯氰菊酯检测限为 0.005 mg/kg；氯菊酯、氯氰菊酯、氰戊菊酯、氟胺氰菊酯和溴氰菊酯检测限为 0.02 mg/kg。

方法二十七：《食品安全国家标准　水产品中氯氰菊酯、氰戊菊酯、溴氰菊酯多残留的测定　气相色谱法》(GB 29705—2013)，该标准适用于鱼和虾可食性组织中氯氰菊酯、氰戊菊酯和溴氰菊酯残留量的检测。该标准的检测限是 0.2 μg/kg，定量限是 1 μg/kg。

方法二十八：《出口中药材中多种有机氯、拟除虫菊酯类农药残留量的测定》(SN/T 4527—2016)，该标准中有机氯农药的检测限为 10 μg/kg，拟除虫菊酯类药检测限为 10 μg/kg。

方法二十九：《水果和蔬菜中 450 种农药及相关化学品残留量的测定　液相色谱-串联质谱法》(GB/T 20769—2008)，该标准适用于苹果、橙子、洋白菜、芹菜、番茄中 450 种农药及相关化学品残留的定性鉴别，381 种农药及相关化学品残留量的定量测定。该标准的 Z-氯氰菊酯检测限为 0.17 μg/kg。

方法三十：《粮谷中 486 种农药及相关化学品残留量的测定　液相色谱-串联质谱法》(GB/T 20770—2008)，该标准适用于大麦、小麦、燕麦、大米、玉米中 486 种农药及相关化学品残留的定性鉴别，376 种农药及相关化学品残留量的定量测定。该标准中 Z-氯氰菊酯的检测限为 0.34 μg/kg。

方法三十一：《蜂蜜中 486 种农药及相关化学品残留量的测定　液相色谱-串联质谱法》(GB/T 20771—2008)，该标准适用于洋槐蜜、油菜蜜、椴树蜜、荞麦蜜、枣花蜜中 486 种农药及相关化学品残留的定性鉴别，也适用于 461 种农药及相关化学品残留量的定量测定。该标准 Z－氯氰菊酯的检测限为 0.18 μg/kg。

方法三十二：《动物肌肉中 461 种农药及相关化学品残留量的测定　液相色谱-串联质谱法》（GB/T 20772—2008），该标准规定了猪肉、牛肉、羊肉、兔肉、鸡肉中 461 种农药及相关化学品残留量液相色谱-串联质谱测定方法。该标准中 Z－氯氰菊酯检测限为 2.71 μg/kg。

方法三十三：《牛奶和奶粉中 493 种农药及相关化学品残留量的测定　液相色谱-串联质谱法》（GB/T 23211—2008），该标准适用于牛奶中 482 种农药及相关化学品的定性鉴别，441 种农药及相关化学品的定量测定；适用于奶粉中 481 种农药及相关化学品的定性鉴别，427 种农药及相关化学品的定量测定。该标准牛奶中的乙体氯氰菊酯检测限为 0.18 μg/L；奶粉中的乙体氯氰菊酯检测限为 0.58 μg/kg。

方法三十四：《食品安全国家标准　茶叶中 448 种农药及相关化学品残留量的测定　液相色谱-质谱法》（GB 23200.13—2016），该标准适用于绿茶、红茶、普洱茶、乌龙茶中 448 种农药及相关化学品残留的定性鉴别，也适用于 418 种农药及相关化学品残留的定量测定。该标准中 Z－氯氰菊酯定量限为 0.68 μg/kg。

方法三十五：《食品安全国家标准　桑枝、金银花、枸杞子和荷叶中 413 种农药及相关化学品残留量的测定　液相色谱-质谱法》（GB 23200.11—2016），该标准适用于桑枝、金银花枸杞子和荷叶中 413 种农药及相关化学品残留量的测定。该标准乙体氯氰菊酯的定量限为1.360 0 μg/kg。

方法三十六：《食品安全国家标准　植物源性食品中 208 种农药及其代谢物残留量的测定　气相色谱-质谱联用法》（GB 23200.113—2018），该标准适用于植物源性食品中 208 种农药及其代谢物残留量的测定。该标准中蔬菜、水果、食用菌的定量限为 0.01 mg/kg，谷物、油料的定量限为 0.01 mg/kg，茶叶、香辛料的定量限为 0.05 mg/kg，植物油的定量限为 0.02 mg/kg。

五、环丙氨嗪

1. 基本信息

中文别名：噻诺吗嗪、三胺嗪、环丙氨腈、蝇得净、赛诺玛嗪、赛诺吗嗪、灭蝇胺。

化学名称：N－环丙基－1,3,5－三嗪－2,4,6－三胺。

英文名称：Cyromazine。

CAS 号：66215－27－8。

分子式：$C_6H_{10}N_6$。

分子量：166.2。

化学结构式：

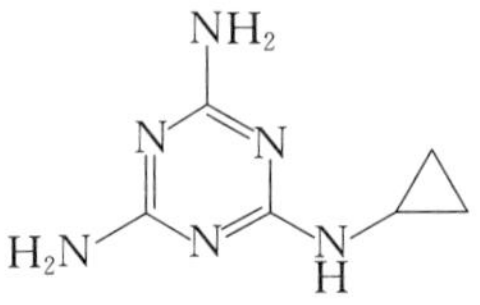

性状：白色或淡黄色固体。

熔点：219～223 ℃。

闪点：100 ℃。

相对密度：1.319 6 g/cm^3。

溶解性：水中为 11 000 mg/L（pH 7.5），稍溶于甲醇和乙醇。310 ℃以下稳定，在 pH 5～9 时，水解不明显，70 ℃以下 28 d 内未观察到水解。

2. 作用方式与用途

环丙氨嗪是一种昆虫生长调节剂类低毒杀虫剂，有非常强的选择性，主要对双翅目昆虫有活性。可控制所有威胁集约化动物养殖场的蝇类，包括家蝇、黄腹厕蝇、光亮扁角水虻和厩螫蝇，并可控制跳蚤及防止羊身上的绿蝇属幼虫以及防治黄瓜、茄子、四季豆、叶菜类和花卉上的美洲斑潜蝇等农业害虫。

作用机制：通过强烈的内传导使幼虫在形态上发生畸变，成虫羽化不全，或受抑制，从而阻止幼虫到蛹正常发育，达到杀虫目的。该药具有触杀和胃毒作用，并有强内吸传导性，持效期较长，但作用速度较慢。灭蝇胺对人、畜无毒副作用，对环境安全。

使用注意事项：使用前与饲料均匀混合；在蝇害始发期，及时使用本产品；预混时，须戴口罩、手套，事后清洗面部、手部；在密封、避光、阴凉处保存，勿与食物共放。

3. 毒理信息

急性毒性：原药经口（大鼠），LD_{50} 为 3 387 mg/kg；原药经皮（大鼠），LD_{50} 为＞3 100 mg/kg。

对兔皮肤有中等刺激作用，对眼睛有轻微刺激作用。虹鳟鱼和鲤鱼 LC_{50}＞100 mg/L；蓝鳃鱼和鲇鱼 LC_{50}＞90 mg/L。对鸟类实际无毒，短尾白鹌鹑 LD_{50} 为 1 785 mg/kg，野鸭 LD_{50}＞2 510 mg/kg。蜜蜂无作用接触剂量为 5 μg/只。

4. 每日允许摄入量（ADI）

0～20 μg/kg 体重。

5. 最大残留限量

见表 6 - 5。

表 6 - 5　环丙氨嗪最大残留限量

动物种类	靶组织	最大残留限量（μg/kg）
羊（泌乳期禁用）	肌肉	300
	脂肪	300
	肝	300
	肾	300
家禽	肌肉	50
	脂肪	50
	副产品	50

6. 常用检验检测方法

方法一：《食品安全国家标准　动物性食品中环丙氨嗪及代谢物三聚氰胺多残留的测定　超高效液相色谱-串联质谱法》（GB 29704—2013），该标准适用于鸡的肌肉、肾脏和蛋中环丙氨嗪及代谢物三聚氰胺残留量的检测。方法的检测限是 1 μg/kg，定量限是 2.5 μg/kg。

方法二：《蔬菜中灭蝇胺残留量的测定　高效液相色谱法》（NY/T 1725—2009），该标准适用于黄瓜、番茄、菜豆、甘蓝、大白菜、芹菜、萝卜等蔬菜中灭蝇胺残留量的测定。该标准的检测限为 0.02 mg/kg。

方法三：《食品安全国家标准　动物性食品中环丙氨嗪残留量的测定　高效液相色谱法》（GB 31658.12—2021），该标准适用于羊和禽肌肉、脂肪、肝脏及羊肾脏组织中环丙氨嗪残留量的检测。该标准的检测限为 10 μg/kg，定量限为 25 μg/kg。

方法四：《水果和蔬菜中 450 种农药及相关化学品残留量的测定　液相色谱-串联质谱法》（GB/T 20769—2008），该标准适用于苹果、橙子、洋白菜、芹菜、番茄中 450 种农药及相关化学品残留的定性鉴别，381 种农药及相关化学品残留量的定量测定。该标准的检测限为 1.81 μg/kg。

方法五：《动物肌肉中 461 种农药及相关化学品残留量的测定　液相色谱-串联质谱法》（GB/T 20772—2008），该标准适用于猪肉、牛肉、羊肉、兔肉、鸡肉中 461 种农药及相关化学品的定性鉴别，396 种农药及相关化学品残留量的定量测定。该标准规定了猪肉、牛肉、羊肉、兔肉、鸡肉中 461 种农药及相关化学品残留量液相色谱-串联质谱测定方法。该标准的检测限为 28.96 μg/kg。

方法六：《河豚鱼、鳗鱼和对虾中 450 种农药及相关化学品残留量的测定 液相色谱-串联质谱法》(GB/T 23208—2008)，该标准适用于河豚、鳗鱼和对虾中 450 种农药及相关化学品的定性鉴别，也适用于其中 380 种农药及相关化学品的定量测定。该标准的检测限为 2.90 μg/kg。

方法七：《牛奶和奶粉中 493 种农药及相关化学品残留量的测定 液相色谱-串联质谱法》(GB/T 23211—2008)，该标准适用于牛奶中 482 种农药及相关化学品的定性鉴别，441 种农药及相关化学品的定量测定；适用于奶粉中 481 种农药及相关化学品的定性鉴别，427 种农药及相关化学品的定量测定。该标准牛奶中的检测限为 1.80 μg/L；奶粉的检测限为 6.00 μg/kg。

方法八：《饮用水中 450 种农药及相关化学品残留量的测定 液相色谱-串联质谱法》(GB/T 23214—2008)，该标准适用于饮用水中 450 种农药及相关化学品的定性鉴别，也适用于其中 427 种农药及相关化学品的定量测定。该标准的检测限为 0.72 μg/L。

方法九：《出口油料和植物油中多种农药残留量的测定 液相色谱-质谱/质谱法》(SN/T 4428—2016)，该标准适用于大豆油、玉米油、花生油、橄榄油、菜籽油、棕榈油、油菜籽、花生、芝麻、瓜子中 77 种农药残留量的测定。该标准中特丁硫磷、毒死蜱、甲基毒死蜱的检测限为 0.01 mg/kg，其他 74 种农药的检测限均为 0.005 mg/kg。

方法十：《食品安全国家标准 食用菌中 440 种农药及相关化学品残留量的测定 液相色谱-质谱法》(GB 23200.12—2016)，该标准适用于滑子菇、金针菇、黑木耳和香菇中 440 种农药及相关化学品的定性鉴别，364 种农药及相关化学品的定量测定。该标准的定量限为 3.60 μg/kg。

方法十一：《食品安全国家标准 果蔬汁和果酒中 512 种农药及相关化学品残留量的测定 液相色谱-质法》(GB 23200.14—2016)，该标准适用于橙汁、苹果汁、葡萄汁、白菜汁、胡萝卜汁、干酒、半干酒、半甜酒、甜酒中 512 种农药及相关化学品残留的定性鉴别，也适用于 490 种农药及相关化学品残留量的定量测定。该标准的定量限为 4.82 μg/kg。

六、溴氰菊酯

1. 基本信息

化学名称：3-(2,2-二溴乙烯基)-2,2-二甲基-1-环丙基甲酸{氰基-[3-(苯氧基)苯基]甲基}酯。

英文名称：Deltamethrin。

CAS号：52918-63-5。

分子式：$C_{22}H_{19}Br_2NO_3$。

分子量：505.2。

化学结构式：

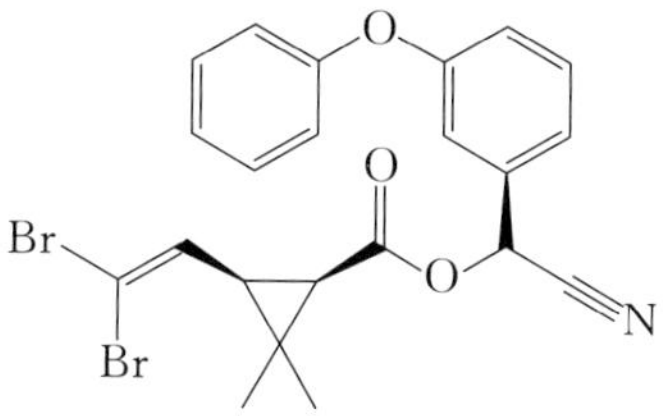

性状：白色斜方针状晶体。

熔点：98 ℃。

闪点：−18 ℃。

相对密度：1.521 4 g/cm³。

溶解性：常温下几乎不溶于水，溶于多种有机溶剂。对光及空气较稳定。在酸性介质中较稳定，在碱性介质中不稳定。能溶于丙酮、环己酮、苯、二甲基甲酰胺、二甲基亚砜、二噁烷等多种有机溶剂；在水中溶解度 10 mg/L。

2. 作用方式与用途

溴氰菊酯是拟除虫菊酯类杀虫剂，其杀虫活性高，以触杀和胃毒作用为主，对害虫有一定的驱避与拒食作用，但无内吸和熏蒸作用。杀虫谱广，击倒速度快，尤其对鳞翅目幼虫及蚜虫杀伤力大。其作用部位是昆虫神经系统，是神经性毒剂。

3. 环境归趋特征

在水中溶解度为 10 mg/L。100 ℃时放置 24 h 无明显分解，高于 190 ℃有明显分解，对光稳定，酸性溶液中稳定，碱性溶液中不稳定。

4. 毒理信息

急性毒性：经口（雄大鼠），LD_{50} 为 155 mg/kg；经口（雌大鼠），LD_{50} 为 60 mg/kg；经口（雄小鼠），LD_{50} 为 65 mg/kg；经口（雌小鼠），LD_{50} 为 69 mg/kg。

动物试验未见致癌、致畸、致突变作用。3 代繁殖试验未发现异常现象。对蚕高毒。

5. 毒性等级

剧毒。

6. 每日允许摄入量（ADI）

0～10 μg/kg 体重。

7. 最大残留限量

见表 6－6。

表 6－6　溴氰菊酯最大残留限量

动物种类	靶组织	最大残留限量（μg/kg）
牛/羊	肌肉	30
	脂肪	500
	肝	50
	肾	50
牛	奶	30
鸡	肌肉	30
	皮＋脂	500
	肝	50
	肾	50
	蛋	30
鱼	皮＋肉	30

8. 常用检验检测方法

方法一：《食品安全国家标准　水产品中氯氰菊酯、氰戊菊酯、溴氰菊酯多残留的测定　气相色谱法》（GB 29705—2013），该标准适用于鱼和虾可食性组织中氯氰菊酯、氰戊菊酯和溴氰菊酯残留量的检测。该标准的检测限是 0.2 μg/kg，定量限是 1 μg/kg。

方法二：《植物性食品中氯氰菊酯、氰戊菊酯和溴氰菊酯残留量的测定》（GB/T 5009.110—2003），该标准适用于谷类和蔬菜中氯氰菊酯、氰戊菊酯和溴氰菊酯的多残留分析。该标准粮食和蔬菜的检测限氯氰菊酯为 2.1 μg/kg、氰戊菊酯为 3.1 μg/kg、溴氰菊酯为 0.88 μg/kg。

方法三：《蔬菜中溴氰菊酯残留量的测定　气相色谱法》（NY/T 1603—2008），该标准适用于蔬菜中溴氰菊酯残留量的测定。该标准的检测限为 0.05 mg/kg。

方法四：《食品安全国家标准　动物性食品中拟除虫菊酯类药物残留量的

测定　气相色谱-质谱法》(GB 31658.8—2021)，该标准适用于牛、羊、猪的肌肉、脂肪和肝脏中溴氰菊酯、联苯菊酯、氟氰戊菊酯、氟胺氰菊酯、七氟菊酯和氰戊菊酯单个或多个药物残留量的测定。该标准的检测限为 3 μg/kg，定量限为 10 μg/kg。

方法五：《食品安全国家标准　植物源性食品中 90 种有机磷类农药及其代谢物残留量的测定　气相色谱法》(GB 23200.116—2019)，该标准适用于植物源性食品中 90 种有机磷类农药及其代谢物残留量的测定。该标准的定量限为 0.010 mg/kg，茶叶、调味料定量限为 0.050 mg/kg。

方法六：《茶叶中 519 种农药及相关化学品残留量的测定　气相色谱-质谱法》(GB/T 23204—2008)，该标准适用于绿茶、红茶、普洱茶、乌龙茶中 490 种农药及相关化学品残留量的定性鉴别，其中可定量测定农药及相关化学品 453 种，以及 29 种酸性除草剂残留量的测定。该标准的检测限为 0.075 0 mg/kg。

方法七：《冻兔肉中有机氯及拟除虫菊酯类农药残留的测定方法　气相色谱/质谱法》(GB/T 2795—2008)，该标准规定了冻兔肉中 41 种有机氯及拟除虫菊酯类农药残留量气相色谱/质谱的测定方法。该标准的检测限为 0.05 mg/kg。

方法八：《蔬菜、水果中 51 种农药多残留的测定　气相色谱质谱法》(NY/T 1380—2007)，该标准规定了用气相色谱-质谱法测定蔬菜、水果中 51 种农药残留量的方法。该标准中溴氰菊酯-Ⅰ的检测限为 0.016 2 mg/kg，溴氰菊酯-Ⅱ的检测限为 0.045 3 mg/kg。

方法九：《动物性食品中有机氯农药和拟除虫菊酯农药多组分残留量的测定》(GB/T 5009.162—2008)，该标准第一法规定了动物性食品中六六六、滴滴涕、六氯苯、七氯、环氧七氯、氯丹、艾氏剂、狄氏剂、异狄氏剂、灭蚁灵、五氯硝基苯、硫丹、除螨酯、丙烯菊酯、杀螨砜、杀螨酯、胺菊酯、甲氰菊酯、氯菊酯、氯氰菊酯、氰戊菊酯、溴氰菊酯的气相色谱-质谱（GC-MS）测定方法。

该标准第二法规定了动物性食品中六六六、滴滴涕、五氯硝基苯、七氯、环氧七氯、艾氏剂、狄氏剂、除螨酯、杀螨酯、胺菊酯、氯菊酯、氯氰菊酯、α-氰戊菊酯、溴氰菊酯的气相色谱-电子捕获器（GC-ECD）测定方法。

该标准第一法适用于肉类、蛋类、乳类食品及油脂（含植物油）中 α-六六六、六氯苯、β-六六六、γ-六六六、五氯硝基苯、δ-六六六、五氯苯胺、七氯、五氯苯基硫醚、艾氏剂、氧氯丹、环氧七氯、反氯丹、α-硫丹、顺氯丹、p,p′-滴滴伊、狄氏剂、异狄氏剂、β-硫丹、p,p′-滴滴滴、o,p′-滴滴涕、异狄氏剂醛、硫丹硫酸盐、p,p′-滴滴涕、异狄氏剂酮、灭蚁灵、除螨酯、丙烯菊酯、杀螨砜、杀螨酯、胺菊酯、甲氰菊酯、氯菊酯、氯氰菊酯、氰戊菊酯、溴氰菊酯的确证分析。

该标准第二法适用于肉类、蛋类及乳类动物性食品中α-六六六、β-六六六、γ-六六六、δ-六六六、五氯硝基苯、七氯、环氧七氯、艾氏剂、狄氏剂、除螨酯、杀螨酯、p,p′-滴滴伊、p,p′-滴滴滴、o,p′-滴滴涕、p,p′-滴滴涕、胺菊酯、氯菊酯、氯氰菊酯、α-氰戊菊酯、溴氰菊酯等20种常用有机氯农药和拟除虫菊酯农药残留量分析。

该标准第一法的各种农药检测限为：α-六六六 0.20 μg/kg；六氯苯 0.20 μg/kg；β-六六六 0.20 μg/kg；γ-六六六 0.20 μg/kg；五氯硝基苯 0.50 μg/kg；δ-六六六 0.20 μg/kg；五氯苯胺 0.50 μg/kg；七氯 0.50 μg/kg；五氯苯基硫醚 0.50 μg/kg；艾氏剂 0.50 μg/kg；氧氯丹 0.20 μg/kg；环氧七氯 0.50 μg/kg；反氯丹 0.20 μg/kg；α-硫丹 0.50 μg/kg；顺氯丹 0.20 μg/kg；p,p′-滴滴伊 0.20 μg/kg；狄氏剂 0.20 μg/kg；异狄氏剂 0.50 μg/kg；β-硫丹 0.50 μg/kg；p,p′-滴滴滴 0.20 μg/kg；o,p′-滴滴涕 0.20；异狄氏剂醛 0.50；硫丹硫酸盐 0.50；p,p′-滴滴涕 0.50 μg/kg；异狄氏剂酮 0.50 μg/kg；灭蚁灵 0.20 μg/kg；除螨酯 0.50 μg/kg；丙烯菊酯 0.50 μg/kg；杀螨砜 0.50 μg/kg；杀螨酯 0.50 μg/kg；胺菊酯 1.00 μg/kg；甲氰菊酯 1.00 μg/kg；氯菊酯 1.00 μg/kg；氯氰菊酯 2.00 μg/kg；氰戊菊酯 2.00 μg/kg；溴氰菊酯 2.00 μg/kg。

该标准第二法的各种农药检测限为：α-六六六 0.25 μg/kg；β-六六六 0.50 μg/kg；γ-六六六 0.25 μg/kg；δ-六六六 0.25 μg/kg；五氯硝基苯 0.25 μg/kg；七氯 0.50 μg/kg；环氧七氯 0.50 μg/kg；艾氏剂 0.25 μg/kg；狄氏剂 0.50 μg/kg；除螨酯 1.25 μg/kg；杀螨酯 1.25 μg/kg；p,p′-滴滴涕 0.50 μg/kg；o,p′-滴滴涕 0.50 μg/kg；p,p′-滴滴伊 0.60 μg/kg；p,p′-滴滴滴 0.75 μg/kg；胺菊酯 12.5 μg/kg；氯菊酯 7.5 μg/kg；氯氰菊酯 2.00 μg/kg；α-氰戊菊酯 2.5 μg/kg；溴氰菊酯 2.5 μg/kg。

方法十：《进出口食品中生物苄呋菊酯、氟丙菊酯、联苯菊酯等28种农药残留量的检测方法　气相色谱-质谱法》（SN/T 2151—2008），该标准的检测限为 0.010 mg/kg。

方法十一：《植物性食品中有机氯和拟除虫菊酯类农药多种残留量的测定》（GB/T 5009.146—2008），该标准粮食、蔬菜中16种有机氯和拟除虫菊酯农药残留量测定方法的检测限 0.8 μg/kg；果蔬中40种有机氯和拟除虫菊酯农药残留量测定方法的定量限 0.10 μg/g；浓缩果汁中40种有机氯农药和拟除虫菊酯农药残留量测定方法的检测限 0.005 mg/kg 和定量限 0.01 mg/kg。

方法十二：《牛奶和奶粉中511种农药及相关化学品残留量的测定　气相色谱-质谱法》GB/T 23210—2008，该标准适用于牛奶中504种农药及相关化学品的定性鉴别，487种农药及相关化学品的定量测定；适用于奶粉中498种农药及相关化学品的定性鉴别，489 种农药及相关化学品的定量测定。该方法的牛奶检测限为 0.025 0 mg/L，奶粉的检测限为 0.125 0 mg/kg。

方法十三：《食品安全国家标准　水果和蔬菜中 500 种农药及相关化学品残留量的测定　气相色谱-质谱法》GB 23200.8—2016，该标准适用于苹果、柑橘、葡萄、甘蓝、芹菜、番茄中 500 种农药及相关化学品残留量的测定。该标准的定量限为 0.075 0 mg/kg。

方法十四：《食品安全国家标准　粮谷中 475 种农药及相关化学品残留量的测定　气相色谱-质谱法》（GB 23200.9—2016），该标准适用于大麦、小麦、燕麦、大米、玉米中 475 种农药及相关化学品残留量的测定。其他粮谷可参照执行。该标准的定量限为 0.150 0 mg/kg。

方法十五：《食品安全国家标准　桑枝、金银花、枸杞子和荷叶中 488 种农药及相关化学品残留量的测定　气相色谱-质谱法》（GB 23200.10—2016），该标准适用于桑枝、金银花、枸杞子和荷叶中 488 种农药及相关化学品的定性鉴别，431 种农药及相关化学品的定量测定。该标准的定量限为 0.150 0 mg/kg。

方法十六：《食品安全国家标准　食用菌中 503 种农药及相关化学品残留量的测定　气相色谱-质谱法》（GB 23200.15—2016），该标准适用于滑子菇、金针菇、黑木耳、香菇中 503 种农药及相关化学品的定性鉴别，478 种农药及相关化学品的定量测定。该标准的定量限为 0.075 0 mg/kg。

方法十七：《食品安全国家标准　蜂蜜、果汁和果酒中 497 种农药及相关化学品残留量的测定　气相色谱-质谱法》（GB 23200.7—2016），该标准适用于滑子菇、金针菇、黑木耳、香菇中 503 种农药及相关化学品的定性鉴别，478 种农药及相关化学品的定量测定。该标准的定量限为 0.100 mg/kg。

方法十八：《食品安全国家标准　乳及乳制品中多种拟除虫菊酯农药残留量的测定　气相色谱-质谱法》（GB 23200.85—2016），该标准适用于液体乳、乳粉、炼乳、乳脂肪、干酪、乳冰激凌和乳清粉中 2,6 -二异丙基萘、七氟菊酯、生物丙烯菊酯、烯虫酯、苄呋菊酯、联苯菊酯、甲氰菊酯、氟丙菊酯、氯菊酯、氟氯氰菊酯、氯氰菊酯、氟氰戊菊酯、醚菊酯、氰戊菊酯、氟胺氰菊酯、溴氰菊酯等 17 种农药残留量的检测和确证。该标准的定量限为 0.01 mg/kg。

方法十九：《水中 88 种农药及代谢物残留量的测定　液相色谱-串联质谱法和气相色谱-串联质谱法》（NY/T 3277—2018），该标准适用于地表水和地下水中 88 种农药及代谢物残留量的测定和确证。该标准的定量限为 1 μg/kg。

方法二十：《水质　百菌清及拟除虫菊酯类农药的测定　气相色谱-质谱法》（HJ 753—2015），该标准适用于地表水、地下水、工业废水和生活污水中百菌清及拟除虫菊酯类农药化合物的测定。该标准中液液萃取法取方法的检测限为 0.04 μg/L，测定下限为 0.16 μg/L；固相萃取法的检测限为0.08 μg/L，测定下限为 0.32 μg/L。

方法二十一：《固体废物　有机磷类和拟除虫菊酯类等 47 种农药的测定　气相色谱-质谱法》（HJ 963—2018），该标准适用于固体废物及其浸出液中有机磷类、拟除虫菊酯类等 47 种农药的测定。其他有机磷类和拟除虫菊酯类农药经验证也可用该方法测定。在选择离子（SIM）条件下，当固体废物取样量为 10.0 g，定容体积为 1.0 mL 时，目标物的检测限为 0.4 mg/kg，测定下限为 1.6 mg/kg。当固体废物浸出液取样体积为 500 mL，定容体积为1.0 mL时，溴氰菊酯的检测限为 0.009 mg/L，测定下限为 0.036 mg/L。

方法二十二：《土壤和沉积物　有机磷类和拟除虫菊酯类等 47 种农药的测定　气相色谱-质谱法》（HJ 1023—2019），该标准适用于土壤和沉积物中有机磷类、拟除虫菊酯类等 47 种农药的测定。当取样量为 10.0 g，定容体积为 1.0 mL，采用选择离子扫描定量时，该标准的检测限为 0.8 mg/kg，测定下限为 3.2 mg/kg。

方法二十三：《生活饮用水标准检验方法　农药指标》（GB/T 5750.9—2006），该标准适用于生活饮用水及其水源水中溴氰菊酯、甲氰菊酯、功夫菊酯、二氯苯醚菊酯、氯氰菊酯和氰戊菊酯的测定。该标准的最低检测质量分别为：甲氰菊酯 0.02 ng；功夫菊酯 0.008 ng；二氯苯醚菊酯 0.128 ng；氯氰菊酯 0.028 ng；氰戊菊酯 0.052 ng；溴氰菊酯 0.040 ng。若取 200 mL 水样测定，则检测限分别为：甲氰菊酯 0.10 μg/L；功夫菊酯 0.04 μg/L；二氯苯醚菊酯 0.64 μg/L；氯氰菊酯 0.14 μg/L；氰戊菊酯 0.26 μg/L；溴氰菊酯 0.20 μg/L。

方法二十四：《蔬菜和水果中有机磷、有机氯、拟除虫菊酯和氨基甲酸酯类农药多残留的测定》（NY/T 761—2008），该标准适用于蔬菜和水果中 41 种农药残留量的检测。该标准的检测限为 0.01 mg/kg。

方法二十五：《饲料中除虫菊酯类农药残留量测定　气相色谱法》（GB/T 19372—2003），该标准适用于配合饲料和浓缩饲料中联苯菊酯、甲氰菊酯、三氟氯氰菊酯、氯菊酯、氯氰菊酯、氰戊菊酯、氟胺氰菊酯和溴氰菊醋八种除虫菊酯类农药残留量的测定。该标准的最小检测浓度：联苯菊酯、甲氰菊酯、三氟氯氰菊酯为 0.005 mg/kg；氯菊酯、氯氰菊酯、氰戊菊酯、氟胺氰菊酯和溴氰菊酯为 0.02 mg/kg。

方法二十六：《水质　百菌清和溴氰菊酯的测定　气相色谱法》（HJ 698—2014），该标准适用于地表水、地下水、工业废水和生活污水中百菌清和溴氰菊酯的测定。当样品量为 100 mL 时，该标准的检测限：百菌清为0.07 μg/L，溴氰菊酯为 0.40 μg/L；测定下限：百菌清为 0.28 μg/L，溴氰菊酯为 1.60 μg/L。

方法二十七：《食品安全国家标准　蜂王浆中多种菊酯类农药残留量的测定　气相色谱法》（GB 23200.100—2016），该标准适用于蜂王浆中联苯菊酯、甲氰菊酯、高效氯氟氰菊酯、氯菊酯、氟氯氰菊酯、氯氰菊酯、氟胺氰菊酯、氰戊菊酯、溴氰菊酯农药残留量的测定。该标准的定量限为 0.01 mg/kg。

方法二十八：《出口中药材中多种有机氯、拟除虫菊酯类农药残留量的测定》（SN/T 4527—2016），该标准中有机氯农药的检测限为 10 μg/kg，拟除虫菊酯类药检测限为 10 μg/kg。

方法二十九：《城镇供水水质标准检验方法》（CJ/T 141—2018），该标准适用于城镇供水及其水源水的水质检测。该标准 12 种农药的检测限为：乐果 0.29 μg/L；呋喃丹 0.27 μg/L；敌敌畏 0.16 μg/L；莠去津0.13 μg/L；甲基对硫磷 1.6 μg/L；马拉硫磷 0.39 μg/L；对硫磷 0.73 μg/L；灭草松 0.57 μg/L；毒死蜱 0.16 μg/L；2,4 -滴 1.1 μg/L；五氯酚 0.79 μg/L；溴氰菊酯 2.1 μg/L。

方法三十：《食品安全国家标准　植物源性食品中 208 种农药及其代谢物残留量的测定　气相色谱-质谱联用法》（GB 23200.113—2018），该标准适用于植物源性食品中 208 种农药及其代谢物残留量的测定。该标准中蔬菜、水果、食用菌的定量限为 0.01 mg/kg，谷物、油料的定量限为 0.01 mg/kg，茶叶、香辛料的定量限为 0.05 mg/kg，植物油的定量限为 0.02 mg/kg。

方法三十一：《食品安全国家标准　植物源性食品中 331 种农药及其代谢物残留量的测定　液相色谱-质谱联用法》（GB 23200.121—2021），该标准适用于植物源性食品中 331 种农药及其代谢物残留量的测定。该标准中蔬菜、水果食用菌和糖料的定量限为 0.01 mg/kg，谷物、油料、坚果和植物油的定量限为 0.01 mg/kg，茶叶和香辛料（调味料）的定量限为 0.02 mg/kg。

七、二嗪农

1. 基本信息

中文别名：二嗪磷、地亚农、二嗪磷。

化学名称：2 -异丙基- 4 -甲基- 6 -嘧啶基硫代磷酸二乙酯。

英文名称：Deltamethrin。

CAS 号：52918 - 63 - 5。

分子式：$C_{22}H_{19}Br_2NO_3$。

分子量：505.2。

化学结构式：

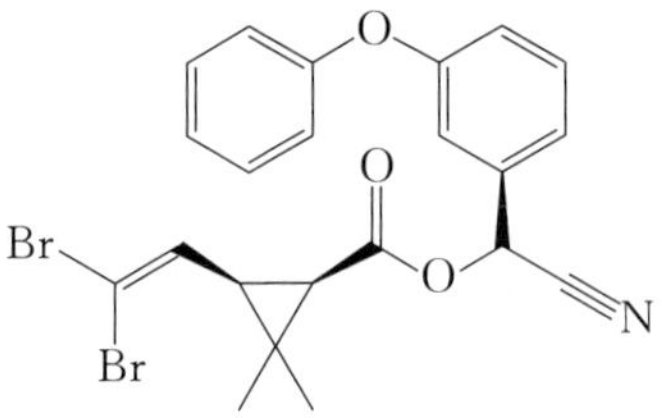

性状：纯品是无色油状液体。

熔点：98 ℃。

闪点：−18 ℃。

相对密度：1.521 4 g/cm^3。

蒸气压：1.24×10^{-2} Pa（25 ℃）。

溶解性：能溶于丙酮、环己酮、苯、二甲基甲酰胺、二甲基亚砜、二噁烷等多种有机溶剂；在水中溶解度 10 mg/L。

2. 作用方式与用途

二嗪农具有触杀、胃毒和熏蒸内吸作用，临床主要用于驱杀寄生于家畜体表的疥螨、痒螨、蜱和虱等。

作用机制：二嗪农主要作用在于抑制虫体的胆碱酯酶活性，致使敏感虫体内乙酰胆碱蓄积，干扰虫体神经肌肉的兴奋传导，导致敏感寄生虫麻痹而死亡。

3. 环境归趋特征

同其他有机磷杀虫剂。50 ℃以上不稳定，对酸和碱不稳定，对光稳定。常温下密封储存于阴凉干燥处，不能与铜、铜合金罐、塑料瓶装。如中毒，经口中毒者用1%～2%苏打水或水洗胃，溅入眼内时，用大量清水冲洗 10～15 min，滴入磺乙酰钠眼药，严重时用10%磺乙酰钠软膏涂眼。解毒药有硫酸阿托品、解磷定等。

4. 毒理信息

急性毒性：经口（大鼠），LD_{50} 为 285 mg/kg；经口（小鼠），LD_{50} 为 163 mg/kg；经皮（雌大鼠），LD_{50} 为 455 mg/kg；经皮（雄大鼠），LD_{50} 为 2 150 mg/kg。

对家兔皮肤和眼睛有轻度刺激作用。大鼠慢性毒性饲喂试验无作用剂量为每天 0.1 mg/kg，猴子为每天 0.05 mg/kg。在试验剂量下，对动物无致畸、致癌、致突变作用。鲤鱼 LD_{50} 为 3.2 mg/L（48 h）。对蜜蜂高毒。

5. 毒性等级

剧毒。

6. 每日允许摄入量（ADI）

0～2 μg/kg 体重。

7. 最大残留限量

见表 6－7。

表 6－7　二嗪农最大残留限量

动物种类	靶组织	最大残留限量（μg/kg）
牛/羊	奶	20
牛/猪/羊	肌肉	20
	脂肪	700
	肝	20
	肾	20

8. 常用检验检测方法

方法一：《植物性食品中二嗪磷残留量的测定》（GB/T 5009.107—2003），该标准适用于使用过二嗪磷农药制剂的谷物、蔬菜、水果等植物性食品的残留量测定。该标准的检测限为 0.01 mg/kg。

方法二：《水果和蔬菜中 450 种农药及相关化学品残留量的测定　液相色谱-串联质谱法》（GB/T 20769—2008），该标准适用于苹果、橙子、洋白菜、芹菜、番茄中 450 种农药及相关化学品残留的定性鉴别，381 种农药及相关化学品残留量的定量测定。该标准的检测限为 0.18 μg/kg。

方法三：《蜂蜜中 486 种农药及相关化学品残留量的测定　液相色谱-串联质谱法》（GB/T 20771—2008），该标准适用于洋槐蜜、油菜蜜、椴树蜜、荞麦蜜、枣花蜜中 486 种农药及相关化学品残留的定性鉴别，也适用于 461 种农药及相关化学品残留量的定量测定。该标准定量测定的 461 种农药及相关化学品检测限为 0.06 μg/kg。

方法四：《食品安全国家标准　水产品中有机磷类药物残留量的测定　液相色谱-串联质谱法》（GB 31656.8—2021），该方法的检测限：巴胺磷、马拉硫磷、二嗪农、敌百虫、敌敌畏、甲基吡啶磷均为 5 μg/kg，辛硫磷、倍硫磷和蝇毒磷均为 10 μg/kg。定量限：巴胺磷、马拉硫磷、二嗪农、敌百虫、敌敌畏、甲基吡啶磷均为 10 μg/kg，辛硫磷、倍硫磷和蝇毒磷均为 20 μg/kg。

方法五：《出口水果和蔬菜中敌敌畏、四氯硝基苯、丙线磷等 88 种农药残留的筛选　检测 QuEChERS -气相色谱-负化学源质谱法》(SN/T 4138—2015)，该标准适用于胡萝卜、白菜、生姜、苹果、梨、黄桃、草莓、菠菜、西瓜、豇豆、火龙果等蔬菜和水果中 88 种农药残留量的筛选检测，该标准不适用于橙子等柑橘类水果中灭藻剂残留量的检测。该标准中各种农药的检测限均为 0.008 mg/kg。

方法六：《固体废物　有机磷类和拟除虫菊酯类等 47 种农药的测定　气相色谱-质谱法》(HJ 963—2018)，该标准规定了测定固体废物及其浸出液中有机磷类、拟除虫菊酯类等 47 种农药的气相色谱-质谱法。该标准适用于固体废物及其浸出液中有机磷类、拟除虫菊酯类等 47 种农药的测定。

方法七：《土壤和沉积物　有机磷类和拟除虫菊酯类等 47 种农药的测定　气相色谱-质谱法》(HJ 1023—2019)，该标准规定了测定土壤和沉积物中有机磷类、拟除虫菊酯类等 47 种农药的气相色谱-质谱法。

方法八：《出口干果中多种农药残留量的测定　液相色谱-质谱/质谱法》(SN/T 4886—2017)，该标准规定了出口干果中多种农药残留量的液相色谱-质谱/质谱筛选检测方法。该标准的定量限为 0.1 μg/kg。

方法九：《固体废物　有机磷农药的测定　气相色谱法》(HJ 768—2015)，该标准规定了测定固体废物及其浸出液中有机磷农药的气相色谱法。测定固体废物，当取样量为 10.0 g 时，该标准的检测限为 0.7 μg/kg，测定下限为 2.8 μg/kg。测定固体废物浸出液，当取样体积为 100 mL 时，检测限为 0.2 μg/L，测定下限为 0.8 μg/L。

方法十：《动物肌肉中 478 种农药及相关化学品残留量的测定　气相色谱-质谱法》(GB/T 19650—2006)，该标准适用于猪肉、牛肉、羊肉、兔肉、鸡肉中 478 种农药及相关化学品残留量的测定。该标准的检测限为 0.012 5 mg/kg。

方法十一：《茶叶中 519 种农药及相关化学品残留量的测定　气相色谱-质谱法》(GB/T 23204—2008)，该标准适用于绿茶、红茶、普洱茶、乌龙茶中 490 种农药及相关化学品残留量的定性鉴别，其中可定量测定农药及相关化学品 453 种，以及 29 种酸性除草剂残留量的测定。该标准的检测限为 0.005 0 mg/kg。

方法十二：《进出口食品中抑草磷、毒死蜱、甲基毒死蜱等 33 种有机磷农药的残留量检测方法》(SN/T 2324—2009)，该标准适用于进出口大米、糙米、玉米、大麦、小麦中33种有机磷农药残留量的测定和确证。该标准丙线磷、三唑磷、对硫磷在大米、糙米、玉米、大麦、小麦中的检测限为0.005 mg/kg，其余30种有机磷农药在大米、糙米、玉米、大麦、小麦中的检测限均为0.01 mg/kg。

方法十三：《蔬菜、水果中51种农药多残留的测定气相色谱-质谱法》（NY/T 1380—2007），该标准规定了用气相色谱-质谱法测定蔬菜、水果中51种农药残留量的方法。该标准适用于蔬菜水果中51种农药残留量的测定。该标准的检测限为0.051 mg/kg。

方法十四：《河豚鱼、鳗鱼和对虾中485种农药及相关化学品残留量的测定　气相色谱-质谱法》（GB/T 23207—2008），该标准适用于河豚、鳗鱼和对虾中485种农药及相关化学品残留的定性鉴别，也适用于对其中402种农药及相关化学品进行定量测定。该标准的检测限为0.012 5 mg/kg。

方法十五：《牛奶和奶粉中511种农药及相关化学品残留量的测定　气相色谱-质谱法》（GB/T 23210—2008），该标准适用于牛奶中504种农药及相关化学品的定性鉴别，487种农药及相关化学品的定量测定；适用于奶粉中498种农药及相关化学品的定性鉴别，489种农药及相关化学品的定量测定。该标准的牛奶检测限为0.042 mg/L，奶粉的检测限为0.020 8 mg/kg。

方法十六：《进出口粮谷和油籽中多种有机磷农药残留量的检测方法　气相色谱串联质谱法》（SN/T 1739—2006），该标准适用于进出口糙米、玉米、大豆、花生仁中55种有机磷农药残留量的测定和确证。该标准的检测限为0.02 μg/g。

方法十七：《进出口水果蔬菜中有机磷农药残留量检测方法　气相色谱和气相色谱-质谱法》（SN/T 0148—2011），该标准适用于菠萝、苹果、荔枝、胡萝卜、马铃薯、茄子、菠菜、荷兰豆、鲜木耳、鲜蘑菇、鲜牛蒡、鲜香菇、大葱等70种有机磷类农药残留量的检测。该标准的检测限为0.01 mg/kg。

方法十八：《蔬菜中334种农药多残留的测定　气相色谱质谱法和液相色谱质谱法》（NY/T 1379—2007），该标准适用于蔬菜中334种农药残留量的测定。该标准的检测限为0.007 mg/kg。

方法十九：《出口粮谷中多种有机磷农药残留量测定方法　气相色谱-质谱法》（SN/T 3768—2014），该标准的检测限为0.01 mg/kg。

方法二十：《水果和蔬菜中多种农药残留量的测定》（GB/T 5009.218—2008），该标准规定了水果和蔬菜中211种农药残留量的测定方法，以及水果和蔬菜中107种农药残留量的测定方法。该标准的定量限为0.02 μg/g。

方法二十一：《食品安全国家标准　水果和蔬菜中500种农药及相关化学品残留量的测定　气相色谱-质谱法》（GB 23200.8—2016），该标准规定了苹果、柑橘、葡萄、甘蓝、芹菜、番茄中500种农药及相关化学品残留量气相色谱-质谱测定方法。该标准的定量限为0.012 6 mg/kg。

方法二十二：《食品安全国家标准　粮谷中475种农药及相关化学品残留量的测定　气相色谱-质谱法》(GB 23200.9—2016)，该标准适用于大麦、小麦、燕麦、大米、玉米中475种农药及相关化学品残留量的测定。其他粮谷可参照执行。该标准的定量限为0.025 0 mg/kg。

方法二十三：《食品安全国家标准　桑枝、金银花、枸杞子和荷叶中488种农药及相关化学品残留量的测定　气相色谱-质谱法》(GB 23200.10—2016)，该标准适用于桑枝、金银花、枸杞子和荷叶中488种农药及相关化学品的定性鉴别，431种农药及相关化学品的定量测定。该标准的定量限为0.025 0 mg/kg。

方法二十四：《食品安全国家标准　食用菌中503种农药及相关化学品残留量的测定　气相色谱-质谱法》(GB 23200.15—2016)，该标准适用于滑子菇、金针菇、黑木耳、香菇中503种农药及相关化学品的定性鉴别，478种农药及相关化学品的定量测定。该标准的定量限为0.012 6 mg/kg。

方法二十五：《食品安全国家标准　蜂蜜、果汁和果酒中497种农药及相关化学品残留量的测定　气相色谱-质谱法》(GB 23200.7—2016)，该标准适用于滑子菇、金针菇、黑木耳、香菇中503种农药及相关化学品的定性鉴别，478种农药及相关化学品的定量测定。该标准的定量限为0.034 mg/kg。

方法二十六：《食品安全国家标准　食品中有机磷农药残留量的测定　气相色谱-质谱法》(GB 23200.93—2016)，该标准适用于清蒸猪肉罐头、猪肉、鸡肉、牛肉、鱼肉中有机磷农药残留量的测定。该标准的定量限为0.02 μg/g。

方法二十七：《水质　28种有机磷农药的测定　气相色谱-质谱法》(HJ 1189—2021)，该标准规定了测定水中有机磷农药的气相色谱-质谱法。当地表水、地下水和海水取样量为1 L，定容体积为1.0 mL时，二嗪磷的检测限为0.4 μg/L，测定下限为1.6 μg/L；当生活污水和工业废水取样量为100 mL，定容体积为1.0 mL时，二嗪磷的检测限为4 μg/L，测定下限为16 μg/L。

方法二十八：《粮谷中486种农药及相关化学品残留量的测定　液相色谱-串联质谱法》(GB/T 20770—2008)，该标准规定了大麦、小麦、燕麦、大米、玉米中486种农药及相关化学品残留量液相色谱-串联质谱测定方法。该标准的检测限为0.36 μg/kg。

方法二十九：《动物肌肉中461种农药及相关化学品残留量的测定　液相色谱-串联质谱法》(GB/T 20772—2008)，该标准规定了猪肉、牛肉、羊肉、兔肉、鸡肉中461种农药及相关化学品残留量液相色谱-串联质谱测定方法。该标准的检测限为0.36 μg/kg。

方法三十：《河豚鱼、鳗鱼和对虾中 450 种农药及相关化学品残留量的测定 液相色谱-串联质谱法》(GB/T 23208—2008)，该标准适用于河豚、鳗鱼和对虾中 450 种农药及相关化学品的定性鉴别，也适用于其中 380 种农药及相关化学品的定量测定。该标准的检测限为 0.29 μg/kg。

方法三十一：《饮用水中 450 种农药及相关化学品残留量的测定 液相色谱-串联质谱法》(GB/T 23214—2008)，该标准适用于饮用水中 450 种农药及相关化学品的定性鉴别，也适用于其中 427 种农药及相关化学品的定量测定。该标准的检测限为 0.07 μg/L。

方法三十二：《食品安全国家标准 茶叶中 448 种农药及相关化学品残留量的测定 液相色谱-质谱法》(GB 23200.13—2016)，该标准适用于绿茶、红茶、普洱茶、乌龙茶中 448 种农药及相关化学品残留的定性鉴别，也适用于 418 种农药及相关化学品残留的定量测定。该标准的定量限为 0.72 μg/kg。

方法三十三：《食品安全国家标准 桑枝、金银花、枸杞子和荷叶中 413 种农药及相关化学品残留量的测定 液相色谱-质谱法》(GB 23200.11—2016)，该标准适用于桑枝、金银花枸杞子和荷叶中 413 种农药及相关化学品残留量的测定。该标准的定量限为 1.420 0 μg/kg。

方法三十四：《食品安全国家标准 食用菌中 440 种农药及相关化学品残留量的测定 液相色谱-质谱法》(GB 23200.12—2016)，该标准适用于滑子菇、金针菇、黑木耳和香菇中 440 种农药及相关化学品的定性鉴别，364 种农药及相关化学品的定量测定。该标准的定量限为 0.36 μg/kg。

方法三十五：《食品安全国家标准 果蔬汁和果酒中 512 种农药及相关化学品残留量的测定 液相色谱-质谱法》(GB 23200.14—2016)，该标准规定了橙汁、苹果汁、葡萄汁、白菜汁、胡萝卜汁、干酒、半干酒、半甜酒、甜酒中 512 种农药及相关化学品残留量液相色谱-质谱测定方法。该标准的定量限为 0.24 μg/kg。

方法三十六：《食品安全国家标准 植物源性食品中 208 种农药及其代谢物残留量的测定 气相色谱-质谱联用法》(GB 23200.113—2018)，该标准规定了植物源性食品中 208 种农药及其代谢物残留量的气相色谱-质谱联用测定方法。该标准中蔬菜、水果、食用菌的定量限为 0.01 mg/kg，谷物、油料的定量限为 0.02 mg/kg，茶叶、香辛料的定量限为 0.05 mg/kg，植物油的定量限为 0.02 mg/kg。

方法三十七：《食品中有机磷农药残留量的测定》(GB/T 5009.20—2003)，该标准的检测限是 0.003 mg/kg。

方法三十八：《水、土中有机磷农药测定的气相色谱法》(GB/T 14552—

2003)，该标准的最小检测量 5.661 5$\times10^{-12}$ g，水和土壤的最小检测浓度 0.141 5$\times10^{-3}$ mg/L 和 0.707 8$\times10^{-3}$ mg/kg。

方法三十九：《粮食、水果和蔬菜中有机磷农药测定的气相色谱法》(GB/T 14553—2003)，该标准适用于粮食、水果、蔬菜等作物中有机磷农药的残留量的测定。该标准水果和蔬菜最小检测浓度 0.283 1$\times10^{-3}$ mg/kg，粮食 0.707 8$\times10^{-3}$ g/kg。

方法四十：《蔬菜和水果中有机磷、有机氯、拟除虫菊酯和氨基甲酸酯类农药多残留的测定》(NY/T 761—2008)，该标准适用于蔬菜和水果中 54 种农药残留量的检测。该标准的检测限为 0.02 mg/kg。

方法四十一：《食品安全国家标准　植物源性食品中 90 种有机磷类农药及其代谢物残留量的测定　气相色谱法》(GB 23200.116—2019)，该标准适用于植物源性食品中 90 种有机磷类农药及其代谢物残留量的测定。该标准的定量限为 0.010 mg/kg，茶叶、调味料定量限为 0.050 mg/kg。

方法四十二：《食品安全国家标准　植物源性食品中 331 种农药及其代谢物残留量的测定　液相色谱-质谱联用法》(GB 23200.121—2021)，该标准适用于植物源性食品中 331 种农药及其代谢物残留量的测定。该标准中蔬菜、水果食用菌和糖料的定量限为 0.01 mg/kg，谷物、油料、坚果和植物油的定量限为 0.02 mg/kg，茶叶和香辛料的定量限为 0.05 mg/kg。

八、敌敌畏

1. 基本信息

英文名称：2,2 - Dichlorovinyl bis [(2H3)methyl] phosphate。

CAS 号：203645 - 53 - 8。

分子式：$C_4HCl_2D_6O_4P$。

分子量：227.013。

化学结构式：

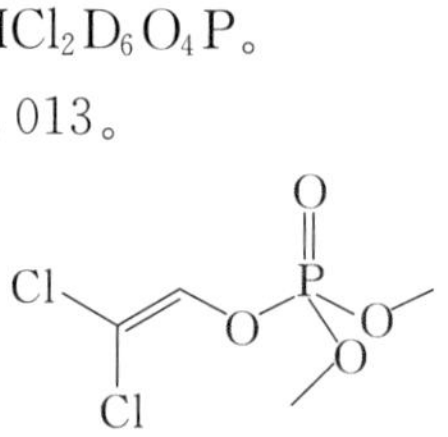

性状：为带有芳香气味的无色透明油状液体。

沸点：(176.8±40.0)℃ (760 mmHg)。

闪点：(−14.7±35.0)℃。

相对密度：1.521 4 g/cm^3。

溶解性：微溶于水，易溶于多种有机溶剂，在苯、甲苯中溶解度很大，但在煤油、汽油中溶解度较小。有挥发性，温度越高，挥发越快。在强碱和热水中易水解，在酸性溶液中较稳定。

2. 作用方式与用途

敌敌畏属于有机磷杀虫剂。从 20 世纪中期开始出现，广泛应用于动物体外寄生虫的防治。常用的有机磷杀虫剂有敌百虫、敌敌畏、二溴磷、马拉硫磷、倍硫磷、辛硫磷、甲嘧硫磷和杀螟松。其中，后 4 种为世界卫生组织推荐用于滞留喷洒的杀虫剂。敌百虫早在 20 世纪 50 年代就在中国大量生产，至今已有 70 多年的生产历史，主要用于防治农业害虫、卫生害虫和家畜体内外寄生虫，可引起大鼠生殖能力下降。敌敌畏是一种磷酸酯类杀螨剂，具有高效、无残留、持效期短等特点，具有强烈的熏杀蚊蝇的效果。有机磷杀虫剂通过抑制乙酰胆碱酯酶活性，使乙酰胆碱不能迅速水解，从而造成其在中枢和外周神经系统蓄积，引起胆碱能神经亢奋。由于使用毒力强、药效高，人类接触中毒后病情发展迅速，易发生多器官功能障碍综合征，在我国 20 世纪 80 年代，每年都会有很多有机磷农药中毒事件发生。

敌敌畏对畜禽的多种外寄生虫和马胃蝇、牛皮蝇、羊鼻蝇具有熏蒸、触杀和胃毒 3 种作用，其杀虫力比敌百虫强 8～10 倍，毒性也高于敌百虫。①是目前防治卫生害虫的主要杀虫药，其特点是杀虫效力强，杀虫速度快。②驱杀马胃蝇蚴（对鼻胃蝇、肠胃蝇第 1 期蚴有 100%杀灭作用，对东方胃蝇、鼻胃蝇、黑角胃蝇和肠胃蝇第 2、3 期蚴也均有良好作用）及羊鼻蝇蚴（对第 1 期蝇蛆效果尤佳）。③杀灭厩舍、家畜体表的寄生虫，如蜂、螨、蚤、虱、蚊、蝇等。

3. 毒理信息

敌敌畏对人畜毒性较大，易从消化道、呼吸道及皮肤等途径吸收而中毒。其毒性较敌百虫大 6～10 倍，大鼠内服 LD_{50} 为 56～80 mg/kg。家畜出现中毒的主要表现为瞳孔缩小、流涎、腹痛、频排稀便以至呼吸困难等，可用阿托品等解救。

4. 毒性等级

剧毒。

5. 每日允许摄入量（ADI）

0～4 μg/kg 体重。

6. 最大残留限量

见表 6－8。

表 6－8 敌敌畏最大残留限量

动物种类	靶组织	最大残留限量（μg/kg）
猪	肌肉	100
	脂肪	100
	副产品	100

7. 常用检验检测方法

方法一：《食品安全国家标准 动物源性食品中敌百虫、敌敌畏、蝇毒磷残留量的测定液相色谱-质谱/质谱法》（GB 23200.94—2016），该标准适用于分割肉、盐渍肠衣和蜂蜜中敌百虫、敌敌畏、蝇毒磷残留量的测定。该标准的定量限为 10 μg/kg。

方法二：《动物肌肉中 478 种农药及相关化学品残留量的测定 气相色谱-质谱法》（GB/T 19650—2006），该标准适用于猪肉、牛肉、羊肉、兔肉、鸡肉中 478 种农药及相关化学品残留量的测定。该标准的检测限为 0.075 023 204 mg/kg。

方法三：《茶叶中 519 种农药及相关化学品残留量的测定 气相色谱-质谱法》（GB/T 23204—2008），该标准适用于绿茶、红茶、普洱茶、乌龙茶中 490 种农药及相关化学品残留量的定性鉴别，其中可定量测定农药及相关化学品 453 种，以及 29 种酸性除草剂残留量的测定。该标准的检测限为 0.030 0 mg/kg。

方法四：《进出口食品中抑草磷、毒死蜱、甲基毒死蜱等 33 种有机磷农药的残留量检测方法》（SN/T 2324—2009），该标准丙线磷、三唑磷、对硫磷在大米、糙米、玉米、大麦、小麦中的检测限为 0.005 mg/kg，其余 30 种有机磷农药在大米、糙米、玉米、大麦、小麦中的检测限均为 0.01 mg/kg。

方法五：《蔬菜、水果中 51 种农药多残留的测定 气相色谱质谱法》（NY/T 1380—2007），该标准规定了用气相色谱-质谱法测定蔬菜、水果中 51 种农药残留量的方法。该标准适用于蔬菜水果中 51 种农药残留量的测定。该标准的检测限为 0.014 4 mg/kg。

方法六：《河豚鱼、鳗鱼和对虾中 485 种农药及相关化学品残留量的测定 气相色谱-质谱法》（GB/T 23207—2008），该标准规定了河豚、鳗鱼和对虾中 485 种农药及相关化学品残留量气相色谱-质谱测定方法。该标准的检测限为 0.075 0 mg/kg。

方法七：《牛奶和奶粉中511种农药及相关化学品残留量的测定　气相色谱-质谱法》(GB/T 23210—2008)，该标准规定了河豚、鳗鱼和对虾中485种农药及相关化学品残留量气相色谱-质谱测定方法。该标准的牛奶检测限为0.025 0 mg/L，奶粉的检测限为0.125 0 mg/kg。

方法八：《蔬菜中334种农药多残留的测定　气相色谱质谱法和液相色谱质谱法》(NY/T 1379—2007)，该标准适用于蔬菜中334种农药残留量的测定。该标准的检测限为0.005 mg/kg。

方法九：《进出口粮谷和油籽中多种有机磷农药残留量的检测方法　气相色谱串联质谱法》(SN/T 1739—2006)，该标准适用于进出口糙米、玉米、大豆、花生仁中55种有机磷农药残留量的测定和确证，检测限为0.05 μg/g。

方法十：《茶叶中农药多残留测定　气相色谱/质谱法》(GB/T 23376—2009)，该标准适用于茶叶中有机磷、有机氯、拟除虫菊酯等三类36种农药残留量的测定。该标准的检测限为0.01 mg/kg。

方法十一：《进出口水果蔬菜中有机磷农药残留量检测方法　气相色谱和气相色谱-质谱法》(SN/T 0148—2011)，该标准适用于菠萝、苹果、荔枝、胡萝卜、马铃薯、茄子、菠菜、荷兰豆、鲜木耳、鲜蘑菇、鲜牛蒡、鲜香菇、大葱等70种有机磷类农药残留量的检测。该标准的检测限为0.01 mg/kg。

方法十二：《出口粮谷中多种有机磷农药残留量测定方法　气相色谱-质谱法》(SN/T 3768—2014)，该标准适用于玉米、糙米、大米、小麦和荞麦中敌敌畏、乙酰甲胺磷、丙线磷、二嘧硫磷、特丁磷、甲基乙拌磷、二嗪磷、乙硫磷、甲基嘧啶磷、马拉硫磷、杀螟硫磷、对硫磷、倍硫磷、稻丰散、丁胺磷、苯硫磷等16种有机磷农药残留量的气相色谱-质谱法检测和确证方法。该标准的检测限为0.01 mg/kg。

方法十三：《出口水果和蔬菜中敌敌畏、四氯硝基苯、丙线磷等88种农药残留的筛选　检测QuEChERS-气相色谱-负化学源质谱法》(SN/T 4138—2015)，该标准规定了水果和蔬菜中88种农药残留量检测的气相色谱-负化学源质谱筛选检测方法。该标准中各种农药的检测限均为0.008 mg/kg。

方法十四：《水果和蔬菜中多种农药残留量的测定》(GB/T 5009.218—2008)，该标准规定了水果和蔬菜中211种农药残留量的测定方法，以及水果和蔬菜中107种农药残留量的测定方法。该标准的定量限为0.01 μg/g。

方法十五：《食品安全国家标准　水果和蔬菜中500种农药及相关化学品残留量的测定　气相色谱-质谱法》(GB 23200.8—2016)，该标准规定了苹果、柑橘、葡萄、甘蓝、芹菜、番茄中500种农药及相关化学品残留量气相色谱-质谱测定方法。该标准的定量限为0.075 0 mg/kg。

方法十六：《食品安全国家标准　粮谷中475种农药及相关化学品残留量

的测定　气相色谱-质谱法》(GB 23200.9—2016)，该标准适用于大麦、小麦、燕麦、大米、玉米中 475 种农药及相关化学品残留量的测定。该标准的定量限为 1.200 mg/kg。

方法十七：《食品安全国家标准　桑枝、金银花、枸杞子和荷叶中 488 种农药及相关化学品残留量的测定　气相色谱-质谱法》(GB 23200.10—2016)，该标准适用于桑枝、金银花、枸杞子和荷叶中 488 种农药及相关化学品的定性鉴别，431 种农药及相关化学品的定量测定。该标准的定量限为 0.150 0 mg/kg。

方法十八：《食品安全国家标准　食用菌中 503 种农药及相关化学品残留量的测定　气相色谱-质谱法》(GB 23200.15—2016)，该标准适用于滑子菇、金针菇、黑木耳、香菇中 503 种农药及相关化学品的定性鉴别，478 种农药及相关化学品的定量测定。该标准的定量限为 0.075 0 mg/kg。

方法十九：《食品安全国家标准　蜂蜜、果汁和果酒中 497 种农药及相关化学品残留量的测定　气相色谱-质谱法》(GB 23200.7—2016)，该标准适用于滑子菇、金针菇、黑木耳、香菇中 503 种农药及相关化学品的定性鉴别，478 种农药及相关化学品的定量测定。该标准的定量限为 0.034 mg/kg。

方法二十：《食品安全国家标准　食品中有机磷农药残留量的测定　气相色谱-质谱法》(GB 23200.93—2016)，该标准的定量限为 0.02 μg/g。

方法二十一：《水果和蔬菜中 450 种农药及相关化学品残留量的测定　液相色谱-串联质谱法》(GB/T 20769—2008)，该标准规定了苹果、橙子、洋白菜、芹菜、番茄中 450 种农药及相关化学品残留量液相色谱-串联质谱测定方法。该标准适用于苹果、橙子、洋白菜、芹菜、番茄中 450 种农药及相关化学品残留的定性鉴别，381 种农药及相关化学品残留量的定量测定。该标准的检测限为 0.14 μg/kg。

方法二十二：《粮谷中 486 种农药及相关化学品残留量的测定　液相色谱-串联质谱法》(GB/T 20770—2008)，该标准适用于大麦、小麦、燕麦、大米、玉米中 486 种农药及相关化学品残留的定性鉴别，376 种农药及相关化学品残留量的定量测定。该标准的检测限为 0.27 μg/kg。

方法二十三：《蜂蜜中 486 种农药及相关化学品残留量的测定　液相色谱-串联质谱法》(GB/T 20771—2008)，该标准适用于洋槐蜜、油菜蜜、椴树蜜、荞麦蜜、枣花蜜中 486 种农药及相关化学品残留的定性鉴别，也适用于 461 种农药及相关化学品残留量的定量测定。该标准的检测限为 0.18 μg/kg。

方法二十四：《动物肌肉中 461 种农药及相关化学品残留量的测定　液相色谱-串联质谱法》(GB/T 20772—2008)，该标准适用于猪肉、牛肉、羊肉、兔肉、鸡肉中 461 种农药及相关化学品的定性鉴别，396 种农药及相关化学品残留量的定量测定。该标准定量测定的 396 种农药及相关化学品的检测限为

0.27 μg/kg。

方法二十五：《河豚鱼、鳗鱼和对虾中 450 种农药及相关化学品残留量的测定　液相色谱-串联质谱法》(GB/T 23208—2008)，该标准适用于河豚、鳗鱼和对虾中 450 种农药及相关化学品的定性鉴别，也适用于其中 380 种农药及相关化学品的定量测定。该标准的检测限为 0.22 μg/kg。

方法二十六：《牛奶和奶粉中 493 种农药及相关化学品残留量的测定　液相色谱-串联质谱法》(GB/T 23211—2008)，该标准适用于牛奶中 482 种农药及相关化学品的定性鉴别，441 种农药及相关化学品的定量测定；适用于奶粉中 481 种农药及相关化学品的定性鉴别，427 种农药及相关化学品的定量测定。该标准牛奶的检测限为 0.13 μg/L；奶粉中的检测限为 0.42 μg/kg。

方法二十七：《出口油料和植物油中多种农药残留量的测定　液相色谱-质谱/质谱法》(SN/T 4428—2016)，该标准适用于大豆油、玉米油、花生油、橄榄油、菜籽油、棕榈油、油菜籽、花生、芝麻、瓜子中 77 种农药残留量的测定。该标准中特丁硫磷、毒死蜱、甲基毒死蜱的检测限为 0.01 mg/kg，其他 74 种农药的检测限均为 0.005 mg/kg。

方法二十八：《食品安全国家标准　桑枝、金银花、枸杞子和荷叶中 413 种农药及相关化学品残留量的测定　液相色谱-质谱法》(GB 23200.11—2016)，该标准适用于桑枝、金银花枸杞子和荷叶中 413 种农药及相关化学品残留量的测定。该标准的定量限为 1.100 0 μg/kg。

方法二十九：《食品安全国家标准　食用菌中 440 种农药及相关化学品残留量的测定　液相色谱-质谱法》(GB 23200.12—2016)，该标准适用于滑子菇、金针菇、黑木耳和香菇中 440 种农药及相关化学品的定性鉴别，364 种农药及相关化学品的定量测定。该标准的定量限为 0.26 μg/kg。

方法三十：《食品安全国家标准　水产品中有机磷类药物残留量的测定　液相色谱-串联质谱法》(GB 31656.8—2021)，该标准适用于鱼、海参、蟹和虾等水产品可食部分中辛硫磷、巴胺磷、倍硫磷、马拉硫磷、二嗪农、敌百虫、敌敌畏、甲基吡啶磷和蝇毒磷残留量的检测。该方法的检测限：巴胺磷、马拉硫磷、二嗪农、敌百虫、敌敌畏、甲基吡啶磷均为 5 μg/kg，辛硫磷、倍硫磷和蝇毒磷均为 10 μg/kg。定量限：巴胺磷、马拉硫磷、二嗪农、敌百虫、敌敌畏、甲基吡啶磷均为 10 μg/kg，辛硫磷、倍硫磷和蝇毒磷均为 20 μg/kg。

方法三十一：《食品安全国家标准　植物源性食品中 208 种农药及其代谢物残留量的测定　气相色谱-质谱联用法》(GB 23200.113—2018)，该标准适用于植物源性食品中 208 种农药及其代谢物残留量的测定。该方法中蔬菜、水果、食用菌的定量限为 0.01 mg/kg，谷物、油料的定量限为 0.02 mg/kg，茶叶、香辛料的定量限为 0.05 mg/kg，植物油的定量限为 0.02 mg/kg。

方法三十二：《进出口茶叶中多种有机磷农药残留量的检测方法　气相色谱法》（SN/T 1950—2007），该标准适用于茶叶中21种有机磷农药残留量的测定。该标准的检测限为0.02 mg/kg。

方法三十三：《植物性食品中有机磷和氨基甲酸酯类农药多种残留的测定》（GB/T 5009.145—2003），该标准规定了粮食、蔬菜中敌敌畏、乙酰甲胺磷、甲基内吸磷、甲拌磷、久效磷、乐果、甲基对硫磷、马拉氧磷、毒死蜱、甲基嘧啶磷、倍硫磷、马拉硫磷、对硫磷、杀扑磷、克线磷、乙硫磷、速灭威、异丙威、仲丁威、甲萘威等农药残留量的测定方法。该标准的检测限为4 μg/kg。

方法三十四：《动物性食品中有机磷农药多组分残留量的测定》（GB/T 5009.161—2003），该标准适用于畜禽肉及其制品、乳与乳制品、蛋与蛋制品中甲胺磷、敌敌畏、乙酰甲胺磷、久效磷、乐果、乙拌磷、甲基对硫磷、杀螟硫磷、甲基嘧啶磷、马拉硫磷、倍硫磷、对硫磷、乙硫磷等13种常用有机磷农药多组分残留测定方法。该标准各种农药检测限为：甲胺磷5.7 μg/kg；敌敌畏3.5 μg/kg；乙酰甲胺磷10.0 μg/kg；久效磷12.0 μg/kg；乐果2.6 μg/kg；乙拌磷1.2 μg/kg；甲基对硫磷2.6 μg/kg；杀螟硫磷2.9 μg/kg；甲基嘧啶磷2.5 μg/kg；马拉硫磷2.8 μg/kg；倍硫磷2.1 μg/kg；对硫磷2.6 μg/kg；乙硫磷1.7 μg/kg。

方法三十五：《食品中有机磷农药残留量的测定》（GB/T 5009.20—2003），第一法：水果、蔬菜、谷类中有机磷农药的多残留的测定。该标准适用于使用过敌敌畏等20种农药制剂的水果、蔬菜、谷类等作物的残留量分析。该标准的检测限是0.005 mg/kg。

方法三十六：《糙米中50种有机磷农药残留量的测定》（GB/T 5009.207—2008），该标准适用于糙米中50种有机磷农药残留量的测定。50种有机磷农药在糙米中除氧化乐果、甲基乙拌磷、砜吸磷、溴硫磷、甲基吡噁磷的检测限为0.01 mg/kg外，其余有机磷农药的检测限均为0.005 mg/kg。

方法三十七：《蔬菜和水果中有机磷、有机氯、拟除虫菊酯和氨基甲酸酯类农药多残留的测定》（NY/T 761—2008）第1部分：蔬菜和水果中有机磷类农药多残留的测定，该标准适用于蔬菜和水果中上述54种农药残留量的检测。该标准检测限为0.01 mg/kg。

方法三十八：《食品安全国家标准　动物源性食品中9种有机磷农药残留量的测定　气相色谱法》（GB 23200.91—2016），该标准适用于火腿和腌制鱼干（鲞）中敌敌畏、甲胺磷、乙酰甲胺磷、甲基对硫磷、马拉硫磷、对硫磷、喹硫磷、杀扑磷、三唑磷农药残留量的检测。火腿样品中敌敌畏、甲胺磷、乙酰甲胺磷、甲基对硫磷、马拉硫磷、对硫磷、喹硫磷、杀扑磷、三唑磷均为0.01 mg/kg。腌制鱼干（鲞）样品中敌敌畏、甲胺磷、乙酰甲胺磷、甲基对硫磷、马拉硫磷、对硫磷、喹硫磷、杀扑磷、三唑磷均为 0.05 mg/kg。

方法三十九：《食品安全国家标准　蜂王浆中 11 种有机磷农药残留量的测定　气相色谱法》（GB 23200.98—2016），该标准适用于蜂王浆中敌敌畏、甲胺磷、灭线磷、甲拌磷、乐果、甲基对硫磷、马拉硫磷、对硫磷、喹硫磷、三唑磷、蝇毒磷农药残留量的检测。11 种有机磷残留量定量限均为 0.01 mg/kg。

方法四十：《食品安全国家标准　植物源性食品中 90 种有机磷类农药及其代谢物残留量的测定　气相色谱法》（GB 23200.116—2019），该标准适用于植物源性食品中 90 种有机磷类农药及其代谢物残留量的测定。该标准的定量限为 0.010 mg/kg，茶叶、调味料定量限为 0.050 mg/kg。

方法四十一：《食品安全国家标准　植物源性食品中 331 种农药及其代谢物残留量的测定　液相色谱-质谱联用法》（GB 23200.121—2021），该标准适用于植物源性食品中 331 种农药及其代谢物残留量的测定。该标准中蔬菜、水果食用菌和糖料的定量限为 0.01 mg/kg，谷物、油料、坚果和植物油的定量限为 0.02 mg/kg，茶叶和香辛料（调味料）的定量限为 0.05 mg/kg。

九、倍硫磷

1. 基本信息

中文别名：百治屠、倍硫磷乳油（50%）、蕃硫磷。

化学名称：O,O-二甲基-O-(3-甲基-4-甲硫基苯基）硫代磷酸酯、O,O-二甲基O-4-甲硫基-间-甲苯基硫杂磷酸酯、O,O-二甲基-O-(4-甲硫基苯基）硫代磷酸酯。

英文名称：Fenthion。

CAS 号：55-38-9。

分子式：$C_{10}H_{15}O_3PS_2$。

分子量：278.33。

化学结构式：

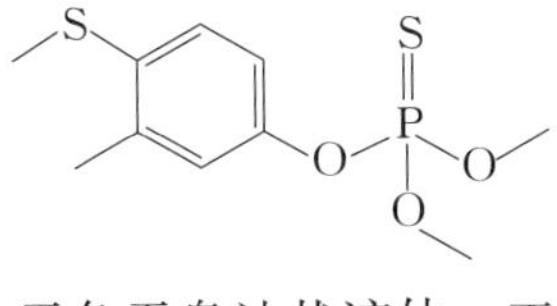

性状：纯品为无色无臭油状液体、工业品为棕黄色油状液体，略带有特殊气味的物质。

熔点：7.5 ℃。

闪点：171.8 ℃。

相对密度：1.25 g/cm^3。

蒸气压：7.4×10^{-4} Pa（20 ℃）。

溶解度：在水中溶解度为0.005 5 g/100 mL。

2. 作用方式与用途

广谱、速效、中毒有机磷杀虫剂，对螨类也有效。具有触杀、胃毒作用，渗透性较强，有一定的内吸作用，残效期长。可用于水稻、棉花、果树、大豆等作物防治二化螟、三化螟、稻叶蝉、稻苞虫、稻纵卷叶虫、棉红铃虫、棉铃虫、棉蚜、菜青虫、菜蚜、果树食心虫、介壳虫、柑橘锈壁虱、网蝽、茶毒蛾、茶小绿叶蝉、大豆食心虫及卫生害虫。如防治水稻害虫及棉铃虫、红铃虫，用50%乳油11.3～15 mL/100 m^2兑水喷雾；防治棉红蜘蛛、棉蚜、菜青虫、菜蚜等害虫，用50%乳油7.5～11.3 mL/100 m^2对水喷雾；防治棉红蜘蛛、棉蚜、菜青虫、菜蚜等害虫，用50%乳油7.5～11.3 mL/100 m^2兑水喷雾；防治大豆食心虫，用50%乳油7.5～11.3 mL/100 m^2，兑水喷雾，效果80%以上，或用3%粉剂，225～300 kg/100 m^2喷粉；防治柑橘锈壁虱、网蝽用50%乳油1 000倍液喷雾。

3. 环境归趋特征

残留与蓄积：倍硫磷本身在人体内基本上不存在残留和蓄积作用，主要是它的分解速度很快。

代谢与降解：倍硫磷在环境条件下、在水中的分解速度第1周为50%，第2周为90%，第3周为100%。

迁移与转化：倍硫磷在环境中的迁移途径符合有机磷农药的一般规律。倍硫磷在水中的溶解度小，由于大气降水的淋浴作用对倍硫磷的迁移扩散作用不大，向土壤下层百年迁移只有10～20 cm，不会造成地下水的污染。

4. 毒理信息

口服（大鼠），LD_{50}为180 mg/kg；口服（小鼠），LD_{50}为88.1 mg/kg。

5. 毒性等级

高毒。

6. 每日允许摄入量（ADI）

0～7 μg/kg体重。

7. 最大残留限量

见表6-9。

表 6-9　倍硫磷最大残留限量

动物种类	靶组织	最大残留限量（μg/kg）
牛/猪/家禽	肌肉	100
	脂肪	100
	副产品	100

8. 常用检验检测方法

方法一：《动物肌肉中 478 种农药及相关化学品残留量的测定　气相色谱-质谱法》（GB/T 19650—2006），该标准适用于猪肉、牛肉、羊肉、兔肉、鸡肉中 478 种农药及相关化学品残留量的测定。该标准的检测限为 0.012 5 mg/kg。

方法二：《茶叶中 519 种农药及相关化学品残留量的测定　气相色谱-质谱法》（GB/T 23204—2008），该标准适用于绿茶、红茶、普洱茶、乌龙茶中 490 种农药及相关化学品残留量的定性鉴别，其中可定量测定农药及相关化学品 453 种，以及绿茶、红茶、普洱茶、乌龙茶中二氯皮考啉酸、调果酸、对氯苯氧乙酸、麦草畏、2-甲-4-氯、2,4-滴丙酸、溴苯腈、2,4-滴、三氯吡氧乙酸、1-萘乙酸、5-氯苯酚、2,4,5-滴丙酸、草灭平、2-甲-4-氯丁酸、2,4,5-涕、氟草烟、2,4-滴丁酸、苯达松、碘苯腈、毒莠定、二氯喹啉酸、吡氟禾草灵、吡氟氯禾灵、麦草氟、三氟羧草醚、嘧硫草醚、环酰菌胺、喹禾灵、双草醚 29 种酸性除草剂残留量的测定。该标准的检测限为 0.005 0 mg/kg。

方法三：《进出口食品中抑草磷、毒死蜱、甲基毒死蜱等 33 种有机磷农药的残留量检测方法》（SN/T 2324—2009），该标准丙线磷、三唑磷、对硫磷在大米、糙米、玉米、大麦、小麦中的测定低限为 0.005 mg/kg，其余 30 种有机磷农药在大米、糙米、玉米、大麦、小麦中的检测限均为 0.01 mg/kg。

方法四：《蔬菜、水果中 51 种农药多残留的测定　气相色谱质谱法》（NY/T 1380—2007），该标准适用于蔬菜水果中 51 种农药残留量的测定。该方法中氯氰菊酯-Ⅰ的检测限为 0.012 2 mg/kg，氯氰菊酯-Ⅱ的检测限为 0.012 5 mg/kg，氯氰菊酯-Ⅲ的检测限为 0.000 5 mg/kg。

方法五：《河豚鱼、鳗鱼和对虾中 485 种农药及相关化学品残留量的测定　气相色谱-质谱法》（GB/T 23207—2008），该标准适用于河豚鱼、鳗鱼和对虾中 485 种农药及相关化学品残留的定性鉴别，也适用于对其中 402 种农药及相关化学品进行定量测定。该标准的检测限为 0.012 5 mg/kg。

方法六：《牛奶和奶粉中 511 种农药及相关化学品残留量的测定　气相色谱-质谱法》（GB/T 23210—2008），该标准适用于牛奶中 504 种农药及相关化学品的定性鉴别，487 种农药及相关化学品的定量测定；适用于奶粉中 498 种农药及相关化学品的定性鉴别，489 种农药及相关化学品的定量测定。该标准的牛奶检测限为 0.042 0 mg/L，奶粉的检测限为 0.020 8 mg/kg。

方法七：《进出口粮谷和油籽中多种有机磷农药残留量的检测方法　气相色谱串联质谱法》（SN/T 1739—2006），该标准适用于进出口糙米、玉米、大豆、花生仁中 55 种有机磷农药残留量的测定和确证。该标准的检测限为0.05 μg/g。

方法八：《进出口水果蔬菜中有机磷农药残留量检测方法　气相色谱和气相色谱-质谱法》（SN/T 0148—2011），该标准适用于菠萝、苹果、荔枝、胡萝卜、马铃薯、茄子、菠菜、荷兰豆、鲜木耳、鲜蘑菇、鲜牛蒡、鲜香菇、大葱等 70 种有机磷类农药残留量的检测。该标准检测限为 0.01 mg/kg。

方法九：《蔬菜中 334 种农药多残留的测定　气相色谱质谱法和液相色谱质谱法》（NY/T 1379—2007），该标准适用于蔬菜中 334 种农药残留量的测定。该标准检测限为 0.007 mg/kg。

方法十：《出口粮谷中多种有机磷农药残留量测定方法　气相色谱-质谱法》（SN/T 3768—2014），该标准适用于玉米、糙米、大米、小麦和荞麦中敌敌畏、乙酰甲胺磷、丙线磷、二嗯硫磷、特丁磷、甲基乙拌磷、二嗪磷、乙硫磷、甲基嘧啶磷、马拉硫磷、杀螟硫磷、对硫磷、倍硫磷、稻丰散、丁胺磷、苯硫磷等 16 种有机磷农药残留量的气相色谱-质谱法检测和确证方法。该标准的检测限为 0.01 mg/kg。

方法十一：《水果和蔬菜中多种农药残留量的测定》（GB/T 5009.218—2008），该标准适用于菠菜、大葱、番茄、柑橘、苹果中 211 种农药残留量的测定和苹果、梨、白菜、萝卜、藕、大葱、菠菜、洋葱中 107 种农药残留量的测定。该标准的定量限为 0.02 μg/g。

方法十二：《食品安全国家标准　水果和蔬菜中 500 种农药及相关化学品残留量的测定　气相色谱-质谱法》（GB 23200.8—2016），该标准规定了苹果、柑橘、葡萄、甘蓝、芹菜、番茄中 500 种农药及相关化学品残留量气相色谱-质谱测定方法。该标准的定量限为 0.012 6 mg/kg。

方法十三：《食品安全国家标准　粮谷中 475 种农药及相关化学品残留量的测定　气相色谱-质谱法》（GB 23200.9—2016），该标准适用于大麦、小麦、燕麦、大米、玉米中 475 种农药及相关化学品残留量的测定。该标准的定量限为 0.025 0 mg/kg。

方法十四：《食品安全国家标准　桑枝、金银花、枸杞子和荷叶中 488 种农药及相关化学品残留量的测定　气相色谱-质谱法》（GB 23200.10—2016），该标准适用于桑枝、金银花、枸杞子和荷叶中 488 种农药及相关化学品的定性鉴别，431 种农药及相关化学品的定量测定。该标准的定量限为 0.025 0 mg/kg。

方法十五：《食品安全国家标准　食用菌中 503 种农药及相关化学品残留量的测定　气相色谱-质谱法》(GB 23200.15—2016)，该标准适用于滑子菇、金针菇、黑木耳、香菇中 503 种农药及相关化学品的定性鉴别，478 种农药及相关化学品的定量测定。该标准的定量限为 0.012 6 mg/kg。

方法十六：《食品安全国家标准　蜂蜜、果汁和果酒中 497 种农药及相关化学品残留量的测定　气相色谱-质谱法》(GB 23200.7—2016)，该标准适用于滑子菇、金针菇、黑木耳、香菇中 503 种农药及相关化学品的定性鉴别，478 种农药及相关化学品的定量测定。该标准的定量限为 0.034 mg/kg。

方法十七：《食品安全国家标准　食品中有机磷农药残留量的测定　气相色谱-质谱法》(GB 23200.93—2016)，该标准适用于清蒸猪肉罐头、猪肉、鸡肉、牛肉、鱼肉中有机磷农药残留量的测定和确证。该标准的定量限为 0.02 mg/kg。

方法十八：《水果和蔬菜中 450 种农药及相关化学品残留量的测定　液相色谱-串联质谱法》(GB/T 20769—2008)。该标准适用于苹果、橙子、洋白菜、芹菜、番茄中 450 种农药及相关化学品残留的定性鉴别，381 种农药及相关化学品残留量的定量测定。该标准的检测限为 13.00 μg/kg。

方法十九：《粮谷中 486 种农药及相关化学品残留量的测定　液相色谱-串联质谱法》(GB/T 20770—2008)，该标准适用于大麦、小麦、燕麦、大米、玉米中 486 种农药及相关化学品残留的定性鉴别，376 种农药及相关化学品残留量的定量测定。该标准的检测限为 26.00 μg/kg。

方法二十：《蜂蜜中 486 种农药及相关化学品残留量的测定　液相色谱-串联质谱法》(GB/T 20771—2008)，该标准适用于洋槐蜜、油菜蜜、椴树蜜、荞麦蜜、枣花蜜中 486 种农药及相关化学品残留的定性鉴别，也适用于 461 种农药及相关化学品残留量的定量测定。该标准的检测限为 7.72 μg/kg。

方法二十一：《动物肌肉中 461 种农药及相关化学品残留量的测定　液相色谱-串联质谱法》(GB/T 20772—2008)，该标准适用于猪肉、牛肉、羊肉、兔肉、鸡肉中 461 种农药及相关化学品的定性鉴别，396 种农药及相关化学品残留量的定量测定。该标准定量测定的 396 种农药及相关化学品的检测限为 26.00 μg/kg。

方法二十二：《牛奶和奶粉中 493 种农药及相关化学品残留量的测定　液相色谱-串联质谱法》(GB/T 23211—2008)，该标准适用于牛奶中 482 种农药及相关化学品的定性鉴别，441 种农药及相关化学品的定量测定；适用于奶粉中 481 种农药及相关化学品的定性鉴别，427 种农药及相关化学品的定量测定。该标准牛奶的检测限为 13.00 μg/L；奶粉中的检测限为 43.33 μg/kg。

方法二十三：《食品安全国家标准　茶叶中 448 种农药及相关化学品残留量的测定　液相色谱-质谱法》(GB 23200.13—2016)，该标准适用于绿茶、红茶、普洱茶、乌龙茶中448种农药及相关化学品残留的定性鉴别，也适用于418种农药及相关化学品残留的定量测定。该标准的定量限为52.00 μg/kg。

方法二十四：《食品安全国家标准　食用菌中440种农药及相关化学品残留量的测定　液相色谱-质谱法》（GB 23200.12—2016），该标准适用于滑子菇、金针菇、黑木耳和香菇中440种农药及相关化学品的定性鉴别，364种农药及相关化学品的定量测定。该标准的定量限为26.00 μg/kg。

方法二十五：《食品安全国家标准　果蔬汁和果酒中512种农药及相关化学品残留量的测定　液相色谱-质谱法》（GB 23200.14—2016），该标准适用于橙汁、苹果汁、葡萄汁、白菜汁、胡萝卜汁、干酒、半干酒、半甜酒、甜酒中512种农药及相关化学品残留的定性鉴别，也适用于490种农药及相关化学品残留量的定量测定。该标准的定量限为17.34 μg/kg。

方法二十六：《食品安全国家标准　水产品中有机磷类药物残留量的测定　液相色谱-串联质谱法》（GB 31656.8—2021），该标准适用于鱼、海参、蟹和虾等水产品可食部分中辛硫磷、巴胺磷、倍硫磷、马拉硫磷、二嗪农、敌百虫、敌敌畏、甲基吡啶磷和蝇毒磷残留量的检测。该标准的检测限：巴胺磷、马拉硫磷、二嗪农、敌百虫、敌敌畏、甲基吡啶磷均为5 μg/kg，辛硫磷、倍硫磷和蝇毒磷均为10 μg/kg。定量限：巴胺磷、马拉硫磷、二嗪农、敌百虫、敌敌畏、甲基吡啶磷均为10 μg/kg，辛硫磷、倍硫磷和蝇毒磷均为20 μg/kg。

方法二十七：《食品安全国家标准　植物源性食品中208种农药及其代谢物残留量的测定　气相色谱-质谱联用法》（GB 23200.113—2018），该标准适用于植物源性食品中208种农药及其代谢物残留量的测定。该标准中蔬菜、水果、食用菌的定量限为0.01 mg/kg，谷物、油料的定量限为0.02 mg/kg，茶叶、香辛料的定量限为0.05 mg/kg，植物油的定量限为0.02 mg/kg。

方法二十八：《植物性食品中有机磷和氨基甲酸酯类农药多种残留的测定》（GB/T 5009.145—2003），该标准的检测限为6 μg/kg。

方法二十九：《动物性食品中有机磷农药多组分残留量的测定》（GB/T 5009.161—2003），该标准适用于畜禽肉及其制品、乳与乳制品、蛋与蛋制品中甲胺磷、敌敌畏、乙酰甲胺磷、久效磷、乐果、乙拌磷、甲基对硫磷、杀螟硫磷、甲基嘧啶磷、马拉硫磷、倍硫磷、对硫磷、乙硫磷等13种常用有机磷农药多组分残留测定方法。该标准各种农药检测限为：甲胺磷5.7 μg/kg；敌敌畏3.5 μg/kg；乙酰甲胺磷10.0 μg/kg；久效磷12.0 μg/kg；乙拌磷1.2 μg/kg；甲基对硫磷2.6 μg/kg；杀螟硫磷2.9 μg/kg；甲基嘧啶磷2.5 μg/kg；马拉硫磷2.8 μg/kg；倍硫磷2.1 μg/kg；对硫磷2.6 μg/kg；乙硫磷1.7 μg/kg。

方法三十：《食品中有机磷农药残留量的测定》（GB/T 5009.20—2003）检测限为0.1～0.3 ng，进样量相当于0.01 g试样，最低检出浓度范围为0.01～

0.03. mg/kg。

方法三十一：《蔬菜和水果中有机磷、有机氯、拟除虫菊酯和氨基甲酸酯类农药多残留的测定》（NY/T 761—2008）第1部分：蔬菜和水果中有机磷类农药多残留的测定。该标准检测限为0.02 mg/kg。

方法三十二：《食品安全国家标准　植物源性食品中90种有机磷类农药及其代谢物残留量的测定　气相色谱法》（GB 23200.116—2019），该标准适用于植物源性食品中90种有机磷类农药及其代谢物残留量的测定。该标准的定量限为0.010 mg/kg，茶叶、调味料定量限为0.050 mg/kg。

方法三十三：《蔬菜上有机磷和氨基甲酸酯类农药残毒快速检测方法》（NY/T 448—2001），该方法的最低检测浓度为6～7 mg/kg。

方法三十四：《食品安全国家标准　植物源性食品中331种农药及其代谢物残留量的测定　液相色谱-质谱联用法》（GB 23200.121—2021），该标准中蔬菜、水果食用菌和糖料的定量限为0.01 mg/kg，谷物、油料、坚果和植物油的定量限为0.01 mg/kg，茶叶和香辛料（调味料）的定量限为0.05 mg/kg。

十、氰戊菊酯

1. 基本信息

中文别名：速灭杀丁、敌虫菊酯、杀虫菊酯、中西杀虫菊酯、速灭菊酯、杀灭菊酯、戊酸氰菊酯、异戊氰菊酯。

化学名称：2,2-二甲基-3-(2,2-二氯乙烯基）环丙烷羧酸-γ-氰基-(3-苯氧基）苄酯。

英文名称：Fenvalerate。

CAS号：51630-58-1。

分子式：$C_{25}H_{22}ClNO_3$。

分子量：419.9。

化学结构式：

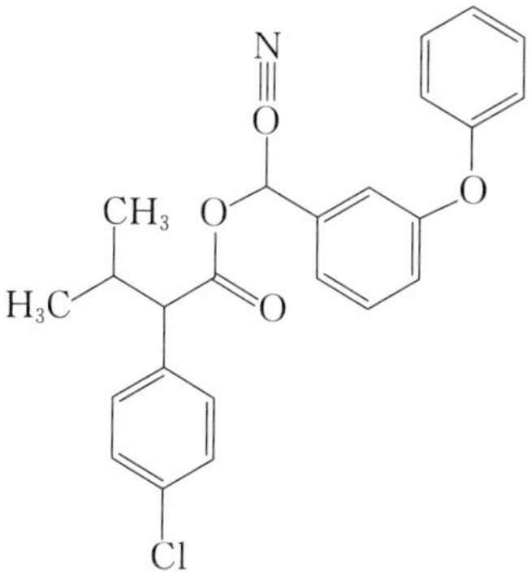

性状：黄色到褐色黏稠油状液体。
熔点：59.0～60.2 ℃。
闪点：279.7 ℃。
相对密度：1.25 g/cm^3。
溶解性：在水中溶解度 0.005 5 g/100 mL。

2. 作用方式与用途

氰戊菊酯是一种广谱、速效、中毒有机磷杀虫剂。具触杀、胃毒作用，渗透性较强，有一定的内吸作用，残效期长。对畜禽的多种体外寄生虫和吸血昆虫如螨、虱、蚤、蜱、蚊、蝇和虻等均有良好的杀灭效果。种植业上可用于水稻、棉花、果树、大豆等作物防治二化螟、三化螟、稻叶蝉、稻苞虫、稻纵卷叶虫、棉红铃虫、棉铃虫、棉蚜、菜青虫、菜蚜、果树食心虫、介壳虫、柑橘锈壁虱、网蝽、茶毒蛾、茶小绿叶蝉、大豆食心虫及卫生害虫。

作用机制：有害昆虫接触后，药物迅速进入虫体的神经系统，表现为强烈兴奋、抖动，很快转为全身麻痹、瘫痪，最后击倒而死亡。应用氰戊菊酯喷洒畜禽体表，螨、虱、蚤等于用药 10 min 后出现中毒，4～12 h 后全部死亡。

3. 每日允许摄入量（ADI）

0～7 μg/kg 体重。

4. 最大残留限量

见表 6－10。

表 6－10　氰戊菊酯最大残留限量

动物种类	靶组织	最大残留限量（μg/kg）
牛/猪/家禽	肌肉	100
	脂肪	100
	副产品	100

5. 常用检验检测方法

方法一：《食品安全国家标准　水产品中氯氰菊酯、氰戊菊酯、溴氰菊酯多残留的测定　气相色谱法》（GB 29705—2013），该标准适用于鱼和虾可食性组织中氯氰菊酯、氰戊菊酯和溴氰菊酯残留量的检测。该标准的检测限为 0.2 μg/kg，定量限为 1 μg/kg。

方法二：《食品安全国家标准　动物性食品中拟除虫菊酯类药物残留量的测定　气相色谱-质谱法》（GB 31658.8—2021），该标准适用于牛、羊、猪的肌肉、脂肪和肝脏中溴氰菊酯、联苯菊酯、氟氰戊菊酯、氟胺氰菊酯、七氟菊酯和氰戊菊酯单个或多个药物残留量的测定。该标准的检测限为 3 μg/kg，定量限为 10 μg/kg。

方法三：《动物肌肉中 478 种农药及相关化学品残留量的测定　气相色谱-质谱法》（GB/T 19650—2006），该标准适用于猪肉、牛肉、羊肉、兔肉、鸡肉中 478 种农药及相关化学品残留量的测定。该标准的检测限为 0.050 mg/kg。

方法四：《茶叶中 519 种农药及相关化学品残留量的测定　气相色谱-质谱法》（GB/T 23204—2008），该标准中氰戊菊酯-1 的检测限为 0.020 0 mg/kg，氰戊菊酯-2 的检测限为 0.020 0 mg/kg。

方法五：《冻兔肉中有机氯及拟除虫菊酯类农药残留的测定方法　气相色谱/质谱法》（GB/T 2795—2008），该标准规定了冻兔肉中 41 种有机氯及拟除虫菊酯类农药残留量气相色谱/质谱的测定方法。该标准中的 S-氰戊菊酯和氰戊菊酯的检测限为 0.01 mg/kg。

方法六：《蔬菜、水果中 51 种农药多残留的测定　气相色谱质谱法》（NY/T 1380—2007），该标准中氰戊菊酯-Ⅰ的检测限为 0.016 2 mg/kg，氰戊菊酯-Ⅱ的检测限为 0.045 3 mg/kg。

方法七：《动物性食品中有机氯农药和拟除虫菊酯农药多组分残留量的测定》（GB/T 5009.162—2008），该标准第一法规定了动物性食品中六六六、滴滴涕、六氯苯、七氯、环氧七氯、氯丹、艾氏剂、狄氏剂、异狄氏剂、灭蚁灵、五氯硝基苯、硫丹、除螨酯、丙烯菊酯、杀螨砜、杀螨酯、胺菊酯、甲氰菊酯、氯菊酯、氯氰菊酯、氰戊菊酯、溴氰菊酯的气相色谱-质谱（GC-MS）测定方法。

方法八：《进出口食品中生物苄呋菊酯、氟丙菊酯、联苯菊酯等 28 种农药残留量的检测方法　气相色谱-质谱法》（SN/T 2151—2008），该标准检测限为 0.010 mg/kg。

方法九：《植物性食品中有机氯和拟除虫菊酯类农药多种残留量的测定》（GB/T 5009.146—2008）。粮食、蔬菜中 16 种有机氯和拟除虫菊酯农药残留量测定方法的检测限 0.8 μg/kg；果蔬中 40 种有机氯和拟除虫菊酯农药残留量测定方法的定量限 0.10 μg/g；浓缩果汁中 40 种有机氯农药和拟除虫菊酯农药残留量测定方法的检测限 0.005 mg/kg 和定量限 0.01 mg/kg。

方法十：《河豚鱼、鳗鱼和对虾中 485 种农药及相关化学品残留量的测定　气相色谱-质谱法》（GB/T 23207—2008），该标准中氰戊菊酯-1、氰戊菊酯-2 和 S-氰戊菊酯的检测限为 0.050 0 mg/kg。

方法十一：《牛奶和奶粉中 511 种农药及相关化学品残留量的测定　气相色谱-质谱法》（GB/T 23210—2008），该标准规定了河豚、鳗鱼和对虾中 485 种农药及相关化学品残留量气相色谱-质谱测定方法。该标准牛奶的氰戊菊酯-1 和氰戊菊酯-2 检测限为 0.016 7 mg/L，奶粉的检测限为 0.083 3 mg/kg。

方法十二：《茶叶中农药多残留测定　气相色谱/质谱法》（GB/T 23376—2009），该标准适用于茶叶中有机磷、有机氯、拟除虫菊酯等三类 36 种农药残留量的测定。该标准的检测限为 0.05 mg/kg。

方法十三：《蔬菜中 334 种农药多残留的测定气相色谱质谱法和液相色谱质谱法》（NY/T 1379—2007），该标准适用于蔬菜中 334 种农药残留量的测定。该标准氰戊菊酯-Ⅰ和氰戊菊酯-Ⅱ检测限为 0.01 mg/kg。

方法十四：《饲料中 36 种农药多残留测定　气相色谱-质谱法》（GB/T 23744—2009），该标准适用于配合饲料、浓缩饲料、单一饲料中 36 种农药残留的测定。该标准的检测限为 0.05 mg/kg，定量限为 0.112 5 mg/kg。

方法十五：《出口植物源性食品中多种菊酯残留量的检测方法　气相色谱-质谱法》（SN/T 0217—2014），该标准对所测定的农药的检测限均为0.01 mg/kg，其中茶叶的检测限为 0.05 mg/kg。

方法十六：《出口水果和蔬菜中敌敌畏、四氯硝基苯、丙线磷等 88 种农药残留的筛选　检测 QuEChERS-气相色谱-负化学源质谱法》（SN/T 4138—2015），该标准适用于胡萝卜、白菜、生姜、苹果、梨、黄桃、草莓、菠菜、西瓜、豇豆、火龙果等蔬菜和水果中 88 种农药残留量的筛选检测，该标准不适用于橙子等柑橘类水果中灭藻剂残留量的检测。该标准中各种农药的检测限均为 0.008 mg/kg。

方法十七：《水果和蔬菜中多种农药残留量的测定》（GB/T 5009.218—2008），该标准适用于菠菜、大葱、番茄、柑橘、苹果中 211 种农药残留量的测定和苹果、梨、白菜、萝卜、藕、大葱、菠菜、洋葱中 107 种农药残留量的测定。该方法氰戊菊酯-Ⅰ和氰戊菊酯-Ⅱ的定量限为 0.02 μg/g。

方法十八：《食品安全国家标准　水果和蔬菜中 500 种农药及相关化学品残留量的测定　气相色谱-质谱法》（GB 23200.8—2016），该标准氰戊菊酯的定量限为 0.050 0 mg/kg。

方法十九：《食品安全国家标准　粮谷中 475 种农药及相关化学品残留量的测定　气相色谱-质谱法》（GB 23200.9—2016），该标准氯氰菊酯和 S-氰戊菊酯的定量限为 0.010 0 mg/kg。

方法二十：《食品安全国家标准　桑枝、金银花、枸杞子和荷叶中 488 种农药及相关化学品残留量的测定　气相色谱-质谱法》（GB 23200.10—2016），该标准氰戊菊酯-1、氰戊菊酯-2 和 S-氰戊菊酯的定量限为 0.100 0 mg/kg。

方法二十一：《食品安全国家标准　食用菌中 503 种农药及相关化学品残

留量的测定　气相色谱-质谱法》(GB 23200.15—2016)，该标准氰戊菊酯-1、氰戊菊酯-2和S-氰戊菊酯的定量限为0.05 mg/kg。

方法二十二：《食品安全国家标准　食品中解草嗪、莎稗磷、二丙烯草胺等110种农药残留量的测定　气相色谱-质谱法》(GB 23200.33—2016)，该标准适用于大米、糙米、大麦、小麦、玉米中110种农药残留量的测定。该标准对大米、糙米、大麦、小麦和玉米5种食品中110种农药残留检测限均为0.01 mg。

方法二十三：《食品安全国家标准　蜂蜜、果汁和果酒中497种农药及相关化学品残留量的测定　气相色谱-质谱法》(GB 23200.7—2016)，该标准氰戊菊酯的定量限为0.034 mg/kg，S-氰戊菊酯的定量限为0.066 mg/kg。

方法二十四：《食品安全国家标准　乳及乳制品中多种拟除虫菊酯农药残留量的测定　气相色谱-质谱法》(GB 23200.85—2016)，该标准中的定量限为0.01 mg/kg。

方法二十五：《进出口食用动物拟除虫菊酯类残留量测定方法　气相色谱-质谱/质谱法》(SN/T 4813—2017)，该标准中12种拟除虫菊酯农药的检测限均为0.01 mg/kg。

方法二十六：《植物性食品中氯氰菊酯、氰戊菊酯和溴氰菊酯残留量的测定》(GB/T 5009.110—2003)，该标准规定了谷类和蔬菜中氯氰菊酯、氰戊菊酯和氯氰菊酯的测定方法。该标准粮食和蔬菜的检测限氯氰菊酯为2.1 μg/kg、氰戊菊酯为3.1 μg/kg、溴氰菊酯为0.88 μg/kg。

方法二十七：《生活饮用水标准检验方法　农药指标》(GB/T 5750.9—2006)，该标准的最低检测质量分别为：甲氰菊酯 0.02 ng；功夫菊酯 0.008 ng；二氯苯醚菊酯 0.128 ng；氯氰菊酯 0.028 ng；氰戊菊酯 0.052 ng；溴氰菊酯 0.040 ng。若取 200 mL 水样测定，则检测限分别为：甲氰菊酯 0.10 μg/L；功夫菊酯 0.04 μg/L；二氯苯醚菊酯 0.64 μg/L；氯氰菊酯 0.14 μg/L；氰戊菊酯 0.26 μg/L；溴氰菊酯 0.20 μg/L。

方法二十八：《蔬菜和水果中有机磷、有机氯、拟除虫菊酯和氨基甲酸酯类农药多残留的测定》(NY/T 761—2008)第2部分。该标准适用于蔬菜和水果中41种农药残留量的检测。该方法的检测限为0.002 mg/kg。

方法二十九：《饲料中除虫菊酯类农药残留量测定　气相色谱法》(GB/T 19372—2003)，该标准的最小检测浓度：联苯菊酯、甲氰菊酯、三氟氯氰菊酯为0.005 mg/kg；氯菊酯、氯氰菊酯、氰戊菊酯、氟胺氰菊酯和溴氰菊酯为0.02 mg/kg。

方法三十：《食品安全国家标准　蜂王浆中多种菊酯类农药残留量的测定　气相色谱法》(GB 23200.100—2016)，该方法的定量限为0.01 mg/kg。

方法三十一：《粮谷中486种农药及相关化学品残留量的测定　液相色谱-串联质谱法》（GB/T 20770—2008），该标准适用于大麦、小麦、燕麦、大米、玉米中486种农药及相关化学品残留的定性鉴别，376种农药及相关化学品残留量的定量测定。该方法S-氰戊菊酯的检测限为208.00 μg/kg。

方法三十二：《河豚鱼、鳗鱼和对虾中450种农药及相关化学品残留量的测定　液相色谱-串联质谱法》（GB/T 23208—2008），该标准规定了河豚、鳗鱼和对虾中450种农药及相关化学品残留量液相色谱-串联质谱测定方法。该方法的1379检测限为166.4 μg/kg。

方法三十三：《食品安全国家标准　茶叶中448种农药及相关化学品残留量的测定　液相色谱-质谱法》（GB 23200.13—2016），该标准规定了绿茶、红茶、普洱茶、乌龙茶中448种农药及相关化学品残留量液相色谱-质谱测定方法。该方法的S-氰戊菊酯定量限为416.00 μg/kg。

方法三十四：《食品安全国家标准　植物源性食品中208种农药及其代谢物残留量的测定　气相色谱-质谱联用法》（GB 23200.113—2018），该方法中蔬菜、水果、食用菌的定量限为0.01 mg/kg，谷物、油料的定量限为0.02 mg/kg，茶叶、香辛料的定量限为0.01 mg/kg，植物油的定量限为0.02 mg/kg。

方法三十五：《食品安全国家标准　植物源性食品中331种农药及其代谢物残留量的测定　液相色谱-质谱联用法》（GB 23200.121—2021），该方法中蔬菜、水果食用菌和糖料的定量限为0.01 mg/kg，谷物、油料、坚果和植物油的定量限为0.02 mg/kg，茶叶和香辛料（调味料）的定量限为0.02 mg/kg。

十一、氟氯苯氰菊酯

1. 基本信息

化学名称：氰基（4-氟代-3-苯氧基苯基）甲基3-[2-氯-2-(4-氯苯基）乙烯基]-2,2-二甲基环丙烷羧酸酯、氰基(4-氟-3-苯氧苯基）甲基-3-[2-氯-2-(4-氯苯基）乙烯基]-2,2-二甲基环丙烷羧酸酯、反式-3-(2-氯-2-(4-氯苯基）乙烯基)-2,2-二甲基环丙烷羧酸氰基（4-氟-3-苯氧基苯基）甲基酯、3-[2-氯-2-(4-氯苯基）乙烯基]-2,2-二甲基环丙烷羧酸-A-氰基-(4-氯-3-苯氧基苯基)-甲基酯、A-氰基-4-氟-3-苯氧基苄基-3-(B,4-二氯苯乙烯基)-2,2-二甲基环丙烷羧酸酯。

英文名称：flumethrin。

CAS号：69770-45-2。

分子式：$C_{22}H_{18}Cl_2FNO_3$。

分子量：434.29。

化学结构式：

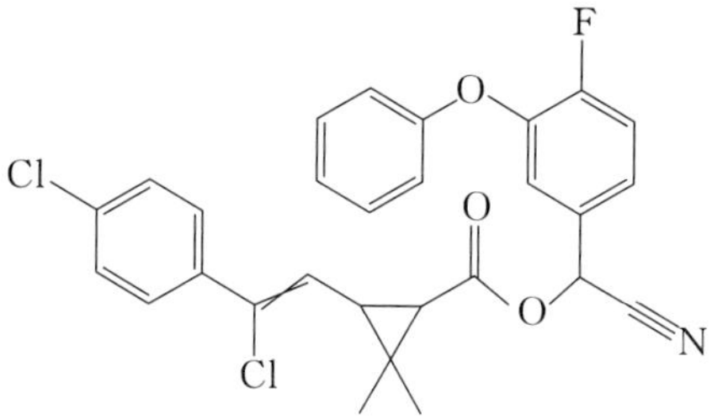

性状：纯品为黏稠的、部分结晶的琥珀色油状物，有效成分≥90%，无特殊气味，不挥发。难溶于水，微溶于酒精，易溶于醚、酮、甲苯等有机溶剂，对碱不稳定，对酸稳定。

熔点：60 ℃。

闪点：104 ℃。

相对密度：1.342 g/cm^3。

溶解性：在水中的溶解度 0.002～0.003 mg/L（20 ℃）。

2. 作用方式与用途

氟氯苯氰菊酯属拟除虫菊酯类药物。主要用于禽畜体外寄生虫的防治，对微小牛蜱的 Malchi 品系具有异乎寻常的毒力，比溴氰菊酯的毒力高 50 倍。同样适用于棉花、烟草、蔬菜、大豆、花生、玉米等作物，用于防治棉铃虫、棉红蜘蛛、棉蚜、菜青虫、桃蚜、菜缢管蚜、小菜蛾、甜菜夜蛾、斜纹夜蛾、大豆食心虫、防治茶尺蠖、茶毛虫等。注意勿在桑园、鱼塘、水源、养蜂期附近使用。

作用机制：抑制成虫产卵和抑制孵化的活性。能用于多种蜱、虱和鸡羽螨等。

3. 毒理信息

大鼠急性经口 LD_{50} 为 590～1 270 mg/kg；急性经皮 LD_{50}＞5 000 mg/kg；急性吸入 LC_{50} 为＞1 089 mg/m^3（1 h）。对兔眼睛有轻度刺激，对皮肤无刺激。大鼠亚急性经口无作用剂量为 300 mg/kg，动物试验未见致畸、致癌、致突变作用。对鱼高毒，鲤鱼 LC_{50} 为 0.01 mg/L，虹鳟鱼为 0.000 6 mg/L，金鱼为 0.003 2 mg/L（96 h）。鸟类经口 LD_{50} 为 250～1 000 mg/kg，鹌鹑经口 LD_{50}＞5 000 mg/kg。对蜜蜂、家蚕高毒。

4. 毒性等级

高毒。

5. 每日允许摄入量（ADI）

0～1.8 μg/kg 体重。

6. 最大残留限量

见表 6－11。

表 6－11 氟氯苯氰菊酯最大残留限量

动物种类	靶组织	最大残留限量（μg/kg）
牛	肌肉	10
	脂肪	150
	肝	20
	肾	10
	奶	30
羊（泌乳期禁用）	肌肉	10
	脂肪	150
	肝	20
	肾	10

7. 常用检验检测方法

《蜂蜜中氟氯苯氰菊酯残留量的测定　气相色谱法》（农业部 781 号公告—7—2006），该标准适用于蜂蜜中氟氯苯氰菊酯残留量的测定。该标准的检测限为 0.005 mg/kg，定量限为 0.010 mg/kg。

十二、氟胺氰菊酯

1. 基本信息

化学名称：N－[2－氯－4－(三氟甲基) 苯基]－D－缬氨酸(RS)－氰基(3－苯氧基苯基)甲酯、N－[2－氯－4－(三氟甲基)苯基]－D－缬氨酸、N－(2－氯－4－三氟甲基苯基)－DL－2－氨基异戊酸－γ－氰基－(3－苯氧苯基) 甲基酯。

英文名称：Fluvalinate。

CAS 号：102851－06－9。

分子式：$C_{26}H_{22}ClF_3N_2O_3$。

分子量：502.91。

化学结构式：

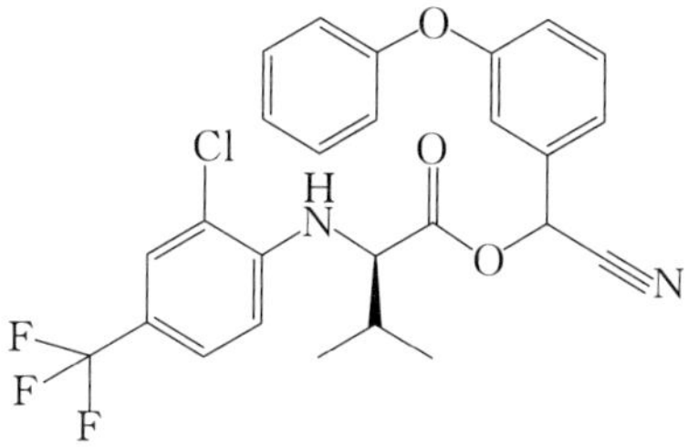

性状：原药为黏稠的黄色液体。

闪点：10 ℃。

相对密度：1.312 g/cm^3。

溶解性：水 0.002 mg/kg、丙酮＞1 000 g/kg、甲醇 760 g/kg、氯仿 1 000 g/kg（25 ℃），任意溶于芳烃、二氯甲烷、乙醚。

2. 作用方式与用途

氟胺氰菊酯属于拟除虫菊酯类杀虫、杀螨剂，具有胃毒和触杀作用，对作物安全、残效期较长。可用于防治棉铃虫、棉红铃虫、棉蚜、棉红蜘蛛、玉米螟、菜青虫、小菜蛾、柑橘潜叶蛾、茶毛虫、茶尺蠖、桃小食心虫、绿盲蝽、叶蝉、粉虱、小麦黏虫、大豆食心虫、大豆蚜虫、甜菜夜蛾等。

作用机制：作用于动物神经系统，通过特异性受体或溶解于膜内，改变神经突触膜对离子的通透性，选择性地作用于膜上的钠通道，延迟通道活门的关闭，造成 Na^+ 持续内流，引起过度兴奋、痉挛，最后麻痹而死。

3. 环境归趋特征

稳定性：暴露在日光下 DT_{50} 为 9.3～10.7 min（水溶液，缓冲至 pH 为 5），约 1 d 在玻璃上呈薄膜。

4. 毒理信息

亚急性经口无作用剂量为每天 3 mg/kg，慢性经口无作用剂量为每天1 mg/kg。动物试验未见致癌、致畸、致突变作用，也未见对繁殖的影响。鲤鱼 LC_{50} 为 0.004 8 mg/L（96 h），鳟鱼为 0.002 9 mg/L（96 h），水蚤为 0.007 4 mg/L（48 h）。野鸭 LC_{50}＞5 620 mg/kg 饲料。对家蚕、天敌影响较大。

急性毒性：经口（大鼠），LD_{50} 为 260～280 mg/kg；经皮（大鼠），LD_{50} 为＞2 000 mg/kg；急性吸入 LC_{50}＞5.1 mg/L。

对皮肤和眼睛有轻度刺激作用。

5. 毒性等级

中等毒性。

6. 每日允许摄入量（ADI）

0～0.5 μg/kg 体重。

7. 最大残留限量

见表 6 - 12。

表 6 - 12　氟胺氰菊酯最大残留限量

动物种类	靶组织	最大残留限量（μg/kg）
所有食品动物	肌肉	10
	脂肪	10
	副产品	10
蜜蜂	蜂蜜	50

8. 常用检验检测方法

方法一：《食品安全国家标准　蜂产品中氟胺氰菊酯残留量的检测方法》（GB 23200.95—2016），该标准于 2017 年 6 月 18 日代替《出口蜂产品中氟胺氰菊酯残留量检验方法》（SN 0691—1997），该标准规定了出口蜂产品中氟胺氰菊酯残留量检验的抽样、制样和气相色谱测定方法。该标准适用于出口蜂蜜中氟胺氰菊酯残留量的检验。该标准的定量限为20 μg/kg。

方法二：《蜂蜜中氟胺氰菊酯残留量的测定　气相色谱法》（农业部 781 号公告—9—2006），该标准适用于蜂蜜中氟胺氰菊酯残留量的测定。该标准的检测限为 5 μg/kg。

方法三：《食品安全国家标准　动物性食品中拟除虫菊酯类药物残留量的测定　气相色谱-质谱法》（GB 31658.8—2021），该标准适用于牛、羊、猪的肌肉、脂肪和肝脏中溴氰菊酯、联苯菊酯、氟氰戊菊酯、氟胺氰菊酯、七氟菊酯和氰戊菊酯单个或多个药物残留量的测定。该标准的检测限为 3 μg/kg，定量限为 10 μg/kg。

方法四：《茶叶中 519 种农药及相关化学品残留量的测定　气相色谱-质谱法》（GB/T 23204—2008），该标准规定了绿茶、红茶、普洱茶、乌龙茶中 490 种农药及相关化学品（参见附录 A 和附录 F）残留量的气相色谱-质谱测定方法，以及绿茶、红茶、普洱茶、乌龙茶中 29 种酸性除草剂残留量的气相色谱-质谱测定方法。该标准的检测限为 0.060 0 mg/kg。

方法五：《进出口食品中生物苄呋菊酯、氟丙菊酯、联苯菊酯等 28 种农药残留量的检测方法　气相色谱-质谱法》（SN/T 2151—2008），该标准检测限为 0.010 mg/kg。

方法六：《植物性食品中有机氯和拟除虫菊酯类农药多种残留量的测定》（GB/T 5009.146—2008），该标准粮食、蔬菜中 16 种有机氯和拟除虫菊酯农药残留量测定方法的检测限 0.8 μg/kg；果蔬中 40 种有机氯和拟除虫菊酯农药残留量测定方法的定量限 0.10 μg/g；浓缩果汁中 40 种有机氯农药和拟除虫菊酯农药残留量测定方法的检测限 0.005 mg/kg 和定量限 0.01 mg/kg。

方法七：《河豚鱼、鳗鱼和对虾中 485 种农药及相关化学品残留量的测定　气相色谱-质谱法》（GB/T 23207—2008），该标准规定了河豚、鳗鱼和对虾中 485 种农药及相关化学品残留量的气相色谱-质谱测定方法。该标准中氟胺氰菊酯-1 和氟胺氰菊酯-2 的检测限为 0.025 0 mg/kg。

方法八：《牛奶和奶粉中 511 种农药及相关化学品残留量的测定　气相色谱-质谱法》（GB/T 23210—2008），该标准规定了牛奶和奶粉中 511 种农药及相关化学品残留量的气相色谱-质谱测定方法。该标准的牛奶检测限为 0.500 0 mg/L，奶粉的检测限为 0.250 0 mg/kg。

方法九：《茶叶中农药多残留测定　气相色谱/质谱法》（GB/T 23376—2009），该标准规定了茶叶中有机磷、有机氯、拟除虫菊酯等三类 36 种农药残留量的气相色谱/质谱测定方法。该标准的检测限为 0.02 mg/kg。

方法十：《蔬菜中 334 种农药多残留的测定　气相色谱质谱法和液相色谱质谱法》（NY/T 1379—2007），该标准适用于蔬菜中 334 种农药残留量的测定。该方法中氟胺氰菊酯-Ⅰ和氟胺氰菊酯-Ⅱ的检测限为 0.02 mg/kg。

方法十一：《出口水果和蔬菜中敌敌畏、四氯硝基苯、丙线磷等 88 种农药残留的筛选　检测 QuEChERS-气相色谱-负化学源质谱法》（SN/T 4138—2015），该标准适用于胡萝卜、白菜、生姜、苹果、梨、黄桃、草莓、菠菜、西瓜、豇豆、火龙果等蔬菜和水果中 88 种农药残留量的筛选检测，该标准不适用于橙子等柑橘类水果中灭藻剂残留量的检测。该标准中各种农药的检测限均为 0.008 mg/kg。

方法十二：《水果和蔬菜中多种农药残留量的测定》（GB/T 5009.218—2008），该标准规定了水果和蔬菜中 211 种农药残留量的测定方法，以及水果和蔬菜中 107 种农药残留量的测定方法。该标准中氟胺氰菊酯-Ⅰ、氟胺氰菊酯-Ⅱ的检测限为 0.05 μg/g。

方法十三：《食品安全国家标准　水果和蔬菜中 500 种农药及相关化学品残留量的测定　气相色谱-质谱法》（GB 23200.8—2016），该标准规定了苹果、柑橘、葡萄、甘蓝、芹菜、番茄中 500 种农药及相关化学品残留量气相色谱-质谱测定方法。该标准的定量限为 0.150 0 mg/kg。

方法十四：《食品安全国家标准　粮谷中 475 种农药及相关化学品残留量的测定　气相色谱-质谱法》(GB 23200.9—2016)，该标准规定了大麦、小麦燕麦、大米、玉米中 475 种农药及相关化学品残留量气相色谱-质谱测定方法。该方法氯氰菊酯和 S-氰戊菊酯的定量限为 0.300 0 mg/kg。

方法十五：《食品安全国家标准　桑枝、金银花、枸杞子和荷叶中 488 种农药及相关化学品残留量的测定　气相色谱-质谱法》(GB 23200.10—2016)，该标准规定了桑枝、金银花、枸杞子和荷叶中 488 种农药及相关化学品残留量气相色谱-质谱测定方法。该标准的定量限为 0.300 0 mg/kg。

方法十六：《食品安全国家标准　食用菌中 503 种农药及相关化学品残留量的测定　气相色谱-质谱法》(GB 23200.15—2016)，该标准规定了滑子菇、金针菇、黑木耳、香菇中 503 种农药及相关化学品残留量气相色谱一质谱测定方法。该标准的定量限为 0.150 0 mg/kg。

方法十七：《食品安全国家标准　蜂蜜、果汁和果酒中 497 种农药及相关化学品残留量的测定　气相色谱-质谱法》(GB 23200.7—2016)，该标准氰戊菊酯的定量限为 0.034 mg/kg，S-氰戊菊酯的定量限为 0.100 mg/kg。

方法十八：《食品安全国家标准　乳及乳制品中多种拟除虫菊酯农药残留量的测定　气相色谱-质谱法》(GB 23200.85—2016)，该标准中的定量限为 0.01 mg/kg。

方法十九：《进出口食用动物拟除虫菊酯类残留量测定方法　气相色谱-质谱/质谱法》(SN/T 4813—2017)，该标准规定了进出口食用动物拟除虫菊酯类残留量的气相色谱-质谱/质谱检测方法。该标准中 12 种拟除虫菊酯农药的检测限均为 0.01 mg/kg。

方法二十：《牛奶和奶粉中 493 种农药及相关化学品残留量的测定　液相色谱-串联质谱法》(GB/T 23211—2008)，该标准牛奶的检测限为57.50 μg/L；奶粉中的检测限为 191.67 μg/kg。

方法二十一：《饮用水中 450 种农药及相关化学品残留量的测定　液相色谱-串联质谱法》(GB/T 23214—2008)，该标准规定了饮用水中 450 种农药及相关化学品残留量液相色谱-串联质谱测定方法。该标准定量测定的 427 种农药及相关化学品检测限为 23.00 μg/L。

方法二十二：《食品安全国家标准　茶叶中 448 种农药及相关化学品残留量的测定　液相色谱-质谱法》(GB 23200.13—2016)，该标准适用于绿茶、红茶、普洱茶、乌龙茶中 448 种农药及相关化学品残留的定性鉴别，也适用于 418 种农药及相关化学品残留的定量测定。该标准的定量限为 230.00 μg/kg。

方法二十三：《食品安全国家标准　桑枝、金银花、枸杞子和荷叶中 413

种农药及相关化学品残留量的测定 液相色谱-质谱法》(GB 23200.11—2016),该标准的定量限为460.000 0 μg/kg。

方法二十四:《食品安全国家标准 食用菌中440种农药及相关化学品残留量的测定 液相色谱-质谱法》(GB 23200.12—2016),该标准适用于滑子菇、金针菇、黑木耳和香菇中440种农药及相关化学品的定性鉴别,364种农药及相关化学品的定量测定。该标准的定量限为115.00 μg/kg。

方法二十五:《食品安全国家标准 植物源性食品中208种农药及其代谢物残留量的测定 气相色谱-质谱联用法》(GB 23200.113—2018),该标准规定了植物源性食品中208种农药及其代谢物残留量的气相色谱-质谱联用测定方法。该标准中蔬菜、水果、食用菌的定量限为0.01 mg/kg,谷物、油料的定量限为0.02 mg/kg,茶叶、香辛料的定量限为0.05 mg/kg,植物油的定量限为0.02 mg/kg。

方法二十六:《食品安全国家标准 蜂蜜和蜂王浆中氟胺氰菊酯残留量的测定 气相色谱法》(GB 31657.1—2021),该标准规定了蜂蜜和蜂王浆中氟胺氰菊酯残留量检测的制样和气相色谱测定方法。该标准中氟胺氰菊酯在蜂蜜和蜂王浆中的检测限分别为2 μg/kg和4 μg/kg。该标准中氟胺氰菊酯在蜂蜜和蜂王浆中的定量限分别为5 μg/kg和10 μg/kg。

方法二十七:《蔬菜和水果中有机磷、有机氯、拟除虫菊酯和氨基甲酸酯类农药多残留的测定》(NY/T 761—2008)第1部分:蔬菜和水果中有机磷类农药多残留的测定,该标准中的氟胺氰菊酯-Ⅰ、氟胺氰菊酯-Ⅱ的检测限为0.002 mg/kg。

方法二十八:《饲料中除虫菊酯类农药残留量测定 气相色谱法》(GB/T 19372—2003),该标准规定了饲料中溴氰菊酯等8种除虫菊酯农药残留量的气相色谱测定方法。该标准联苯菊酯、甲氰菊酯、三氟氯氰菊酯检测限为0.005 mg/kg;氯菊酯、氯氰菊酯、氰戊菊酯、氟胺氰菊酯和溴氰菊酯检测限为0.02 mg/kg。

方法二十九:《食品安全国家标准 蜂王浆中多种菊酯类农药残留量的测定 气相色谱法》(GB 23200.100—2016),该标准适用于蜂王浆中联苯菊酯、甲氰菊酯、高效氯氟氰菊酯、氯菊酯、氟氯氰菊酯、氯氰菊酯、氟胺氰菊酯、氰戊菊酯、溴氰菊酯农药残留量的测定。该标准的定量限为0.01 mg/kg。

方法三十:《食品安全国家标准 植物源性食品中331种农药及其代谢物残留量的测定 液相色谱-质谱联用法》GB 23200.121—2021,该标准适用于植物源性食品中331种农药及其代谢物残留量的测定。该方法中蔬菜、水果食用菌和糖料的定量限为0.01 mg/kg,谷物、油料、坚果和植物油的定量限为0.02 mg/kg,茶叶和香辛料的定量限为0.05 mg/kg。

十三、马拉硫磷

1. 基本信息

化学名称：O,O-二甲基-S-[1,2-二（乙氧基羰基)乙基]二硫代磷酸酯、O,O-二甲基-S-(1,2-二羰乙氧基乙基)二硫代磷酸酯、O,O-二甲基-S-[1,2-双(乙氧羰基)乙基]二硫代磷酸酯。

英文名称：Malathion。

CAS号：121-75-5。

分子式：$C_{10}H_{19}O_6PS$。

分子量：330.36。

化学结构式：

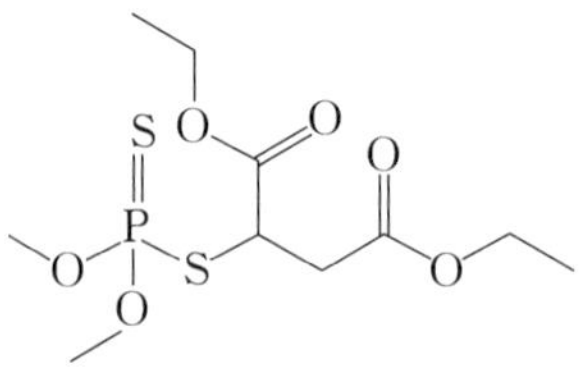

性状：黄色油状液体。

熔点：2.9～3.0 ℃。

闪点：186.7 ℃。

相对密度：1.207 6 g/cm^3。

溶解性：微溶于水，易溶于醇、醚、酮等多数有机溶剂。

2. 作用方式与用途

马拉硫磷是高效低毒杀虫、杀螨剂，防治范围广，主要用于用于杀灭畜禽体外寄生虫，如对蚊、蝇、虱、蜱、螨、臭虫均有杀灭作用。同时也用于稻、麦、棉，而且因毒性低、残效短，也用于蔬菜、果树、茶叶，以及仓库的防虫。主要防治稻飞虱、稻叶蝉、棉蚜、棉红蜘蛛、麦黏虫、豌豆象、大豆食心虫、果树红蜘蛛、蚜虫、粉介壳虫、巢蛾、蔬菜黄条跳、菜叶虫、茶树上的多种蚧类，以及蚊、蝇幼虫和臭虫等。

3. 环境归趋特征

遇明火、高热可燃，受热分解，放出磷、硫的氧化物等毒性气体。与强氧化剂接触可发生化学反应。

代谢和降解：马拉硫磷的降解主要通过水解和氧化作用。这些反应可以在空气、水、土壤和生物机体内进行。在土壤中马拉硫磷可因微生物活动而迅速水解。在消毒过的土壤中每天降解 7%，而在普通土壤中 97%马拉硫磷被降解。

残留与蓄积：马拉硫磷属弱蓄积化合物，在土壤、作物和机体内的残留均不严重。

迁移转化：马拉硫磷在环境中的行为与有机磷受农药的一般规律相同，可以在大气、水体和土壤间相互迁移，不大会由生物携带扩散。

4. 毒理信息

急性毒性：经口（大鼠），LD_{50} 为 1 800 mg/kg；经皮（大鼠），LD_{50} 为 4 444 mg/kg。

用含本品 5 mg/L 饲料饲养大鼠 2 年，不出现死亡。

致突变性：微生物致突变有鼠伤寒沙门氏菌 10 mg/L；枯草菌 1 nmol/皿；其他微生物 100 mg/L。姐妹染色单体交换有人类淋巴细胞 20 mg/L；人类成纤维细胞 5 mg/L。

生殖毒性：大鼠经口最低中毒剂量（TD_{LO}）为 5 550 mg/kg（孕 91 d/1～20 d），致体壁发育异常。大鼠经口 TD_{LO} 为 283 mg/kg（孕 9 d），泌尿系统异常。马拉硫磷对鱼类低毒，但其分解产物马来酸二乙酯，马来酸对水生生物高毒，对蜜蜂等益虫高毒。

5. 毒性等级

低毒性。

6. 每日允许摄入量（ADI）

0～300 μg/kg 体重。

7. 最大残留限量

见表 6－13。

表 6－13　马拉硫磷最大残留限量

动物种类	靶组织	最大残留限量（μg/kg）
牛/羊/猪/家禽/马	肌肉	4 000
	脂肪	4 000
	副产品	4 000

8. 常用检验检测方法

方法一：《食品安全国家标准　食品中有机磷农药残留量的测定　气相色谱-质谱法》(GB 23200.93—2016)，该标准规定了进出口动物源食品中10种有机磷农药残留量（敌敌畏、二嗪磷、皮蝇磷、杀螟硫磷、马拉硫磷、毒死蜱、倍硫磷、对硫磷、乙硫磷、蝇毒磷）的气相色谱-质谱检测方法。该标准适用于清蒸猪肉罐头、猪肉、鸡肉、牛肉、鱼肉中有机磷农药残留量的测定和确证。

方法二：《食品安全国家标准　植物源性食品中90种有机磷类农药及其代谢物残留量的测定　气相色谱法》(GB 23200.116—2019)，该标准规定了植物源性食品中90种有机磷类农药及其代谢物残留量的气相色谱测定方法。该标准适用于植物源性食品中90种有机磷类农药及其代谢物残留量的测定。该标准马拉硫磷的检测限为0.010 mg/kg。

方法三：《食品安全国家标准　动物源性食品中9种有机磷农药残留量的测定　气相色谱法》(GB 23200.91—2016)，该标准规定了进出口火腿和腌制鱼干（鲞）中9种有机磷农药残留量检验的制样和气相色谱检测方法。该标准适用于火腿和腌制鱼干（鲞）中敌敌畏、甲胺磷、乙酰甲胺磷、甲基对硫磷、马拉硫磷、对硫磷、喹硫磷、杀扑磷、三唑磷农药残留量的检测。该标准火腿样品的定量限：敌敌畏、甲胺磷、乙酰甲胺磷、甲基对硫磷、马拉硫磷、对硫磷、喹硫磷、杀扑磷、三唑磷均为0.01 mg/kg。腌制鱼干（卷）样品定量限：敌敌畏、甲胺磷、乙酰甲胺磷、甲基对硫磷、马拉硫磷、对硫磷、喹硫磷、杀扑磷、三唑磷均为0.05 mg/kg。

方法四：《食品安全国家标准　蜂蜜中5种有机磷农药残留量的测定　气相色谱法》(GB 23200.97—2016)，该标准规定了蜂蜜中敌百虫、皮蝇磷、毒死蜱、马拉硫磷、蝇毒磷农药残留量检测的气相色谱测定方法。该标准适用于蜂蜜中敌百虫、皮蝇磷、毒死蜱、马拉硫磷、蝇毒磷农药残留量的测定和确证。该标准有机磷类农药定量限均为0.01 mg/kg。

方法五：《食品安全国家标准　可乐饮料中有机磷、有机氯农药残留量的测定　气相色谱法》(GB 23200.40—2016)，该标准规定了可乐饮料中11种有机磷、有机氯农药残留量的气相色谱测定方法。该标准适用于可乐饮料中敌敌畏、毒死蜱、马拉硫磷、对硫磷、七氯、六氯苯、六六六及其异构体（α-六六六、β-六六六、γ-六六六、δ-六六六）、五氯硝基苯等11种有机磷、有机氯农药残留量的检测。该标准有机磷、有机氯农药定量限均为0.000 1 mg/kg。

方法六：《食品安全国家标准　蜂王浆中11种有机磷农药残留量的测定　气相色谱法》(GB 23200.98—2016)，该标准规定了进出口蜂王浆中11种有机磷农药残留量测定的制样和气相色谱测定方法。该标准适用于蜂王浆中敌敌畏、甲胺磷、灭线磷、甲拌磷、乐果、甲基对硫磷、马拉硫磷、对硫磷、喹硫磷、三唑磷、蝇毒磷农药残留量的检测。该标准中 11 种有机磷残留量定量限均为 0.01 mg/kg。

方法七：《食品中有机磷农药残留量的测定》（GB/T 5009.20—2003），该标准中第二法规定了粮食、蔬菜、食用油等食品中敌敌畏、乐果、马拉硫磷、对硫磷、甲拌磷、稻瘟净、杀螟硫磷、倍硫磷、虫螨磷的测定方法。该标准适用于粮食、蔬菜、食用油使用过敌敌畏、乐果、马拉硫磷、对硫磷、甲拌磷、稻瘟净、杀螟硫磷、倍硫磷、虫螨磷等的农药的残留量分析。该标准最低检出量为 0.1～0.3 ng，进样量相当于 0.01 g 试样，最低检出浓度范围为 0.01～0.03 mg/kg。该标准中第三法规定了肉类、鱼类中敌敌畏、乐果、马拉硫磷、对硫磷的残留分析方法。该标准适用于肉类、鱼类中敌敌畏、乐果、马拉硫磷、对硫磷农药的残留分析。敌敌畏、乐果、马拉硫磷、对硫磷检测限分别为 0.03 mg/kg、015 mg/kg、0.015 mg/kg、0.008 mg/kg。

方法八：《植物性食品中有机磷和氨基甲酸酯类农药多种残留的测定》（GB/T 5009.145—2003），该标准规定了粮食、蔬菜中敌敌畏、乙酰甲胺磷、甲基内吸磷、甲拌磷、久效磷、乐果、甲基对硫磷、马拉氧磷、毒死蜱、甲基嘧啶磷、倍硫磷、马拉硫磷、对硫磷、杀扑磷、克线磷、乙硫磷、速灭威、异丙威、仲丁威、甲萘威等农药残留量的测定方法。

方法九：《动物性食品中有机磷农药多组分残留量的测定》（GB/T 5009.161—2003），该标准各种农药检测限为：甲胺磷 5.7 μg/kg；敌敌畏 3.5 μg/kg；乙酰甲胺磷 10.0 μg/kg；久效磷 12.0 μg/kg；乙拌磷 1.2 μg/kg；甲基对硫磷 2.6 μg/kg；杀螟硫磷 2.9 μg/kg；甲基嘧啶磷 2.5 μg/kg；马拉硫磷 2.8 μg/kg；倍硫磷 2.1 μg/kg；对硫磷 2.6 μg/kg；乙硫磷 1.7 μg/kg。

方法十：《糙米中 50 种有机磷农药残留量的测定》（GB/T 5009.207—2008），该标准规定了糙米中 50 种有机磷农药残留量的测定方法。该标准适用于糙米中 50 种有机磷农药残留量的测定。该标准中马拉硫磷的检测限为 0.005 mg/kg。

方法十一：《饲料中有机磷农药残留量的测定气相色谱法》（GB/T 18969—2003），该标准规定了利用气相色谱检测动物饲料中有机磷农药残留量的方法。该标准适用于饲料中有机磷农药残留量的检测。用于检测配合饲料、预混合饲料及饲料原料中谷硫磷、乐果、乙硫磷、马拉硫磷、甲基对硫磷、伏杀磷、蝇毒磷等农药中一种或几种的残留量，各农药的检测限依次为 0.01 mg/kg、0.01 mg/kg、0.01 mg/kg、0.05 mg/kg、0.01 mg/kg、0.01 mg/kg、0.02 mg/kg。

方法十二：《动物肌肉中478种农药及相关化学品残留量的测定　气相色谱-质谱法》(GB/T 19650—2006)，该标准适用于猪肉、牛肉、羊肉、兔肉、鸡肉中478种农药及相关化学品残留量的测定。该标准的检测限为0.050 0 mg/kg。

方法十三：《茶叶中519种农药及相关化学品残留量的测定　气相色谱-质谱法》(GB/T 23204—2008)，该标准规定了绿茶、红茶、普洱茶、乌龙茶中490种农药及相关化学品残留量的气相色谱-质谱测定方法，以及绿茶、红茶、普洱茶、乌龙茶中29种酸性除草剂残留量的气相色谱-质谱测定方法。该标准的检测限为0.020 0 mg/kg。

方法十四：《进出口食品中抑草磷、毒死蜱、甲基毒死蜱等33种有机磷农药的残留量检测方法》(SN/T 2324—2009)，该标准适用于进出口大米、糙米、玉米、大麦、小麦中33种有机磷农药残留量的测定和确证。该标准丙线磷、三唑磷、对硫磷在大米、糙米、玉米、大麦、小麦中的检测限为0.005 mg/kg，其余30种有机磷农药在大米、糙米、玉米、大麦、小麦中的检测限均为0.01 mg/kg。

方法十五：《蔬菜、水果中51种农药多残留的测定气相色谱质谱法》(NY/T 1380—2007)，该标准规定了用气相色谱-质谱法测定蔬菜、水果中51种农药残留量的方法。该标准适用于蔬菜水果中51种农药残留量的测定。该方法的检测限为0.003 3 mg/kg。

方法十六：《河豚鱼、鳗鱼和对虾中485种农药及相关化学品残留量的测定　气相色谱-质谱法》(GB/T 23207—2008)，该标准适用于河豚、鳗鱼和对虾中485种农药及相关化学品残留的定性鉴别，也适用于对其中402种农药及相关化学品进行定量测定。该标准的检测限为0.050 0 mg/kg。

方法十七：《牛奶和奶粉中511种农药及相关化学品残留量的测定　气相色谱-质谱法》(GB/T 23210—2008)，该标准规定了河豚、鳗鱼和对虾中485种农药及相关化学品残留量气相色谱-质谱测定方法。该标准的牛奶检测限为0.016 7 mg/L，奶粉的检测限为0.083 3 mg/kg。

方法十八：《进出口粮谷和油籽中多种有机磷农药残留量的检测方法　气相色谱串联质谱法》(SN/T 1739—2006)，该标准适用于进出口糙米、玉米、大豆、花生仁中55种有机磷农药残留量的测定和确证。该标准检测限为0.05 μg/g。

方法十九：《进出口水果蔬菜中有机磷农药残留量检测方法　气相色谱和气相色谱-质谱法》(SN/T 0148—2011)，该标准适用于菠萝、苹果、荔枝、胡萝卜、马铃薯、茄子、菠菜、荷兰豆、鲜木耳、鲜蘑菇、鲜牛蒡、鲜香菇、大葱等70种有机磷类农药残留量的检测。该标准的检测限为0.01 mg/kg。

方法二十：《蔬菜中334种农药多残留的测定气相色谱质谱法和液相色谱质谱法》(NY/T 1379—2007)，该标准适用于蔬菜中334种农药残留量的测定。该标准检测限为 0.007 mg/kg。

方法二十一：《饲料中 36 种农药多残留测定　气相色谱-质谱法》(GB/T 23744—2009)，该标准适用于配合饲料、浓缩饲料、单一饲料中 36 种农药残留的测定。该标准的检测限为 0.05 mg/kg，定量限为 0.075 mg/kg。

方法二十二：《出口粮谷中多种有机磷农药残留量测定方法气相色谱-质谱法》(SN/T 3768—2014)，该标准的检测限为 0.01 mg/kg。

方法二十三：《出口水果和蔬菜中敌敌畏、四氯硝基苯、丙线磷等 88 种农药残留的筛选　检测 QuEChERS-气相色谱-负化学源质谱法》(SN/T 4138—2015)，该标准适用于胡萝卜、白菜、生姜、苹果、梨、黄桃、草莓、菠菜、西瓜、豇豆、火龙果等蔬菜和水果中 88 种农药残留量的筛选检测，该标准不适用于橙子等柑橘类水果中灭藻剂残留量的检测。该标准中各种农药的检测限均为 0.008 mg/kg。

方法二十四：《水果和蔬菜中多种农药残留量的测定》(GB/T 5009.218—2008)，该标准规定了水果和蔬菜中 211 种农药残留量的测定方法，以及水果和蔬菜中 107 种农药残留量的测定方法。该标准的定量限为 0.05 μg/g。

方法二十五：《食品安全国家标准　水果和蔬菜中 500 种农药及相关化学品残留量的测定　气相色谱-质谱法》(GB 23200.8—2016)，该标准规定了苹果、柑橘、葡萄、甘蓝、芹菜、番茄中 500 种农药及相关化学品残留量气相色谱-质谱测定方法。该标准的定量限为 0.050 0 mg/kg。

方法二十六：《食品安全国家标准　粮谷中 475 种农药及相关化学品残留量的测定　气相色谱-质谱法》(GB 23200.9—2016)，该标准适用于大麦、小麦、燕麦、大米、玉米中 475 种农药及相关化学品残留量的测定。该标准的定量限为 0.100 0 mg/kg。

方法二十七：《食品安全国家标准　桑枝、金银花、枸杞子和荷叶中 488 种农药及相关化学品残留量的测定　气相色谱-质谱法》(GB 23200.10—2016)，该标准适用于桑枝、金银花、枸杞子和荷叶中 488 种农药及相关化学品的定性鉴别，431 种农药及相关化学品的定量测定。该标准的定量限为 0.100 0 mg/kg。

方法二十八：《食品安全国家标准　食用菌中 503 种农药及相关化学品残留量的测定　气相色谱-质谱法》(GB 23200.15—2016)，该标准规定了滑子菇、金针菇、黑木耳、香菇中 503 种农药及相关化学品残留量气相色谱—质谱测定方法。该标准的定量限为 0.050 0 mg/kg。

方法二十九：《食品安全国家标准　蜂蜜、果汁和果酒中 497 种农药及相关化学品残留量的测定　气相色谱-质谱法》(GB 23200.7—2016)，该标准适用于滑子菇、金针菇、黑木耳、香菇中 503 种农药及相关化学品的定性鉴别，

478 种农药及相关化学品的定量测定。该标准的定量限为 0.132 mg/kg。

方法三十：《水果和蔬菜中 450 种农药及相关化学品残留量的测定　液相色谱-串联质谱法》（GB/T 20769—2008），该标准适用于苹果、橙子、洋白菜、芹菜、番茄中 450 种农药及相关化学品残留的定性鉴别，381 种农药及相关化学品残留量的定量测定。该标准的检测限为 1.41 μg/kg。

方法三十一：《粮谷中 486 种农药及相关化学品残留量的测定　液相色谱-串联质谱法》（GB/T 20770—2008），该标准适用于大麦、小麦、燕麦、大米、玉米中 486 种农药及相关化学品残留的定性鉴别，376 种农药及相关化学品残留量的定量测定。该标准的检测限为 2.82 μg/kg。

方法三十二：《蜂蜜中 486 种农药及相关化学品残留量的测定　液相色谱-串联质谱法》（GB/T 20771—2008），该标准适用于洋槐蜜、油菜蜜、椴树蜜、荞麦蜜、枣花蜜中 486 种农药及相关化学品残留的定性鉴别，也适用于 461 种农药及相关化学品残留量的定量测定。该标准的检测限为 0.27 μg/kg。

方法三十三：《动物肌肉中 461 种农药及相关化学品残留量的测定　液相色谱-串联质谱法》（GB/T 20772—2008），该标准规定了猪肉、牛肉、羊肉、兔肉、鸡肉中 461 种农药及相关化学品残留量的液相色谱-串联质谱测定方法。该标准定量测定的 396 种农药及相关化学品的检测限为 2.82 μg/kg。

方法三十四：《河豚鱼、鳗鱼和对虾中 450 种农药及相关化学品残留量的测定　液相色谱-串联质谱法》（GB/T 23208—2008），该标准适用于河豚、鳗鱼和对虾中 450 种农药及相关化学品的定性鉴别，也适用于其中 380 种农药及相关化学品的定量测定。该标准的检测限为 2.26 μg/kg。

方法三十五：《牛奶和奶粉中 493 种农药及相关化学品残留量的测定　液相色谱-串联质谱法》（GB/T 23211—2008），该标准牛奶的检测限为 1.40 μg/L；奶粉中的检测限为 4.67 μg/kg。

方法三十六：《饮用水中 450 种农药及相关化学品残留量的测定　液相色谱-串联质谱法》（GB/T 23214—2008），该标准定量测定的 427 种农药及相关化学品的检测限为 2.26 μg/L。

方法三十七：《出口油料和植物油中多种农药残留量的测定　液相色谱-质谱/质谱法》（SN/T 4428—2016），该标准规定了出口油料和植物油中多种农药残留量的液相色谱-质谱/质谱测定方法。该标准中特丁硫磷、毒死蜱、甲基毒死蜱的检测限为 0.01 mg/kg，其他 74 种农药的检测限均为 0.005 mg/kg。

方法三十八：《食品安全国家标准　茶叶中 448 种农药及相关化学品残留量的测定　液相色谱-质谱法》（GB 23200.13—2016），该标准定量限为 5.64 μg/kg。

方法三十九：《食品安全国家标准　桑枝、金银花、枸杞子和荷叶中 413

种农药及相关化学品残留量的测定　液相色谱-质谱法》(GB 23200.11—2016)，该标准的定量限为 11.280 0 μg/kg。

方法四十：《食品安全国家标准　食用菌中 440 种农药及相关化学品残留量的测定　液相色谱-质谱法》(GB 23200.12—2016)，该标准规定了滑子菇、金针菇、黑木耳和香菇中 440 种农药及相关化学品残留量液相色谱-质谱测定方法。该标准的定量限为 2.80 μg/kg。

方法四十一：《食品安全国家标准　果蔬汁和果酒中 512 种农药及相关化学品残留量的测定　液相色谱-质谱法》(GB 23200.14—2016)，该标准规定了橙汁、苹果汁、葡萄汁、白菜汁、胡萝卜汁、干酒、半干酒、半甜酒、甜酒中 512 种农药及相关化学品残留量液相色谱-质谱测定方法。该标准的定量限为 1.88 μg/kg。

方法四十二：《水中 88 种农药及代谢物残留量的测定　液相色谱-串联质谱法和气相色谱-串联质谱法》(NY/T 3277—2018)，该标准适用于地表水和地下水中 88 种农药及代谢物残留量的测定和确证。该标准的定量限为 0.1 μg/kg。

方法四十三：《食品安全国家标准　水产品中有机磷类药物残留量的测定　液相色谱-串联质谱法》(GB 31656.8—2021)，该标准的检测限：巴胺磷、马拉硫磷、二嗪农、敌百虫、敌敌畏、甲基吡啶磷均为 5 μg/kg，辛硫磷、倍硫磷和蝇毒磷均为 10 μg/kg。定量限：巴胺磷、马拉硫磷、二嗪农、敌百虫、敌敌畏、甲基吡啶磷均为 10 μg/kg，辛硫磷、倍硫磷和蝇毒磷均为 20 μg/kg。

方法四十四：《食品安全国家标准　植物源性食品中 208 种农药及其代谢物残留量的测定　气相色谱-质谱联用法》(GB 23200.113—2018)，该标准中蔬菜、水果、食用菌的定量限为 0.01 mg/kg，谷物、油料的定量限为 0.02 mg/kg，茶叶、香辛料的定量限为 0.05 mg/kg，植物油的定量限为 0.02 mg/kg。

方法四十五：《生活饮用水标准检验方法　农药指标》(GB/T 5750.9—2006)，该标准最低检测质量为 0.025 ng。若取 250 mL 水样萃取后测定，则检测限为 0.1 μg/L。

方法四十六：《食品安全国家标准　植物源性食品中 331 种农药及其代谢物残留量的测定　液相色谱-质谱联用法》(GB 23200.121—2021)，该标准中蔬菜、水果食用菌和糖料的定量限为 0.01 mg/kg，谷物、油料、坚果和植物油的定量限为 0.02 mg/kg，茶叶和香辛料的定量限为 0.05 mg/kg。

十四、辛硫磷

1. 基本信息

化学名称：O,O-二乙基-O-(苯乙腈酮肟)硫代磷酸酯、O,O-二乙基-

0-(苯乙腈酮肟）硫代磷酸酯、O-α-氰基亚苄氨基-O,O-二乙基硫代磷酰酯、O-A-氰基亚苄氨基-O,O-二乙基硫代磷酰酯。

英文名称：Phoxim。

CAS号：14816-18-3。

分子式：$C_{12}H_{15}N_2O_3PS$。

分子量：298.18。

化学结构式：

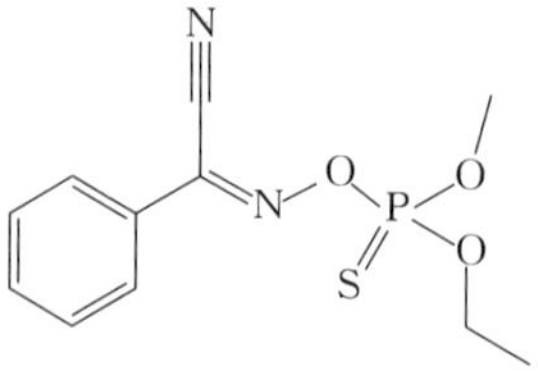

性状：纯品为浅黄色油状液体。

熔点：5.55 ℃。

闪点：173.007 ℃。

相对密度：1.214 g/cm^3。

溶解性：水1.5 mg/L（20 ℃）。甲苯、正己烷、二氯甲烷、异丙醇均大于200 g/L，微溶于脂肪烃类。

2. 作用方式与用途

辛硫磷是高效、低毒、广谱杀虫剂，对害虫有强触杀及胃毒作用，可治疗家畜体表寄生虫病，如羊螨病、猪疥螨病，同时对蚊、蝇、虱的速杀作用仅次于敌敌畏和胺菊酯，强于马拉硫磷、倍硫磷等。水产养殖业上也可用于杀灭或驱除寄生于青鱼、草鱼、鲢、鳙、鲤、鲫和鳊等鱼体上的中华鳋、锚头鳋、鲺、鱼虱、三代虫、指环虫、线虫等寄生虫。同时对鳞翅目大龄幼虫和地下害虫以及仓库和卫生害虫有较好效果。可用于防治蛴螬、蝼蛄、金叶虫等地下害虫，棉蚜、棉铃虫、小麦蚜虫、菜青虫、蓟马、黏虫、稻苞虫、稻纵卷叶螟、叶蝉、飞虱、松毛虫、玉米螟等。

作用机制：通过抑制虫体内胆碱酯酶的活性而破坏正常的神经传导引起虫体麻痹，直至死亡；辛硫磷对宿主胆碱酯酶活性也有抑制作用，使宿主胃肠蠕动增强，加速虫体排出体外。

3. 环境归趋特征

辛硫磷在酸性和中性介质中稳定，碱性介质中水解较快，高温下易分解，光照下分解加速。

4. 毒理信息

急性毒性：经口（雄大鼠），LD_{50}为2 170 mg/kg；经口（雌大鼠），LD_{50}为1 976 mg/kg；经口（雄小鼠），LD_{50}为1 935 mg/kg；经口（雌小鼠），LD_{50}为2 340 mg/kg；经口（雌豚鼠），LD_{50}为600 mg/kg；经口（雌猫），LD_{50}为250 mg/kg；经口（雌兔），LD_{50}为250～375 mg/kg；经皮（大鼠），LD_{50}为>1 120 mg/kg。

以含量150 mg/kg饲养大鼠15个月，未见中毒现象。对鳟鱼和鲤鱼的LC_{50}为0.1～1.0 mg/L，对蜜蜂有毒。

5. 毒性等级

中等毒性。

6. 每日允许摄入量（ADI）

0～4 μg/kg体重。

7. 最大残留限量

见表6-14。

表6-14　辛硫磷最大残留限量

动物种类	靶组织	最大残留限量（μg/kg）
猪/羊	肌肉	50
	脂肪	400
	肝	50
	肾	50

8. 常用检验检测方法

方法一：《植物性食品中辛硫磷农药残留量的测定》（GB/T 5009.102—2003）代替GB 14875—1994，该标准规定了谷类、蔬菜、水果中辛硫磷残留量的测定方法。该标准适用于谷类、蔬菜、水果中辛硫磷农药的残留测定。该标准检测限为0.01 mg/kg。

方法二：《水果中辛硫磷残留量的测定　气相色谱法》（NY/T 1601—2008），该标准规定了水果中辛硫磷残留量的气相色谱测定法。该标准适用于水果中辛硫磷残留量的测定。该标准的检测限为0.02 mg/kg。

方法三：《出口粮谷中敌百虫、辛硫磷残留量测定方法　液相色谱-质谱/质谱法》（SN/T 3769—2014），该标准代替《出口粮谷中辛硫磷残留量检验方法》（SN 0209—1993）、《出口粮谷中敌百虫残留量检验方法》（SN 0493—1995）该标准规定了粮谷中敌百虫、辛硫磷有机磷农药残留量的液相色谱-质谱/质谱法检测和确证方法。该标准适用于玉米、糙米、大米、小麦和荞麦中敌百虫、辛硫磷有机磷农药残留量的液相色谱-质谱/质谱法检测和确证方法，检测限 0.002 mg/kg。

方法四：《进出口水果蔬菜中有机磷农药残留量检测方法　气相色谱和气相色谱-质谱法》（SN/T 0148—2011），该标准适用于菠萝、苹果、荔枝、胡萝卜、马铃薯、茄子、菠菜、荷兰豆、鲜木耳、鲜蘑菇、鲜牛蒡、鲜香菇、大葱等 70 种有机磷类农药残留量的检测。该标准的检测限为 0.01 mg/kg。

方法五：《水果和蔬菜中 450 种农药及相关化学品残留量的测定　液相色谱-串联质谱法》（GB/T 20769—2008），该标准规定了苹果、橙子、洋白菜、芹菜、番茄中 450 种农药及相关化学品残留量液相色谱-串联质谱测定方法。该标准的检测限为 20.70 μg/kg。

方法六：《粮谷中 486 种农药及相关化学品残留量的测定　液相色谱-串联质谱法》（GB/T 20770—2008），该标准适用于大麦、小麦、燕麦、大米、玉米中 486 种农药及相关化学品残留的定性鉴别，376 种农药及相关化学品残留量的定量测定。该标准的检测限为 41.40 μg/kg。

方法七：《蜂蜜中 486 种农药及相关化学品残留量的测定　液相色谱-串联质谱法》（GB/T 20771—2008），该标准规定了洋槐蜜、油菜蜜、椴树蜜、荞麦蜜、枣花蜜中 486 种农药及相关化学品残留量液相色谱-串联质谱测定方法。该标准的检测限为 26.30 μg/kg。

方法八：《动物肌肉中 461 种农药及相关化学品残留量的测定　液相色谱-串联质谱法》（GB/T 20772—2008），该标准规定了猪肉、牛肉、羊肉、兔肉、鸡肉中 461 种农药及相关化学品残留量液相色谱-串联质谱测定方法。该标准中 Z-氯氰菊酯方法检测限为 41.40 μg/kg。

方法九：《水中 88 种农药及代谢物残留量的测定　液相色谱-串联质谱法和气相色谱-串联质谱法》（NY/T 3277—2018），该标准适用于地表水和地下水中 88 种农药及代谢物残留量的测定和确证。该标准的定量限为 0.1 μg/kg。

方法十：《出口干果中多种农药残留量的测定　液相色谱-质谱/质谱法》（SN/T 4886—2017），该标准规定了出口干果中多种农药残留量的液相色谱-质谱/质谱筛选检测方法。该标准的定量限为 2.0 μg/kg。

方法十一：《河豚鱼、鳗鱼和对虾中 450 种农药及相关化学品残留量的测定　液相色谱-串联质谱法》（GB/T 23208—2008），该标准规定了河豚、鳗鱼和对虾中 450 种农药及相关化学品残留量液相色谱-串联质谱测定方法。该标准的检测限为 33.12 μg/kg。

方法十二：《牛奶和奶粉中 493 种农药及相关化学品残留量的测定　液相色谱-串联质谱法》（GB/T 23211—2008），该标准规定了牛奶和奶粉中 493 种农药及相关化学品残留量液相色谱-串联质谱测定方法。该标准牛奶中的检测限为 20.70 μg/L；奶粉的检测限为 69.00 μg/kg。

方法十三：《饮用水中 450 种农药及相关化学品残留量的测定　液相色谱-串联质谱法》（GB/T 23214—2008），该标准规定了饮用水中 450 种农药及相关化学品残留量液相色谱-串联质谱测定方法。该标准的检测限为 8.28 μg/L。

方法十四：《出口油料和植物油中多种农药残留量的测定　液相色谱-质谱/质谱法》（SN/T 4428—2016），该标准规定了出口油料和植物油中多种农药残留量的液相色谱-质谱/质谱测定方法。该标准中特丁硫磷、毒死蜱、甲基毒死蜱的检测限为 0.01 mg/kg，其他 74 种农药的检测限均为 0.005 mg/kg。

方法十五：《食品安全国家标准　茶叶中 448 种农药及相关化学品残留量的测定　液相色谱-质谱法》（GB 23200.13—2016），该标准规定了绿茶、红茶、普洱茶、乌龙茶中 448 种农药及相关化学品残留量液相色谱-质谱测定方法。该标准定量限为 82.80 μg/kg。

方法十六：《食品安全国家标准　桑枝、金银花、枸杞子和荷叶中 413 种农药及相关化学品残留量的测定　液相色谱-质谱法》（GB 23200.11—2016），该标准适用于桑枝、金银花枸杞子和荷叶中 413 种农药及相关化学品残留量的测定。该标准的定量限为 165.600 μg/kg。

方法十七：《食品安全国家标准　食用菌中 440 种农药及相关化学品残留量的测定　液相色谱-质谱法》（GB 23200.12—2016），该标准规定了滑子菇、金针菇、黑木耳和香菇中 440 种农药及相关化学品残留量液相色谱-质谱测定方法。该标准定量限为 41.40 μg/kg。

方法十八：《食品安全国家标准　食品中涕灭威砜、吡唑醚菌酯、嘧菌酯等 65 种农药残留量的测定　液相色谱-质谱/质谱法》（GB 23200.34—2016），该标准的检测限为 0.005 mg/kg。

方法十九：《食品安全国家标准　水产品中有机磷类药物残留量的测定　液相色谱-串联质谱法》（GB 31656.8—2021），该标准的检测限：巴胺磷、马拉硫磷、二嗪农、敌百虫、敌敌畏、甲基吡啶磷均为 5 μg/kg，辛硫磷、倍硫磷和蝇毒磷均为 10 μg/kg。定量限：巴胺磷、马拉硫磷、二嗪农、敌百虫、敌敌畏，甲基吡啶磷均为 10 μg/kg，辛硫磷、倍硫磷和蝇毒磷均为 20 μg/kg。

方法二十：《蔬菜和水果中有机磷、有机氯、拟除虫菊酯和氨基甲酸酯类农药多残留的测定》（NY/T 761—2008）第 1 部分：蔬菜和水果中有机磷类农药多残留的测定。该标准适用于蔬菜和水果中上述 54 种农药残留量的检测。该标准检测限为 0.3 mg/kg。

方法二十一：《食品安全国家标准　植物源性食品中 331 种农药及其代谢物残留量的测定　液相色谱-质谱联用法》（GB 23200.121—2021），该标准中蔬菜、水果食用菌和糖料的定量限为 0.01 mg/kg，谷物、油料、坚果和植物油的定量限为 0.02 mg/kg，茶叶和香辛料（调味料）的定量限为 0.05 mg/kg。

十五、巴胺磷

1. 基本信息

化学名称：(E) 1-甲基乙基-3-{[(乙氨基) 甲氧基磷基硫基]氧基}-2-丁烯酯。

英文名称：Propetamphos。

CAS 号：31218-83-4。

分子式：$C_{10}H_{20}NO_4PS$。

分子量：281.308 9。

化学结构式：

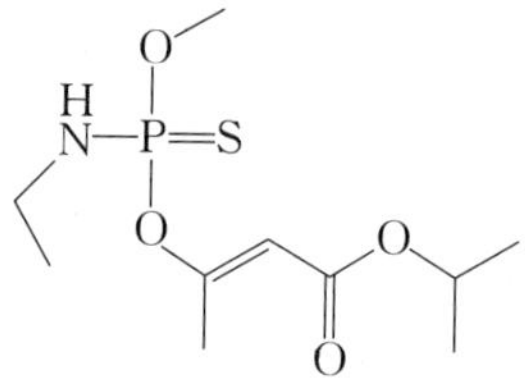

性状：淡黄色油状液体。

熔点：<25 ℃。

闪点：148 ℃。

相对密度：1.15 g/cm^3。

溶解性：在 24 ℃水中的溶解度为 110 mg/L。

2. 作用方式与用途

巴胺磷是广谱有机磷杀虫剂，主要通过触杀、胃毒起作用，不仅能杀灭家畜体表寄生虫，如螨、蜱，还能杀灭卫生害虫蚊蝇、蟑螂等害虫，也可防治牛虱。

3. 环境归趋特征

对热、光稳定。

4. 毒理信息

口服（大鼠），LD_{50} 为 64.20 mg/kg；经皮（大鼠），LD_{50} 为 564 mg/kg；口服（小鼠），LD_{50} 为 50.49 mg/kg。

5. 毒性等级

中等毒性。

6. 每日允许摄入量（ADI）

0～0.5 μg/kg 体重。

7. 最大残留限量

见表 6 - 15。

表 6 - 15　巴胺磷最大残留限量

动物种类	靶组织	最大残留限量（μg/kg）
羊（泌乳期禁用）	脂肪	90
	肾	90

8. 常用检验检测方法

方法一：《食品安全国家标准　水产品中有机磷类药物残留量的测定　液相色谱-串联质谱法》（GB 31656.8—2021），该标准规定了水产品中辛硫磷、巴胺磷、倍硫磷、马拉硫磷、二嗪农、敌百虫、敌敌畏、甲基吡啶磷、蝇毒磷残留量检测的制样和液相色谱-串联质谱测定方法。该标准巴胺磷的检测限为 5 μg/kg，定量限为 10 μg/kg。

方法二：《食品中有机磷农药残留量的测定》（GB/T 5009.20—2003），该标准适用于使用过敌敌畏等 20 种农药制剂的水果、蔬菜、谷类等作物的残留量分析。该标准的检测限是 0.011 mg/kg。

方法三：《蔬菜、水果中 51 种农药多残留的测定气相色谱质谱法》（NY/T 1380—2007），该标准适用于蔬菜水果中 51 种农药残留量的测定。

方法四：《进出口水果蔬菜中有机磷农药残留量检测方法　气相色谱和气相色谱-质谱法》（SN/T 0148—2011），该标准适用于菠萝、苹果、荔枝、胡萝卜、马铃薯、茄子、菠菜、荷兰豆、鲜木耳、鲜蘑菇、鲜牛蒡、鲜香菇、大葱等 70 种有机磷类农药残留量的检测。该标准检测限为 0.01 mg/kg。

第七章　驱 虫 药

一、地昔尼尔

1. 基本信息

化学名称：4,6-二氨基-2-环丙基氨基嘧啶-5-腈。
英文名称：Dicyclanil。
CAS号：112636-83-6。
分子式：$C_8H_{10}N_6$。
分子量：190.21。
化学结构式：

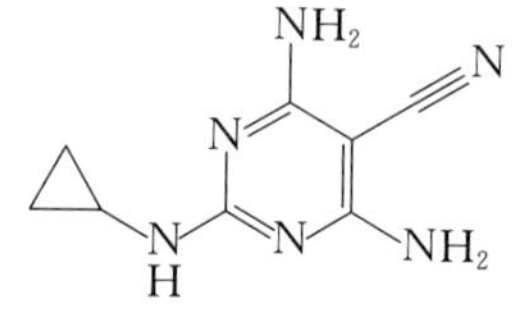

性状：白色微结晶粉末。
熔点：250.5～252.4℃。
闪点：282.6℃。
相对密度：1.44 g/cm³。

2. 作用方式与用途

地昔尼尔又名丙虫啶，是一种嘧啶衍生类昆虫生长调节剂，最早由汽巴-嘉基公司于1994年在第八届国际农药化学会议披露，该药物是通过修饰灭蝇胺的结构开发而成。地昔尼尔不能直接杀死体外寄生虫，但可干扰其正常生长和发育，主要作用于未成熟阶段的虫体，可阻止各种蝇、蚊及蚤的幼虫发育成蛹或成虫，对于成熟阶段的虫体无作用。1998年，该药物首次在澳大利亚上市，商品名为Clik，制剂含5%的地昔尼尔，通过喷雾形式阻止蚊蝇对绵羊叮咬。目前，我国尚未有相关制剂上市。单次用药防止丽蝇类昆虫的有效期长达24周，且用药后立即淋雨不缩短有效期，体外杀虫活性是环丙氨嗪和双气苯隆的10倍以上。对双翅目昆虫和蚤有高度灭杀作用，可阻止各种蝇、蚊及蚤的幼虫发育成蛹虫和成虫。

作用机制：昆虫的体表覆盖有一层几丁质膜，不能够随着虫体的生长而增大，因此节肢动物从卵发育到成虫阶段存在着蜕皮的现象。地昔尼尔是一种新型的昆虫生长调节剂，属于几丁质合成抑制剂，作为2,4-二氨基嘧啶类化合物，以二氢叶酸酯还原酶为主要作用靶标，通过抑制二氢叶酸酯还原酶，使几丁质在虫体表皮中的沉着发生改变，虽然不能直接杀死动物体外寄生虫，对成虫无明显作用，但可以干扰幼虫和蛹的正常生长发育，使其在形态上发生畸变，具有触杀、胃毒和内吸渗透作用。此外，地昔尼尔还能够使蝶呤类、嘧啶类及一些氨基酸类化合物的碳源物质合成受到干扰，虫体也会因为缺少这些物质而死亡。

3. 毒理信息

急性毒性：口服（小鼠），LD_{50}为265 mg/kg；经皮（大鼠），LD_{50}为3 380 mg/kg。

4. 毒性等级

中等毒性药物。

5. 每日允许摄入量（ADI）

0～7 μg/kg体重。

6. 最大残留限量

见表7-1。

表7-1 地昔尼尔最大残留限量

动物种类	靶组织	最大残留限量（μg/kg）
绵羊	肌肉	150
	脂肪	200
	肝	125
	肾	125

7. 常用检验检测方法

方法一：《进出口动物源性食品中地昔尼尔残留量检测方法 液相色谱-质谱/质谱法》（SN/T 2153—2008），该标准规定了进出口动物源性食品中地昔尼尔残留量的液相色谱-质谱/质谱测定方法。该标准适用于羊肉、羊肝、牛肉和牛奶中地昔尼尔残留量的检测。该标准的检测限是 10 μg/kg。

二、氟佐隆

1. 基本信息

中文别名：氟啶蜱脲、吡虫隆、啶蜱脲。

化学名称：1-[4-氯-3-(3-氯-5-三氟甲基-2-吡啶氧基)苯基]-3-(2,6-二氟苯甲酰)脲。

英文名称：Fluazuron。

CAS 号：102851-06-9。

分子式：$C_{20}H_{10}Cl_2F_5N_3O_3$。

分子量：502.91。

化学结构式：

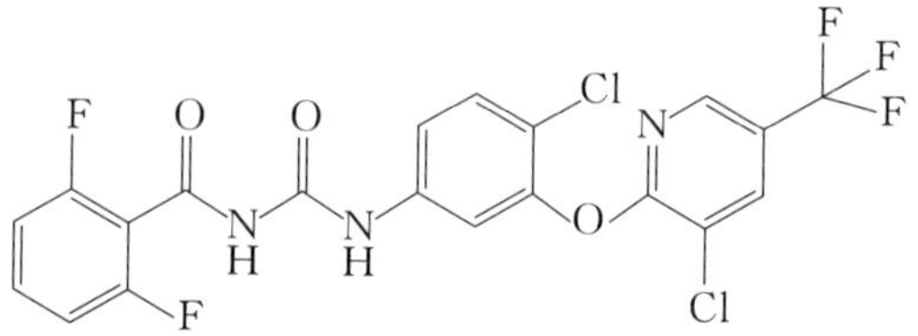

性状：原药为黏稠的黄色液体。

熔点：219 ℃。

闪点：>200 ℃。

相对密度：(1.579±0.06) g/cm^3。

溶解度：<0.02 mg/L（20 ℃）。

2. 作用方式与用途

氟佐隆化学结构属于苯甲酰脲类药物，是一种新的抗外寄生虫药，国外主要用于牛羊扁虱、蜱等外寄生虫病的预防控制。其制剂在澳大利亚注册为 Helix®，在加拿大注册为 Acatak®。

作用机制：为几丁质合成抑制剂，通过提高几丁质酶（CS）的催化活性，加速几丁质酶的分解过程，还可抑制几丁质酶的活性，具有抗蜕皮激素的生物活性。

3. 毒理信息

急性毒性：经口（大鼠），LD_{50}>5 000 mg/kg；吸入（大鼠），LC_{50}>6 000 mg/m^3（4 h）；经皮（大鼠），LD_{50}>2 000 mg/kg。

4. 毒性等级

急性毒性，吸入；急性毒性，经皮；急性水生毒性；慢性水生毒性。

5. 每日允许摄入量（ADI）

0～40 μg/kg 体重。

6. 最大残留限量

见表 7-2。

表 7-2 氟佐隆最大残留限量

动物种类	靶组织	最大残留限量（μg/kg）
牛	肌肉	200
	脂肪	7 000
	肝	500
	肾	500

7. 常用检验检测方法

方法一：《牛奶和奶粉中 493 种农药及相关化学品残留量的测定　液相色谱-串联质谱法》（GB/T 23211—2008），该标准规定了牛奶和奶粉中 493 种农药及相关化学品残留量的液相色谱-串联质谱测定方法。该标准牛奶的检测限为 0.05 μg/L；奶粉中的检测限为 0.17 μg/kg。

方法二：《饮用水中 450 种农药及相关化学品残留量的测定　液相色谱-串联质谱法》（GB/T 23214—2008），该标准适用于饮用水中 450 种农药及相关化学品的定性鉴别，也适用于其中 427 种农药及相关化学品的定量测定。该标准定量测定的 427 种农药及相关化学品检测限为 0.01 μg/L。

方法三：《食品安全国家标准　果蔬汁和果酒中 512 种农药及相关化学品残留量的测定　液相色谱-质谱法》（GB 23200.14—2016），该标准适用于橙汁、苹果汁、葡萄汁、白菜汁、胡萝卜汁、干酒、半干酒、半甜酒、甜酒中 512 种农药及相关化学品残留的定性鉴别，也适用于 490 种农药及相关化学品残留量的定量测定。该标准的定量限为 0.02 μg/kg。

方法四：《水果和蔬菜中 450 种农药及相关化学品残留量的测定　液相色谱-串联质谱法》（GB/T 20769—2008），该标准规定了苹果、橙子、洋白菜、芹菜、番茄中 450 种农药及相关化学品残留量液相色谱-串联质谱测定方法。

该标准的检测限为 6.70 μg/kg。

方法五：《蜂蜜中 486 种农药及相关化学品残留量的测定　液相色谱-串联质谱法》（GB/T 20771—2008），该标准规定了洋槐蜜、油菜蜜、椴树蜜、荞麦蜜、枣花蜜中 486 种农药及相关化学品残留量液相色谱-串联质谱测定方法。该标准的检测限为 0.50 μg/kg。

方法六：《河豚鱼、鳗鱼和对虾中 450 种农药及相关化学品残留量的测定　液相色谱-串联质谱法》（GB/T 23208—2008），该标准适用于河豚、鳗鱼和对虾中 450 种农药及相关化学品的定性鉴别，也适用于其中 380 种农药及相关化学品的定量测定。该标准的检测限为 10.72 μg/kg。

方法七：《食品安全国家标准　食品中涕灭威砜、吡唑醚菌酯、嘧菌酯等 65 种农药残留量的测定　液相色谱-质谱/质谱法》（GB 23200.34—2016），该标准的检测限为 0.02 mg/kg。

方法八：《进出口食品中苯甲酰脲类农药残留量的测定　液相色谱-质谱/质谱法》（SN/T 2540—2010）。大米、小麦、柑橘、菠菜、核桃仁、猪肉、猪肝和牛奶中苯甲酰脲类农药检测限均为 5.0 μg/kg；茶叶中苯甲酰脲类农药检测限均为 10 μg/kg。

方法九：《出口水果蔬菜中脱落酸等 60 种农药残留量的测定　液相色谱-质谱/质谱法》（SN/T 4591—2016），该标准适用于苹果、桃子、大葱，番茄、西兰花、菠菜、芦笋、荷兰豆、胡萝卜、香菇、橙、葡萄、猕猴桃中上述 60 种农药残留量的筛选检测。该标准中氟虫腈检测限为 2 μg/kg、其他 59 种农药的检测限均为 10 μg/kg。

第八章　抗生素类

一、阿莫西林

1. 基本信息

化学名称：(2S,5R,6R)-3,3-二甲基-6-[(R)-(-)-2-氨基-2-(4-羟基苯基)乙酰氨基]-7-氧代-4-硫杂-1-氮杂双环［3.2.0］庚烷-2-甲酸三水合物。

英文名称：Amoxicillin。

CAS号：26787-78-0。

分子式：$C_{16}H_{19}N_3O_5S \cdot 3H_2O$。

分子量：419.46。

化学结构式：

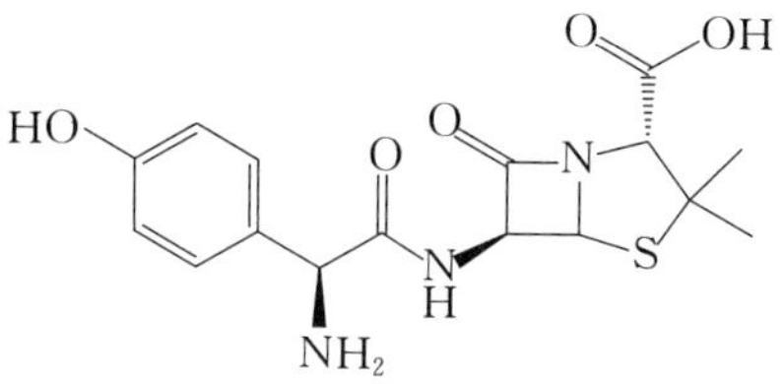

密度：1.54 g/cm^3。

闪点：403.3 ℃。

熔点：140 ℃。

沸点：(743.2±60.0)℃。

性状：为白色或类白色结晶性粉末，味微苦。

溶解性：在水中微溶，在乙醇中几乎不溶。

2. 作用方式与用途

阿莫西林又名羟氨苄青霉素，由英国比彻姆公司于1968年开发研制。是一种最常用的青霉素类广谱β-内酰胺类抗生素，具有杀菌能力强、口服吸收好、血药浓度高且不受食物影响的特点，在医学和兽医临床上应用广泛。主要用于革兰氏阳性球菌和革兰氏阴性菌感染，如巴氏杆菌病、大肠杆菌病、白痢、沙门氏菌病、葡萄球菌、链球菌感染；肠道感染、肠毒综合征辅助治疗等。

作用机制：通过抑制细菌细胞壁的合成，造成细菌细胞壁缺损，水分不断渗透导致菌体胀裂而死，具有很强的抑菌和杀菌作用。

3. 每日允许摄入量（ADI）

0～2 μg/kg。

4. 目前存在的问题

因其良好的治疗作用，被非法添加到一些中兽药制剂中，以增强中兽药制剂的治疗效果。但是，这种非法添加会导致在畜禽疾病治疗过程中，对阿莫西林和氨苄西林的使用对象和使用剂量失去有效控制，诱使畜禽耐药菌的产生，造成畜产品药物残留等问题，进而再通过食物链的传递过程，给人类健康带来严重危害，如过敏反应、增强细菌耐药性等。此外，摄入青霉素残留超标的动物可食性组织，经胃肠道吸收容易造成过敏反应和其他对身体的潜在危害。

5. 最大残留限量

见表 8－1。

表 8－1　阿莫西林最大残留限量

动物种类	靶组织	最大残留限量（μg/kg）
所有食品动物（产蛋期禁用）	肌肉	50
	脂肪	50
	肝	50
	肾	50
	奶	4
鱼	皮＋肉	50

6. 国外管理情况

阿莫西林残留量检测是当前中国、欧盟和北美等对动物性食品的必检项目之一。大多数国家均对阿莫西林在动物食品中的最高残留限量作出了规定。日本厚生省颁布的《食品中农业化学品残留限量》则规定阿莫西林在鸡组织中最高残留限量为 50 μg/kg，在鸡蛋中为 10 μg/kg；欧盟规定阿莫西林和氨苄西林在所有动物性食品中的最高残留限量为 50 μg/kg，在牛奶中为 4 μg/kg。

7. 常用检验检测方法

方法一：《牛奶和奶粉中阿莫西林、氨苄西林、哌拉西林、青霉素 G、青霉素 V、苯唑西林、氯唑西林、萘夫西林和双氯西林残留量的测定　液相色谱-串联质谱法》（GB/T 22975—2008），该标准适用于牛奶和奶粉中阿莫西林、氨苄西林、哌拉西林、青霉素 G、青霉素 V、苯唑西林、氯唑西林、萘夫西林和双氯西林残留量的测定和确证。该标准的检测限：牛奶中阿莫西林为 2 μg/kg；奶粉中阿莫西林为 16 μg/kg。

方法二：《食品安全国家标准　水产品中青霉素类药物多残留的测定　液相色谱-串联质谱法》（GB 31656.12—2021），该标准适用于鱼、虾、鳖和海参等水产品可食组织中阿莫西林、氨苄西林、青霉素 G、青霉素 V、苯唑西林、氯唑西林、双氯西林、萘夫西林、哌拉西林、阿洛西林和甲氧西林单个或多个药物残留量的测定。该标准的检测限：阿莫西林为 10 μg/kg。该标准的定量限：阿莫西林为 25 μg/kg。

方法三：《动物性食品中阿莫西林残留检测方法——HPLC》（NY/T 830—2004），该标准适用于猪肌肉、猪皮、猪皮下脂肪和鸡肌肉中阿莫西林残留量检验。该标准的检测限为 10 μg/kg。

方法四：《出口牛奶中 β-内酰胺类和四环素类药物残留快速检测法 ROSA法》（SN/T 3256—2012），该标准适用于出口牛奶中 β-内酰胺类（包括青霉素 G、阿莫西林、氨苄西林、苯唑西林、邻氯青霉素、双氯青霉素、头孢氨苄、头孢唑啉、头孢噻呋）和四环素类（包括四环素、金霉素、土霉素）药物残留的定性快速初筛测定。该标准的检测限为 4 μg/L。

方法五：《猪鸡可食性组织中青霉素类药物残留检测方法　高效液相色谱法》（农业部 958 号公告—7—2007），该标准规定了猪鸡可食性组织中青霉素类抗生素残留量检测的制样和高效液相色谱测定方法。该标准在猪的肌肉、肝脏、肾脏组织和鸡的肌肉、肝脏组织中的检测限为 5 μg/kg，定量限为 10 μg/kg。

方法六：《牛奶中青霉素类药物残留的检测方法-高效液相色谱法》（农业部 781 号公告—11—2006），该标准规定了牛奶中青霉素类抗生素残留量检测的制样和高效液相色谱的测定方法。该标准在牛奶中的定量限为：阿莫西林、青霉素 G、氨苄西林、青霉素 V 为 4 μg/L，苯唑西林、乙氧萘青霉素、双氯西林为 30 μg/L。

方法七：《饲料中 7 种青霉素类药物含量的测定》（农业农村部公告第 358 号—3—2020），该标准两种方法适用于配合饲料、浓缩饲料、精料补充料和维生素预混合饲料中 7 种青霉素类药物含量的测定。该标准液相色谱法测定配合饲料、浓缩饲料精料补充料的检测限为 2 mg/kg，定量限为 5 mg/kg；预混合饲料的检测限为 1.0 mg/kg，定量限为 2.0 mg/kg，液相色谱-串联质谱法对上述各种饲料的检测限均为 0.05 mg/kg，定量限为 0.1 mg/kg。

方法八：《畜禽肉中九种青霉素类药物残留量的测定　液相色谱-串联质谱法》(GB/T 20755—2006)，该标准适用于牛、羊、猪和鸡肉中九种青霉素类药物残留量的测定。该标准的检测限：萘夫西林为 0.25 μg/kg，青霉素 G 为 0.5 μg/kg，哌拉西林、青霉素 V、苯唑西林为 1.0 μg/kg，阿莫西林、氨苄西林、氯唑西林、双氯西林为 2.0 μg/kg。

方法九：《出口蜂王浆中 β-内酰胺残留量测定方法　酶联免疫法》(SN/T 3028—2011)，该标准规定了蜂王浆中 β-内酰胺残留量的酶联免疫测定方法。该标准的检测限：萘夫西林、氨苄西林、阿莫西林、哌拉西林、阿洛西林、氯唑西林、盘尼西林 G、双氯青霉素和苯唑西林残留总量 10 μg/kg。

方法十：《进出口食用动物 β-内酰胺类药物残留量的测定　放射受体分析法》(SN/T 4810—2017)，该标准适用于进出口食用活动物中 β-内酰胺类 6 种抗生素（青霉素 G、阿莫西林、氨苄青霉素、头孢霉素、头孢噻呋、邻氯青霉素）残留量的筛选检测。该标准的检测限为 50 μg/kg。

二、氨苄西林

1. 基本信息

化学名称：(2S,5R,6R)-3,3-二甲基-6-[(R)-2-氨基-2-苯乙酰氨基]-7-氧代-4-硫杂-1-氮杂双环[3.2.0]庚烷-2-甲酸三水化合物。

英文名称：Ampicillin。

CAS 号：69-53-4。

分子式：$C_{16}H_{19}N_3O_4S \cdot 3H_2O$。

分子量：403。

化学结构式：

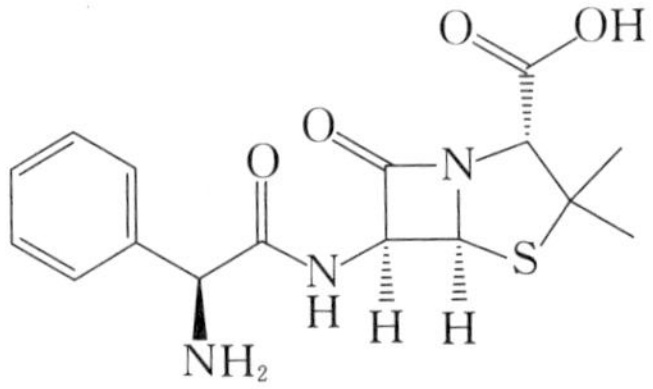

性状：无气味的白色微结晶粉末，微苦。

熔点：198～200 ℃。

闪点：367.4 ℃。

相对密度：1.45 g/cm^3。

溶解性：在水中微溶，在三氯甲烷、乙醇、乙醚或不挥发油中不溶，在稀酸溶液或稀碱溶液中溶解。

2. 作用方式与用途

氨苄西林，是半合成型青霉素，属于β-内酰胺类。因其抗菌性强、抗菌谱广且可口服给药，被广泛应用于敏感菌所致的人畜呼吸道、消化道及尿道感染。对革兰阳性菌的作用与青霉素近似，对草绿色链球菌和肠球菌的作用较优，对其他菌的作用则较差，对耐青霉素的金黄色葡萄球菌无效。

作用机制：有效地抑制和阻止了有害细菌的细胞壁合成，不仅能非常有效地阻止和抑制其的生长繁殖，而且还能直接地抑制和杀灭有害的细菌。

3. 每日允许摄入量（ADI）

0～3 μg/kg。

4. 最大残留限量

见表8-2。

表8-2　氨苄西林最大残留限量

动物种类	靶组织	最大残留限量（μg/kg）
所有食品动物（产蛋期禁用）	肌肉	50
	脂肪	50
	肝	50
	肾	50
	奶	4
鱼	皮+肉	50

5. 存在的突出问题

氨苄西林因为其药效高、价格低廉，是一种高效抗菌药物，被广泛当作饲料中的添加药物用于治疗家畜细菌性传染病。但由于存在养殖户抗生素的滥用和休药期不按规定执行而导致抗生素在蛋类、肉类等动物源性食品中残留，而长期食用这类食品会造成人体产生耐药菌株，进而影响一些疾病的治疗，最终对人类健康构成威胁，如产生食源性疾病、癫痫和中枢神经系统异常，并可能伴有相当严重的疼痛，还会引起严重的过敏反应和细菌耐药性，甚至导致死亡。

6. 常用检验检测方法

方法一：《牛奶和奶粉中阿莫西林、氨苄西林、哌拉西林、青霉素 G、青霉素 V、苯唑西林、氯唑西林、萘夫西林和双氯西林残留量的测定　液相色谱-串联质谱法》（GB/T 22975—2008），该标准适用于牛奶和奶粉中阿莫西林、氨苄西林、哌拉西林、青霉素 G、青霉素 V、苯唑西林、氯唑西林、萘夫西林和双氯西林残留量的测定和确证。该标准的检测限：牛奶中阿莫西林为 2 μg/kg；奶粉中阿莫西林为 16 μg/kg。

方法二：《食品安全国家标准　水产品中青霉素类药物多残留的测定　液相色谱-串联质谱法》（GB 31656.12—2021），该标准适用于鱼、虾、鳖和海参等水产品可食组织中阿莫西林、氨苄西林、青霉素 G、青霉素 V、苯唑西林、氯唑西林、双氯西林、萘夫西林、哌拉西林、阿洛西林和甲氧西林单个或多个药物残留量的测定。该标准的检测限：阿莫西林为 10 μg/kg。该标准的定量限：阿莫西林为 25 μg/kg。

方法三：《进出口食用动物 β-内酰胺类药物残留量的测定　放射受体分析法》（SN/T 4810—2017），该标准规定了进出口食用动物血液和尿液中 β-内酰胺类抗生素残留的检测方法。该标准的检测限为 50 μg/kg。

方法四：《出口牛奶中 β-内酰胺类和四环素类药物残留快速检测法 ROSA法》（SN/T 3256—2012），该标准规定了出口牛奶中 β-内酰胺类和四环素类药物残留的 ROSA 筛选检测方法。该标准的检测限为 3 μg/L。

方法五：《动物性食品中氨苄西林残留检测　高效液相色谱法》（农业部 1163 号公告—5—2009），该标准规定了动物可食性组织和牛奶中氨苄西林残留量检测的制样和高效液相色谱测定方法。该标准氨苄西林的检测限为 5 μg/L；在猪和牛的肌肉、肾脏组织、猪的肝脏和鸡的肌肉组织中的定量限为10 μg/kg；在牛奶中的定量限为 4 μg/L。

方法六：《猪鸡可食性组织中青霉素类药物残留检测方法　高效液相色谱法》（农业部 958 号公告—7—2007），该标准规定了猪鸡可食性组织中青霉素类抗生素残留量检测的制样和高效液相色谱测定方法。该标准在猪的肌肉、肝脏、肾脏组织和鸡的肌肉、肝脏组织中的检测限为 5 μg/kg，定量限为 10 μg/kg。

方法七：《牛奶中青霉素类药物残留量的测定　高效液相色谱法》（农业部 781 号公告—11—2006），该标准规定了牛奶中青霉素类抗生素残留量检测的制样和高效液相色谱的测定方法。萘夫西林、苯唑西林、双氯西林定量限是 30 μg/kg，其他是 10 μg/kg。

方法八：《饲料中 7 种青霉素类药物含量的测定》（农业农村部公告第 358

号—3—2020），该标准规定了饲料中青霉素、青霉素 V、氯唑西林、苯唑西林、氨苄西林、阿莫西林和双氯西林测定的高效液相色谱法和液相色谱-串联质谱法。该标准液相色谱法测定配合饲料、浓缩饲料、精料补充料的检测限为 2.5 mg/kg，定量限为 5 mg/kg；维生素预混合饲料的检测限为 1.0 mg/kg，定量限为 2.0 mg/kg，液相色谱-串联质谱法对各种饲料的检测限均为 0.05 mg/kg，定量限为 0.1 mg/kg。

方法九：《畜禽肉中九种青霉素类药物残留量的测定　液相色谱-串联质谱法》（GB/T 20755—2006），该标准规定了牛、羊、猪和鸡肉中 9 种青霉素类药物残留量的液相色谱-串联质谱测定方法。该标准的检测限：萘夫西林为 0.25 μg/kg，青霉素 G 为 0.5 μg/kg，哌拉西林、青霉素 V、苯唑西林为 1.0 μg/kg，阿莫西林、氨苄西林、氯唑西林、双氯西林为 2.0 μg/kg。

方法十：《出口蜂王浆中 β-内酰胺残留量测定方法　酶联免疫法》（SN/T 3028—2011），该标准规定了蜂王浆中 β-内酰胺残留量的酶联免疫测定方法。该标准的检测限：萘夫西林、氨苄西林、阿莫西林、哌拉西林、阿洛西林、氯唑西林、青霉素 G、双氯青霉素和苯唑西林残留总量 10 μg/kg。

三、青霉素/普鲁卡因青霉素

1. 基本信息

化学名称：对氨基苯甲酰基 2-(二乙氨基)乙酯(6R)-6-(2-苯基乙酰氨基)-青霉烷酸盐-水合物。

英文名称：Procaine penicillin。

CAS 号：54-35-3。

分子式：$C_{29}H_{38}N_4O_6S$。

分子量：570.700 2。

化学结构式：

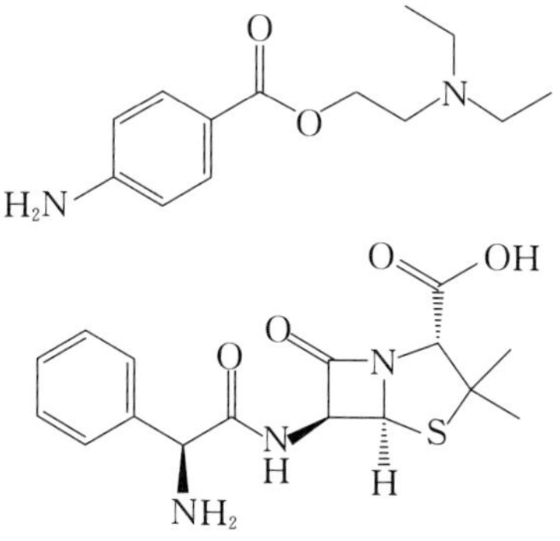

性状：白色结晶性粉末。

闪点：355 ℃。

溶解性：在甲醇中易溶，在乙醇或氯仿中略溶，在水中微溶。遇酸、碱或氧化剂等即迅速失效。

2. 作用方式与用途

青霉素是由青霉菌经微生物发酵法制取的一种抗生素。因其结构中有β-内酰胺环，故又称β-内酰胺抗生素。青霉素的抗菌谱较窄，主要对革兰氏阳性菌如金黄色葡萄球菌、链球菌、肺炎球菌、丹毒杆菌、炭疽杆菌、破伤风杆菌以及螺旋体、放线菌等有较强的抗菌作用，对部分革兰氏阴性杆菌如巴氏杆菌、布鲁氏菌、大肠杆菌及沙门氏菌作用很弱，对分枝杆菌、真菌、立克次氏体、支原体、病毒、原虫等完全无效。主要用于治疗各种敏感病原体所致的感染，如肺炎、猪丹毒、炭疽、气肿疽、恶性水肿、放线菌病、马腺疫、乳腺炎、子宫炎、破伤风（与抗毒素联合）等。

作用机制：通过抑制细菌细胞壁合成发挥杀菌作用。

3. 毒理信息

动物生殖试验未发现青霉素有损害，但尚未在孕妇中进行严格对照试验以排除这类药物对胎儿的不良影响，所以孕妇应用仍须权衡利弊。少量本品从乳汁中分泌，哺乳期妇女用药时宜暂停哺乳。

4. 每日允许摄入量（ADI）

0～30 μg/kg。

5. 最大残留限量

见表8-3。

表8-3 青霉素/普鲁卡因青霉素最大残留限量

动物种类	靶组织	最大残留限量（μg/kg）
牛/猪/家禽（产蛋期禁用）	肌肉	50
	肝	50
	肾	50
牛	奶	4
鱼	皮+肉	50

6. 存在的突出问题

家畜感染疾病，特别是当病菌侵染时，大多能用畜用青霉素类进行治疗。青霉素对大多数革兰氏阳性菌引起的呼吸系统感染，猪丹毒、炭疽及败血症等有很好的疗效，对各种螺旋体和放线菌都有强大的抗菌作用；苯唑青霉素、双氯青霉素、苄星青霉素和邻氯青霉素等，则对耐青霉素的金黄色葡萄球菌所致的呼吸道感染，乳腺炎、创伤感染及败血症等均有可靠的疗效，但在使用时必须注意以下一些问题。

选择适宜的给药途径。绝大部分青霉素类兽药对酸不稳定，内吸易被胃酸和消化酶所破坏，效果差或无效。在给畜禽使用青霉素时，应避免饲喂呈酸性或碱性的饲料（如酒糟、青储饲料等）、饲料添加剂（如胆碱、维生素 B_1 等）以及药物（如四环素类药物、磺胺类药物、肾上腺类药物及巴比妥类药物等）。使用青霉素类药物适宜的给药途径是进行肌肉注射，肌注后吸收快而完全，疗效快而确切。

使用时要注意过敏反应。青霉素类兽药用于动物肌体一般无不良反应，但有时对个别家畜偶尔会出现过敏反应，严重者甚至会造成过敏性休克。如马、骡、犬、猪等易过敏家畜，注射后不久可能会出现流汗、兴奋不安、肌肉震颤、心跳加快、站立不稳、呼吸困难和抽搐等过敏症状。因此，如出现上述反应，就应立即停用，同时用地塞米松或肾上腺素进行抢救。在使用青霉素钾盐时，还应注意畜禽的血钾反应，一般禁止大量使用，特别是对高血钾患畜禁用，同时青霉素钾盐不宜静脉注射，宜进行肌肉注射。

忌使用一次。青霉素是抗菌类药物，它所治疗的疾病都有病原微生物（病菌）危害，只用一次青霉素不可能把所有的病原微生物一网打尽，如果不重复用药，那些漏网和新繁殖的病原微生物，因经受了药物的作用，往往产生抗药性，而危害家畜的肌体更加强烈。所以，用青霉素给兽类治疗忌只用一次，而应每隔 8～12 h 再重复用药，以提高疗效。同时也忌小剂量用药，适当增大剂量可延长青霉素的作用时间，但大剂量或超大剂量使用青霉素兽药，可干扰抗凝血机制而造成出血或引起中枢神经系统中毒，引起动物抽搐、大小便失禁，甚至出现瘫痪等病症。

应即溶即用。由于青霉素类药物的水溶液不稳定，在室温下溶解的时间越长，其效价就越低，分解产物也就越多，致敏物质也就不断增加，所以应做到即溶即用。

注意配伍禁忌。磺胺类钠盐与青霉素混合会使青霉素失效；青霉素与庆大霉素合用会使庆大霉素失效；青霉素不能与四环素、碳酸氢钠、维生素 C 及阿托品等混合使用，否则会造成失效作用而影响疗效。

7. 常用检验检测方法

方法一：《食品安全国家标准 水产品中青霉素类药物多残留的测定 高效液相色谱法》（GB 29682—2013），该标准规定了水产品 4 种青霉素类药物残留量检测的制样和高效液相色谱定方法。该标准适用于鱼可食性组织中青霉素 G、苯唑西林、双氯青霉素和乙氧萘青霉素单个或多药物残留量的检测。该标准的展青霉素的检测限是 3 μg/kg，定量限是 10 μg/kg；其他的检测限是 10 μg/kg，定量限是 50 μg/kg。

方法二：《动物源性食品中青霉素族抗生素残留量检测方法 液相色谱-质谱/质谱法》（GB/T 21315—2007），该标准适用于猪肌肉、猪肝脏、猪肾脏、牛奶和鸡蛋中羟氨苄青霉素、氨苄青霉素、邻氯青霉素、双氯青霉素、乙氧萘胺青霉素、苯唑青霉素、青霉素、苯氧甲基青霉素、乙氧萘胺青霉素、苯唑青霉素、苄青霉素、苯氧甲基青霉素、苯咪青霉素、甲氧苯青霉素、苯氧乙基青霉素等 11 种青霉素族抗生素残留量的检测。该标准的检测限为 0.1～10 μg/kg。

方法三：《畜禽肉中九种青霉素类药物残留量的测定 液相色谱-串联质谱法》（GB/T 20755—2006），该标准适用于牛、羊、猪和鸡肉中九种青霉素类药物残留量的测定。该标准的检测限：萘夫西林为 0.25 μg/kg，青霉素 G 为 0.5 μg/kg，哌拉西林、青霉素 V、苯唑西林为 1.0 μg/kg，阿莫西林、氨苄西林、氯唑西林、双氯西林为 2.0 μg/kg。

方法四：《牛奶和奶粉中阿莫西林、氨苄西林、哌拉西林、青霉素 G、青霉素 V、苯唑西林、氯唑西林、萘夫西林和双氯西林残留量的测定 液相色谱-串联质谱法》（GB/T 22975—2008）。该标准的检测限：牛奶中氨苄西林、萘夫西林为 1 μg/kg，阿莫西林、哌拉西林、青霉系 G、青霉素 V、氯唑西林为 2 μg/kg；苯唑西林、双氯西林为 4 μg/kg；奶粉中氨苄西林、萘夫西林为 8 μg/kg，阿莫西林、哌拉西林、青霉素 G、青霉素 V、氯唑西林为 16 μg/kg，苯唑西林、双氯西林为 32 μg/kg。

方法五：《蜂蜜中青霉素 G、青霉素 V、乙氧萘青霉素、苯唑青霉素、邻氯青霉素、双氯青霉素残留量的测定方法 液相色谱-串联质谱法》（GB/T 18932.25—2005），该标准适用于蜂蜜中青霉素 G、青霉素 V、乙氧萘青霉素、苯唑青霉素、邻氯青霉素、双氯青霉素残留量的测定。该标准的检测限：青霉素 G、青霉素 V、苯唑青霉素为 1.0 μg/kg；邻氯青霉素、双氯青霉素为 2.0 μg/kg；乙氧萘青霉素为 0.5 μg/kg。

方法六：《食品安全国家标准 水产品中青霉素类药物多残留的测定 液相色谱-串联质谱法》（GB 31656.12—2021），该标准的检测限：氨苄西林、青霉素 G、青霉素 V、苯唑西林、氯唑西林、双氯西林、萘夫西林、哌拉西林、阿洛西林、甲氧西林均为 2 μg/kg。该标准的定量限：氨苄西林、青霉素 G、青霉素 V、苯唑西林、氯唑西林、双氯西林、萘夫西林、哌拉西林、阿洛西林、甲氧西林均为 5 μg/kg。

方法七：《猪鸡可食性组织中青霉素类药物残留检测方法　高效液相色谱法》（农业部 958 号公告—7—2007），该标准适用于猪的肌肉、肝脏、肾脏组织和鸡的肌肉、肝脏组织中阿莫西林、青霉素 G、青霉素 V、氨苄西林、双氯西林残留量同时检测。该标准的检测限是 5 μg/kg，定量限是 10 μg/kg。

方法八：《牛奶中青霉素类药物残留量的测定　高效液相色谱法》（农业部 781 号公告—11—2006），该标准适用于牛奶中氨苄西林、阿莫西林、青霉素 G、青霉素 V、乙氧萘青霉素、苯唑西林、双氯青霉素单个或多个残留的检测。乙氧萘青霉素、苯唑西林、双氯西林定量限是 30 μg/kg，其他是 10 μg/kg。

方法九：《饲料中 7 种青霉素类药物含量的测定》（农业农村部公告第 358 号—3—2020），该标准两种方法适用于配合饲料、浓缩饲料、精料补充料和维生素预混合饲料中 7 种青霉素类药物含量的测定。该标准液相色谱法测定配合饲料、浓缩饲料、精料补充料的检测限为 2.5 mg/kg，定量限为 5 mg/kg；维生素预混合饲料的检测限为 1.0 mg/kg，定量限为 2.0 mg/kg，液相色谱-串联质谱法对上述各种饲料的检测限均为 0.05 mg/kg，定量限为 0.1 mg/kg。

方法十：《出口牛奶中 β-内酰胺类和四环素类药物残留快速检测法　ROSA法》（SN/T 3256—2012），该标准的检测限为 3 μg/L。

方法十一：《进出口动物源食品中 14 种 β-内酰胺类抗生素残留量检测方法　液相色谱-质谱/质谱法》（SN/T 2050—2008），该标准适用于动物肌肉、肝脏、肾脏、牛奶和鸡蛋中 14 种 β-内酰胺类抗生素残留量的检测和确证。14 种 β 内酰胺类抗生素的检测限分别为羟氨苄青霉素 5 μg/kg，氨苄西林 2 μg/kg，头孢氨苄 2 μg/kg，头孢匹啉 1 μg/kg，头孢唑啉 0.5 μg/kg，苯咪青霉素 1 μg/kg，甲氧苯青霉素 0.1 μg/kg，苄青霉素 1 μg/kg，苯氧甲基青霉素0.5 μg/kg，苯唑青霉素 2 μg/kg，苯氧乙基青霉素 10 μg/kg，氯唑西林 1 μg/kg，萘夫西林 2 μg/kg，双氯青霉素 10 μg/kg。

方法十二：《进出口食用动物 β-内酰胺类药物残留量的测定　放射受体分析法》（SN/T 4810—2017），该标准的检测限为 25 μg/kg。

四、氯唑西林

1. 基本信息

中文别名：氯苯西林。

英文名称：cloxacillin。

CAS号：61-72-3。

分子式：$C_{19}H_{18}ClN_3O_5S$。

分子量：435.88。

化学结构式：

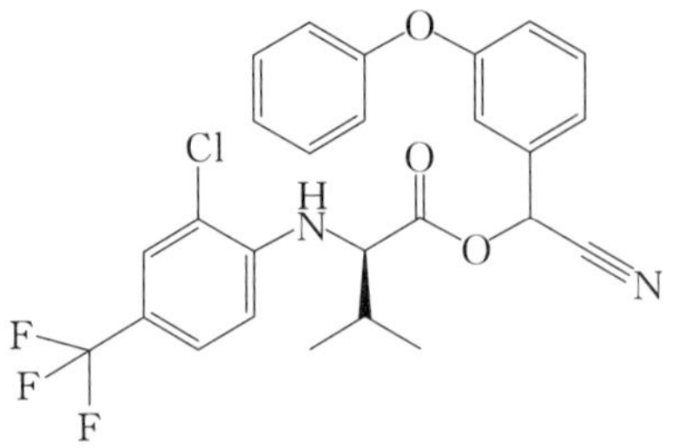

密度：1.56 g/cm^3。

闪点：370.9 ℃。

性状：白色至灰白色自由流动结晶粉末。

2. 作用方式与用途

氯唑西林又名邻氯青霉素，含有β-内酰胺环，属于β-内酰胺类抗生素的一种，被广泛运用于动物感染细菌性疾病的治疗与预防。氯唑西林作为半合成耐酸、耐酶的异唑类青霉素，对金黄色葡萄球菌具有很强的杀菌作用，常用于治疗耐青霉素酶葡萄球菌引起的各种严重感染败血症、心内膜炎、骨髓炎、呼吸道感染及化脓性关节炎等，也用于奶牛的乳腺炎。

作用机制：其抗菌作用及抗菌谱与苯唑西林相似，对金黄色葡萄球菌的抗菌作用较后者弱，对产β-内酰胺酶的革兰阳性细菌感染，与氨苄西林联合应用时能保护后者不被β-内酰胺酶破坏，但抑制酶活性的强度较差。

3. 毒理信息

毒性极低，不良反应发生率低。其蛋白结合率达95%，半衰期0.5～1.1 h。

4. 每日允许摄入量（ADI）

0～200 μg/kg。

5. 最大残留限量

见表8-4。

表 8-4　氯唑西林最大残留限量

动物种类	靶组织	最大残留限量（μg/kg）
所有食品动物（产蛋期禁用）	肌肉	300
	脂肪	300
	肝	300
	肾	300
	奶	30
鱼	皮＋肉	300

6. 存在的问题

如果人类长期大量摄入含有氯唑西林残留的动物性食品，易导致细菌耐药性增强、消化道菌群失调、皮炎、荨麻疹、休克等严重的过敏反应。

7. 常用检验检测方法

方法一：《牛奶和奶粉中阿莫西林、氨苄西林、哌拉西林、青霉素 G、青霉素 V、苯唑西林、氯唑西林、萘夫西林和双氯西林残留量的测定　液相色谱-串联质谱法》（GB/T 22975—2008），该标准适用于牛奶和奶粉中阿莫西林、氨苄西林、哌拉西林、青霉素 G、青霉素 V、苯唑西林、氯唑西林、萘夫西林和双氯西林残留量的测定和确证。

方法二：《食品安全国家标准　水产品中青霉素类药物多残留的测定　液相色谱-串联质谱法》（GB 31656.12—2021），该标准适用于鱼、虾、鳖和海参等水产品可食组织中阿莫西林、氨苄西林、青霉素 G、青霉素 V、苯唑西林、氯唑西林、双氯西林、萘夫西林、哌拉西林、阿洛西林和甲氧西林单个或多个药物残留量的测定。该标准的检测限：氯唑西林为 2 μg/kg，阿莫西林为 10 μg/kg。该方法的定量限：氯唑西林为 5 μg/kg。

方法三：《畜禽肉中九种青霉素类药物残留量的测定　液相色谱-串联质谱法》（GB/T 20755—2006），该标准适用于牛、羊、猪和鸡肉中 9 种青霉素类药物残留量的测定。该标准的检测限：萘夫西林为 0.25 μg/kg，青霉素 G 为 0.5 μg/kg，哌拉西林、青霉素 V、苯唑西林为 1.0 μg/kg，阿莫西林、氨苄西林、氯唑西林、双氯西林为 2.0 μg/kg。

方法四：《出口蜂王浆中 β-内酰胺残留量测定方法　酶联免疫法》（SN/T 3028—2011），该标准规定了蜂王浆中 β-内酰胺残留量的酶联免疫测定方法。该标准的检测限：萘夫西林、氨苄西林、阿莫西林、哌拉西林、阿洛西林、氯唑西林、青霉素 G、双氯青霉素和苯唑西林残留总量 10 μg/kg。

方法五：《化妆品中阿莫西林等 9 种禁用青霉素类抗生素的测定　液相色谱-串联质谱法》(GB/T 37626—2019)，该标准适用于化妆品中阿莫西林、氨苄西林、哌拉西林、青霉素 G、青霉素 V、苯唑西林、氯唑西林、萘夫西林和双氯西林 9 种禁用青霉素类抗生素的定量测定。该标准方法的检测限为 10.0 μg/kg，定量限为 30.0 μg/kg。

方法六：《饲料中 7 种青霉素类药物含量的测定》(农业农村部公告第 358 号—3—2020)，该标准规定了饲料中青霉素、青霉素 V、氯唑西林、苯唑西林、氨苄西林、阿莫西林和双氯西林测定的高效液相色谱法和液相色谱-串联质谱法。该标准液相色谱法测定配合饲料、浓缩饲料、精料补充料的检测限为 2.5 mg/kg，定量限为 5 mg/kg；维生素预混合饲料的检测限为 1.0 mg/kg，定量限为 2.0 mg/kg，液相色谱-串联质谱法对上述各种饲料的检测限均为 0.05 mg/kg，定量限为 0.1 mg/kg。

五、苯唑西林

1. 基本信息

化学名称：(2S,5R,6R)-3,3-二甲基-6-(5-甲基-3-苯基-4-异唑甲酰氨基)-7-氧代-4-硫杂-1-氮杂双环[3.2.0]庚烷-2-甲酸钠盐一水合物。

英文名称：Oxacillin。

CAS 号：66-79-5。

分子式：$C_{19}H_{19}N_3O_5S$。

分子量：401.436 00。

化学结构式：

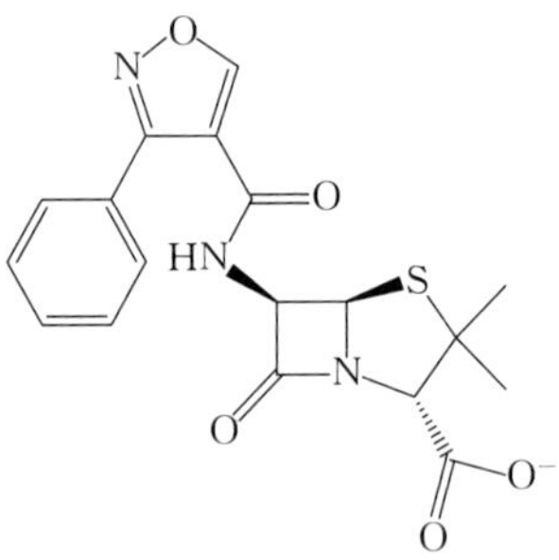

熔点：188 ℃。

性状：为白色结晶性粉末，无臭或微臭，味苦。

溶解性：可溶于水、乙醇，不溶于乙醚、丙酮，微溶于氯仿。

2. 作用方式与用途

苯唑西林为半合成、耐青霉素酶、耐酸青霉素，可口服与注射给药。用于耐青霉素 G 的金黄色葡萄球菌和表皮葡萄球菌的周围感染，对中枢感染一般不适用。主要用于耐青霉素葡萄球菌所致的各种感染，如败血症、心内膜炎、烧伤、骨髓炎、呼吸道感染、脑膜炎、软组织感染等，也可用于化脓性链球菌或肺炎球菌与耐青霉素葡萄球菌所致的混合感染。

作用机制：同青霉素，但对青霉素敏感阳性球菌的抗菌作用不如青霉素，比青霉素差 10 倍，本品不为金黄色葡萄球菌产生的青霉素酶所破坏，对产酶金黄色葡萄球菌有效，对不产酶菌株的抗菌作用不如青霉素 G。

3. 最大残留限量

见表 8－5。

表 8－5　苯唑西林最大残留限量

动物种类	靶组织	最大残留限量（μg/kg）
所有食品动物（产蛋期禁用）	肌肉	300
	脂肪	300
	肝	300
	肾	300
	奶	30
鱼	皮＋肉	300

4. 常用检验检测方法

方法一：《牛奶和奶粉中阿莫西林、氨苄西林、哌拉西林、青霉素 G、青霉素 V、苯唑西林、氯唑西林、萘夫西林和双氯西林残留量的测定　液相色谱-串联质谱法》（GB/T 22975—2008），该标准适用于牛奶和奶粉中阿莫西林、氨苄西林、哌拉西林、青霉素 G、青霉素 V、苯唑西林、氯唑西林、萘夫西林和双氯西林残留量的测定和确证。

方法二：《食品安全国家标准　水产品中青霉素类药物多残留的测定　液相色谱-串联质谱法》（GB 31656.12—2021），该标准适用于鱼、虾、鳖和海参等水产品可食组织中阿莫西林、氨苄西林、青霉素 G、青霉素 V、苯唑西林、氯唑西林、双氯西林、萘夫西林、哌拉西林、阿洛西林和甲氧西林单个或多个药物残留量的测定。该标准苯唑西林的检测限为2 μg/kg，定量限为 5 μg/kg。

方法三：《出口牛奶中β-内酰胺类和四环素类药物残留快速检测法 ROSA法》(SN/T 3256—2012)，该标准的检测限为 30 μg/L。

方法四：《畜禽肉中九种青霉素类药物残留量的测定 液相色谱-串联质谱法》(GB/T 20755—2006)，该标准的检测限：萘夫西林为 0.25 μg/kg，青霉素 G 为 0.5 μg/kg，哌拉西林、青霉素 V、苯唑西林为 1.0 μg/kg，阿莫西林、氨苄西林、氯唑西林、双氯西林为 2.0 μg/kg。

方法五：《牛奶中青霉素类药物残留量的测定 高效液相色谱法》(农业部 781 号公告—11—2006)。萘夫西林、苯唑西林、双氯西林定量限是 30 μg/kg，其他是 10 μg/kg。

方法六：《食品安全国家标准 水产品中青霉素类药物多残留的测定 高效液相色谱法》(GB 29682—2013)，该标准的展青霉素的检测限是 3 μg/kg，定量限是 10 μg/kg；其他的检测限是 10 μg/kg，定量限是 50 μg/kg。

方法七：《饲料中苯硫胍和硫菌灵的测定 液相色谱-串联质谱法》(农业农村部公告第 358 号—2—2020)，该标准的检测限为 0.004 mg/kg，定量限为 0.008 mg/kg。

六、安普霉素

1. 基本信息

中文别名：阿普拉霉素。

英文名称：Apramycin。

CAS 号：37321-09-8。

分子式：$C_{21}H_{41}N_5O_{11}$。

分子量：539.577 14。

化学结构式：

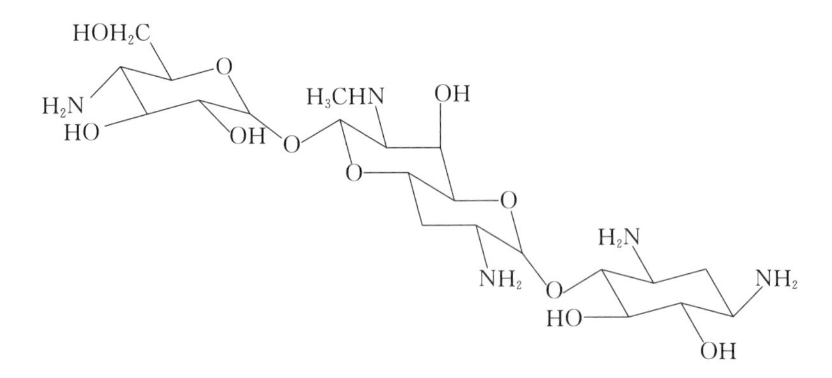

沸点：(823.0±65.0)℃。

密度：1.56 g/cm^3。

性状：白色或类白色粉末。

溶解性：易溶于水，不溶于甲醇、氯仿、乙酸乙酯等有机溶剂。

2. 作用方式与用途

安普霉素又名阿普拉霉素，属于氨基环醇类化合物。安普霉素在20世纪80年代由美国开发成功，被美国FDA推荐为治疗大肠杆菌病的首选药物，对支原体病也有效。将安普霉素作为药物型饲料添加剂，能明显促进动物增重和提高饲料转化率，因此，其在畜禽养殖领域得到广泛应用。安普霉素的特点是抗菌谱广，不易产生抗药性。其对革兰氏阳性菌、部分革兰氏阴性菌均有效，对一部分霉浆菌也有效。对安普霉素最为敏感的是大肠杆菌、沙门氏菌、金黄色葡萄球菌、支原体等。其中，安普霉素对大肠杆菌和沙门氏杆菌的杀菌能力比抑菌能力还要强，对断奶后小猪下痢、鸡大肠杆菌有特效。此外，安普霉素也能作抗生素化学改造的起始物质。

作用机制：作为氨基糖苷类药物，安普霉素可阻碍原核生物核蛋白质合成，抑制有害菌在畜禽体内生长。

3. 毒性等级

低毒性。

4. 每日允许摄入量（ADI）

0～25 μg/kg。

5. 最大残留限量

见表8-6。

表8-6　安普霉素最大残留限量

动物种类	靶组织	最大残留限量（μg/kg）
猪	肾	100

6. 现有存在问题

与青霉素类或头孢类联合有协同作用，不宜与氨基甙类合用（增强毒性），平时也称其为硫酸安普霉素，是一种抗菌性抗生素。很多兽药当中都包含安普霉素，但使用过多可能导致动物机体虚软，所以用量要适当。

如今大规模生产已非常成熟，其主要通过生物发酵工艺生产获得，因此它又属于生物工程技术范畴的生物兽药。食品动物口服使用非常安全，而且又由于其很少被肠道吸收，所以其家禽口服使用的休药期仅 7 d。在冬春季节，家禽的大肠杆菌病、沙门氏菌病和呼吸道病等比其他季节频发和严重，兽医在确诊疾病后开具处方时，把硫酸安普霉素作为“药引子”，进行技术性联合配伍使用，将会收到独特的治疗效果。因为硫酸安普霉素的可配伍范围很广，如把它治疗剂量减半使用，与氟苯尼考联合配伍，可显著增强氟苯尼考对呼吸道大肠杆菌的治疗效果；把它的治疗剂量减半使用，与替米考星联合配伍使用，可大幅提高替米考星对呼吸性肺炎和气囊炎的治疗效果。

7. 常用检验检测方法

方法一：《饲料中安普霉素的测定　高效液相色谱法》(农业部 1486 号公告—3—2010)，该标准规定了测定饲料中安普霉素的高效液相色谱法。该标准适用于配合饲料、浓缩饲料和添加剂预混合饲料中安普霉素的测定。该方法的检测限和定量限分别为 3 mg/kg 和 10 mg/kg。

方法二：《动物组织中氨基糖苷类药物残留量的测定　高效液相色谱-质谱/质谱法》(GB/T 21323—2007)，该标准壮观霉素、双氢链霉素、链霉素、阿米卡星、卡那霉素、妥布霉素、庆大霉素为 20 μg/kg，新霉素、潮霉素 B、安普霉素的检测限为 100 μg/kg。

方法三：《牛奶中氨基苷类多残留检测　柱后衍生高效液相色谱法》(农业部 1025 号公告—1—2008)，该标准在牛奶中卡那霉素、安普霉素和庆大霉素检测限为 10 μg/L，定量限为 20 μg/L，新霉素的检测限为 25 μg/L，定量限为 100 μg/L。

七、庆大霉素

1. 基本信息

英文名称：Gentamicin。

CAS 号：1403-66-3。

分子式：$C_{60}H_{123}N_{15}O_{21}$。

分子量：1 390.710 00。

化学结构式：

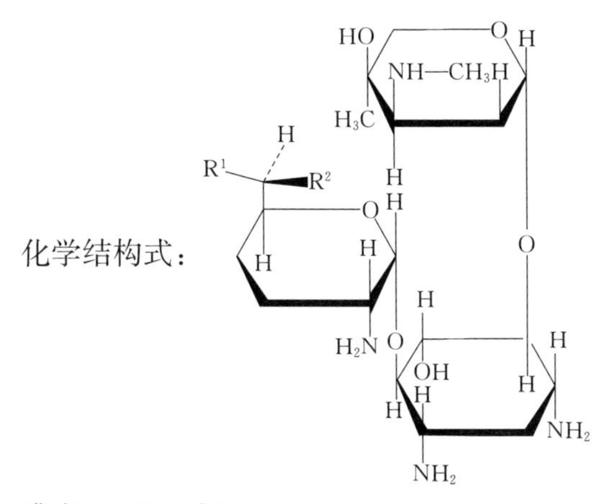

沸点：669.4 ℃。

闪点：358.6 ℃。

性状：透明琥珀色液体。

2. 作用方式与用途

作用机制：作用于细菌体内的核糖体，抑制细菌蛋白质合成，并破坏细菌细胞膜的完整性。庆大霉素可首先经被动扩散通过细胞外膜孔蛋白，然后经转运系统通过细胞膜进入细胞内，并不可逆地结合到分离的核糖体 30S 亚基上，导致 A 位的破坏，进而：①阻止氨 tRNA 在 A 位的正确定位，尤其是妨碍甲硫氨酰 tRNA 的结合，从而干扰功能性核糖体的组装，抑制 70S 始动复合物的形成。②诱导 tRNA 与 mRNA 密码三联体错误匹配，引起完整核糖体的 30S 亚基错读遗传密码，造成错误的氨基酸插入蛋白质结构，导致异常的、无功能的蛋白质合成。③阻碍终止因子与 A 位结合，使已合成的肽链不能释放，并阻止 70S 完整核糖体解离。④阻碍多核糖体的解聚和组装过程，造成细菌体内的核糖体耗竭。庆大霉素对铜绿假单胞菌、变形杆菌（吲哚阳性和阴性）属、大肠杆菌、克雷白菌属、肠杆菌属、沙雷菌属、志贺菌属、枸橼酸杆菌属、奈瑟菌、金黄色葡萄球菌（不包括耐甲氧西西林菌株）有较强的抗菌活性。庆大霉素对链球菌（包括化脓性链球菌、肺炎球菌、粪链球菌等）、厌氧菌（拟杆菌属）、结核分枝杆菌、立克次体、病毒和真菌无效。

3. 环境归趋特征

在体内不代谢，经肾小球滤过排出，尿中浓度可超过 100 μg/mL，24 h 内排出 50%～93%。新生儿出生 3 d 以内者，给药 12 h 内排出 10%；新生儿出生 5～40 d 者给药 12 h 内排出 40%。

4. 毒理信息

急性毒性。

5. 每日允许摄入量（ADI）

0～20 μg/kg。

6. 最大残留限量

见表 8-7。

表 8-7　庆大霉素最大残留限量

动物种类	靶组织	最大残留限量（μg/kg）
牛/猪	肌肉	100
	脂肪	100
	肝	2 000
	肾	5 000
牛	奶	200
鸡/火鸡	可食组织	100

7. 常用检验检测方法

方法一：《动物源性食品中庆大霉素残留量检验方法　酶联免疫法》（GB/T 21329—2007），该标准适用于肉类、内脏、水产品、牛奶和奶粉中庆大霉素残留量的测定。该标准的检测限：肉类和水产品为 10.0 μg/kg；内脏、牛奶和奶粉中为 20.0 μg/kg。

方法二：《动物性食品中庆大霉素残留检测　高效液相色谱法》（农业部 1163 号公告—7—2009），该标准适用于猪的肾脏和肌肉、牛的肾脏和肌肉、鸡的肌肉以及牛奶中庆大霉素残留量的测定。该标准测定庆大霉素的检测限为 50 μg/L；在肌肉、肾脏组织中庆大霉素的定量限为 50 μg/kg；牛奶中庆大霉素的定量限为 50 μg/L。

方法三：《出口肉及肉制品中庆大霉素残留检测方法　杯碟法》（SN/T 0669—2011），该标准适用于出口鸡肉中庆大霉素残留的筛选检测，阳性结果应用其他方法进行确认。该标准的检测限为 0.05 mg/kg。

方法四：《牛奶中氨基苷类多残留检测　柱后衍生高效液相色谱法》（农业部 1025 号公告—1—2008），该标准在牛奶中卡那霉素、安普霉素和庆大霉素检测限为 10 μg/L，定量限为 20 μg/L，新霉素的检测限为 25 μg/L，定量限为 100 μg/L。

方法五：《动物组织中氨基糖苷类药物残留量的测定 高效液相色谱-质谱/质谱法》（GB/T 21323—2007），该标准庆大霉素检测限为 20 μg/kg。

八、卡那霉素

1. 基本信息

英文名称：Kanamycin。

CAS 号：133－92－6。

分子式：$C_{18}H_{38}N_4O_{15}S$。

分子量：582.58。

化学结构式：

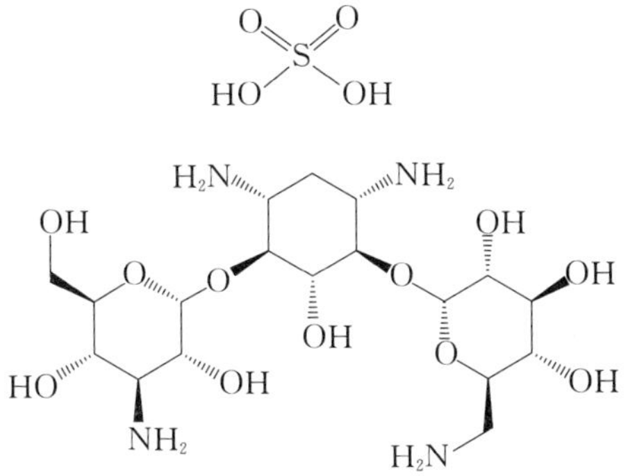

沸点：809.5 ℃。

闪点：443.4 ℃。

2. 作用方式与用途

卡那霉素是一种氨基糖苷类抗生素，具有抗菌谱广的特点，作为治疗药物和兽药而得到广泛应用，可以由灰色链霉菌或小单胞菌发酵液中提取或以天然品为原料半合成提取。牛奶、环境水甚至人体内都可能会存在卡那霉素残留，超标的卡那霉素残留会对人体造成过敏、耐药性和肾损伤等危害作用。它能够抑制细菌蛋白的合成，对于治疗由革兰阴性菌如大肠埃希菌、变形杆菌属、肠炎杆菌等引起的感染具有良好的作用。随着在我国农业中的广泛应用，它在食物中的残留问题也日益受到社会舆论的关注。高浓度的卡那霉素会对耳朵、肾脏等部位产生明显伤害，因此需要对使用剂量进行严格控制。

卡那霉素主要用于需氧革兰氏阴性菌感染，如假单胞菌、肠杆菌等。此外，一些分枝杆菌包括引起结核病的细菌对氨基糖苷类药物敏感。卡那霉素抗菌的机理：卡那霉素是一种敏感菌的蛋白质生物合成抑制剂，可以通过与30S核糖体结合从而致使mRNA密码误读抑制蛋白质合成，已经被作为标记基因用于分子克隆中。在畜牧业中主要用于治疗猪地方性流行性肺炎，但卡那霉素具有一定程度的肾脏毒性、神经毒性、耳毒性。欧盟委员会规例中规定了动物源性食品中不同药理活性物质的最高残留限量，其中对于猪肉及其他禽类肉中卡那霉素的最大残留量为100 ng/g，牛奶中的最大残留量为150 ng/g。

敏感菌对卡那霉素易产生抗药性，因此，卡那霉素不能直接用于临床，需要经过深加工后制成单硫酸卡那霉素、硫酸阿米卡星等。临床主要的卡那霉素制剂有复方卡那霉素注射液（用于敏感肠杆菌科细菌引起的严重感染，常需与其他抗菌药物联合应用）、滴眼液制剂（用于治疗敏感菌所致的眼部感染）、兽药（用于治疗敏感菌感染或作为生长促进剂）。

作用机制：卡那霉素的毒性主要作用在神经系统、泌尿系统、消化系统方面，会引起耳蜗神经和肾脏的损害，易引发恶心呕吐、食欲下降、腹胀腹泻等症状，长期摄入可能导致消化不良。偶有嗜酸粒细胞增多症，严重者可能休克死亡。与其他氨基糖苷类药物、卷曲霉素、顺铂、依他尼酸、呋塞米或万古霉素、头孢唑林钠合用或连续使用会增加毒性。动物养殖中卡那霉素的滥用，使动物源性食品中存在残留，长期食用对人体危害很大。

3. 每日允许摄入量（ADI）

0～8 μg/kg。

4. 最大残留限量

见表8-8。

表8-8　卡那霉素最大残留限量

动物种类	靶组织	最大残留限量（μg/kg）
所有食品动物（产蛋期禁用，不包括鱼）	肌肉	100
	皮＋脂	100
	肝	600
	肾	2 500
	奶	150

5. 常用检验检测方法

氨基糖苷类抗生素的测定方法有分光光度法、免疫化学发光法等直接测定法，以及利用微生物方法间接测定方法。对于缺乏发色团的氨基糖苷类物质，使用的紫外检测系统需要对其进行衍生化修饰，该方法的最大缺点在于样品衍生化过程耗时久，且衍生后物质易降解。所以灵敏度高、准确性高的质谱检测法是最常用的抗生素检测手段。此外还有报道多种测定方法联用技术的先例，如通过液相色谱-质谱联用法测定多种基质中氨基糖苷的残留量以及先对牛奶中氨基糖苷类抗生素进行异氰酸苯酯衍生化，后用液相色谱-电喷雾离子阱质谱法对其进行定量。相关标准如下。

方法一：《动物组织中氨基糖苷类药物残留量的测定　高效液相色谱-质谱/质谱法》（GB/T 21323—2007），该标准规定了动物组织中壮观霉素、潮霉素B、双氢链霉素、链霉素、丁胺卡那霉素、卡那霉素、安普霉素、妥布霉素、庆大霉素和新霉素10种氨基糖苷类药物残留量的高效液相色谱-串联质谱测定和确证方法。该标准卡那霉素检测限为20 μg/kg。

方法二：《奶粉和牛奶中链霉素、双氢链霉素和卡那霉素残留量的测定　液相色谱-串联质谱法》（GB/T 22969—2008），该标准适用于奶粉和牛奶中链霉素、双氢链霉素和卡那霉素残留量的测定。该标准的检测限：牛奶中卡那霉素的检测限为10.0 μg/kg，奶粉中卡那霉素的检测限为80.0 μg/kg。

方法三：《蜂蜜中链霉素、双氢链霉素和卡那霉素残留量的测定　液相色谱-串联质谱法》（GB/T 22995—2008），该标准适用于蜂蜜中链霉素、双氢链霉素和卡那霉素残留量的测定。该标准的检测限：卡那霉素的检测限为5.0 μg/kg。

方法四：《蜂王浆中链霉素、双氢链霉素和卡那霉素残留量的测定　液相色谱-串联质谱法》（GB/T 22945—2008），该标准链霉素、双氢链霉素检测限为10.0 μg/kg。

方法五：《牛奶中氨基苷类多残留检测　柱后衍生高效液相色谱法》（农业部1025号公告—1—2008），该标准适用于牛奶中卡那霉素、安普霉素、新霉素、庆大霉素单个或多个残留量检测。该标准在牛奶中卡那霉素、安普霉素和庆大霉素检测限为10 μg/L，定量限为20 μg/L，新霉素的检测限为25 μg/L，定量限为100 μg/L。

九、新霉素

1. 基本信息

英文名称：Neomycin。

CAS号：1404-04-2。

分子式：$C_{23}H_{48}N_6O_{17}S$。

分子量：712.722 2。

化学结构式：

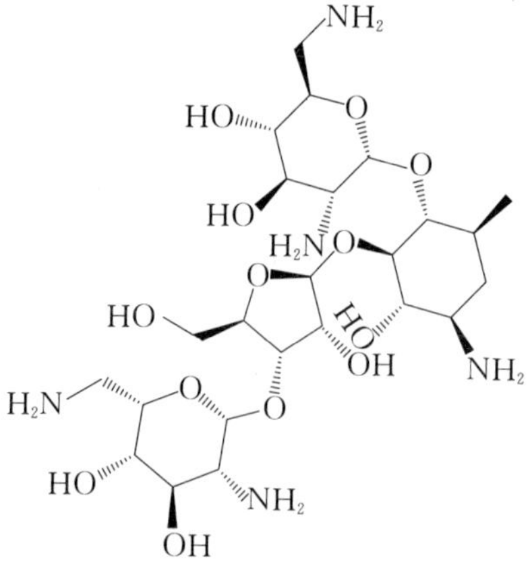

性状：白色或类白色的粉末。

2. 作用方式与用途

新霉素是1949年由Waksman等从新霉素链霉菌代谢产物中分离得到的由A、B、C 3种化学结构及生物活性不相近的物质组成的混合物，新霉素A含量较少，新霉素B和新霉素C为其主要成分，但新霉素C没有抗菌的活性。与其他抗生素相比，新霉素稳定性较强，表现为对碱、酸、热有较强的耐受能力。新霉素由新霉二糖胺和新霉胺缩合而成，含有6个氨基和7个羟基，与生物大分子可以通过离子键结合，不存在发光基团。因此，在利用荧光对其进行残留检测之前需将其结构中的6个伯胺基团进行衍生化。

作用机制：与原核生物的核糖体结合，从而影响细菌蛋白质合成过程，造成蛋白质合成异常。能有效抑制大部分革兰氏阴性杆菌和一些革兰氏阳性杆菌，对某些原虫、钩端螺旋体、抗酸菌等均有作用。在畜牧及畜禽养殖中，新霉素可以用来治疗畜禽耳炎、皮炎、细菌性肠道等感染性疾病，也可以用来治疗鸡白痢、幼畜白痢等动物疫病，预防此类疾病扩散。由于其药效明显，能够促进动物的生长发育，而且其价格低廉用量较少，所以在畜牧及畜禽养殖业中得到了广泛应用。

3. 毒理信息

在畜牧及畜禽养殖中，新霉素不仅在治疗细菌感染病方面得到了广泛的应用，还被加入饲料中，以达到预防疾病和促进生长的作用。然而，长期用药不仅会对动物造成危害，还会通过食物链富集进而对人造成危害，其危害性主要包括耳毒性、肾毒性和神经肌肉阻滞现象等。

（1）肾毒性。肾毒性主要表现在对肾小管上皮细胞的损害，导致患病动物尿蛋白、尿血，严重的可致肾功能减退。

（2）耳毒性。耳毒性主要表现在对第 8 对脑神经、前庭神经和耳蜗神经的损害，导致动物失去平衡、姿势异常。

（3）神经毒性。神经毒性主要表现为神经肌肉阻止现象，神经肌肉阻滞主要通过阻碍神经肌肉传导造成骨骼肌松弛，心肌抑制，呼吸衰竭。

4. 每日允许摄入量（ADI）

0～60 μg/kg。

5. 最大残留限量

见表 8－9。

表 8－9　新霉素最大残留限量

动物种类	靶组织	最大残留限量（μg/kg）
所有食品动物	肌肉	500
	脂肪	500
	肝	5 500
	肾	9 000
	奶	1 500
	蛋	500
鱼	皮＋肉	500

6. 常用检验检测方法

新霉素的检验检测分析方法有微生物方法、高效液相色谱法、液相色谱串联质谱联用法。其中，液相色谱串联质谱联用法作为主要标准分析方法得到广泛应用。相关标准如下。

方法一：《动物组织中氨基糖苷类药物残留量的测定　高效液相色谱-质谱/质谱法》（GB/T 21323—2007），该标准规定了动物组织中壮观霉素、潮霉素 B、双氢链霉素、链霉素、丁胺卡那霉素、卡那霉素、安普霉素、妥布霉素、庆大霉素和新霉素 10 种氨基糖苷类药物残留量的高效液相色谱-串联质谱测定和确证方法。该标准的新霉素检测限为 100 μg/kg。

方法二：《饲料中硫酸新霉素的测定　液相色谱-串联质谱法》（农业农村部公告第 197 号—3—2019），该标准适用于配合饲料、精料补充料中硫酸新霉素的测定。该标准的检测限为 0.2 mg/kg，定量限为 0.4 mg/kg。

方法三：《进出口食用动物中新霉素药物残留测定　酶联免疫吸附法和液相色谱-质谱/质谱法》（SN/T 5119—2019），该标准适用于进出口食用动物猪、牛、羊血液及尿液中新霉素残留量的快速检测。该标准在检测猪、牛、羊的血液和尿液样本中检测限为 40 ng/mL。

方法四：《饲料中新霉素的测定》（B13/T 1384.4—2011），该标准适用于饲料中新霉素的测定。该标准的检测限为 40 μg/kg。

方法五：《牛奶中氨基苷类多残留检测　柱后衍生高效液相色谱法》（农业部 1025 号公告—1—2008），该方法在牛奶中卡那霉素、安普霉素和庆大霉素检测限为 10 μg/L，定量限为 20 μg/L，新霉素的检测限为 25 μg/L，定量限为 100 μg/L。

十、大观霉素

1. 基本信息

中文别名：壮观霉素、奇放线霉素、奇观霉素。

英文名称：Spectinomycin。

分子式：$C_{14}H_{25}ClN_2O_7$。

分子量：368.810 5。

化学结构式：

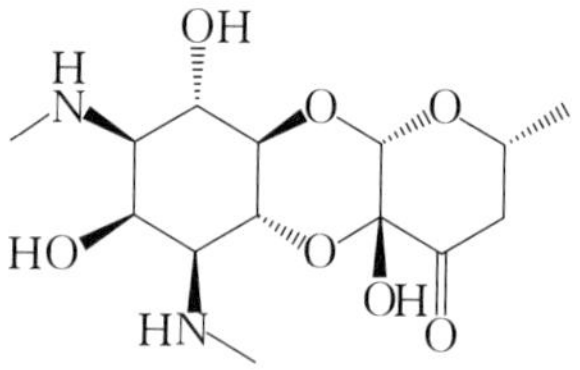

熔点：185 ℃。

密度：1.43 g/cm^3。

性状：白色至淡浅黄色结晶性粉末。

溶解性：易溶于水。

2. 作用方式与用途

大观霉素是美国 Mason 团队于 1961 年发现的，它是由土壤微生物产生的氨基环醇类抗生素，是细菌蛋白质合成的抑制剂，作用于核蛋白体 30S 亚单位上。大观霉素在兽医临床上多用于防治大肠杆菌病、禽霍乱、禽沙门氏菌病。林可霉素用于敏感的革兰氏阳性菌，以及猪、鸡的支原体病。林可霉素与大观霉素配伍（简称林＋大合剂），二者联合用于防治仔猪腹泻、猪的支原体性肺炎和败血支原体引起的鸡慢性呼吸道病，防治效果超过单一药物。

作用机制：主要通过阻止信使核糖核酸与核糖体的结合，蛋白质的合成受到阻碍从而发挥杀菌作用。大观霉素对革兰氏阴性菌（布鲁氏菌、变杆菌、沙门氏菌、克雷伯菌属、巴氏杆菌等）有较强作用；对革兰氏阳性菌（链球菌、葡萄球菌等）作用较弱，对支原体也有一定作用。

3. 每日允许摄入量（ADI）

0～40 μg/kg。

4. 最大残留限量

见表 8－10。

表 8－10　大观霉素最大残留限量

动物种类	靶组织	最大残留限量（μg/kg）
牛/羊/猪/鸡	肌肉	500
	脂肪	2 000
	肝	2 000
	肾	5 000
牛	奶	200
鸡	蛋	2 000

5. 常用检验检测方法

国内外对林可霉素与大观霉素残留检测方法主要是高效液相色谱法、液相色谱-串联质谱法、气相色谱-氮磷检测法、气相色谱-质谱法等。相关标准如下。

方法一：《食品安全国家标准　动物性食品中林可霉素、克林霉素和大观霉素多残留的测定　气相色谱-质谱法》（GB 29685—2013），该标准适用于猪、牛、鸡的肌肉和肾脏，以及牛奶和鸡蛋中林可霉素、克林霉素和大观霉素单个或多个药物残留量的检测。该方法大观霉的检测限为 25 μg/kg，定量限为 50 μg/kg。

方法二：《动物性食品中林可霉素和大观霉素残留检测　气相色谱法》（农业部 1163 号公告—2—2009），该标准适用于猪肾脏、猪肌肉、牛肾脏、牛肌肉、鸡胸肌、鸡肾脏、鸡蛋、牛奶中林可霉素和大观霉素单个活多个残留量的定量测定。在猪、牛、鸡的肌肉和肾脏及鸡蛋、牛奶中大观霉素的定量限为 40 μg/kg。

方法三：《饲料中大观霉素的测定》（农业部 2086 号公告—7—2014），该标准高效液相色谱法适用于配合饲料中大观霉素的测定；高效液相色谱-串联质谱法适用于配合饲料、浓缩饲料、添加剂预混合饲料、精料补充料中大观霉素的测定。该标准高效液相色谱法检测限为 2.0 mg/kg，定量限为5.0 mg/kg；高效液相色谱-串联质谱法检测限为 1.0 mg/kg，定量限为2.0 mg/kg。

十一、链霉素/双氢链霉素

1. 基本信息

英文名称：Streptomycin/Dihydrostreptomycin。

CAS 号：57－92－1。

分子式：$C_{21}H_{39}N_{7}O_{12}$。

分子量：581.57。

化学结构式：

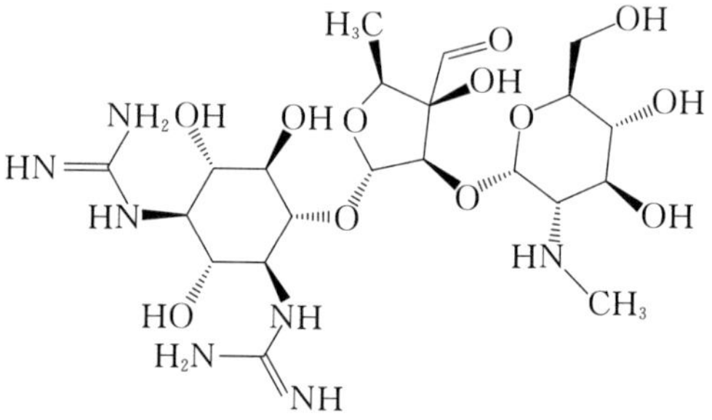

熔点：12 ℃。

密度：1.98 g/cm^{3}。

闪点：481.7 ℃。

性状：白色或类白色的粉末；无臭或几乎无臭，味微苦，有引湿性。

溶解性：在水中易溶，在乙醇或氯仿中不溶。

2. 作用方式与用途

链霉素是由灰色链霉菌生产的氨基糖苷类抗生素。对大白菜软腐病、水稻白叶枯病、棉花立枯病、瓜类霜病毒等多种细菌性病害的防治效果较好，由于链霉素对革兰氏阴性菌具有特别的抑制作用，因此作为兽药应用于畜牧业。然而，针对链霉素的毒副作用已经有大量报道，包括过敏反应、听力丧失和肾脏毒性等。当其作为兽药使用时，如果使用不规范，将会导致链霉素残留于肉类、牛奶和蜂蜜等食品中，对人体健康产生危害。

作用机制：干扰对氨酰基- tRNA 与细菌核糖体 30S 亚基靶蛋白的结合，抑制细菌肽链延长，从而阻碍蛋白质的合成并致其死亡。

3. 每日允许摄入量（ADI）

0～50 μg/kg。

4. 最大残留限量

见表 8－11。

表 8－11　链霉素/双氢链霉素最大残留限量

动物种类	靶组织	最大残留限量（μg/kg）
牛/羊/猪/鸡	肌肉	600
	脂肪	600
	肝	600
	肾	1 000
牛/羊	奶	200

5. 常用检验检测方法

方法一：《奶粉和牛奶中链霉素、双氢链霉素和卡那霉素残留量的测定　液相色谱-串联质谱法》(GB/T 22969—2008)，该标准适用于奶粉和牛奶中链霉素、双氢链霉素和卡那霉素残留量的测定。该标准的检测限：牛奶中链霉素、双氢链霉素和卡那霉素的检测限为 10.0 μg/kg，奶粉中链霉素、双氢链霉素和卡那霉素的检测限为 80.0 μg/kg。

方法二：《蜂蜜中链霉素、双氢链霉素和卡那霉素残留量的测定　液相色谱-串联质谱法》(GB/T 22995—2008)，该标准适用于蜂蜜中链霉素、双氢链霉素和卡那霉素残留量的测定。该标准的检测限：链霉素、双氢链霉素和卡那霉素的检测限均为 5.0 μg/kg。

方法三：《蜂蜜中链霉素残留量的测定方法　液相色谱法》(GB/T 18932.3—2002)，该标准规定了蜂蜜中链霉素残留量的高效液相色谱测定方法。该标准适用于蜂蜜中链霉素残留量的测定。该标准链霉素的检测限为 0.010 mg/kg。

方法四：《动物源性食品中链霉素残留量测定方法酶联免疫法》(GB/T 21330—2007)，该标准适用于肉类、内脏、水产品、牛奶和奶粉中链霉素残留量的测定。该标准的检测限：肉类、内脏和水产品为 50.0 μg/kg；牛奶和奶粉为 20.0 μg/kg。

方法五：《蜂王浆中链霉素、双氢链霉素残留量测定　液相色谱法》(GB/T

21164—2007），该标准适用于蜂王浆中链霉素和双氢链霉素残留量的测定。蜂王浆中链霉素的检测限为 0.020 mg/kg，双氢链霉素的检测限为0.080 mg/kg。

方法六：《蜂王浆中链霉素、双氢链霉素和卡那霉素残留量的测定　液相色谱-串联质谱法》（GB/T 22945—2008），该标准规定了蜂王浆中链霉素、双氢链霉素和卡那霉素残留量液相色谱-串联质谱测定方法。该标准适用于蜂王浆中链霉素、双氢链霉素和卡那霉素残留量的测定。该标准链霉素、双氢链霉素检测限为 10.0 μg/kg。

方法七：《进出口蜂产品中链霉素、双氢链霉素残留量的检测方法　液相色谱-串联质谱法》（SN/T 1925—2007），该标准适用于蜂蜜、蜂王浆和蜂王浆冻干粉中链霉素、双氢链霉素残留量的检测。该标准对蜂蜜和蜂王浆中链霉素和双氢链霉素的检测限均为 0.01 mg/kg。

方法八：《进出口食用动物、饲料链霉素类（链霉素、二氢链霉素）药物残留测定　液相色谱-质谱/质谱法》（SN/T 5117—2019），该标准适用于猪、牛、羊、兔、鸡血清及猪、牛、羊、兔尿液，以及玉米粉、小麦粉、高粱粉饲料中链霉素、二氢链霉素药物残留量的测定和确证。该标准链霉素类药物的检测限为 10.0 μg/kg。

十二、阿维拉霉素

1. 基本信息

阿维拉霉素包括 A 至 N 等 14 种组分，其中主要活性组分为 A，其分子量为 1 404.24，分子式为 $C_{61}H_{88}Cl_2O_{32}$；其次是 B 组分。

分子式：$C_{59}H_{84}Cl_2O_{32}$。

分子量：1 376.19。

英文名称：Avilamycin。

化学结构式：

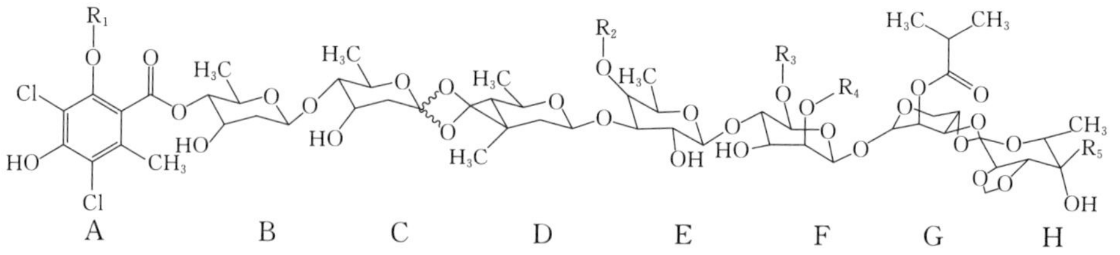

熔点：181～182 ℃。

性状：褐色粉末。

溶解度：微溶于水，易溶于有机溶剂。

2. 作用方式与用途

阿维拉霉素是由绿色产色链霉菌生产的二氯异扁枝衣酸酯，属正糖霉素族寡糖类抗生素，主要对耐万古霉素肠球菌、耐青霉素链球菌、耐甲氧西林金黄色葡萄球菌等革兰氏阳性致病细菌具有很强的抑菌效果，已作为新型消化促进剂及代谢调节剂广泛应用于畜禽养殖领域。阿维拉霉素常作为肉鸡的生长促进剂，在多个国家和地区广泛销售和使用，可以提高肉鸡的存活率和饲料效率，降低对疾病的易感性。

作用机制：在翻译延伸阶段（肽链延伸时），阿维拉霉素与细菌核糖体的50S亚基结合，封锁氨基酰-tRNA进入A位点的通道，从而中断翻译的延伸，抑制细菌蛋白质的合成，最终达到抑菌目的。

3. 每日允许摄入量（ADI）

0～2 000 μg/kg。

4. 最大残留限量

见表8-12。

表8-12　阿维拉霉素最大残留限量

动物种类	靶组织	最大残留限量（μg/kg）
猪/兔	肌肉	200
	脂肪	200
	肝	300
	肾	200
鸡/火鸡（产蛋期禁用）	肌肉	200
	皮+脂	200
	肝	300
	肾	200

5. 常用检验检测方法

《食品安全国家标准　猪可食性组织中阿维拉霉素残留量的测定　液相色谱-串联质谱法》（GB 29686—2013），该标准适用于猪的肌肉、脂肪/皮、肝脏和肾脏中阿维拉霉素残留量的检测。该方法在肌肉和脂肪组织中的检测限为10 μg/kg，定量限为20 μg/kg；在肝脏和肾脏组织中的检测限为20 μg/kg，定量限为50 μg/kg。

十三、杆菌肽

1. 基本信息

英文名称：Bacitracin。
CAS号：1405－87－4。
分子式：$C_{66}H_{103}N_{17}O_{16}S$。
分子量：1 422.69。

化学结构式：

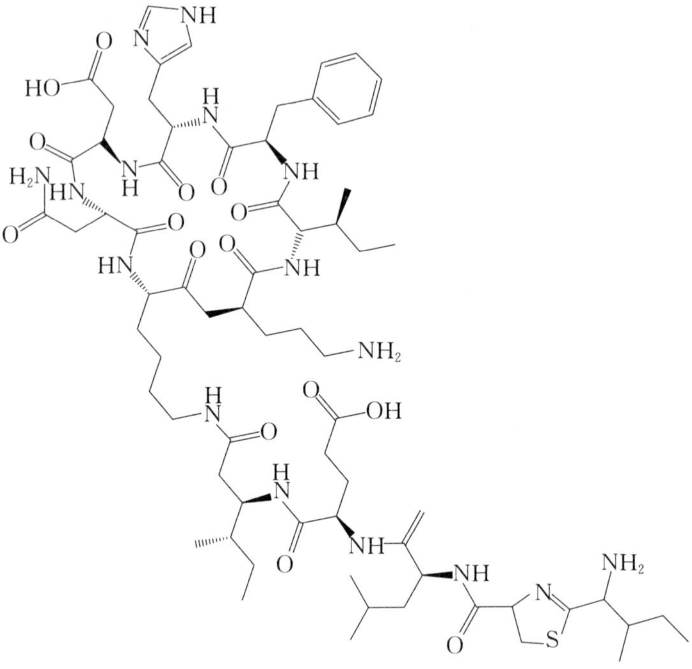

密度：1.43 g/cm^{3}。
熔点：221～225 ℃。
沸点：1 750.1 ℃（760 mmHg）。
闪点：1 012.2 ℃。
性状：类白色或淡黄色的粉末，无臭，味苦，有引湿性。
溶解性：水中易溶，在乙醇中溶解，在丙酮、氯仿或乙醚中不溶。

2. 作用方式与用途

杆菌肽又称枯草菌素、枯草菌肽，是由地衣芽孢杆菌发酵生产的抗生素。它是由12个氨基酸组成含有噻唑环的多肽复合体，基本结构为一个由7个氨基酸组成的环状结构和一个由5个氨基酸组成的链状结构。杆菌肽有许多异构体分别为杆菌肽 A、杆菌肽 A_1、杆菌肽 B、杆菌肽 C、杆菌肽 D、杆菌肽 E、杆菌肽 F_1、杆菌肽 F_2、杆菌肽 F_3 和杆菌肽 G，其主要成分是杆菌肽 A 和杆菌肽 B。

这类抗生素可抗革兰氏菌、病毒和真菌的感染，对呼吸道感染、败血症、泌尿系统感染等疾病具有很好的抑菌和杀菌作用，被广泛用于水产养殖、猪、家禽等的药物和饲料添加剂中，用于促进动物生长和预防动物疾病。在水产养殖方面，由于杆菌肽对养殖环境水体有严重的破坏作用且修复困难，我国早在 2002 年已经将杆菌肽列为禁用渔药。

3. 毒理信息

对肾脏毒性大，临床应用受到限制，一般不作全身用药，临床主要用于耐青霉素的葡萄球菌感染及外用于皮肤感染等。

4. 每日允许摄入量（ADI）

0～50 μg/kg。

5. 最大残留限量

见表 8－13。

表 8－13　杆菌肽最大残留限量

动物种类	靶组织	最大残留限量（μg/kg）
牛/猪/家禽	可食组织	500
牛	奶	500
家禽	蛋	500

6. 常用检验检测方法

无论是修改后的国家标准、行业标准，还是国内外近几年研究情况，都集中使用了液质（LC－MS）联用技术。相关标准如下。

方法一：《猪肉、猪肝和猪肾中杆菌肽残留量的测定　液相色谱-串联质谱法》（GB/T 20743—2006），该标准适用于猪肉、猪肝和猪肾中杆菌肽残留量的测定。该标准检测限为 50.0 μg/kg。

方法二：《牛奶和奶粉中杆菌肽残留量的测定　液相色谱-串联质谱法》（GB/T 22981—2008），该标准适用于牛奶和奶粉中杆菌肽残留量的测定和确证。该标准的检测限：牛奶为 50.0 μg/kg；奶粉为 250 μg/kg。

方法三：《饲料中杆菌肽锌的测定　高效液相色谱法》(NY/T 726—2003)，该标准规定了以液相色谱仪测定饲料中杆菌肽锌的方法。该标准适用于猪、鸡添加剂预混料中杆菌肽锌含量的测定。

方法四：《进出口食用动物、饲料中杆菌肽的检测方法》(SN/T 4807—2017)，该标准适用于进出口食用动物（猪、牛、羊、禽）血液和饲料中杆菌肽的测定。该标准适用于出入境检验检疫工作。血液和饲料中杆菌肽 A 的检测限均为 50 μg/kg。

方法五：《进出口动物源性食品中多肽类兽药残留量的测定　液相色谱-质谱/质谱法》(SN/T 2748—2010)，该标准适用于猪肉、猪肝、猪肾和牛乳中杆菌肽 A、黏杆菌素 A、黏杆菌素 B 和维吉尼霉素 Ml 残留量的检测和确证。肌肉、肝脏、肾脏和牛乳样品中多肽类药物检测限分别为：杆菌肽 A 100 μg/kg，黏杆菌素 25 μg/kg，维吉尼霉素 M1 20 μg/kg。

十四、黏菌素

1. 基本信息

英文名称：Colistin。

CAS 号：1264 - 72 - 8。

分子式：黏菌素 A（多黏菌素 E_1，$C_{53}H_{100}N_{16}O_{13}$）；黏菌素 B（多黏菌素 E_2，$C_{52}H_{98}N_{16}O_{13}$）。

化学结构式：

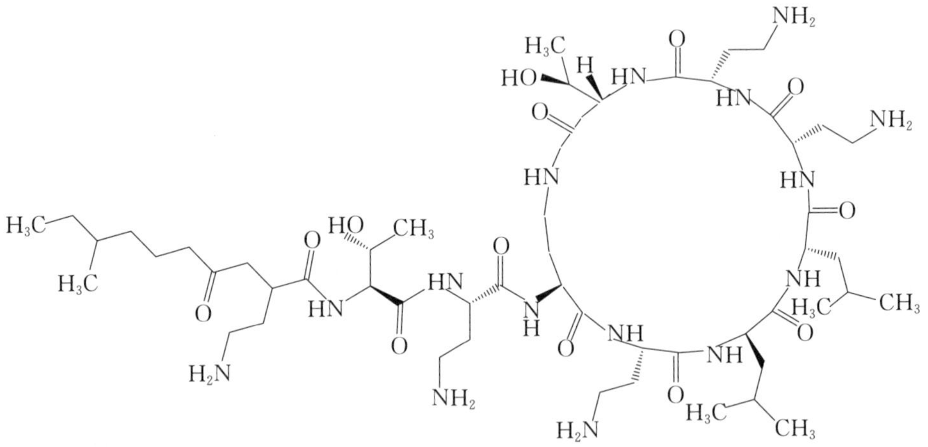

性状：白色或微黄色粉末；无臭或几乎无臭；有引湿性。

溶解性：在水中易溶，在乙醇中微溶，在丙酮、氯仿或乙醚中几乎不溶。

2. 作用方式与用途

黏菌素也称为多黏菌素 E，是一种慢效杀菌剂。它是一种含有至少 30 多种成分的白色结晶或结晶性粉末状混合物，是主要由黏菌素 A（多黏菌素 E_1，$C_{53}H_{100}N_{16}O_{13}$）和黏菌素 B（多黏菌素 E_2，$C_{52}H_{98}N_{16}O_{13}$）组成。

作用机制：是作用于繁殖生长期和静止期的细菌细胞膜，其化学结构中的游离氨基（带阳电）与细菌细胞膜上磷脂的磷酸根（带阴电）结合，使膜的通透性增加，导致细胞内的重要物质如氨基酸、嘌呤、嘧啶、K^+ 等外漏从而起到杀菌的作用。对革兰氏阴性菌有强大抗菌作用，敏感菌有绿脓杆菌、大肠杆菌、肠杆菌属、克雷伯氏菌属、沙门氏菌属、志贺氏菌属、巴斯德氏菌和弧菌等。

3. 每日允许摄入量（ADI）

0～7 μg/kg。

4. 最大残留限量

见表 8－14。

表 8－14　黏菌素最大残留限量

动物种类	靶组织	最大残留限量（μg/kg）
牛/羊/猪/兔	肌肉	150
	脂肪	150
	肝	150
	肾	200
鸡/火鸡	肌肉	150
	皮＋脂	150
	肝	150
	肾	200
鸡	蛋	300
牛/羊	奶	50

十五、吉尼亚霉素

1. 基本信息

中文别名：纯霉素、维及霉素、威里霉素、抗金葡霉素等。

英文名称：Virginiamycin、Staphylomycin。

分子式：维吉尼亚霉素 M_1 分子式为 $C_{28}H_{35}N_3O_7$；维吉尼亚霉素 S_1 分子式为 $C_{43}H_{49}N_7O_{10}$。

化学结构式：

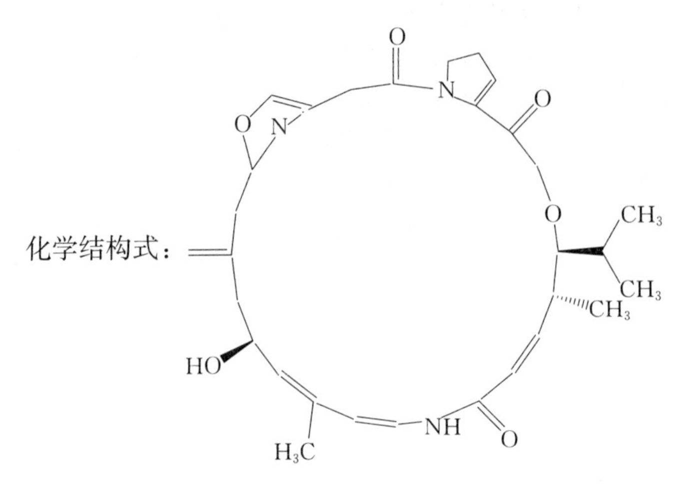

性状：赤黄色粉末，具有特异臭。

溶解度：在水中的溶解度为 563 μg/mL，易溶于甲醇、乙醚、氯仿。

2. 作用方式与用途

维吉尼霉素是由弗吉尼亚链霉菌产生的一种多肽类抗生素。维吉尼霉素主要是由两部分混合组成，一部分称为 M_1 组分占总含量的 70%～80%，另一部分称为 S_1 组分占总含量的 20%～30%。其中，M_1 属于大环内酯类，S_1 属于环状多肽类。S_1 活性很小或无活性，维吉尼霉素发挥作用的主要是 M_1 组分。维吉尼霉素在 pH 9.5 以上的溶液中没有活性。维吉尼霉素溶液对紫外光有很强的吸收作用，但强的紫外光辐照可引起其降解。

作用机制：维吉尼霉素是一种良好的抗生素促生长剂，通过抑制细菌的核糖体，阻止它参与蛋白质的合成，从而达到对革兰氏阳性菌的杀菌效果。它作为促生长类饲料添加剂已广泛应用于猪、鸡等多种动物及水产养殖中。

3. 每日允许摄入量（ADI）

0～250 μg/kg。

4. 最大残留限量

见表 8－15。

表 8-15　吉尼亚霉素最大残留限量

动物种类	靶组织	最大残留限量（μg/kg）
猪	肌肉	100
	皮/脂	400
	肝	300
	肾	400
家禽	肌肉	100
	皮+脂	400

5. 常用检验检测方法

方法一：《猪肝脏、肾脏、肌肉组织中维吉尼霉素 M_1 残留量测定　液相色谱-串联质谱法》（GB/T 20765—2006），该标准适用于猪肝脏、肾脏和肌肉组织中维吉尼霉素 M_1 残留量的测定。该标准的检测限：猪肝脏、肾脏和肌肉组织中维吉尼霉素 M_1 为 0.25 μg/kg。

方法二：《牛奶和奶粉中维吉尼霉素残留量的测定　液相色谱-串联质谱法》（GB/T 22991—2008），该标准适用于原料乳和纯奶粉中维吉尼霉素 M_1 残留量的测定。该标准的检测限：原料乳中维吉尼霉素 M_1 为 0.25 μg/L，纯奶粉中维吉尼霉素 M_1 为 2.0 μg/kg。

方法三：《饲料中维吉尼霉素 M_1 的测定　液相色谱-串联质谱法》（DB35/T 1141—2011），该标准适用于配合饲料、浓缩饲料和添加剂预混合饲料中维吉尼霉素 M_1 含量的测定。该标准中维吉尼霉素 M_1 的检测限为 2 μg/kg，定量限为 7 μg/kg。

十六、头孢氨苄

1. 基本信息

化学名称：(6R,7R)-3-甲基-7-[(R)-2-氨基-2-苯乙酰氨基]-8-氧代-5-硫杂-1-氮杂双环［4.2.0］辛-2-烯-2-甲酸-水合物。

英文名称：Cefalexin。

CAS 号：15686-71-2。

分子式：$C_{16}H_{17}N_3O_4S$。

分子量：347.39。

化学结构式：

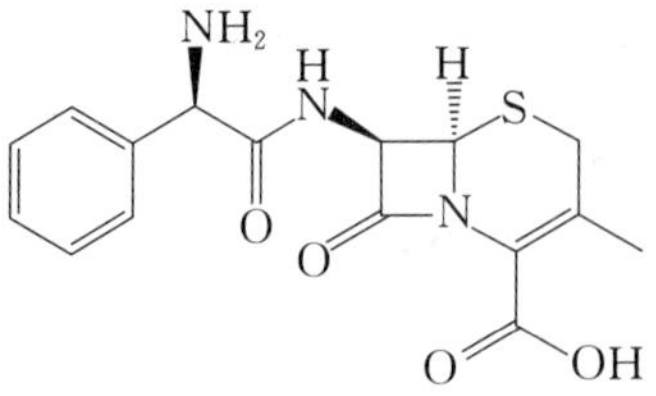

性状：白色结晶固体带有苦味道，微臭。该品在水中微溶，在乙醇、氯仿或乙醚中不溶。

熔点：196～198 ℃。

闪点：393.7 ℃。

相对密度：1.5 g/cm^3。

溶解性：溶于冰乙酸，微溶于丙酮或氯仿，几乎不溶于乙醇，不溶于水。

2. 作用方式与用途

根据头孢菌素类抗生素对β内酰胺酶的稳定性及其开发年代可分为4代：第1代头孢菌素，代表性抗生素为头孢拉定、头孢唑啉、头孢氨苄等；第2代头孢菌素，代表性抗生素为头孢西丁，头孢美唑，头孢孟多等；第3代头孢菌素，代表性抗生素为头孢噻肟、头孢他啶等；第4代头孢菌素，代表性抗生素是头孢匹罗，头孢噻利等。

头孢氨苄属于第一代人工半合成头孢菌素类抗生素，最早于1967年开发，并于1969年和1970由葛兰素史克、礼莱等多个公司同时上市销售。目前，仍批准生产用于治疗动物疾病的头孢菌素类抗生素有头孢氨苄、头孢噻呋、头孢喹肟，头孢噻呋与头孢喹肟是动物专用头孢抗生素，与头孢氨苄相比较有更好的杀菌作用和较低的毒副作用，但由于头孢氨苄价格低廉、给药方式多，因而一直有较大的市场。头孢氨苄属于人兽共用的广谱抗生素，其残留所导致的危害比头孢噻呋、头孢喹肟等动物专用抗生素更为严重。头孢氨苄在体内基本不被代谢，80%以上是以原型药由尿排出，易在肾脏形成高浓度药物梯度而使肾小球通透性增大，或是头孢氨苄结晶析出而损伤肾毛细血管，导致肾脏受损，更可能引起血尿的发生。

作用机制：青霉素结合蛋白是头孢氨苄在内的内酰胺类抗生素作用的靶分子，青霉素结合蛋白中含有能够使细菌细胞壁完成最终合成的转肽酶，由于内酰胺类抗生素中部分结构与转肽酶具有立体化学相似性，当青霉素结合蛋白与头孢氨苄结合后，青霉素结合蛋白中的转肽酶便失去活性，使细菌细胞壁无法顺利完成合成，从而使细菌细胞壁处于不完整的状态，使细菌生长活动受到抑制，最终在外部渗透压的作用下死亡。头孢氨苄抗菌谱广，对革兰氏阳性菌和部分革兰氏阴性菌均有较强抗菌活性，在兽医临床中，主要常用于治疗敏感菌引起的动物呼吸道感染、消化道感染、泌尿生殖道感染、皮肤感染、奶牛的乳腺炎等。

3. 每日允许摄入量（ADI）

0～54.4 g/kg。

4. 最大残留限量

见表 8 - 16。

表 8 - 16 头孢氨苄最大残留限量

动物种类	靶组织	最大残留限量（μg/kg）
所有食品动物	肌肉	200
	脂肪	200
	肝	200
	肾	1 000
	奶	100

5. 常用检验检测方法

方法一：《牛奶和奶粉中头孢匹林、头孢氨苄、头孢洛宁、头孢喹肟残留量的测定 液相色谱-串联质谱法》（GB/T 22989—2008），该标准适用于牛奶和奶粉中头孢匹林、头孢氨苄、头孢洛宁、头孢喹肟残留量的测定。该标准牛奶的检测限：头孢匹林、头孢氨苄、头孢洛宁、头孢喹肟为 4.0 μg/kg；奶粉的检测限：头孢匹林、头孢氨苄、头孢洛宁、头孢喹肟为 32 μg/kg。

方法二：《蜂蜜中头孢唑啉、头孢匹林、头孢氨苄、头孢洛宁、头孢喹肟残留量的测定 液相色谱-串联质谱法》（GB/T 22942—2008），该标准适用于蜂蜜中头孢唑啉、头孢匹林、头孢氨苄、头孢洛宁、头孢喹肟残留量的测定。该标准的检测限：头孢唑啉为 10 μg/kg；头孢匹林、头孢氨苄、头孢洛宁、头孢喹肟为 2.0 μg/kg。

方法三：《河豚鱼和鳗鱼中头孢唑啉、头孢匹林、头孢氨苄、头孢洛宁、头孢喹肟残留量的测定 液相色谱-串联质谱法》（GB/T 22960—2008），该标准适用于河豚和鳗鱼中头孢唑啉、头孢匹林、头孢氨苄、头孢洛宁、头孢喹肟残留量的测定。该标准的检测限：头孢唑啉为 10 μg/kg；头孢匹林、头孢氨苄、头孢洛宁、头孢喹肟为 2.0 μg/kg。

方法四：《进出口动物源食品中头孢氨苄、头孢匹林和头孢唑啉残留量检

测方法　液相色谱-质谱/质谱法》(SN/T 1988—2007)，该标准适用于肌肉、肝脏、肾脏、鸡蛋和牛奶中头孢氨苄、头孢匹林和头孢唑啉残留量的检测和确证。该标准的检测限：头孢氨苄为 2 μg/kg；头孢匹林为 1 μg/kg，头孢唑啉为 0.5 μg/kg。

方法五：《饲料中 17 种头孢菌素类药物的测定　液相色谱-串联质谱法》(农业农村部公告第 316 号—5—2020)，该标准适用于配合饲料、浓缩饲料、精料补充料和添加剂预混合饲料中 17 种头孢菌素类药物的测定。该标准头孢唑林、头孢哌酮、头孢乙腈、头孢喹肟、头孢噻吩、头孢呋辛和头孢他啶检测限为 100 μg/kg，定量限为 250 μg/kg；头孢曲松、头孢氨苄、头孢拉定、头孢匹林、头孢洛宁、头孢噻肟、头孢噻呋、头孢羟氨苄、头孢克洛和头孢丙烯的检测限为 40 μg/kg，定量限为 100 μg/kg。

方法六：《食品安全国家标准　动物性食品中头孢类药物残留量的测定　液相色谱-串联质谱法》(GB 31658.4—2021)，该标准适用于猪和牛肌肉、肝脏、肾脏、脂肪及牛奶中头孢类药物（头孢氨苄、头孢拉定、头孢唑林、头孢哌酮、头孢乙腈、头孢匹林、头孢洛宁、头孢喹肟、头孢噻肟）残留量的检测。该标准在猪和牛的肌肉、肝脏、肾脏、脂肪及牛奶中的检测限为 2.0 μg/kg，定量限为 5.0 μg/kg。

方法七：《出口牛奶中 β-内酰胺类和四环素类药物残留快速检测法　ROSA法》(SN/T 3256—2012)，该标准规定了出口牛奶中 β-内酰胺类和四环素类药物残留的 ROSA 筛选检测方法。该标准的检测限为 20 μg/L。

方法八：《进出口动物源食品中 14 种 β-内酰胺类抗生素残留量检测方法　液相色谱-质谱/质谱法》(SN/T 2050—2008)，该标准适用于动物肌肉、肝脏、肾脏、牛奶和鸡蛋中 14 种 β-内酰胺类抗生素残留量的检测和确证。14 种β内酰胺类抗生素的检测限分别为羟氨苄青霉素 5 μg/kg，氨苄西林2 μg/kg，头孢氨苄 2 μg/kg，头孢匹啉 1 μg/kg，头孢唑啉 0.5 μg/kg，苯咪青霉素 1 μg/kg，甲氧苯青霉素 0.1 μg/kg，苄青霉素 1 μg/kg，苯氧甲基青霉素 0.5 μg/kg，苯唑青霉素 2 μg/kg，苯氧乙基青霉素 10 μg/kg，氯唑西林 1 μg/kg，萘夫西林 2 μg/kg，双氯青霉素 10 μg/kg。

十七、头孢喹肟

1. 基本信息

化学名称：3-乙酰氧基甲基-7-[2-(2-氨基-4-噻唑基)-2-甲氧亚胺基]-乙酰胺基-3-头孢-4-羧酸。

英文名称：Cefquinome。

CAS号：63527-52-6。

分子式：$C_{16}H_{17}N_5O_7S_2$。

分子量：455.465 00。

化学结构式：

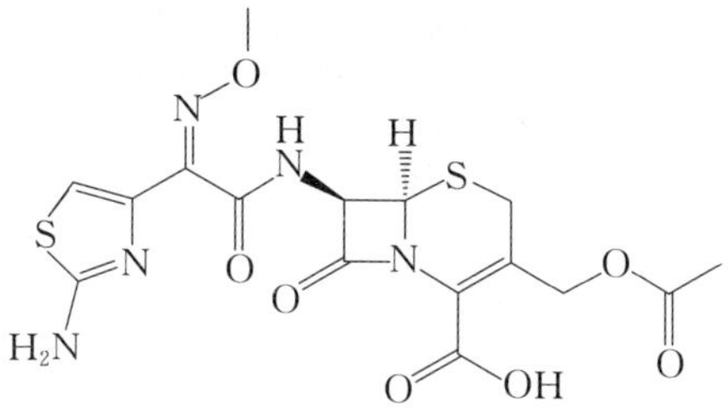

性状：白色粉末。

熔点：162～163 ℃（分解）。

相对密度：1.802 g/cm^3。

2. 作用方式与用途

自20世纪50年代以来，头孢类抗生素药物从第1代头孢噻吩到第4代头孢喹肟，其间有60种头孢类抗生素被研制成功。其中，作为唯一动物专用类第4代头孢菌素——头孢喹肟，也已经被批准并广泛应用于奶牛乳房炎和猪呼吸道感染的治疗。头孢喹肟已经被欧盟和中国批准使用，主要应用于牛和猪的呼吸系统细菌感染，牛急性乳腺炎和败血症，母猪子宫炎、乳腺炎、无乳综合征，宠物呼吸系统感染疾病和软组织感染等疾病的治疗中。在奶牛养殖中，养殖户为追求更大利益，在饲料中不科学合理添加或使用兽药及不遵守弃奶期规定，都会导致牛奶和可食性组织中残留大量的抗生素，这不仅极易增加细菌耐药性的风险，而且严重影响了动物性食品安全。美国、欧盟等国家和组织都已经对牛奶中的头孢喹肟进行了明确规定：最高残留量是20 μg/kg。

作用机制：头孢喹肟属于3-内酰胺类抗生素，其β-内酰胺结构与细菌的羧肽酶、转肽酶和内肽酶结合抑制细胞壁上肽聚糖的合成，破坏细胞壁的渗透屏障功能，大量水分进入细菌体内，使细菌的菌体肿胀、变性，最终破裂死亡，进而达到杀菌作用。第4代动物专用兽药类抗生素头孢喹肟具有很多优点，如抑菌活性强，抗菌谱广，对大多数革兰氏阳性菌和阴性菌都有很强的杀灭作用，尤其是对金黄色葡萄球菌、大肠杆菌属、链球菌等都有较高的抑菌浓度。

3. 每日允许摄入量（ADI）

0～3.8 μg/kg。

4. 最大残留限量

见表 8-17。

表 8-17　头孢喹肟最大残留限量

动物种类	靶组织	最大残留限量（μg/kg）
牛/猪	肌肉	50
	脂肪	50
	肝	100
	肾	200
牛	奶	20

5. 常用检验检测方法

方法一：《牛奶和奶粉中头孢匹林、头孢氨苄、头孢洛宁、头孢喹肟残留量的测定　液相色谱-串联质谱法》(GB/T 22989—2008)，该标准适用于牛奶和奶粉中头孢匹林、头孢氨苄、头孢洛宁、头孢喹肟残留量的测定。该标准牛奶的检测限：头孢匹林、头孢氨苄、头孢洛宁、头孢喹肟为 4.0 μg/kg；奶粉的检测限：头孢匹林、头孢氨苄、头孢洛宁、头孢喹肟为 32 μg/kg。

方法二：《蜂蜜中头孢唑啉、头孢匹林、头孢氨苄、头孢洛宁、头孢喹肟残留量的测定　液相色谱-串联质谱法》(GB/T 22942—2008)，该标准适用于蜂蜜中头孢唑啉、头孢匹林、头孢氨苄、头孢洛宁、头孢喹肟残留量的测定。该标准的检测限：头孢唑啉为 10 μg/kg；头孢匹林、头孢氨苄、头孢洛宁、头孢喹肟为 2.0 μg/kg。

方法三：《河豚鱼和鳗鱼中头孢唑啉、头孢匹林、头孢氨苄、头孢洛宁、头孢喹肟残留量的测定　液相色谱-串联质谱法》(GB/T 22960—2008)，该标准适用于河豚和鳗鱼中头孢唑啉、头孢匹林、头孢氨苄、头孢洛宁、头孢喹肟残留量的测定。该标准的检测限：头孢唑啉为 10 μg/kg；头孢匹林、头孢氨苄、头孢洛宁、头孢喹肟为 2.0 μg/kg。

方法四：《饲料中 17 种头孢菌素类药物的测定　液相色谱-串联质谱法》(农业农村部公告第 316 号—5—2020)，该标准适用于配合饲料、浓缩饲料、精料补充料和添加剂预混合饲料中 17 种头孢菌素类药物的测定。该标准头孢唑林、头孢哌酮、头孢乙腈、头孢喹肟、头孢噻吩、头孢呋辛和头孢他啶检测限为 100 μg/kg，定量限为 250 μg/kg；头孢曲松、头孢氨苄、头孢拉定、头孢匹林、头孢洛宁、头孢噻肟、头孢噻呋、头孢羟氨苄、头孢克洛和头孢丙烯的检测限为 40 μg/kg，定量限为 100 μg/kg。

方法五：《食品安全国家标准　动物性食品中头孢类药物残留量的测定　液相色谱-串联质谱法》（GB 31658.4—2021），该标准适用于猪和牛的肌肉、肝脏、肾脏、脂肪及牛奶中头孢类药物（头孢氨苄、头孢拉定、头孢唑林、头孢哌酮、头孢乙腈、头孢匹林、头孢洛宁、头孢喹肟、头孢噻肟）残留量的检测。该方法在猪和牛的肌肉、肝脏、肾脏、脂肪及牛奶中的检测限为 2.0 μg/kg，定量限为 5.0 μg/kg。

十八、头孢噻呋

1. 基本信息

化学名称：(6R,7R)-7-[2-(2-氨基噻唑-4-基)(甲氧基亚胺基)乙酰胺基]-3-[(2-呋喃基羰基)硫甲基]-8-氧代-5-硫杂-1-氮杂双环［4.2.0］辛-2-烯-2-甲酸。

英文名称：Ceftiofur。

CAS 号：80370-57-6。

分子式：$C_{19}H_{17}N_5O_7S_3$。

分子量：523.56。

化学结构式：

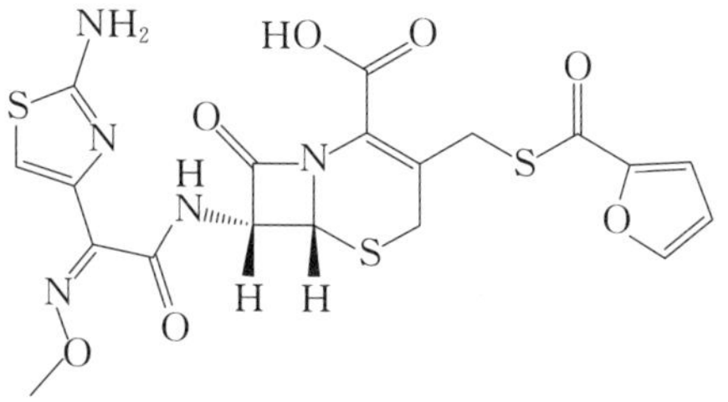

性状：类白色至淡黄色粉末。水中不溶，在丙酮中微溶，在乙醇中几乎不溶。

2. 作用方式与用途

头孢噻呋又名赛得福，是第一个专门用于动物的第 3 代头孢菌素类抗生素。该药是 1984 年合成，后来经法玛西亚普强公司将其做成钠盐的冻干粉及盐酸盐的混悬剂，并确定其商品名分别为 Naxcel 及 Excenel。具广谱杀菌作用，对革兰氏阳性菌、革兰氏阴性菌包括产内酰胺酶菌株均有效。敏感菌有巴斯德氏菌、放线杆菌、沙门氏菌、链球菌、葡萄球菌等。自 1988 年以来，头孢噻呋钠先后被北美、欧洲的一些国家及日本正式批准用于猪、羊、奶牛、肉牛、马的呼吸道疾病治疗和宠物感染性疾病的防治。头孢噻呋钠作为动物专用的一种新抗生素，在一定程度上解决了养禽场细菌性疾病所引发的问题。随着国内企业成功合成头孢噻呋钠并大批量生产，其合成原料成本不断降低，头孢噻呋钠在兽药领域将得到更加广泛的应用。

作用机制：头孢噻呋的抗菌作用机制与其他β内酰胺类药物相同，能与细菌的受体结合蛋白结合，抑制细菌细胞壁合成相关的酶，从而导致了肽链交叉联结无法延长，细胞壁合成遭到破坏，达到高效地杀死菌体的作用，该药具有抗菌活性比较强、副作用小、不易产生耐药性、残留低等特点。将头孢噻呋类药物注射入牛、猪的肌肉后，头孢噻呋便可迅速被吸收，并在血浆内生成初级代谢产物——脱呋喃甲酰头孢噻呋，由于内酰胺环未受破坏，其抗菌活性与头孢噻呋基本相同。

3. 每日允许摄入量（ADI）

0～50 μg/kg。

4. 最大残留限量

见表 8－18。

表 8－18　头孢噻呋最大残留限量

动物种类	靶组织	最大残留限量（μg/kg）
牛/猪	肌肉	1 000
	脂肪	2 000
	肝	2 000
	肾	6 000
牛	奶	100

5. 常用检验检测方法

方法一：《动物源性食品中头孢匹林、头孢噻呋残留量检测方法　液相色谱-质谱/质谱法》（GB/T 21314—2007），该标准适用于动物肌肉、肝脏、肾脏、鸡蛋和牛奶中头孢匹林、头孢噻呋残留量的检测。头孢噻呋的检测限为 50 μg/kg。

方法二：《动物性食品中头孢噻呋残留检测　高效液相色谱法》（农业部 1025 号公告—13—2008），该标准适用于猪、牛的肌肉、脂肪、肝脏和肾脏中头孢噻呋残留检测。该标准在肌肉，脂肪、肝脏和肾脏中的定量限为 100 μg/kg，牛肝脏中的定量限为 500 μg/kg。

方法三：《饲料中 17 种头孢菌素类药物的测定　液相色谱-串联质谱法》（农业农村部公告第 316 号—5—2020），该标准适用于配合饲料、浓缩饲料、精料补充料和添加剂预混合饲料中 17 种头孢菌素类药物的测定。该标准头孢唑林、头孢哌酮、头孢乙腈、头孢喹肟、头孢噻吩、头孢呋辛和头孢他啶检测限为 100 μg/kg，定量限为 250 μg/kg；头孢曲松、头孢氨苄、头孢拉定、头孢匹林、头孢洛宁、头孢噻肟、头孢噻呋、头孢羟氨苄、头孢克洛和头孢丙烯的检测限为 40 μg/kg，定量限为 100 μg/kg。

方法四：《进出口动物源性食品中 β-内酰胺类药物残留检测方法　微生物抑制法》（SN/T 2127—2008），该标准中牛奶的检测限为 100 μg/kg，肉类、鱼和虾的检测限为 800 μg/kg。

方法五：《出口牛奶中 β-内酰胺类和四环素类药物残留快速检测法　ROSA法》（SN/T 3256—2012），该标准的检测限为 4 μg/L。

方法六：《食品安全国家标准　动物性食品中头孢噻呋残留量的测定　高效液相色谱法》（GB 31658.1—2021），该标准适用于猪、牛肌肉、脂肪、肝脏和肾脏中头孢噻呋残留量的测定。该标准在牛、猪肌肉、脂肪、肾脏和猪肝脏中的定量限为 100 μg/kg，牛肝脏中的定量限为 500 μg/kg。

方法七：《食品安全国家标准　动物性食品中头孢类药物残留量的测定　液相色谱-串联质谱法》（GB 31658.4—2021），该标准在猪、牛的肌肉、肝脏、肾脏和脂肪及牛奶中的检测限为 2.0 μg/kg，定量限为 5.0 μg/kg。

方法八：《进出口食用动物 β-内酰胺类药物残留量的测定　放射受体分析法》（SN/T 4810—2017），该标准适用于进出口食用活动物中 β-内酰胺类 6 种抗生素（青霉素 G、阿莫西林、氨苄西林、头孢霉素、头孢噻呋、氯唑西林）残留量的筛选检测。该标准的检测限为 150 μg/kg。

十九、多西环素

1. 基本信息

化学名称：6-甲基-4-(二甲氨基)-3,5,10,12,12a-五羟基-1,11-二氧代-1,4,4a,5,5a,6,11,12a-八氢-2-并四苯甲酰胺。

英文名称：Doxycycline。

CAS 号：564-25-0。

分子式：$C_{22}H_{24}N_2O_8$。

分子量：444.435。

化学结构式：

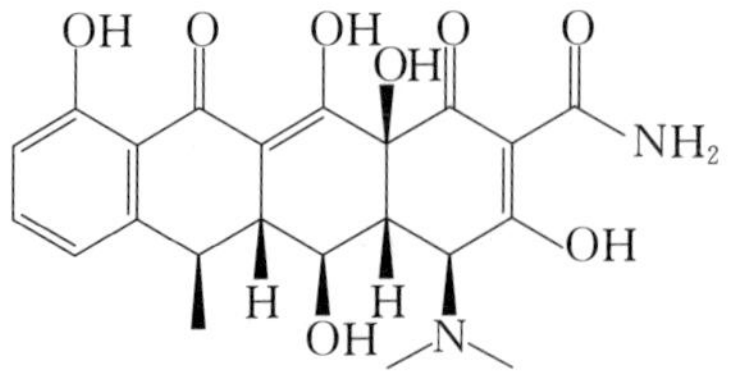

性状：黄色晶体粉末。

熔点：206～209 ℃。

闪点：368.2 ℃。

相对密度：1.63 g/cm^3。

2. 作用方式与用途

多西环素是多环并四苯羧基酰胺母核的衍生物，其抗菌活性提高了 4～8 倍，主要用于敏感的革兰氏阳性菌和革兰氏阴性菌所致的上呼吸道感染、扁桃体炎、胆道感染、淋巴结炎、蜂窝组织炎、老年慢性支气管炎等，也用于治疗斑疹伤寒、支原体肺炎等。尚可用于治疗霍乱，也可用于预防恶性疟疾和钩端螺旋体感染。随着畜牧业的快速发展，养殖场在利益的驱使下，可能用不合理滥用兽药，导致药物在动物可食性组织中蓄积残留。这种行为不仅造成耐药菌产生，而且严重影响了畜牧产品的出口，造成重大经济损失，也给广大消费者身心健康带来极大的危害。此外，饲养者还存在不符合用药剂量、给药部位和用药动物的种类等用药规定，以及重复使用几种商品名称不同但成分相同药物的现象等。

作用机制：该药主要的作用位点是核糖体，通过与细菌核蛋白体 30S 亚基的结合，干扰氨基酰 tRNA 与 30S 亚基上的作用位点的结合，阻断氨基酰 tRNA达到 mRNA，抑制了蛋白质合成时肽链的延长，导致蛋白质合成受阻，达到抑菌的作用。

3. 毒理信息

致癌性：SD 大鼠连续 2 年口服给予该品 20 mg/kg、75 mg/kg 和 200 mg/kg（以 AUC 为基础比较，其暴露量约为临床女性剂量的 9 倍），结果 200 mg/kg 引起雌性大鼠子宫内膜息肉。在 200 mg/kg 实验组雄性动物中未见相关的肿瘤发生。

遗传毒性：CHO/HGPRT 突变试验和微核试验均阴性。

生殖毒性：SD 大鼠口服给予该品≥50 mg/(kg・d)（按体表面积换算，相当于人每日临床剂量 10 倍），能降低精子活力和浓度，引起精子形态学异常，增加植入前和植入后的丢失。该品的所有剂量均引起生殖毒性。尽管该品对大鼠的生育力有损伤，但对人的生育力的影响不清楚。

4. 每日允许摄入量（ADI）

0～3 μg/kg 体重。

5. 最大残留限量

见表 8－19。

表 8－19　多西环素最大残留限量

动物种类	靶组织	最大残留限量（μg/kg）
牛（泌乳期禁用）	肌肉	100
	脂肪	300
	肝	300
	肾	600
猪	肌肉	100
	皮＋脂	300
	肝	300
	肾	600
家禽（产蛋期禁用）	肌肉	100
	皮＋脂	300
	肝	300
	肾	600
鱼	皮＋肉	100

6. 常用检验检测方法

方法一：《饲料中土霉素、四环素、金霉素、多西环素的测定》（农业农村部公告第 282 号—2—2020），该标准适用于配合饲料、浓缩饲料、添加剂预混合饲料和精料补充料中土霉素、四环素、金霉素、多西环素的测定。该标准高效液相色谱法在配合饲料中的检测限为 3 mg/kg，定量限为 5 mg/kg；在添加剂预混合饲料、浓缩饲料和精料补充料中检测限为 10 mg/kg，定量限为 10 mg/kg。液相色谱-串联质谱法在配合饲料中的检测限为 0.01 mg/kg，定量限为 9.5 mg/kg。在添加剂预混合饲料、浓缩饲料和精料补充料中的检测限 0.025 mg/kg，定量限为 0.1 mg/kg。

方法二：《动物性食品中四环素类药物残留检测酶联免疫吸附法》（农业部1025号公告20—2008），该标准适用于牛、猪、鸡的肌肉，猪的肝脏，牛奶和带皮鱼肌肉组织中四环素、金霉素、土霉素及多西环素残留量快速筛选检测。该标准在牛、猪、鸡的肌肉和带皮鱼肌肉组织中的检测限均低于15 μg/kg。该标准在猪肝脏组织中的检测限均低于30 μg/kg。

方法三：《猪鸡可食性组织中四环素类残留检测方法　高效液相色谱法》（农业部958号公告2—2007），该标准适用于猪的肌肉、肝脏、肾脏，以及鸡的肌肉、肝脏组织中四环素、土霉素、金霉素、多西环素的残留量检测。该标准在猪、鸡的肌肉组织中的检测限均为10 μg/kg，定量限均为20 μg/kg，在猪、鸡的肝脏组织中检测限均为25 μg/kg，定量限均为50 μg/kg，在猪肾脏组织中检测限均为30 μg/kg，定量限均为50 μg/kg。

方法四：《动物性食品中四环素类药物残留量检测的制样和高效液相色谱测定方法》（GB 31658.6—2021），该标准在猪、牛、羊、鸡的肌肉，鸡蛋，牛奶，鱼皮/肉、虾肌肉中检测限为20 μg/kg；在猪、牛、羊、鸡的肝脏、肾脏，猪、鸡的皮/脂肪的检测限为50 μg/kg，定量限为100 μg/kg。

方法五：《食品安全国家标准　动物性食品中四环素类、磺胺类和喹诺酮类药物残留量的测定　液相色谱-串联质谱法》（GB 31658.17—2021），该标准规定了动物性食品中四环素类、磺胺类和喹诺酮类药物残留量检测的制样和液相色谱-串联质谱测定方法。该标准的检测限为2 μg/kg，定量限为10 μg/kg。

方法六：《食品安全国家标准　水产品中土霉素、四环素、金霉素和多西环素残留量的测定》（GB 31656.11—2021），该标准在水产品可食组织中土霉素和四环素的检测限均为10.0 μg/kg，多西环素和金霉素的检测限为20.0 μg/kg，土霉素和四环素的定量限均为20.0 μg/kg，多西环素和金霉素定量限均为40.0 μg/kg。

二十、土霉素/金霉素/四环素

1. 基本信息

（1）土霉素

英文名称：Oxytetracycline。

CAS号：79－57－2。

分子式：$C_{22}H_{24}N_2O_9$。

分子量：460.43。

化学结构式：

性状：黄色晶体粉末，易溶于水和甲醇，略溶于乙醇，不溶于氯仿、乙醚。其水溶液在酸性条件下稳定，碱性条件下不稳定。

熔点：182 ℃（分解）。

相对密度：1.634 0 g/cm^3。

溶解度：0.6 mg/mL。

（2）金霉素

CAS号：57－62－5。

分子式：$C_{22}H_{23}ClN_2O_8$。

分子量：478.880 00。

化学结构式：

外观与性状：金色黄色晶体粉末。

密度：1.7 g/cm^3。

熔点：168.5 ℃。

沸点：694.1 ℃（760 mmHg）。

折射率：1.745。

（3）四环素

分子式：$C_{22}H_{24}N_2O_8$。

分子量：444.44。

化学结构式：

CAS号：60－54－8。

性状：黄色结晶性粉末；无臭，味苦；有引湿性；遇光色渐变深，在碱性溶液中易破坏失效。在水中溶解，在乙醇中略溶，在氯仿或乙醚中不溶。

密度：1.644 g/cm^3。
熔点：172～174 ℃。
沸点：790.622 ℃（760 mmHg）。
闪点：431.953 ℃。
蒸气压：0 mmHg（25 ℃）。

2. 作用方式与用途

土霉素由龟裂链霉菌发酵而产出，在发酵后加入碳酸钙，经过滤、干燥而得。从结构上看，它含有二甲氨基，能够显碱性，同时又含有酚羟基和烯醇基，所以又能够显酸性，因此土霉素是一种复杂的两性有机化合物。土霉素通过可逆结合 30S 核糖体亚基抑制肽链的增长和细菌蛋白质的合成，来发挥抑菌作用。它对多种球菌和杆菌有抗菌作用。例如，立克次体、阿米巴病原虫等，用来治疗上呼吸道感染、胃肠道感染、斑疹伤寒、恙虫病等疾病。土霉素对革兰氏阳性菌和阴性菌均有抑制作用，也可作为促进生长剂。在动物保健中的土霉素可分为 4 种主要的剂量产品组：饲料预混合物、注射剂、可溶性粉剂和片剂。这些产品可用于农场物种中，如奶牛、肉牛、猪、绵羊和鸡，主要用于治疗和控制由细菌病原体引起的传染性疾病。

金霉素最初于 1945 年从密苏里大学桑博试验田的土壤样本中分离而得的金色链霉菌中由 Benjamin Duggar 博士发现，故命名为“金霉素”，作为最早被发现的四环素类抗生素，也被称为“氯四环素”。作用机制：其主要通过抑制核糖体蛋白质合成从而对细菌生长进行抑制。金霉素与微生物核糖核蛋白体 30S 亚基结合，破坏 tRNA 和 RNA 之间的密码子-反密码子反应，从而阻止氨酰- tRNA 与核糖体受体 A 位点结合，阻断肽链延长，起到抑菌、杀菌作用。金霉素对生物膜的通透性较四环素、土霉素更高，因此金霉素具有比四环素和土霉素更强的毒性。但金霉素对一些四环素或土霉素对其疗效不佳的细菌引起的感染具有疗效。于 1955 年被用于饲料添加剂以促进畜禽生长和防治疾病，由于其生产工艺简便，价格低廉，目前仍被广泛使用。

四环素类药物结构中含有易电离出 H^+ 的酚羟基和烯醇和易电离出 OH^- 的二甲氨基，属于酸碱两性化合物，对光敏感，需避光室温储存，避免冻存。

1975 年，苏联就曾提议禁止在兽药添加剂中使用青霉素、土霉素、四环素；1986 年，瑞典宣布停止使用促生长抗生素；欧盟也已于 2006 年全面禁止促生长抗生素的使用；美国于 2013 年宣布将逐步禁止饲料中添加促生长抗生素。我国农业农村部发布的 168 号公告规定了可添加于饲料中的兽药产品的使用范围、用量和休药期等，235 号公告则对多种抗生素在畜禽产品中的最高残留限量作出了规定。

3. 每日允许摄入量（ADI）

0～30 μg/kg。

4. 最大残留限量

见表 8－20。

表 8－20　土霉素/金霉素/四环素最大残留限量

动物种类	靶组织	最大残留限量（μg/kg）
牛/羊/猪/家禽	肌肉	200
	肝	600
	肾	1 200
牛/羊	奶	100
家禽	蛋	400
鱼	皮＋肉	200
虾	肌肉	200

5. 常用检验检测方法

方法一：《畜、禽肉中土霉素、四环素、金霉素残留量的测定》（GB/T 5009.116—2003），该标准适用于各种畜禽肉中土霉素、四环素、金霉素残留量的测定。该标准的检测限为土霉素 0.15 mg/kg，四环素 0.20 mg/kg，金霉素 0.65 mg/kg。

方法二：《可食动物肌肉中土霉素、四环素、金霉素、强力霉素残留量的测定　液相色谱-紫外检测法》（GB/T 20764—2006），该标准适用于牛肉、羊肉、猪肉、鸡肉和兔肉中土霉素、四环素、强力霉素残留量的测定。该标准的检测限：土霉素、四环素、金霉素、强力霉素均为 0.005 mg/kg。

方法三：《牛奶和奶粉中土霉素、四环素、金霉素、强力霉素残留量的测定　液相色谱-紫外检测法》（GB/T 22990—2008），该标准适用于牛奶和奶粉中土霉素、四环素、金霉素、强力霉素残留量的测定。该标准的检测限：牛奶中土霉素、四环素为 5 μg/kg，金霉素、强力霉素为 10 μg/kg；奶粉中土霉素、四环素为 25 μg/kg，金霉素、强力霉素为 50 μg/kg。

方法四：《蜂蜜中土霉素、四环素、金霉素、强力霉素残留量的测定方法　液相色谱-串联质谱法》（GB/T 18932.23—2003），该标准的检测限：土霉素、四环素为 0.001 mg/kg；金霉素、强力霉素为 0.002 mg/kg。

方法五：《蜂蜜中土霉素、四环素、金霉素、强力霉素残留量的测定方

法　液相色谱法》(GB/T 18932.4—2002)，该标准适用于蜂蜜中土霉素、四环素、金霉素、强力霉素残留量的测定。该标准的检测限：土霉素、四环素、金霉素、强力霉素均为 0.010 mg/kg。

方法六：《蜂王浆中土霉素、四环素、金霉素、强力霉素残留量的测定　液相色谱-质谱/质谱法》(GB/T 23409—2009)，该标准适用于蜂王浆中四环素、土霉素、金霉素、强力霉素残留量的测定。该标准的检测限：四环素、土霉素、金霉素、强力霉素均为 0.005 mg/kg。

方法七：《食品安全国家标准　水产品中土霉素、四环素、金霉素和多西环素残留量的测定》(GB 31656.11—2021)，该标准在水产品可食组织中土霉素和四环素的检测限均为 10.0 μg/kg，多西环素和金霉素的检测限为20.0 μg/kg，土霉素和四环素的定量限均为 20.0 μg/kg，多西环素和金霉素定量限均为 40.0 μg/kg。

方法八：《水产品中土霉素、四环素、金霉素残留量的测定》(SC/T 3015—2002)，该标准适用于水产品可食部分中土霉素、四环素、金霉素残留量的测定。该标准的检测限：土霉素≤0.05 mg/kg，四环素≤0.05 mg/kg，金霉素≤0.1 mg/kg。

方法九：《饲料中土霉素、四环素、金霉素、多西环素的测定》(农业农村部公告第 282 号—2—2020)，该标准适用于配合饲料、浓缩饲料、添加剂预混合饲料和精料补充料中土霉素、四环素、金霉素、多西环素的测定。该标准高效液相色谱法在配合饲料中的检测限为 3 mg/kg，定量限为 5 mg/kg；在添加剂预混合饲料、浓缩饲料和精料补充料中检测限为 10 mg/kg，定量限为 10 mg/kg。液相色谱-串联质谱法在配合饲料中的检测限为 0.01 mg/kg，定量限为 9.5 mg/kg。在添加剂预混合饲料、浓缩饲料和精料补充料中的检测限 0.025 mg/kg，定量限为 0.1 mg/kg。

方法十：《有机肥料中土霉素、四环素、金霉素与强力霉素的含量测定　高效液相色谱法》(GB/T 32951—2016)，该标准不适用于豆饼肥中土霉素、四环素、金霉素和强力霉素含量的测定。该标准的检测限分别为土霉素 0.75 mg/kg、四环素 0.75 mg/kg、金霉素 1.0 mg/kg、强力霉素 0.75 mg/kg。

方法十一：《食品安全国家标准　动物性食品中四环素类、磺胺类和喹诺酮类药物残留量的测定　液相色谱-串联质谱法》(GB 31658.17—2021)，该标准适用于牛、羊、猪和鸡的肌肉、肝脏和肾脏组织中四环素类（四环素、金霉素、土霉素、多西环素）、磺胺类（乙酰磺胺、磺胺吡啶、磺胺嘧啶、磺胺甲唑、磺胺噻唑、磺胺甲嘧啶、磺胺二甲异唑、磺胺甲噻二唑、苯甲酰磺胺、磺胺二甲异嘧啶、磺胺二甲嘧啶、磺胺间甲氧嘧啶、磺胺甲氧哒嗪、磺胺对甲氧嘧啶、磺胺氯哒嗪、磺胺邻二甲氧嘧啶、磺胺间二甲氧嘧啶、磺胺苯吡唑、酞磺胺噻唑）和喹诺酮类（诺氟沙星、依诺沙星、环丙沙星、培氟沙星、洛美沙星、达氟沙星、恩诺沙星、氧氟沙星、麻保沙星、沙拉沙星、二氟沙星、喹酸、氟甲喹）药物残留量的测定。该方法的检测限为 2 μg/kg，定量限为 10 μg/kg。

方法十二：《食品安全国家标准　动物性食品中四环素类药物残留量的测定　高效液相色谱法》（GB 31658.6—2021），该标准规定了动物性食品中四环素类药物残留量检测的制样和高效液相色谱测定方法，该标准在猪、牛、羊、鸡的肌肉，鸡蛋，牛奶，鱼皮/肉、虾的肌肉中检测限为 20 μg/kg；在猪、牛、羊、鸡的肝脏、肾脏，猪、鸡的皮/脂肪的检测限为 50 μg/kg，定量限为 100 μg/kg。

方法十三：《动物源性食品中四环素类兽药残留量检测方法　液相色谱-质谱/质谱法与高效液相色谱法》（GB/T 21317—2007）。二甲胺四环素、差向土霉素、土霉素、差向四环素、四环素、去甲基金霉素、差向金霉素、金霉素、甲烯土霉素和强力霉素的检测限均为 50.0 μg/kg。

方法十四：《蜂王浆中四环素类抗生素残留量测定方法　放射受体分析法》（SN/T 2664—2010），该标准适用于蜂王浆中四环素、金霉素、土霉素、强力霉素抗生素残留总量的测定。四环素、金霉素、土霉素和强力霉素残留总量 10 μg/kg。

方法十五：《出口牛奶中 β-内酰胺类和四环素类药物残留快速检测法　ROSA 法》（SN/T 3256—2012），该标准中四环素的检测限为 10 μg/L，土霉素的检测限为 30 μg/L，金霉素的检测限为 30 μg/L。

方法十六：《猪鸡可食性组织中四环素类残留检测方法　高效液相色谱法》（农业部 958 号公告—2—2007），该标准在猪鸡肌肉组织中的检测限均为 10 μg/kg，定量限均为 20 μg/kg，在猪鸡肝脏组织中检测限均为 25 μg/kg，定量限均为 50 μg/kg，在猪肾脏组织中检测限均为 30 μg/kg，定量限均为 50 μg/kg。

方法十七：《饲料中土霉素的测定　高效液相色谱法》（GB/T 22259—2008），该标准适用于配合饲料、浓缩饲料、添加剂预混合饲料中土霉素的测定，检测限为 0.5 mg/kg，定量限为 2 mg/kg。

方法十八：《猪组织中四环素族抗生素残留量　检测方法　微生物学检测方法》（GB/T 20444—2006），该标准的检测限其中四环素、土霉素、强力霉素为 0.05 mg/kg，金霉素为 0.01 mg/kg。

方法十九：《进出口蜂王浆中四环素类兽药残留量检测方法　液相色谱-质谱/质谱法》（SN/T 2800—2011），该标准对蜂王浆中土霉素、四环素、去甲金霉素、金霉素、强力霉素的检测限均为 2.0 μg/kg。

方法二十：《鸡肉、猪肉中四环素类药物残留检测　液相色谱-串联质谱法》（农业部 1025 号公告—12—2008），该标准适用于猪肉，鸡肉组织中四环素、土霉素及金霉素单个或混合物残留量的检测。四环素、土霉素和金霉素在猪肉，鸡肉组织中的检测限为 5 ng/g，定量限为 10 ng/g。

方法二十一：《进出口食用动物四环素类药物残留量的测定　液相色谱-质谱/质谱法》（SN/T 4814—2017），该标准四环素、金霉素、土霉素和强力霉素的检测限均为 0.01 mg/kg。

方法二十二：《动物性食品中四环素类药物残留检测　酶联免疫吸附法》（农业部 1025 号公告—20—2008）。该标准在牛、猪、鸡的肌肉和带皮鱼肌肉组织中的检测限均低于 15 μg/kg。该方法在猪肝脏组织中的检测限均低于 30 μg/kg。

二十一、红霉素

1. 基本信息

化学名称：5-(4-二甲胺四氢-3-羟基-6-甲基-2-吡喃氧基)-6,11,12,13-四羟基-2,4,6,8,10,12-六甲基-9-氧代-3-(四氢-5-羟基-4-甲氧基-4,6-二甲基-2-吡喃氧基）十五烷酸-μ-内酯。

英文名称：Erythromycin。

CAS 号：114-07-8。

分子式：$C_{37}H_{67}NO_{13}$。

分子量：733.927 00。

化学结构式：

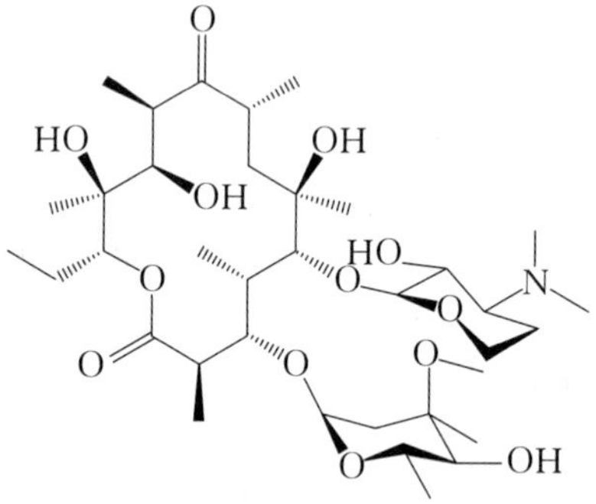

性状：松软的无色粉末。易溶于乙醇、氯仿、丙酮及醚等，微溶于水。成盐后溶解度增加。在干燥状态下较稳定，水溶液在冷藏下较稳定，室温时效价逐渐降低。遇酸不稳定，在微碱时较稳定，在 pH 4 以下效价显著降低。比旋度为−70°～78°（2%，乙醇溶液）。

熔点：138～140 ℃。

闪点：448.8 ℃。

相对密度：1.2 g/cm^3。

蒸气压：4.94×10^{-31} mmHg（25 ℃）。

2. 作用方式与用途

由红霉素链霉菌所产生的大环内酯类抗生素的第 1 代产品。抗菌谱与青霉素近似，对革兰氏阳性菌，如葡萄球菌、化脓性链球菌、绿色链球菌、肺炎链球菌、粪链球菌、溶血性链球菌、梭状芽孢杆菌、白喉杆菌、炭疽杆菌等有较强的抑制作用。对革兰氏阴性菌，如淋球菌、螺旋杆菌、百日咳杆菌、布氏杆菌、军团菌、脑膜炎双球菌以及流感嗜血杆菌、拟杆菌、部分痢疾杆菌及大肠杆菌等也有一定的抑制作用而在海水、淡水产养殖业中则被用于治疗烂鳃病、白皮病、白头白嘴病，花鲢、白鲢出血病症等。欧盟从 1999—2002 年 3 次对红霉素在食品中的残留量进行了修改，允许剂量从 400 μg/kg 修改到 200 μg/kg，美国规定猪可食性组织中的红霉素最高残留限量为 100 μg/kg，日本规定水生动物中红霉素最高残留限量最高 200 μg/kg。

作用机制：红霉素的抗菌作用机制为抑制细菌蛋白质合成，能与细菌核蛋白体的 50S 亚基结合，抑制转肽酶、阻止肽链延长，从而终止蛋白质合成，产生抑菌作用。红霉素对分裂繁殖旺盛的病原微生物作用较强。

3. 每日允许摄入量（ADI）

0～0.7 μg/kg 体重。

4. 最大残留限量

见表 8-21。

表 8-21　红霉素最大残留限量

动物种类	靶组织	最大残留限量（μg/kg）
鸡/火鸡	肌肉	100
	脂肪	100
	肝	100
	肾	100
鸡	蛋	50

（续）

动物种类	靶组织	最大残留限量（μg/kg）
其他动物	肌肉	200
	脂肪	200
	肝	200
	肾	200
	奶	40
	蛋	150
鱼	皮+肉	200

5. 常用检验检测方法

方法一：《食品安全国家标准　水产品中红霉素残留量的测定　液相色谱-串联质谱法》（GB 29684—2013），该标准适用于水产品可食性组织中红霉素残留量的检测。该方法的检测限为 0.5 μg/kg，定量限为 1 μg/kg。

方法二：《畜禽肉中林可霉素、竹桃霉素、红霉素、替米考星、泰乐菌素、克林霉素、螺旋霉素、吉他霉素、交沙霉素残留量的测定　液相色谱-串联质谱法》（GB/T 20762—2006），该标准的检测限：林可霉素、竹桃霉素、红霉素、替米考星、泰乐菌素、克，林霉素、螺旋霉素、吉他霉素和交沙霉素均为 1.0 μg/kg。

方法三：《蜂蜜中林可霉素、红霉素、螺旋霉素、替米考星、泰乐霉素、交沙霉素、吉他霉素、竹桃霉素残留量的测定　液相色谱-串联质谱法》（GB/T 22941—2008），该标准适用于蜂蜜中林可霉素、红霉素、螺旋霉素、替米考星、泰乐菌素、交沙霉素、吉他霉素、竹桃霉素残留量的测定。该标准的检测限均 2.0 μg/kg。

方法四：《牛奶和奶粉中螺旋霉素、吡利霉素、竹桃霉素、替米卡星、红霉素、泰乐菌素残留量的测定　液相色谱-串联质谱法》（GB/T 22988—2008），该标准适用于牛奶和奶粉中螺旋霉素、吡利霉素、竹桃霉素、替米卡星、红霉素、泰乐菌素残留量的测定和确证。该标准的检测限：牛奶为 1 μg/kg，奶粉为 8 μg/kg。

方法五：《蜂王浆和蜂王浆冻干粉中林可霉素、红霉素、替米考星、泰乐菌素、螺旋霉素、克林霉素、吉他霉素、交沙霉素残留量的测定　液相色谱-串联质谱法》（GB/T 22946—2008），该标准适用于蜂王浆和蜂王浆冻干粉中林可霉素、红霉素、替米考星、泰乐菌素、螺旋霉素、克林霉素、吉他霉素和交沙霉素残留量的测定。该标准的检测限：蜂王浆中的林可霉素、红霉素、替米考星、泰乐菌素、螺旋霉素、克林霉素、吉他霉素、交沙霉素均为2.0 μg/kg；蜂王浆冻干粉中的林可霉素、红霉素、泰乐菌素、克林霉素、交沙霉素均为2.0 μg/kg，替米考星、螺旋霉素、吉他霉素均为5.0 μg/kg。

方法六：《河豚鱼、鳗鱼中林可霉素、竹桃霉素、红霉素、替米考星、泰乐菌素、螺旋霉素、吉他霉素、交沙霉素残留量的测定　液相色谱-串联质谱法》(GB/T 22964—2008)，该标准适用于河豚和鳗鱼中林可霉素、竹桃霉素、红霉素、替米考星、泰乐菌素、螺旋霉素、吉他霉素和交沙霉素残留量的测定。该标准的检测限：河豚中的林可霉素、竹桃霉素、红霉素、替米考星、泰乐菌素、螺旋霉素、吉他霉素和交沙霉素均为2.0 μg/kg。鳗鱼中的林可霉素、红霉素、泰乐菌素、吉他霉素均为2.0 μg/kg，螺旋霉素、竹桃霉素、交沙霉素、替米考星均为5.0 μg/kg。

方法七：《蜂蜜中红霉素残留量的测定方法　杯碟法》(GB/T 18932.8—2002)，该标准适用于各种蜂蜜中红霉素残留量的测定。该标准红霉素的检测限为0.05 mg/kg。

方法八：《进出口蜂王浆中大环内酯类抗生素残留量的检测方法　液相色谱串联质谱法》(SN/T 2062—2008)，该标准适用于蜂王浆中螺旋霉素、替米考星、竹桃霉素、泰乐菌素、红霉素、罗红霉素、交沙霉素残留量的检测。该标准中大环内酯类抗生素残留量的检测限为10 μg/kg。

方法九：《进出口动物源食品中大环内酯类抗生素残留检测方法　微生物抑制法》(SN/T 1777.3—2008)，该标准适用于肉类、水产品、动物内脏、鸡蛋和牛奶中大环内酯类兽药筛选检测，阳性结果应用其他方法进行确证。该标准红霉素的检测限为50 μg/kg。

方法十：《动物源性食品中大环内酯类抗生素残留测定方法　第1部分：放射受体分析法》(SN/T 1777.1—2006)，该标准适用于肉类组织、内脏和水产品中大环内酯类抗生素残留的测定方法。该标准红霉素的限测限为100 μg/kg。

方法十一：《进出口食用动物大环内酯类药物残留量的测定　液相色谱-质谱/质谱法》(SN/T 4747.3—2017)，该标准适用于出入境检验检疫工作中牛、羊、猪、鸡的血清和牛、猪、羊的尿液中红霉素、螺旋霉素、替米考星、泰乐菌素、交沙霉素、吉他霉素、竹桃霉素的检测。该标准对血清和尿样中红霉素、螺旋霉素、泰乐菌素、交沙霉素、吉他霉素、替米考星、竹桃霉素的检测限为1.5 μg/kg，定量限为5 μg/kg。

方法十二：《进出口食用动物大环内酯类药物残留量的测定　微生物抑制

法》(SN/T 4747.2—2017),该标准适用于出入境检验检疫工作中进出口食用动物血液、尿液中大杯内酯类兽药残留筛选检测,阳性结果需用其他方法进行确证。该标准红霉素检测限为 0.05 mg/kg。

方法十三:《进出口食用动物大环内酯类药物残留量的测定　放射受体分析法》(SN/T 4747.1—2017),该标准适用于进出口食用活动物中大环内酯类药物中红霉素、泰乐菌素、螺旋霉素、林可霉素和替米考星的药物残留初筛检测。该标准红霉素检测限为 500 μg/kg。

方法十四:《食品安全国家标准　水产品中大环内酯类药物残留量的测定　液相色谱-串联质谱法》(GB 31660.1—2019),该标准的检测限为 1.6 μg/kg;红霉素替米考星定量限为 2.0 μg/kg,竹桃霉素、克拉霉素、阿奇霉素、吉他霉素、交沙霉素、螺旋霉素、泰乐菌素定量限为 4.0 μg/kg。

方法十五:《出口猪肉、虾、蜂蜜中多类药物残留量的测定　液相色谱-质谱/质谱法》(SN/T 3155—2012),该标准规定了猪肉、虾和蜂蜜中多类药物残留测定的制样和液相色谱-质谱/质谱测定方法。该标准的检测限分别为磺胺类药物 1.0 μg/kg,硝基咪唑类药物 1.0 μg/kg,喹诺酮类药物 2.0 μg/kg,大环内酯类药物 3.0 μg/kg,林可酰胺类药物 2.0 μg/kg,吡喹酮残留量 0.3 μg/kg。

方法十六:《动物源性食品中大环内酯类抗生素残留测定方法　第 2 部分:高效液相色谱串联质谱法》(SN/T 1777.2—2007),该标准适用于猪肉、禽肉、肝脏、肾脏和蜂蜜中 7 种大环内酯类抗生素残留量的检测。该标准中的大环内酯类抗生素残留量检测限为 20 μg/kg。

方法十七:《进出口蜂王浆中大环内酯类抗生素残留量的检测方法液相色谱串联质谱法》(SN/T 2062—2008),该标准适用于蜂王浆中螺旋霉素、替米考星、竹桃霉素、泰乐菌素、红霉素、罗红霉素、交沙霉素残留量的检测。大环内酯类抗生素残留量检测限为 10 μg/kg。

方法十八:《蜂蜜中大环内酯类药物残留量测定　液相色谱-质谱/质谱法》(GB/T 23408—2009),该标准的检测限:罗红霉素、替米考星、泰乐菌素、北里霉素、交沙霉素为 0.2 μg/kg、竹桃霉素、螺旋霉素 I 为 0.5 μg/kg、红霉素为 0.1 μg/kg。

二十二、吉他霉素

1. 基本信息

化学名称:2-(6-{5-[(4,5-二羟基-4,6-二甲基-2-氧杂基)氧基]-4-(二甲氨基)-3-羟基-6-甲基-2-氧杂基}氧基)-4,10-二羟基-5-甲氧基-9,

16-二甲基-2-氧代-1-氧杂环十六烷-11,13-dien-7-基]乙醛。

英文名称：Kitasamycin。

CAS号：1392-21-8。

分子式：$C_{35}H_{59}NO_{13}$。

分子量：701.841 86。

化学结构式：

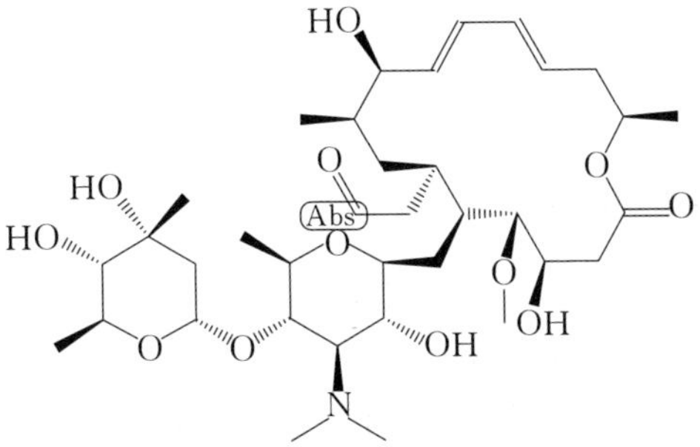

性状：白色或淡黄色结晶性粉末，无臭、味苦、微有引湿性；易溶于水、甲醇或乙醇；几不溶于乙醚、氯仿。

熔点：128～145 ℃。

溶解度：水中50 mg/mL。

2. 作用方式与用途

吉他霉素又称柱晶白霉素、北里霉素，是由北里链霉菌产生的一种多组分十六元环大环内酯类抗生素，已有研究表明其组分包括A_1到A_9，其中以A_5含量最高，占总量的42%。1953年，日本学者hata等发现了吉他霉素的产生菌，随后又发表了有关吉他霉素理化性质、药理、临床研究的文章。对鸡的慢性呼吸道疾病、猪的肺炎、猪细菌性痢疾均有抑制作用。对促进生长、改进饲料转化率有效。由于吉他霉素比泰乐菌素对溶血性巴氏杆菌与畜禽霉形体等有更好的抗菌活性，在预防及治疗鸡、鸭等畜禽呼吸道与肠道疾病中使用广泛且效果良好。但容易造成吉他霉素在鸭等畜禽可食用组织中残留，有潜在危害人们身体健康的可能性。

作用机制：吉他霉素主要作用于G^+菌和部分C^-菌，对真菌无效。

3. 每日允许摄入量（ADI）

0～30 μg/kg。

4. 最大残留限量

见表8-22。

表 8-22 吉他霉素最大残留限量

动物种类	靶组织	最大残留限量（μg/kg）
猪/家禽	肌肉	200
	肝	200
	肾	200
	可食下水	200

5. 常用检验检测方法

方法一：《蜂蜜中林可霉素、红霉素、螺旋霉素、替米考星、泰乐霉素、交沙霉素、吉他霉素、竹桃霉素残留量的测定 液相色谱-串联质谱法》（GB/T 22941—2008），该标准适用于蜂蜜中林可霉素、红霉素、螺旋霉素、替米考星、泰乐菌素、交沙霉素、吉他霉素、竹桃霉素残留量的测定。该标准的检测限均为 2.0 μg/kg。

方法二：《蜂王浆和蜂王浆冻干粉中林可霉素、红霉素、替米考星、泰乐菌素、螺旋霉素、克林霉素、吉他霉素、交沙霉素残留量的测定 液相色谱-串联质谱法》（GB/T 22946—2008），该标准适用于蜂王浆和蜂王浆冻干粉中林可霉素、红霉素、替米考星、泰乐菌素、螺旋霉素、克林霉素、吉他霉素和交沙霉素残留量的测定。该标准的检测限：蜂王浆中的林可霉素、红霉素、替米考星、泰乐菌素、螺旋霉素、克林霉素、吉他霉素、交沙霉素均为 2.0 μg/kg；蜂王浆冻干粉中的林可霉素、红霉素、泰乐菌素、克林霉素、交沙霉素均为 2.0 μg/kg，替米考星、螺旋霉素、吉他霉素均为 5.0 μg/kg。

方法三：《河豚鱼、鳗鱼中林可霉素、竹桃霉素、红霉素、替米考星、泰乐菌素、螺旋霉素、吉他霉素、交沙霉素残留量的测定 液相色谱-串联质谱法》（GB/T 22964—2008），该标准适用于河豚和鳗鱼中林可霉素、竹桃霉素、红霉素、替米考星、泰乐菌素、螺旋霉素、吉他霉素和交沙霉素残留量的测定。该标准的检测限：河豚中的林可霉素、竹桃霉素、红霉素、替米考星、泰乐菌素、螺旋霉素、吉他霉素和交沙霉素均为 2.0 μg/kg。鳗鱼中的林可霉素、红霉素、泰乐菌素、吉他霉素均为 2.0 μg/kg，螺旋霉素、竹桃霉素、交沙霉素、替米考星均为 5.0 μg/kg。

方法四：《出口猪肉、虾、蜂蜜中多类药物残留量的测定 液相色谱-质谱/质谱法》（SN/T 3155—2012），该标准规定了猪肉、虾和蜂蜜中多类药物残留测定的制样和液相色谱-质谱/质谱测定方法。该标准方法检测限分别为磺胺类药物 1.0 μg/kg，硝基咪唑类药物 1.0 μg/kg，喹诺酮类药物 2.0 μg/kg，大环内酯类药物 3.0 μg/kg，林可酰胺类药物 2.0 μg/kg，吡喹酮残留量0.3 μg/kg。

方法五：《进出口食用动物大环内酯类药物残留量的测定 液相色谱-质谱/质谱法》（SN/T 4747.3—2017），该标准适用于出入境检验检疫工作中牛、羊、猪、鸡血清和牛、猪、羊尿液中红霉素、螺旋霉素、替米考星、泰乐菌素、交沙霉素、吉他霉素、竹桃霉素的检测。该标准对血清和尿样中红霉素、螺旋霉素、泰乐菌素、交沙霉素、吉他霉素、替米考星、竹桃霉素的检测限为 1.5 μg/kg，定量限为 5 μg/kg。

方法六：《食品安全国家标准 水产品中大环内酯类药物残留量的测定 液相色谱-串联质谱法》（GB 31660.1—2019），该标准的检测限为 1.0 μg/kg；红霉素、替米考星定量限为 2.0 μg/kg，竹桃霉素、克拉霉素、阿奇霉素、吉他霉素、交沙霉素、螺旋霉素、泰乐菌素定量限为 4.0 μg/kg。

方法七：《进出口食用动物大环内酯类药物残留量的测定 微生物抑制法》（SN/T 4747.2—2017），该标准适用于出入境检验检疫工作中进出口食用动物血液、尿液中大杯内酯类兽药残留筛选检测，阳性结果需用其他方法进行确证。该标准红霉素检测限为 0.05 mg/kg。

二十三、螺旋霉素

1. 基本信息

英文名称：Spiramycin。

CAS 号：8025-81-8。

分子式：$C_{43}H_{74}N_2O_{14}$。

分子量：843.05。

化学结构式：

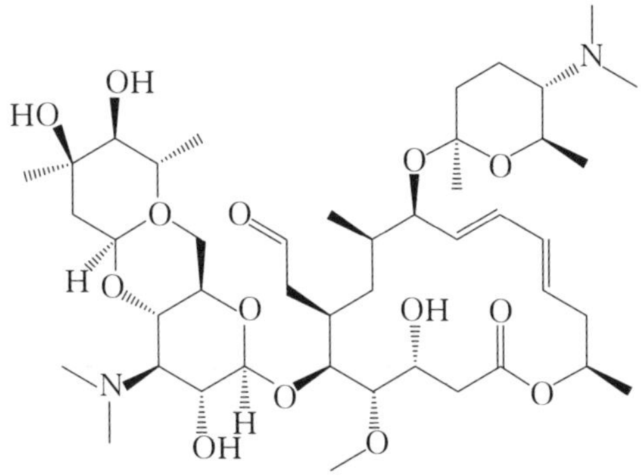

性状：白色或淡黄色结晶性粉末，无臭、味苦、微有引湿性；易溶于水、甲醇或乙醇；几不溶于乙醚、氯仿。

熔点：126～128 ℃。

闪点：>110°。

溶解度：水中 50 mg/mL。

2. 作用方式与用途

螺旋霉素是十六元大环内酯类抗素，1954 年由法国 Rhone - Poulence 实验室从生二素链霉菌中分离得到，其主要成分为螺旋霉素Ⅰ（$C_{43}H_{74}N_2O_{14}$）、螺旋霉素Ⅱ（$C_{45}H_{76}N_2O_{15}$）和螺旋霉素Ⅲ（$C_{46}H_{78}N_2O_{15}$）。螺旋霉素对革兰氏阳性菌、部分革兰氏阴性菌、立克次体和一些大型病毒等均有良好的抗菌作用，特别是对青霉素、链霉素、新霉素、氯霉素及四环素等耐药菌有较强的抗菌活性。螺旋霉素毒性较低，通常作为添加剂加入动物饲料里，动物长期食用含有该类抗菌药物或添加量超标的饲料可能造成动物性食品中此类抗菌药物的残留，并伴随消费者的食用对人体造成潜在的危害，且可能会对其产生抗药性。

3. 每日允许摄入量（ADI）

0～50 μg/kg。

4. 最大残留限量

见表 8 - 23。

表 8 - 23　螺旋霉素最大残留限量

动物种类	靶组织	最大残留限量（μg/kg）
牛/猪	肌肉	200
	脂肪	300
	肝	600
	肾	300
牛	奶	200
鸡	肌肉	200
	脂肪	300
	肝	600
	肾	800

5. 常用检验检测方法

方法一：《畜禽肉中林可霉素、竹桃霉素、红霉素、替米考星、泰乐菌素、克林霉素、螺旋霉素、吉他霉素、交沙霉素残留量的测定　液相色谱-串联质谱法》(GB/T 20762—2006)，该标准适用于牛肉、猪肉、羊肉和鸡肉中林可霉素、竹桃霉素、红霉素、替米考星、泰乐菌素、克林霉素、螺旋霉素、吉他霉素和交沙霉素残留量的测定。该标准的检测限：林可霉素、竹桃霉素、红霉素、替米考星、泰乐菌素、克林霉素、螺旋霉素、吉他霉素和交沙霉素均为1.0 μg/kg。

方法二：《蜂蜜中林可霉素、红霉素、螺旋霉素、替米考星、泰乐霉素、交沙霉素、吉他霉素、竹桃霉素残留量的测定　液相色谱-串联质谱法》(GB/T 22941—2008)，该标准适用于蜂蜜中林可霉素、红霉素、螺旋霉素、替米考星、泰乐菌素、交沙霉素、吉他霉素、竹桃霉素残留量的测定。该标准的检测限均为2.0 μg/kg。

方法三：《牛奶和奶粉中螺旋霉素、吡利霉素、竹桃霉素、替米卡星、红霉素、泰乐菌素残留量的测定　液相色谱-串联质谱法》(GB/T 22988—2008)，该标准适用于牛奶和奶粉中螺旋霉素、吡利霉素、竹桃霉素、替米卡星、红霉素、泰乐菌素残留量的测定和确证。该标准的检测限：牛奶为1 μg/kg，奶粉为8 μg/kg。

方法四：《蜂王浆和蜂王浆冻干粉中林可霉素、红霉素、替米考星、泰乐菌素、螺旋霉素、克林霉素、吉他霉素、交沙霉素残留量的测定　液相色谱-串联质谱法》(GB/T 22946—2008)，该标准适用于蜂王浆和蜂王浆冻干粉中林可霉素、红霉素、替米考星、泰乐菌素、螺旋霉素、克林霉素、吉他霉素和交沙霉素残留量的测定。该标准的检测限：蜂王浆中的林可霉素、红霉素、替米考星、泰乐菌素、螺旋霉素、克林霉素、吉他霉素、交沙霉素均为2.0 μg/kg；蜂王浆冻干粉中的林可霉素、红霉素、泰乐菌素、克林霉素、交沙霉素均为2.0 μg/kg，替米考星、螺旋霉素、吉他霉素均为5.0 μg/kg。

方法五：《河豚鱼、鳗鱼中林可霉素、竹桃霉素、红霉素、替米考星、泰乐菌素、螺旋霉素、吉他霉素、交沙霉素残留量的测定　液相色谱-串联质谱法》(GB/T 22964—2008)，该标准适用于河豚和鳗鱼中林可霉素、竹桃霉素、红霉素、替米考星、泰乐菌素、螺旋霉素、吉他霉素和交沙霉素残留量的测定。该标准的检测限：河豚中的林可霉素、竹桃霉素、红霉素、替米考星、泰乐菌素、螺旋霉素、吉他霉素和交沙霉素均为2.0 μg/kg。鳗鱼中的林可霉素、红霉素、泰乐菌素、吉他霉素均为2.0 μg/kg，螺旋霉素、竹桃霉素、交沙霉素、替米考星均为5.0 μg/kg。

方法六：《进出口肉品中螺旋霉素残留量检测方法　杯碟法》(SN/T 0538—2010)，该标准适用于进出口猪分割肉中螺旋霉素残留量检验。该标准的检测限为0.05 mg/kg。

方法七：《化妆品中螺旋霉素等8种大环内酯类抗生素的测定　液相色谱-串联质谱法》(GB/T 35951—2018)，该标准适用于螺旋霉素、阿奇霉素、替米考星、竹桃霉素、红霉素、泰乐菌素、克拉霉素、罗红霉素含量的测定。螺旋霉素检测限为 0.75 μg/kg，定量限为 2.5 μg/kg。

方法八：《食品安全国家标准 水产品中大环内酯类药物残留量的测定 液相色谱-串联质谱法》（GB 31660.1—2019），该标准适用于水产品中鱼、虾、蟹、贝类等的可食组织中竹桃霉素、红霉素、克拉霉素、阿奇霉素、吉他霉素、交沙霉素、螺旋霉素、替米考星、泰乐菌素 9 种大环内酯类药物残留量的检测。该标准的检测限为 1.0 μg/kg；红霉素、替米考星定量限为 2.0 μg/kg，竹桃霉素、克拉霉素、阿奇霉素、吉他霉素、交沙霉素、螺旋霉素、泰乐菌素定量限为 4.0 μg/kg。

方法九：《蜂蜜中大环内酯类药物残留量测定 液相色谱-质谱/质谱法》（GB/T 23408—2009），该标准适用于蜂蜜中罗红霉素、替米考星、泰乐菌素、北里霉素、交沙霉素、竹桃霉素、螺旋霉素-Ⅰ、红霉素残留量的测定。该标准的检测限：罗红霉素、替米考星、泰乐菌素、北里霉素、交沙霉素为 0.2 μg/kg，竹桃霉素、螺旋霉素-Ⅰ为 0.5 μg/kg，红霉素为 0.1 μg/kg。

方法十：《动物源性食品中大环内酯类抗生素残留测定方法 第 2 部分：高效液相色谱串联质谱法》（SN/T 1777.2—2007），该标准适用于猪肉、禽肉、肝脏、肾脏和蜂蜜中 7 种大环内酯类抗生素残留量的检测。大环内酯类抗生素残留量检测限为 20 μg/kg。

方法十一：《进出口蜂王浆中大环内酯类抗生素残留量的检测方法 液相色谱串联质谱法》（SN/T 2062—2008），该标准适用于蜂王浆中螺旋霉素、替米考星、竹桃霉素、泰乐菌素、红霉素、罗红霉素、交沙霉素残留量的检测。该标准中大环内酯类抗生素残留量检测限为 10 μg/kg。

方法十二：《进出口动物源食品中大环内酯类抗生素残留检测方法 微生物抑制法》（SN/T 1777.3—2008），该标准适用于肉类、水产品、动物内脏、鸡蛋和牛奶中大环内酯类兽药筛选检测，阳性结果应用其他方法进行确证。该方法的检测限为 50 μg/kg。

方法十三：《出口猪肉、虾、蜂蜜中多类药物残留量的测定 液相色谱-质谱/质谱法》（SN/T 3155—2012），该标准规定了猪肉、虾和蜂蜜中多类药物残留测定的制样和液相色谱-质谱/质谱测定方法。该标准的检测限分别为磺胺类药物 1.0 μg/kg，硝基咪唑类药物 1.0 μg/kg，喹诺酮类药物 2.0 μg/kg，大环内酯类药物 3.0 μg/kg，林可酰胺类药物 2.0 μg/kg，吡喹酮残留量 0.3 μg/kg。

方法十四：《进出口食用动物大环内酯类药物残留量的测定 液相色谱-质谱/质谱法》（SN/T 4747.3—2017），该标准对血清和尿样中红霉素、螺旋霉素、泰乐菌素、交沙霉素、吉他霉素、替米考星、竹桃霉素的检测限为

1.5 μg/kg，定量限为 5 μg/kg。

方法十五：《进出口食用动物大环内酯类药物残留量的测定　放射受体分析法》(SN/T 4747.1—2017)，该标准的检测限为 50 μg/kg。

方法十六：《进出口食用动物大环内酯类药物残留量的测定　微生物抑制法》(SN/T 4747.2—2017)，该标准的检测限为 0.05 mg/kg。

方法十七：《畜禽血液和尿液中 150 种兽药及其他化合物鉴别和确认　液相色谱-高分辨串联质谱仪法》(农业农村部公告第 197 号 9—2019)，该标准适用于猪血、牛血、羊血和鸡血以及猪尿牛尿、羊尿中 150 种兽药及其他化合物的鉴别和确认。该标准检测限为 5 ng/mL。

二十四、替米考星

1. 基本信息

英文名称：Tilmicosin。

CAS 号：108050-54-0。

分子式：$C_{46}H_{80}N_2O_{13}$。

分子量：869.13。

化学结构式：

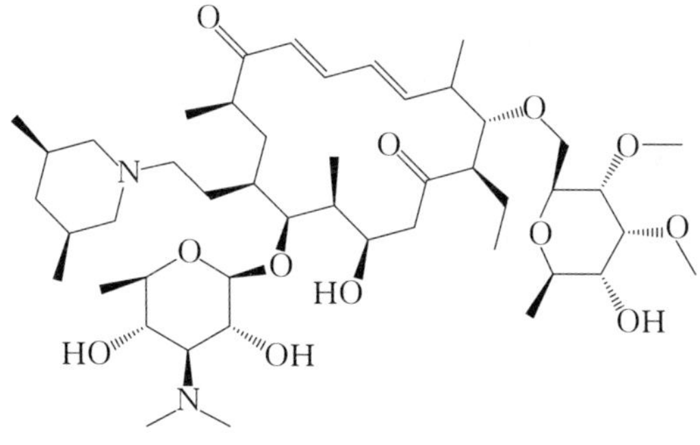

性状：白色或白色粉末，湿度≤5.0%。

熔点：126～128 ℃。

闪点：>110°。

溶解度：水中 50 mg/mL。

2. 作用方式与用途

替米考星是由美国研发，于 20 世纪 80 年代进行大规模开发，主要是半合成大环内酯类抗生素，后来一致认为归之于畜禽专用抗生素类。替米考星因为其具有特殊的抗菌活性和药物动力学特性，曾先后在法国、美国、巴西、大洋洲、西班牙等地区被获批而上市。

作用机制：替米考星在抗菌时最重要的一点是守住肽链的入口通道，想附着于肽链其必经之路就是入口的位置，堵住这个入口也就间接地阻挡住细菌的进路，同时细菌的核蛋白体50S易暴露于外部，关键性位置取决于L22、L27两种蛋白质之间，它们都位于大亚基上，并被某些因素产生诱导作用，其中t-RNA上有一部分肽酰基，会与核糖体上某因子发生作用，最后作为离去基团参与到反应中去。然后间接抑制转移酶，以共形方式阻碍mRNA的转运功能，从而限制了从A位到P位的肽键转移功能，且肽链的延伸未被阻止，而这种功能便是产生抗菌作用的根本原因。

3. 每日允许摄入量（ADI）

0～40 μg/kg。

4. 最大残留限量

见表8-24。

表8-24 替米考星最大残留限量

动物种类	靶组织	最大残留限量（μg/kg）
牛/羊	肌肉	100
	脂肪	100
	肝	1 000
	肾	300
	奶	50
猪	肌肉	100
	脂肪	100
	肝	1 500
	肾	1 000
鸡（产蛋期禁用）	肌肉	150
	皮+脂	250
	肝	2 400
	肾	600
火鸡	肌肉	100
	皮+脂	250
	肝	1 400
	肾	1 200

5. 常用检验检测方法

方法一：《畜禽肉中林可霉素、竹桃霉素、红霉素、替米考星、泰乐菌素、克林霉素、螺旋霉素、吉他霉素、交沙霉素残留量的测定　液相色谱-串联质谱法》(GB/T 20762—2006)，该标准适用于牛肉、猪肉、羊肉和鸡肉中林可霉素、竹桃霉素、红霉素、替米考星、泰乐菌素、克林霉素、螺旋霉素、吉他霉素和交沙霉素残留量的测定。该标准的检测限：林可霉素、竹桃霉素、红霉素、替米考星、泰乐菌素、克林霉素、螺旋霉素、吉他霉素和交沙霉素均为 1.0 μg/kg。

方法二：《动物性食品中替米考星残留检测　高效液相色谱法》(农业部 1025 号公告　10—2008)，该标准适用于猪肝脏、猪肌肉、鸡肝脏和鸡肌肉中替米考星残留的检测。该标准在猪肝、鸡肝中的检测限为 25 μg/kg，定量限为 50 μg/kg。在猪肉、鸡肉中检测限为 10 μg/kg，定量限为 20 μg/kg。

方法三：《蜂蜜中林可霉素、红霉素、螺旋霉素、替米考星、泰乐霉素、交沙霉素、吉他霉素、竹桃霉素残留量的测定　液相色谱-串联质谱法》(GB/T 22941—2008)，该标准适用于蜂蜜中林可霉素、红霉素、螺旋霉素、替米考星、泰乐菌素、交沙霉素、吉他霉素、竹桃霉素残留量的测定。该标准的检测限均为 2.0 μg/kg。

方法四：《蜂王浆和蜂王浆冻干粉中林可霉素、红霉素、替米考星、泰乐菌素、螺旋霉素、克林霉素、吉他霉素、交沙霉素残留量的测定　液相色谱-串联质谱法》(GB/T 22946—2008)，该标准适用于蜂王浆和蜂王浆冻干粉中林可霉素、红霉素、替米考星、泰乐菌素、螺旋霉素、克林霉素、吉他霉素和交沙霉素残留量的测定。该标准的检测限：蜂王浆中的林可霉素、红霉素、替米考星、泰乐菌素、螺旋霉素、克林霉素、吉他霉素、交沙霉素均为2.0 μg/kg；蜂王浆冻干粉中的林可霉素、红霉素、泰乐菌素、克林霉素、交沙霉素均为 2.0 μg/kg，替米考星、螺旋霉素、吉他霉素均为 5.0 μg/kg。

方法五：《河豚鱼、鳗鱼中林可霉素、竹桃霉素、红霉素、替米考星、泰乐菌素、螺旋霉素、吉他霉素、交沙霉素残留量的测定　液相色谱-串联质谱法》(GB/T 22964—2008)，该标准适用于河豚和鳗鱼中林可霉素、竹桃霉素、红霉素、替米考星、泰乐菌素、螺旋霉素、吉他霉素和交沙霉素残留量的测定。该标准的检测限：河豚中的林可霉素、竹桃霉素、红霉素、替米考星、泰乐菌素、螺旋霉素、吉他霉素和交沙霉素均为 2.0 μg/kg。鳗鱼中的林可霉素、红霉素、泰乐菌素、吉他霉素均为 2.0 μg/kg，螺旋霉素、竹桃霉素、交沙霉素、替米考星均为 5.0 μg/kg。

方法六：《饲料中替米考星的测定　高效液相色谱法》(农业部 783 号公

告—4—2006），该标准适用于配合饲料、浓缩饲料和预混合饲料中替米考星的测定。该标准的定量限为每千克饲料中替米考星 2 mg。

方法七：《牛奶中替米考星残留量测定　高效液相色谱法》（农业部 958 号公告—1—2007），该标准适用于牛奶中替米考星残留量的测定。该标准牛奶中的检测限为 5 μg/L，定量限为 25 μg/L。

方法八：《食品安全国家标准　水产品中大环内酯类药物残留量的测定　液相色谱-串联质谱法》（GB 31660.1—2019），该标准适用于水产品中鱼、虾、蟹、贝类等的可食组织中竹桃霉素、红霉素、克拉霉素、阿奇霉素、吉他霉素、交沙霉素、螺旋霉素、替米考星、泰乐菌素 9 种大环内酯类药物残留量的检测。该标准的检测限为 1.0 μg/kg；红霉素、替米考星定量限为 2.0 μg/kg，竹桃霉素、克拉霉素、阿奇霉素、吉他霉素、交沙霉素、螺旋霉素、泰乐菌素定量限为 4.0 μg/kg。

方法九：《蜂蜜中大环内酯类药物残留量测定　液相色谱-质谱/质谱法》（GB/T 23408—2009），该标准适用于蜂蜜中罗红霉素、替米考星、泰乐菌素、北里霉素、交沙霉素、竹桃霉素、螺旋霉素-Ⅰ、红霉素残留量的测定。该标准的检测限：罗红霉素、替米考星、泰乐菌素、北里霉素、交沙霉素为 0.2 μg/kg，竹桃霉素、螺旋霉素-Ⅰ为 0.5 μg/kg，红霉素为 0.1 μg/kg。

方法十：《动物源性食品中大环内酯类抗生素残留测定方法　第 2 部分：高效液相色谱串联质谱法》（SN/T 1777.2—2007），该标准适用于猪肉、禽肉、肝脏、肾脏和蜂蜜中 7 种大环内酯类抗生素残留量的检测，大环内酯类抗生素残留量检测限为 20 μg/kg。

方法十一：《进出口蜂王浆中大环内酯类抗生素残留量的检测方法　液相色谱串联质谱法》（SN/T 2062—2008），该标准适用于蜂王浆中螺旋霉素、替米考星、竹桃霉素、泰乐菌素、红霉素、罗红霉素、交沙霉素残留量的检测。该方法中大环内酯类抗生素残留量检测限为 10 μg/kg。

方法十二：《畜禽血液和尿液中 150 种兽药及其他化合物鉴别和确认　液相色谱-高分辨串联质谱仪法》（农业农村部公告第 197 号—9—2019），该标准适用于猪血、牛血、羊血和鸡血以及猪尿牛尿、羊尿中 150 种兽药及其他化合物的鉴别和确认。该标准的检测限为 50 ng/mL。

方法十三：《进出口动物源食品中大环内酯类抗生素残留检测方法　微生物抑制法》（SN/T 1777.3—2008），该标准适用于肉类、水产品、动物内脏、鸡蛋和牛奶中大环内酯类兽药筛选检测，阳性结果应用其他方法进行确证。该方法红霉素的检测限为 50 μg/kg。

方法十四：《出口猪肉、虾、蜂蜜中多类药物残留量的测定　液相色谱-质谱/质谱法》（SN/T 3155—2012），该标准规定了猪肉、虾和蜂蜜中多类药物残留测定的制样和液相色谱-质谱/质谱测定方法。该标准的检测限分别为磺胺类药物 1.0 μg/kg，硝基咪唑类药物 1.0 μg/kg，喹诺酮类药物 2.0 μg/kg，大环内酯类药物 3.0 μg/kg，林可酰胺类药物 2.0 μg/kg，吡喹酮残留量 0.3 μg/kg。

方法十五：《进出口食用动物大环内酯类药物残留量的测定　液相色谱-质谱/质谱法》（SN/T 4747.3—2017），该标准对血清和尿样中红霉素、螺旋霉素、泰乐菌素、交沙霉素、吉他霉素、替米考星、竹桃霉素的检测限为 1.5 μg/kg，定量限为 5 μg/kg。

方法十六：《进出口食用动物大环内酯类药物残留量的测定　放射受体分析法》（SN/T 4747.1—2017），该标准适用于进出口食用活动物中大环内酯类药物中红霉素、泰乐菌素、螺旋霉素、林可霉素和替米考星的药物残留初筛检测。该标准红霉素的检测限为 500 μg/kg。

二十五、泰乐菌素

1. 基本信息

英文名称：Tylosin。

CAS 号：1401－69－0。

分子式：$C_{46}H_{77}NO_{17}$。

分子量：916.1。

化学结构式：

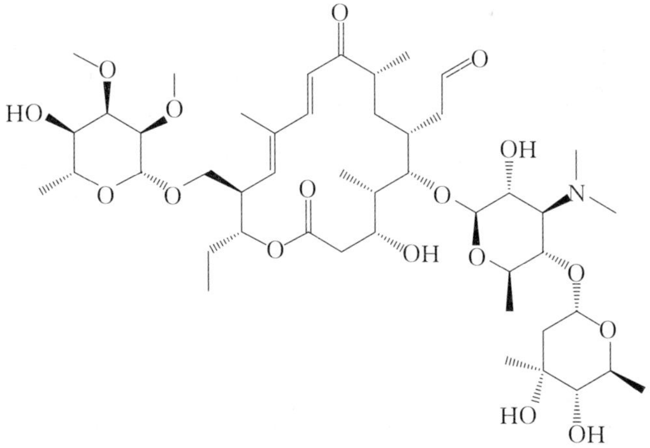

性状：白色板状结晶，微溶于水，呈碱性。产品有酒石酸盐、磷酸盐、盐酸盐、硫酸盐及乳酸盐，易溶于水。其水溶液在 25 ℃、pH 5.5～7.5 时可保存 3 个月，但是若水溶液中含有铁、铜等金属离子时，会使本品失效。

熔点：135～137 ℃。

相对密度：1.142 4 g/cm^3。

溶解度：水中 50 mg/mL。

2. 作用方式与用途

泰乐菌素是 1962 年美国礼来公司成功开发出，由放线菌属弗氏链霉菌经发酵提取而得到，有泰乐菌素碱、磷酸盐和酒石酸盐 3 种形态，其主要用于饲料添加剂和动物治疗，它能明显促进畜禽生长提高饲料利用率。抗菌谱与红霉素相似，对革兰氏阳性菌和一些革兰氏阴性菌、霉形体、弧菌、球虫、螺旋体等均有抑制作用，对霉形体特别有效，但对革兰氏阳性菌的作用不如红霉素。作为饲料添加剂，广泛用于鸡、猪、牛、羊及鱼、虾等动物的饲料中，可促进畜禽生长、提高饲料利用率。主要用于防治鸡、火鸡和其他动物的支原体病，猪的弧菌性痢疾、传染性胸膜肺炎；也用于敏感菌所引起的肠炎、肺炎、乳腺炎、子宫内膜炎等。

作用机制：在体内主要以泰乐碱的形式存在，在体内可与原核生物的核糖体结合，阻碍氨基酸掺入肽链合成，从而抑制感染菌蛋白质的合成。

3. 每日允许摄入量（ADI）

0～30 μg/kg。

4. 最大残留限量

见表 8－25。

表 8－25　泰乐菌素最大残留限量

动物种类	靶组织	最大残留限量（μg/kg）
牛/猪/鸡/火鸡	肌肉	100
	脂肪	100
	肝	100
	肾	100
牛	奶	100
鸡	蛋	300

5. 常用检验检测方法

方法一：《畜禽肉中林可霉素、竹桃霉素、红霉素、替米考星、泰乐菌素、克林霉素、螺旋霉素、吉他霉素、交沙霉素残留量的测定　液相色谱-串联质谱法》(GB/T 20762—2006)，该标准适用于牛肉、猪肉、羊肉和鸡肉中林可霉素、竹桃霉素、红霉素、替米考星、泰乐菌素、克林霉素、螺旋霉素、吉他霉素和交沙霉素残留量的测定。该标准的检测限：林可霉素、竹桃霉素、红霉素、替米考星、泰乐菌素、克林霉素、螺旋霉素、吉他霉素和交沙霉素均为1.0 μg/kg。

方法二：《进出口蜂王浆中泰乐菌素残留量测定方法　酶联免疫法》(SN/T 2060—2008)，该标准适用于蜂王浆和蜂王浆冻干粉中泰乐菌素残留量的测定。该标准的检测限为10 μg/kg。

方法三：《蜂蜜中林可霉素、红霉素、螺旋霉素、替米考星、泰乐霉素、交沙霉素、吉他霉素、竹桃霉素残留量的测定　液相色谱-串联质谱法》(GB/T 22941—2008)，该标准适用于蜂蜜中林可霉素、红霉素、螺旋霉素、替米考星、泰乐菌素、交沙霉素、吉他霉素、竹桃霉素残留量的测定。该标准的检测限均为2.0 μg/kg。

方法四：《蜂王浆和蜂王浆冻干粉中林可霉素、红霉素、替米考星、泰乐菌素、螺旋霉素、克林霉素、吉他霉素、交沙霉素残留量的测定　液相色谱-串联质谱法》(GB/T 22946—2008)，该标准适用于蜂王浆和蜂王浆冻干粉中林可霉素、红霉素、替米考星、泰乐菌素、螺旋霉素、克林霉素、吉他霉素和交沙霉素残留量的测定。该标准的检测限：蜂王浆中的林可霉素、红霉素、替米考星、泰乐菌素、螺旋霉素、克林霉素、吉他霉素、交沙霉素均为2.0 μg/kg；蜂王浆冻干粉中的林可霉素、红霉素、泰乐菌素、克林霉素、交沙霉素均为2.0 μg/kg，替米考星、螺旋霉素、吉他霉素均为5.0 μg/kg。

方法五：《河豚鱼、鳗鱼中林可霉素、竹桃霉素、红霉素、替米考星、泰乐菌素、螺旋霉素、吉他霉素、交沙霉素残留量的测定　液相色谱-串联质谱法》(GB/T 22964—2008)，该标准适用于河豚和鳗鱼中林可霉素、竹桃霉素、红霉素、替米考星、泰乐菌素、螺旋霉素、吉他霉素和交沙霉素残留量的测定。该标准的检测限：河豚中的林可霉素、竹桃霉素、红霉素、替米考星、泰乐菌素、螺旋霉素、吉他霉素和交沙霉素均为2.0 μg/kg。鳗鱼中的林可霉素、红霉素、泰乐菌素、吉他霉素均为2.0 μg/kg，螺旋霉素、竹桃霉素、交沙霉素、替米考星均为5.0 μg/kg。

方法六：《动物性食品中泰乐菌素残留检测　高效液相色谱法》(农业部1163号公告—6—2009)，该标准适用于猪的肌肉、肝脏组织和鸡蛋中泰乐菌素的残留量检测。该标准泰乐菌素的检测限为5 μg/L，在猪的肌肉、肝脏组织和鸡蛋中的定量限为20 μg/kg。

方法七：《蜂蜜中泰乐菌素残留量测定方法　酶联免疫法》(GB/T 18932.27—2005)，该标准适用于蜂蜜中泰乐菌素残留量的测定。该标准的检测限：泰乐菌素为 10.0 μg/kg。

方法八：《鸡可食性组织中泰乐菌素残留检测方法　高效液相色谱法》(农业部 958 号公告 5—2007)，该标准在鸡的肌肉和肝脏组织中的检测限为20 μg/kg，定量限为 50 μg/kg。

方法九：《蜂蜜中泰乐菌素残留量的测定　液相色谱-串联质谱法》(GB/T 21168—2007)，该标准适用于蜂蜜中泰乐菌素 A 残留量的测定。该标准对蜂蜜中泰乐菌素 A 残留量的检测限为 1.0 μg/kg。

方法十：《出口食品中泰乐菌素残留量的测定　液相色谱-质谱　质谱法》(SN/T 0670—2012)，该标准适用于虾、猪肉、猪肝、猪肾、蛋和牛奶中泰乐菌素残留量的检测。该标准泰乐菌素残留量检测限为 25 μg/kg。

方法十一：《牛奶和奶粉中螺旋霉素、吡利霉素、竹桃霉素、替米卡星、红霉素、泰乐菌素残留量的测定　液相色谱-串联质谱法》(GB/T 22988—2008)，该标准适用于牛奶和奶粉中螺旋霉素、吡利霉素、竹桃霉素、替米卡星、红霉素、泰乐菌素残留量的测定和确证。该标准的检测限：牛奶为 1 μg/kg，奶粉为 8 μg/kg。

方法十二：《食品安全国家标准　水产品中大环内酯类药物残留量的测定　液相色谱-串联质谱法》(GB 31660.1—2019)，该标准适用于水产品中鱼、虾、蟹、贝类等的可食组织中竹桃霉素、红霉素、克拉霉素、阿奇霉素、吉他霉素、交沙霉素、螺旋霉素、替米考星、泰乐菌素 9 种大环内酯类药物残留量的检测。该标准的检测限为 1.0 μg/kg；红霉素、替米考星定量限为 2.0 μg/kg，竹桃霉素、克拉霉素、阿奇霉素、吉他霉素、交沙霉素、螺旋霉素、泰乐菌素定量限为 4.0 μg/kg。

方法十三：《蜂蜜中大环内酯类药物残留量测定　液相色谱-质谱/质谱法》(GB/T 23408—2009)，该标准适用于蜂蜜中罗红霉素、替米考星、泰乐菌素、北里霉素、交沙霉素、竹桃霉素、螺旋霉素-Ⅰ、红霉素残留量的测定。该标准的检测限：罗红霉素、替米考星、泰乐菌素、北里霉素、交沙霉素为 0.2 μg/kg，竹桃霉素、螺旋霉素-Ⅰ为 0.5 μg/kg，红霉素为 0.1 μg/kg。

方法十四：《进出口蜂王浆中大环内酯类抗生素残留量的检测方法　液相色谱串联质谱法》(SN/T 2062—2008)，该标准适用于蜂王浆中螺旋霉素、替米考星、竹桃霉素、泰乐菌素、红霉素、罗红霉素、交沙霉素残留量的检测。该标准大环内酯类抗生素残留量检测限为 10 μg/kg。

方法十五：《食品安全国家标准　水产品中泰乐菌素残留量的测定　高效液相色谱法》(GB 31656.2—2021)，该标准适用于鱼、虾、蟹、甲鱼等水产品可食组织中泰乐菌素残留量测定。该标准的检测限为 30 μg/kg，定量限为 50 μg/kg。

方法十六：《进出口动物源食品中大环内酯类抗生素残留检测方法　微生物抑制法》（SN/T 1777.3—2008），该标准适用于肉类、水产品、动物内脏、鸡蛋和牛奶中大环内酯类兽药筛选检测，阳性结果应用其他方法进行确证。该标准的检测限为 50 μg/kg。

方法十七：《动物源性食品中大环内酯类抗生素残留测定方法　第 2 部分：高效液相色谱串联质谱法》（SN/T 1777.2—2007），该标准中的大环内酯类抗生素残留量检测限为 20 μg/kg。

方法十八：《出口猪肉、虾、蜂蜜中多类药物残留量的测定　液相色谱-质谱/质谱法》（SN/T 3155—2012），该标准规定了猪肉、虾和蜂蜜中多类药物残留测定的制样和液相色谱-质谱/质谱测定方法。该标准的检测限分别为磺胺类药物 1.0 μg/kg，硝基咪唑类药物 1.0 μg/kg，喹诺酮类药物 2.0 μg/kg，大环内酯类药物 3.0 μg/kg，林可酰胺类药物 2.0 μg/kg，吡喹酮残留量 0.3 μg/kg。

方法十九：《进出口食用动物大环内酯类药物残留量的测定　液相色谱-质谱/质谱法》（SN/T 4747.3—2017），该标准对血清和尿样中红霉素、螺旋霉素、泰乐菌素、交沙霉素、吉他霉素、替米考星、竹桃霉素的检测限为 1.5 μg/kg，定量限为 5 μg/kg。

方法二十：《饲料中泰乐菌素的测定　高效液相色谱法》（GB/T 30945—2014），该标准定量限为 1 mg/kg。该标准不适用于添加尿素的饲料。

方法二十一：《进出口食用动物大环内酯类药物残留量的测定　放射受体分析法》（SN/T 4747.1—2017），该标准的检测限为 2 000 μg/kg。

方法二十二：《进出口食用动物大环内酯类药物残留量的测定　微生物抑制法》（SN/T 4747.2—2017），该标准的检测限为 0.05 mg/kg。

方法二十三：《畜禽血液和尿液中 150 种兽药及其他化合物鉴别和确认　液相色谱-高分辨串联质谱仪法》（农业农村部公告第 197 号—9—2019），该标准适用于猪血、牛血、羊血和鸡血以及猪尿牛尿、羊尿中 150 种兽药及其他化合物的鉴别和确认。该标准检测限为 50 ng/mL。

二十六、泰万菌素

1. 基本信息

英文名称：Tylvalosin。

CAS 号：63409－12－1。

分子式：$C_{53}H_{87}NO_{19}$。

分子量：1 042.26。

化学结构式：

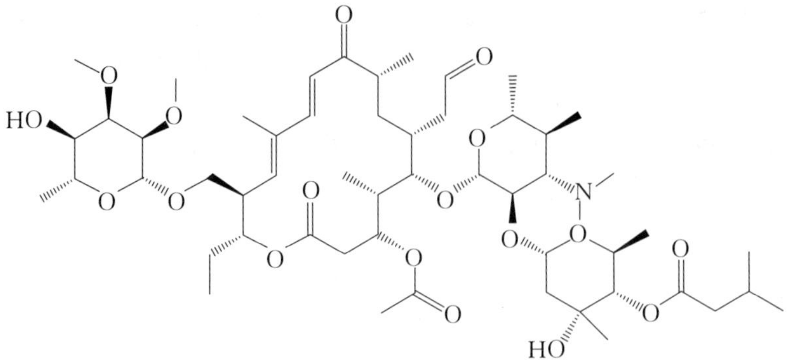

相对密度：(1.21±0.1) g/cm^3。

溶解度：水中 50 mg/mL。

2. 作用方式与用途

泰万菌素即乙酰异戊酰泰乐菌素，是在泰乐菌素的经 3′-羧基乙酰基化和4″-羟基位置异戊酰基化而得，由英国伊科动物保健品有限公司开发，常使用其酒石酸盐。2004 年 9 月 9 日，经欧盟批准用于预防和治疗由猪肺炎支原体引起的猪气喘病、由猪痢疾短螺旋体引起的猪痢疾、由胞内劳森氏菌引起的猪增生性肠炎和由鸡毒支原体引起的鸡支气管感染；2012 年 7 月 6 日经由 FDA 批准用于预防由胞内劳森氏菌引起的猪增生性肠炎。目前，国内已批准酒石酸泰万菌素预混剂和可溶性粉，用于治疗猪、鸡支原体感染和猪痢疾短螺旋体以及其他敏感细菌的感染。

作用机制：能特异性地与敏感菌的 50 S 亚基结合，抑制 tRNA 在氨基酸受体位点上的移动，通过中断新肽链的延伸阻碍细菌蛋白质的合成，从而发挥抗菌作用。

3. 毒理信息

泰万菌素具有低度至中度的急性毒性。雄性小鼠口服急性毒性试验测得其 LD_{50} 为 758 mg/kg；对大鼠进行试验，测得 LD_{50} 为 3 016 mg/kg。

4. 每日允许摄入量（ADI）

0～2.07 μg/kg。

5. 最大残留限量

见表 8－26。

表 8-26 泰万菌素最大残留限量

动物种类	靶组织	最大残留限量（μg/kg）
猪	肌肉	50
	皮+脂	50
	肝	50
	肾	50
家禽	皮+脂	50
	肝	50
	蛋	200
牛	肌肉	100
	脂肪	100
	肝	100
	肾	100
	奶	100

6. 常用检验检测方法

方法一：《动物源食品中泰万菌素残留量的测定 液相色谱-串联质谱法》（DB37/T 3234—2018），该标准适用于猪肉、牛肉、鸡肉、猪肝等动物源食品中泰万菌素药物残留量的测定。该标准检测限为 0.4 μg/kg，定量限为 1.0 μg/kg。

方法二：《食品安全国家标准 猪、鸡可食性组织中泰万菌素和 3-乙酰泰乐菌素残留量的测定 液相色谱-串联质谱法》（GB 31613.2—2021），该标准适用于猪、鸡皮脂、肌肉、肝脏、肾脏、鸡蛋中泰万菌素和 3-乙酰泰乐菌素残留量的测定。该方法的检测限为 2.5 μg/kg，定量限为 5 μg/kg。

二十七、氟苯尼考

1. 基本信息

英文名称：Florfenicol。
CAS 号：73231-34-2。
分子式：$C_{12}H_{14}Cl_2FNO_4S$。
分子量：358.2。

化学结构式：

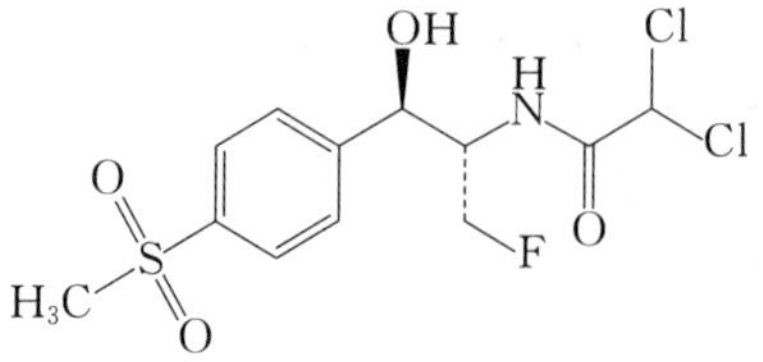

（化学结构式图：OH、H、N、Cl、Cl、O、S、O、H_3C、O、F）

性状：白色或类白色结晶性粉末、无臭、味苦。在二甲基甲酰胺中极易溶解，在甲醇中溶解，在冰醋酸中略溶，在水或氯仿中微溶解。

熔点：153 ℃。

相对密度：1.451 g/cm^3。

2. 作用方式与用途

氟苯尼考属于氯霉素家族，为甲砜霉素和氯霉素的结构同系物是由美国Schering-Plough公司在1988年成功合成的一种抗菌谱广、抗菌活性强的动物专用抗生素。1990年在日本首次上市，商品名为Aquafen，上市后最先被用于水产动物疾病的防治；1995年其注射液Nuflor在法国、英国、奥地利、墨西哥及西班牙上市，用于治疗牛的呼吸道疾病；随后氟苯尼考在许多国家陆续上市使用，我国于1999年批准氟苯尼考为国家二类新兽药。氟苯尼考具有抗菌活性强、安全、无剂量依赖等优点，现被广泛应用于畜禽、水产生产中。

作用机制：氟苯尼考对细菌的作用机制与甲砜霉素和氯霉素非常相似，主要是通过与细菌70S核糖体的50S亚基结合，从而限制肽酰转移酶（肽酰转移酶是蛋白质合成的关键酶）的转化作用，破坏肽链的延伸，影响菌体蛋白的合成。所以药物氟苯尼考能够抑制多数革兰氏阳性菌和革兰氏阴性菌。抗菌效果是氯霉素、甲砜霉素的15～20倍，饲料给药后60 min，组织中药物浓度可达峰值，能迅速控制病情，安全性高、无毒、无残留等特点，无潜在致再生障碍性贫血的隐患，适合规模化大型养殖场使用，主要用于治疗巴斯德氏菌和嗜血杆菌引起的牛呼吸道疾病。对梭杆菌引起的牛腐蹄病有较好疗效。也用于敏感菌所致的猪、鸡的传染病及鱼的细菌性疾病。

经研究证明：氯霉素化学结构中芳香环上的对位硝基是引起再生障碍性贫血的主要基团。而氟苯尼考以CH_3SO_4取代了NO_2基团，使得动物体内不产生再生障碍性贫血的不良反应。因此，在日本、墨西哥和中国等十多个国家被批准使用。

氟苯尼考的特点是：抗菌谱广，对沙门氏菌、大肠杆菌、变形杆菌、嗜血杆菌、胸膜肺炎放线杆菌、猪肺炎支原体、猪链球菌、猪巴氏杆菌、支气管败血博氏杆菌、金黄色葡萄球菌等均敏感。此外，价格适中，比其他防治呼吸道疾病的药物如泰妙菌素（支原净）、替米考星、阿奇霉素等都便宜，用药成本易于为用户接受。由于具有这些特点，国产氟苯尼考得到广泛应用，成为当前防治畜禽呼吸道和消化道细菌性感染病的首选药物。但氟苯尼考不宜与喹诺酮类、青霉素类、头孢菌素类药物联合应用，不宜与氨苄西林、磺胺类、呋喃类药物配伍。氟苯尼考的代谢物很多，主要为氟苯尼考醇、氟苯尼考草氨、氟苯尼考胺等。

3. 每日允许摄入量（ADI）

0～3 μg/kg 体重。

4. 最大残留限量

见表 8-27。

表 8-27　氟苯尼考最大残留限量

动物种类	靶组织	最大残留限量（μg/kg）
牛/羊（泌乳期禁用）	肌肉	200
	肝	3 000
	肾	300
猪	肌肉	300
	皮+脂	500
	肝	2 000
	肾	500
家禽（产蛋期禁用）	肌肉	100
	皮+脂	200
	肝	2 500
	肾	750
其他动物	肌肉	100
	脂肪	200
	肝	2 000
	肾	300
鱼	皮+肉	1 000

5. 常用检验检测方法

方法一：《可食动物肌肉、肝脏和水产品中氯霉素、甲砜霉素和氟苯尼考残留量的测定　液相色谱-串联质谱法》（GB/T 20756—2006），该标准适用于可食动物肌肉、肝脏、鱼和虾中氯霉素、甲砜霉素和氟苯尼考残留量的测定。该标准的检测限：氯霉素为 0.1 μg/kg，甲砜霉素和氟苯尼考为 1.0 μg/kg。

方法二：《饲料中氯霉素、甲砜霉素和氟苯尼考的测定　液相色谱-串联质谱法》（农业部 2483 号公告—8—2016），该标准适用于配合饲料、浓缩饲料、添加剂预混合饲料及水产饲料中氯霉素、甲砜霉素和氟苯尼考的测定。该标准的检测限均为 0.3 μg/kg，定量限为 1 μg/kg。

方法三：《河豚鱼、鳗鱼和烤鳗中氯霉素、甲砜霉素和氟苯尼考残留量的测定　液相色谱-串联质谱法》（GB/T 22959—2008），该标准适用于河豚、鳗鱼和烤鳗中的氯霉素、甲砜霉素、氟苯尼考和氟苯尼考胺残留量的测定。该标准的检测限：河豚、鳗鱼和烤鳗中氯霉素为 0.1 μg/kg，甲砜霉素、氟苯尼考和氟苯尼考胺为 1.0 μg/kg。

方法四：《出口动物源食品中甲砜霉素、氟甲砜霉素和氟苯尼考胺残留量的测定　液相色谱-质谱/质谱法》（SN/T 1865—2016），该标准适用于猪肉、鸡肉、鱼、虾、猪肝、猪肾、肠衣、蜂蜜和牛奶中甲矾霉素、氟甲矾霉素和氟苯尼考胺残留量的检测。该标准的检测限均为 10 μg/kg。

方法五：《进出口食用动物、饲料氟苯尼考（氟甲砜霉素）测定　液相色谱-质谱/质谱法》（SN/T 5114—2019），该标准适用于出入境检验检疫工作中动物血清（牛、羊、猪、鸡）、尿液（牛、猪、羊）和预混合饲料、配合饲料、浓缩饲料中氟苯尼考的检测。该标准对血清、尿样和饲料中氟苯尼考的检测限为 0.05 mg/kg。

方法六：《食品安全国家标准　动物性食品中氟苯尼考及氟苯尼考胺残留量的测定　液相色谱-串联质谱法》（GB 31658.5—2021），该标准适用于鸡、猪、牛、羊的肌肉、皮+脂肪、肝脏和肾脏组织中氟苯尼考及氟苯尼考胺残留量的测定。该标准的检测限为 3 μg/kg，定量限为 10 μg/kg。

二十八、甲砜霉素

1. 基本信息

化学名称：[R-(R*,R*)]N-{1-(羟基甲基)-2-羟基-2-[4-(甲基磺酰基)苯基]乙基}-2,2-二氯乙酰胺。

英文名称：Thiamphenicol。

CAS 号：15318-45-3。

分子式：$C_{12}H_{15}Cl_2NO_5S$。

分子量：356.222 00。

化学结构式：

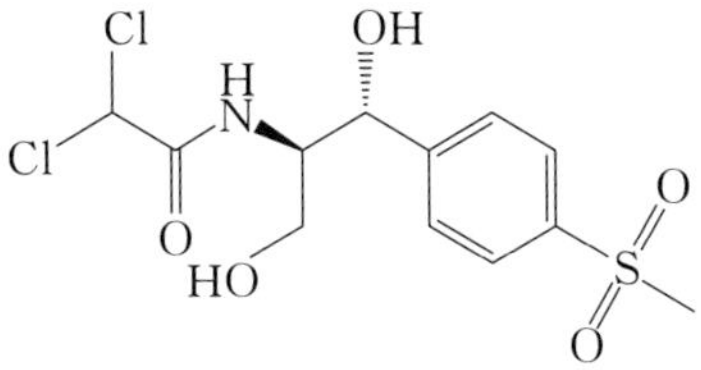

性状：白色结晶性粉末；无臭。在二甲基甲酰胺中易溶，在无水乙醇中略溶，在水中微溶。

熔点：163～166 ℃。

闪点：374.7 ℃。

相对密度：1.491 g/cm^3。

2. 作用方式与用途

甲砜霉素的化学结构与氯霉素相似，是一种氯霉素类广谱抗菌素，它的甲砜基取代了氯霉素的硝基，因而毒性降低其体内抗菌作用比氯霉素强 2.5～5 倍。对革兰氏阳性菌如肺炎球菌，溶血性链球菌的抗菌作用很强，对革兰氏阳性菌如淋球菌、脑膜炎双球菌、肺炎杆菌、大肠杆菌、霍乱弧菌、痢疾杆菌及流感杆菌等均有较强抗菌作用，对厌氧杆菌族、立克次体、阿米巴原虫等也有一定的抗菌作用。

作用机制与氯霉素相同。主要是抑制细菌蛋白质的合成。

3. 每日允许摄入量（ADI）

0～5 μg/kg。

4. 最大残留限量

见表 8－28。

表 8－28　甲砜霉素最大残留限量

动物种类	靶组织	最大残留限量（μg/kg）
牛/羊/猪	肌肉	50
	脂肪	50
	肝	50
	肾	50
牛	奶	50

（续）

动物种类	靶组织	最大残留限量（μg/kg）
家禽（产蛋期禁用）	肌肉	50
	皮肤+脂肪	50
	肝	50
	肾	50
鱼	皮肤+肌肉	50

5. 常用检验检测方法

方法一：《食品安全国家标准　牛奶中甲砜霉素残留量的测定　高效液相色谱法》（GB 29689—2013），该标准适用于牛奶中甲砜霉素残留量的检测。该标准的检测限为 10 μg/kg，定量限为 10 μg/kg。

方法二：《可食动物肌肉、肝脏和水产品中氯霉素、甲砜霉素和氟苯尼考残留量的测定　液相色谱-串联质谱法》（GB/T 20756—2006），该标准适用于可食动物肌肉、肝脏、鱼和虾中氯霉素、甲砜霉素和氟苯尼考残留量的测定。该标准的检测限：氯霉素为 0.1 μg/kg，甲砜霉素和氟苯尼考为 1.0 μg/kg。

方法三：《饲料中氯霉素、甲砜霉素和氟苯尼考的测定　液相色谱-串联质谱法》（农业部 2483 号公告—8—2016），该标准适用于配合饲料、浓缩饲料、添加剂预混合饲料及水产饲料中氯霉素、甲砜霉素和氟苯尼考的测定。该标准的检测限均为 0.3 μg/kg，定量限为 1 μg/kg。

方法四：《水产品中氯霉素、甲砜霉素、氟甲砜霉素残留量的测定　气相色谱法》（农业部 958 号公告—13—2007），该标准适用于水产品可食部分中氯霉素、甲砜霉素、氟甲砜霉素残留量的测定。该标准在肌肉、脂肪、肝脏和肾脏中的定量限为 100 μg/kg，牛肝脏中的定量限为 500 μg/kg。

方法五：《河豚鱼、鳗鱼和烤鳗中氯霉素、甲砜霉素和氟苯尼考残留量的测定　液相色谱-串联质谱法》（GB/T 22959—2008），该标准适用于河豚、鳗鱼和烤鳗中的氯霉素、甲砜霉素、氟苯尼考和氟苯尼考胺残留量的测定。该标准的检测限：河豚、鳗鱼和烤鳗中氯霉素为 0.1 μg/kg，甲砜霉素、氟苯尼考和氟苯尼考胺为 1.0 μg/kg。

方法六：《水产品中氯霉素、甲砜霉素、氟甲砜霉素残留量的测定　气相色谱-质谱法》（农业部 958 号公告—14—2007），该标准适用于水产品可食部分中氯霉素、甲砜霉素、氟甲砜霉素残留量的测定。该标准检测限：氯霉素为 0.3 μg/kg，甲矾霉素和氟甲矾霉素均为 1.0 μg/kg。

方法七：《出口动物源食品中甲砜霉素、氟甲砜霉素和氟苯尼考胺残留量

的测定　液相色谱-质谱/质谱法》（SN/T 1865—2016），该标准适用于猪肉、鸡肉、鱼、虾、猪肝、猪肾、肠衣、蜂蜜和牛奶中甲砜霉素、氟甲砜霉素和氟苯尼考胺残留量的检测。该标准的检测限均为 10 μg/kg。

方法八：《进出口化妆品中氯霉素、甲砜霉素、氟甲砜霉素的测定　液相色谱-质谱/质谱法》（SN/T 2289—2009），该标准适用于洗面奶、面霜、爽肤水中氯霉素、甲砜霉素和氟甲砜霉素的检测。该标准氯霉素、甲砜霉素和氟甲砜霉素的检测限均为 0.5 mg/kg。

方法九：《动物源性食品中甲砜霉素和氟甲砜霉素药物残留检测方法　微生物抑制法（中英文版）》（SN/T 2423—2010）。肉类、鱼和虾样品中检测限：甲砜霉素为 50 μg/kg；氟甲砜霉素为 100 μg/kg。牛奶样品中检测限：甲砜霉素为 20 μg/kg；氟甲砜霉素为 50 μg/kg。

方法十：《进出口食用动物、饲料氟苯尼考（氟甲砜霉素）测定　液相色谱-质谱/质谱法》（SN/T 5114—2019），该标准适用于出入境检验检疫工作中动物血清（牛、羊、猪、鸡）、尿液（牛、猪、羊）和预混合饲料、配合饲料、浓缩饲料中氟苯尼考的检测。该标准对血清、尿样和饲料中氟苯尼考的检测限为 0.05 mg/kg。

方法十一：《动物源性食品中氯霉素类药物残留量测定》（GB/T 22338—2008），该标准适用于水产品、畜禽产品和畜禽副产品中氯霉素、氟甲砜霉素和甲砜霉素残留的定性确证和定量测定。气相色谱-质谱检测限为氯霉素 0.1 μg/kg，氟甲砜霉素和甲砜霉素 0.5 μg/kg。

二十九、林可霉素

1. 基本信息

中文别名：洁霉素、林肯霉素。

化学名称：N-(4,6-二甲基-2-嘧啶基)-4-氨基苯磺酰胺。

化学式：$C_{18}H_{34}N_2O_6S$。

CAS 号：57-68-1。

分子结构式：

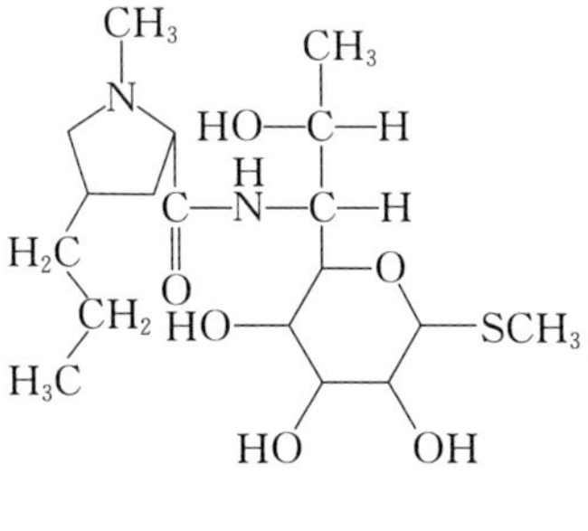

分子量：406.21。

熔点：197～200 ℃。

水溶性：在热乙醇中溶解，在水或乙醚中几乎不溶；在稀酸或稀碱溶液中易溶，溶解度为 150 mg/100 mL（29 ℃）。

颜色：白色或微黄色结晶或粉末，无臭，味微苦，遇光色渐变暗。

2. 作用方式与用途

林可霉素是由链霉菌产生的一种林可胺类碱性抗生素，对免疫系统有增强免疫调节的作用，可增强多核型白细胞的吞噬和杀菌功能，改变细菌表面活性和抑制细菌毒素的产生。主要应用形态是盐酸林可霉素，其为窄谱抗菌药，其在畜禽临床治疗中的作用与泰乐菌素类似。该药对革兰氏阳性细菌（如厌氧菌、链球菌、金黄色葡萄球菌）有效。是目前畜禽兽医临床唯一一个对抗厌气菌、金葡菌及肺炎球菌有高效作用的药物。

作用机制：与大环内酯类抗菌素类似。其内服、吸收经循环、分布到病灶部位后，主要通过进入细菌细胞内、作用于细菌核糖体的 50 S 亚基，阻止细菌细胞内肽链的延长，抑制细菌蛋白质的合成环节而抗菌。

3. 常用检验检测方法

方法一：《食品安全国家标准　动物性食品中林可霉素、克林霉素和大观霉素多残留的测定　气相色谱-质谱法》(GB 29685—2013)，该标准适用于猪、牛和鸡的鸡肉和肾脏以及牛奶和鸡蛋中林可霉素、克林霉素和大观霉素单个或多个药物残留量的检测。该标准大观霉素的检测限为 25 μg/kg，定量限为 50 μg/kg。

方法二：《畜禽肉中林可霉素、竹桃霉素、红霉素、替米考星、泰乐菌素、克林霉素、螺旋霉素、吉他霉素、交沙霉素残留量的测定　液相色谱-串联质谱法》(GB/T 20762—2006)，该标准适用于牛肉、猪肉、羊肉和鸡肉中林可霉素、竹桃霉素、红霉素、替米考星、泰乐菌素、克林霉素、螺旋霉素、吉他霉素和交沙霉素残留量的测定。该标准的检测限：林可霉素、竹桃霉素、红霉素、替米考星、泰乐菌素、克林霉素、螺旋霉素、吉他霉素和交沙霉素均为 1.0 μg/kg。

方法三：《蜂蜜中林可霉素、红霉素、螺旋霉素、替米考星、泰乐霉素、交沙霉素、吉他霉素竹桃霉素残留量的测定　液相色谱-串联质谱法》(GB/T 22941—2008)，该标准适用于蜂蜜中林可霉素、红霉素、螺旋霉素、替米考星、泰乐菌素、交沙霉素、吉他霉素、竹桃霉素残留量的测定。该标准的检测限均为 2.0 μg/kg。

方法四：《蜂王浆和蜂王浆冻干粉中林可霉素、红霉素、替米考星、泰乐菌素、螺旋霉素、克林霉素、吉他霉素、交沙霉素残留量的测定　液相色谱-串联质谱法》(GB/T 22946—2008)，该标准适用于蜂王浆和蜂王浆冻干粉中林可霉素、红霉素、替米考星、泰乐菌素、螺旋霉素、克林霉素、吉他霉素和交沙霉素残留量的测定。该标准的检测限：蜂王浆中的林可霉素、红霉素、替米考星、泰乐菌素、螺旋霉素、克林霉素、吉他霉素、交沙霉素均为 2.0 μg/kg；蜂王浆冻干粉中的林可霉素、红霉素、泰乐菌素、克林霉素、交沙霉素均为 2.0 μg/kg，替米考星、螺旋霉素、吉他霉素均为 5.0 μg/kg。

方法五：《饲料中林可霉素的测定》(GB/T 8381.3—2005)，该标准规定了饲料中林可霉素的测定方法。该标准鉴别林可霉素的最小含量为10 mg/kg。采用该标准测定林可霉素定量的检测限为每千克饲料中含 10 000 林可霉素效价单位。

方法六：《河豚鱼、鳗鱼中林可霉素、竹桃霉素、红霉素、替米考星、泰乐菌素、螺旋霉素、吉他霉素、交沙霉素残留量的测定　液相色谱-串联质谱法》(GB/T 22964—2008)，该标准适用于河豚和鳗鱼中林可霉素、竹桃霉素、红霉素、替米考星、泰乐菌素、螺旋霉素、吉他霉素和交沙霉素残留量的测定。该标准的检测限：河豚中的林可霉素、竹桃霉素、红霉素、替米考星、泰乐菌素、螺旋霉素、吉他霉素和交沙霉素均为 2.0 μg/kg。鳗鱼中的林可霉素、红霉素、泰乐菌素、吉他霉素均为 2.0 μg/kg，螺旋霉素、竹桃霉素、交沙霉素、替米考星均为 5.0 μg/kg。

方法七：《进出口动物源性食品中林可酰胺类药物残留量的检测方法　液相色谱-质谱/质谱法》(SN/T 2218—2008)，该标准适用于猪肉、鸡肉、猪肝、牛肝、鸡蛋、牛奶等动物源食品中林可霉素、吡利霉素和克林霉素残留量的检测和确证。该标准的检测限均为 0.01 mg/kg。

方法八：《进出口蜂王浆中林可酰胺类药物残留量的测定　液相色谱-质谱/质谱法》(SN/T 2576—2010)，该标准适用于蜂王浆中林可霉素、氯林可霉素和吡利霉素残留量的测定。该标准中林可酰胺类药物的残留量检测限为 5 μg/kg。

方法九：《出口猪肉、虾、蜂蜜中多类药物残留量的测定　液相色谱-质谱/质谱法》(SN/T 3155—2012)，该标准的检测限分别为磺胺类药物 1.0 μg/kg，硝基咪唑类药物 1.0 μg/kg，喹诺酮类药物 2.0 μg/kg，大环内酯类药物 3.0 μg/kg，林可酰胺类药物 2.0 μg/kg，吡喹酮残留量 0.3 μg/kg。

方法十：《动物性食品中林可霉素和大观霉素残留检测　气相色谱法》(农业部 1163 号公告—2—2009)。该标准在猪、牛、鸡的肌肉和肾脏中林可霉素的定量限为 30 μg/kg；在鸡蛋、牛奶中林可霉素的定量限为 25 μg/kg；在猪、牛、鸡的肌肉和肾脏、鸡蛋、牛奶中大观霉素的定量限为 40 μg/kg。

方法十一：《进出口食用动物大环内酯类药物残留量的测定 微生物抑制法》（SN/T 4747.2—2017），该标准适用于出入境检验检疫工作中进出口食用动物血液、尿液中大杯内酯类兽药残留筛选检测，阳性结果需用其他方法进行确证。该标准的检测限为 0.05 mg/kg。

三十、吡利霉素

1. 基本信息

英文名称：Pirlimycin。

CAS 号：79548－73－5。

化学结构式：

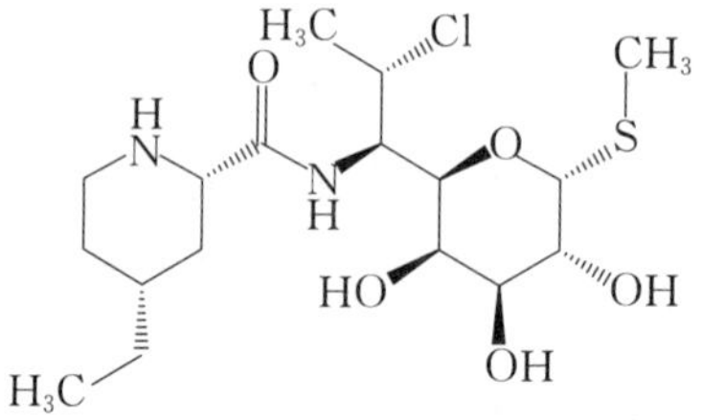

分子量：410.956 00。

密度：1.31 g/cm^3。

沸点：643.9 ℃（760 mmHg）。

分子式：$C_{17}H_{31}ClN_2O_5S$。

闪点：343.2 ℃。

性状：白色或微黄色结晶或粉末，无臭，味微苦，遇光色渐变暗。

溶解性：在热乙醇中溶解，在水或乙醚中几乎不溶，在稀酸或稀碱溶液中易溶。

2. 作用方式与用途

吡利霉素是由美国普强公司首先研制成功的半合成林可胺类抗生素，该药是林可霉素衍生物，与林可霉素、克林霉素属同类药。于 1993 年在美国获得批准上市。在国内吡利霉素已由浙江海正药业研制成功，并被批准为国家二类新兽药［（2008）新兽药证字 16 号］。

作用机制：可与敏感菌的 50S 核糖体亚单位进行结合，抑制转肽酶的活性，进而阻止肽键的形成，使蛋白质合成受阻。用于治疗泌乳期由葡萄球菌、链球菌引起的奶牛临床型与亚临床型乳腺炎。吡利霉素对葡萄球菌和链球菌抗菌活性优于克林霉素。

3. 常用检验检测分析方法

方法一：《牛奶和奶粉中螺旋霉素、吡利霉素、竹桃霉素、替米卡星、红霉素、泰乐菌素残留量的测定　液相色谱-串联质谱法》(GB/T 22988—2008)，该标准适用于牛奶和奶粉中螺旋霉素、吡利霉素、竹桃霉素、替米卡星、红霉素、泰乐菌素残留量的测定和确证。该标准的检测限：牛奶为1 μg/kg，奶粉为8 μg/kg。

方法二：《进出口动物源性食品中林可酰胺类药物残留量的检测方法　液相色谱-质谱/质谱法》(SN/T 2218—2008)，该标准适用于猪肉、鸡肉、猪肝、牛肝、鸡蛋、牛奶等动物源食品中林可霉素、吡利霉素和克林霉素残留量的检测和确证。该标准的检测限均为0.01 mg/kg。

方法三：《蜂王浆和蜂王浆冻干粉中林可霉素、红霉素、替米考星、泰乐菌素、螺旋霉素、克林霉素、吉他霉素、交沙霉素残留量的测定　液相色谱-串联质谱法》(GB/T 22946—2008)，该标准的检测限：蜂王浆中的林可霉素、红霉素、替米考星、泰乐菌素、螺旋霉素、克林霉素、吉他霉素、交沙霉素均为2.0 μg/kg；蜂王浆冻干粉中的林可霉素、红霉素、泰乐菌素、克林霉素、交沙霉素均为2.0 μg/kg，替米考星、螺旋霉素、吉他霉素均为5.0 μg/kg。

方法四：《进出口蜂王浆中林可酰胺类药物残留量的测定　液相色谱-质谱/质谱法》(SN/T 2576—2010)，该标准适用于蜂王浆中林可霉素、氯林可霉素和吡利霉素残留量的测定。该标准中林可酰胺类药物的残留量检测限为5 μg/kg。

方法五：《出口猪肉、虾、蜂蜜中多类药物残留量的测定　液相色谱-质谱/质谱法》(SN/T 3155—2012)，该标准规定了猪肉、虾和蜂蜜中多类药物残留测定的制样和液相色谱-质谱/质谱测定方法。该标准的检测限分别为磺胺类药物1.0 μg/kg，硝基咪唑类药物1.0 μg/kg，喹诺酮类药物2.0 μg/kg，大环内酯类药物3.0 μg/kg，林可酰胺类药物2.0 μg/kg，吡喹酮残留量0.3 μg/kg。

三十一、泰妙菌素

1. 基本信息

英文名称：Tiamulin。
CAS号：55297-95-5。
分子量：493.742。
密度：(1.1±0.1) g/cm^3。
沸点：(563.0±50.0)℃ (760 mmHg)。

分子式：$C_{28}H_{47}NO_4S$。

化学结构式：

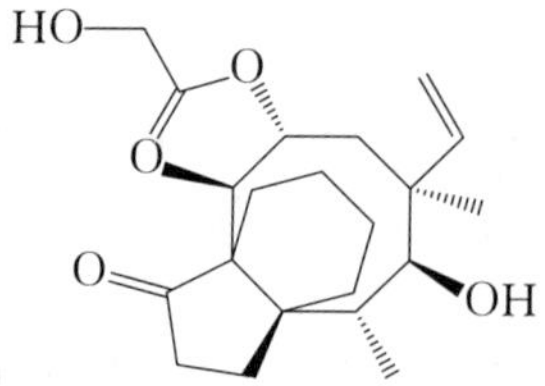

熔点：147～148℃。

闪点：(294.3±30.1)℃。

折射率：1.541。

溶解性：在甲醇或乙醇中易溶，溶于水，在丙酮中略溶，几乎不溶于乙烷。

2. 作用方式与用途

泰妙菌素是由高等真菌担子菌侧耳属发酵得到截短侧耳素后，再经化学合成得到氢化延胡索酸盐，是一种半合成的双萜烯类专门让动物用的抗生素，也是一种常用的兽药添加剂。1951 年由澳大利亚 kavangh 首次提出；1978 年，泰妙菌素开始用于防治猪病。

作用机制：与大环内酯类相似，其被划分为窄谱抗生素，其抗菌活性对细菌和霉形体等较好，主要作用在核糖体，抑制其蛋白质的合成。与其他药物如磺胺增效剂、磺胺类药物及其土霉素等合在一起用，泰乐菌素的抗菌谱将显著增加并且它的治疗效果将明显增强。

主要用途：泰妙菌素在动物体内吸收迅速，血药浓度高，体内分布广，且残留较低。它主要被用于防治鸡慢性呼吸道病、猪支原体肺炎、放线菌性胸膜肺炎和密螺旋体性痢疾等。在低剂量使用时，可以促进动物生长，提高饲料利用率。该药已在全球广泛使用，并被推荐为控制猪支原体感染的首选药物，市场需求量大。但是泰妙菌素不能与盐霉素或者莫能菌素联合使用，如果含有莫能菌素的饲料中同时混入盐霉素或者泰妙菌素，莫能菌素的毒性就会增强。

3. 环境归趋特征

国内兽药行业迅速发展，其工业生产造成的废水水污染也越来越严重，随着国内环保意识的逐年增强，兽药生产中产生的污水无害化处理成为环境科学研究中的重要方向。泰妙菌素是世界十大兽用抗生素之一，生产废水中含有大量的 2-二乙氨基乙硫醇和对甲基苯磺酸，具有毒性同时有着恶臭味，对环境威胁很大。

4. 每日允许摄入量（ADI）

0～30 μg/kg 体重。

5. 最大残留限量

见表 8－29。

表 8－29　泰妙菌素最大残留限量

动物种类	靶组织	最大残留限量（μg/kg）
猪/兔	肌肉	100
	肝	500
鸡	肌肉	100
	皮肤＋脂肪	100
	肝	1 000
	蛋	1 000
火鸡	肌肉	100
	皮肤＋脂肪	100
	肝	300

6. 常用检验检测方法

方法一：《饲料中泰妙菌素的测定　高效液相色谱法》（农业农村部公告第 316 号—3—2022），该标准适用于配合饲料、浓缩饲料、精料补充料和添加剂预混合饲料中泰妙菌素的测定。该标准配合饲料、浓缩饲料和精料补充料中泰妙菌素的检测限为 0.4 mg/kg，定量限为 1.0 mg/kg；添加剂预混合饲料中泰妙菌素的检测限为 0.8 mg/kg，定量限为 2.0 mg/kg。

方法二：《饲料中盐酸沃尼妙林和泰妙菌素的测定　液相色谱-串联质谱法》（农业农村部公告第 197 号—2—2019），该标准适用于配合饲料、浓缩饲料、精料补充料、添加剂预混合饲料中盐酸沃尼妙林和泰妙菌素的测定。该标准盐酸沃尼妙林和泰妙菌素的检测限均为 0.1 mg/kg，定量限均为 0.5 mg/kg。

方法三：《出口动物源性食品中沃尼妙林和泰妙菌素残留量的测定　液相色谱-质谱/质谱法》（SN/T 4584—2016），该标准适用于动物肌肉组织、肝脏、鱼、蛋和奶中沃尼妙林和泰妙菌素残留量的定量测定和定性确证。该标准中沃尼妙林和泰妙菌素的检测限均为 5.0 μg/kg。

方法四：《出口活鱼泰妙菌素检测技术规范》（SN/T 4483—2016），该标准适用于出口活鱼泰妙菌素残留的检测。该标准在鱼肉中泰妙菌素的检测限为 0.05 mg/kg。

三十二、安乃近

1. 基本信息

化学名称：[(2,3-二氢-1,5-二甲基-3-羰基-2-苯基-1H-吡唑-4-基)甲基氨基]甲磺酸一钠盐。

英文名称：metamizole sodium。

CAS号：68-89-3。

分子式：$C_{13}H_{16}N_3NaO_4S$。

分子量：333.34。

化学结构式：

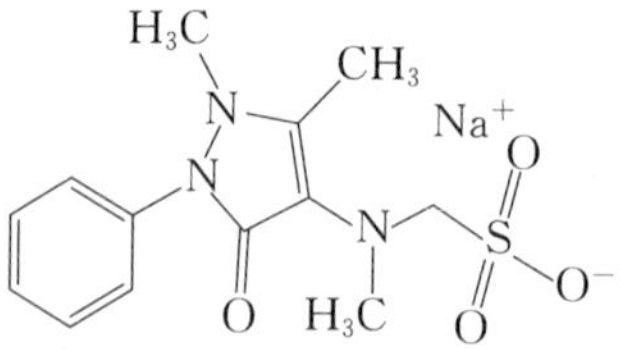

性状：白色或淡黄色结晶粉末。

熔点：187 ℃。

稳定性：稳定，与强氧化剂不相容。

储存条件：库房通风低温干燥。

2. 作用方式与用途

安乃近是氨基比林和亚硫酸钠相结合的化合物，因其解热功效显著，镇痛作用较强，药效迅速，并有一定的抗炎、抗风湿作用，是一种临床广泛使用的吡唑酮类非甾体抗炎解热药，于1922年首先在德国上市（Hinz et al., 2007）。上市以来，安乃近被广泛应用于人医和兽医临床。在兽医领域，安乃近由于解热镇痛效果确切、价格低廉，常作为一些严重动物疾病的辅助用药。但是，该药长期过量使用，易产生粒细胞减少、贫血、过敏等不良反应。美国、加拿大等国家已禁止安乃近在人和食源性动物使用。我国于1982年将复方安乃近片列为淘汰药品，不再批准使用。但是安乃近的其他剂型，如片剂、滴剂和注射剂仍在使用中，应用于兽医临床治疗动物发热性疾病。

作用机制：通过抑制前列腺素合成酶（环氧酶，COX）使体内前列腺素合成酶合成减少，因而产生解热作用。

3. 每日允许摄入量

0～10 μg/kg体重。

4. 最大残留限量

见表 8－30。

表 8－30　安乃近最大残留限量

动物种类	靶组织	最大残留限量（μg/kg）
牛/羊/猪/马	肌肉	100
	脂肪	100
	肝	100
	肾	100
牛/羊	奶	50

5. 常用检验检测方法

方法一：《牛和猪肌肉中安乃近代谢物残留量的测定　液相色谱-紫外检测法和液相色谱-串联质谱法》（GB/T 20747—2006），该标准适用于牛和猪肌肉中 4－甲酰氨基安替比林、4－甲基氨基安替比林和 4－氨基安替比林的残留量的测定。

方法二：《牛奶和奶粉中安乃近代谢物残留量的测定　液相色谱-串联质谱法》（GB/T 22971—2008），该标准适用于牛奶和奶粉中 4－甲酰氨基安替比林、4－乙酰氨基安替比林、4－甲基氨基安替比林和 4－氨基安替比林的残留量的测定。

三十三、氮哌酮

1. 基本信息

中文别名：阿扎哌隆、氟苯酮哌吡嗪、氟苯酮吡哌嗪、氯丁酰苯哌嗪、阿扎哌隆。

化学名称：4′-氟-4[4－(2－吡啶)1－哌嗪基]丁酰苯。

英文名称：Azaperone。

CAS 号：1649－18－9。

分子式：$C_{19}H_{22}FN_3O$。

分子量：327.4。

化学结构式：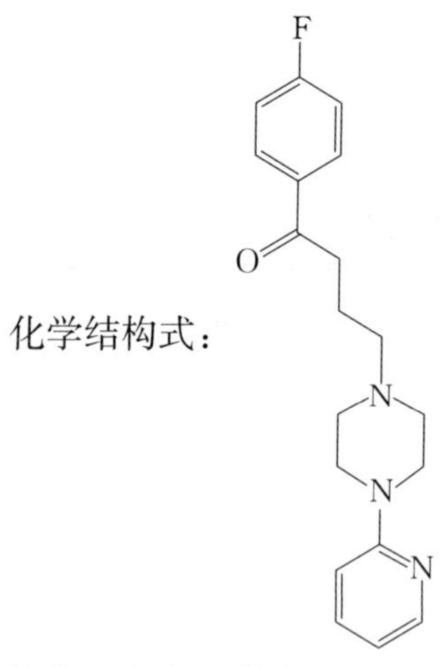

性状：白色至黄白色微晶粉末，不溶于水，溶于乙醇（1∶29）、氯仿(1∶4）及乙醚（1∶31）。

熔点：90～95 ℃。

2. 作用方式与用途

氮哌酮是一种丁酰苯类神经安定药。动物经肌肉注射此药后可消除紧张感，活动力下降，对环境淡漠并长期处于安静状态。有助于避免动物因“聚居应激”和在混群时发生互相攻击和打斗的现象，降低因应激及创伤引起的死亡率，因此在长途运输中常常给猪等动物使用该药。

通过食物链，氮哌酮及其代谢产物氮哌醇会对人体产生直接的危害。氮哌酮的不良反应主要在心血管效应，用药后动脉压下降，反射兴奋呼吸，皮肤血管扩张使皮肤呈粉红色，心率和心输出量减少，因此在动物组织中氮哌酮和氮哌醇的残留问题已经日益引起人们的关注。

3. 毒理信息（急性毒性、慢性毒性、三致等）

猪肌肉注射半数致死剂量 LD_{50} 为 740 mg/kg；小鼠口服半数致死剂量 LD_{50} 为 385 mg/kg；大鼠为口服半数致死剂量 LD_{50} 为 245 mg/kg；豚鼠口服半数致死剂量 LD_{50} 为 202 mg/kg。

4. 每日允许摄入量（ADI）

0～6 μg/kg 体重。

5. 最大残留限量

见表 8－31。

表 8-31 氮哌酮最大残留限量

动物种类	靶组织	最大残留限量（μg/kg）
猪	肌肉	60
	脂肪	60
	肝	100
	肾	100

6. 常用检验检测方法

方法一：《食品安全国家标准　动物性食品中氮哌酮及其代谢物残留量的测定　高效液相色谱法》（GB 29709—2013），该标准适用于猪的肌肉、皮＋脂、肝脏和肾脏组织中氮哌酮及代谢物氮哌醇残留量的检测。该标准的检测限为 2 μg/kg，定量限为 5 μ/kg。

方法二：《进出口动物源性食品中氮哌酮及其代谢产物残留量的检测方法　气相色谱-质谱法》（SN/T 2221—2008），该标准适用于猪肉和猪肾中氮哌酮及其代谢产物氮哌醇残留量的测定和确证。该标准的检测限为 0.01 mg/kg。

方法三：《畜禽血液和尿液中 160 种兽药及其他化合物的测定　液相色谱-串联质谱法》（农业农村部公告第 197 号—10—2019），该标准适用于猪血、牛血、羊血和鸡血及猪尿、牛尿、羊尿中 160 种兽药及其他化合物的测定。该标准的检测限为 0.3 μg/L，定量限为 1 μg/L。

三十四、倍他米松

1. 基本信息

商品名称：正妥。

英文名称：Betamethasone Sodium Phosphate for Injection。

分子式：$C_{22}H_{28}FNa_2O_8P/C_{22}H_{29}O_5F$。

分子量：392.464 1。

化学结构式：

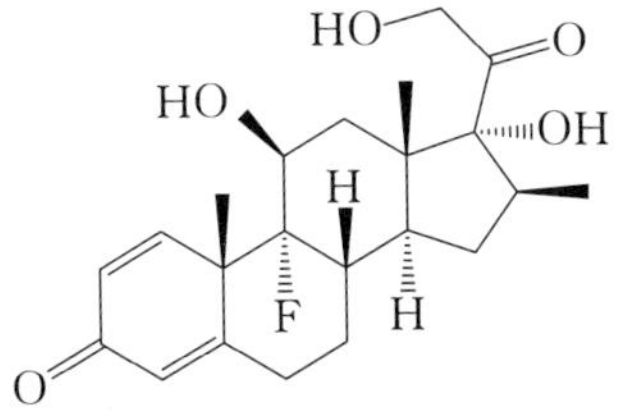

性状：白色或类白色疏松块状物或粉末。

CAS 号：378－44－9。

密度：(1.3±0.1) g/cm^3。

沸点：(568.2±50.0)℃ (760 mmHg)。

熔点：235～237 ℃。

闪点：(297.5±30.1)℃。

2. 作用方式与用途

倍他米松为肾上腺糖皮质激素类药物，具有较强的抗炎、抗过敏、抗休克及控制皮肤过敏作用，对垂体、肾上腺皮质的抑制作用较强。在家畜临床中有较广泛的应用。

抗炎作用：糖皮质激素减轻和防止组织对炎症的反应，从而减轻炎症的表现。

免疫抑制作用：防止或抑制细胞中介的免疫反应，延迟性的过敏反应，减少 T 淋巴细胞、单核细胞嗜酸性细胞的数目，降低免疫球蛋白与细胞表面受体的结合能力，并抑制白介素的合成与释放，从而降低 T 细胞向淋巴母细胞转化，并减轻原发免疫反应的扩展。

抗毒、抗休克作用：糖皮质激素能对抗细菌内毒素对机体的刺激反应，减轻细胞损伤，发挥保护机体的作用。

3. 环境归趋特征

二丙酸倍他米松在碱性和酸性条件下的水解杂质不相同，其 3 个主要的水解产物分别为倍他米松 17－丙酸酯、倍他米松 21－丙酸酯及倍他米松。

4. 每日允许摄入量（ADI）

0～0.015 μg/kg 体重。

5. 最大残留限量

见表 8－32。

表 8－32　倍他米松最大残留限量

动物种类	靶组织	最大残留限量（μg/kg）
猪	肌肉	4
	肝	50

6. 常用检验检测方法

方法一：《畜及畜产品中糖皮质激素残留量检测方法　酶联免疫法》（SN/T 4141—2015），该标准适用于畜产品（牛、猪、羊等内脏组织与肌肉组织），牛奶和动物尿液中地塞米松、泼尼松龙、氟地塞米松、异氟泼尼龙、倍他米松和氟米龙等糖皮质激素残留量的筛选检验。该标准中地塞米松、泼尼松龙、氟地塞米松、异氟泼尼龙的检测限为 0.20 μg/kg。倍他米松、去炎松的检测限为 0.25 μg/kg，氟米龙的检测限为 0.74 μg/kg。

方法二：《动物源性食品中糖皮质激素类药物多残留检测液相色谱-串联质谱法》（农业部 1031 号公告 2—2008）该标准适用于猪、牛、羊的肝脏和肌肉，鸡的肌肉，鸡蛋，牛奶中泼尼松、泼尼松龙、地塞米松、倍他米松、氟氢可的松、甲基泼尼松、倍氯米松、氢化可的松单个或多个药物残留量的检测。该标准中泼尼松，泼尼松龙、甲基泼尼松龙、地塞米松、倍他米松在牛奶中的定量限为 0.2 μg/L，肌肉和鸡蛋中定量限为 0.5 μg/kg，肝脏中定量限为1 μg/kg；倍氯米松和氟氢可的松在牛奶中定量限为 0.4 μg/L，肌肉和鸡蛋中定量限为 1 μg/kg，肝脏中定量限为 2 μg/kg；氢化可的松在牛奶中定量限为 0.8 μg/L，肌肉和鸡蛋中定量限为 2 μg/kg，肝脏中定量限为 4 μg/kg。

方法三：《饲料中 9 种糖皮质激素的检测　液相色谱-串联质谱法》（农业部 1063 号公告 5—2008），该标准适用于配合饲料、浓缩饲料及预混合饲料中 9 种糖皮质激素单个或混合物的测定。该标准的检测限为 2 μg/kg，定量限为 5 μg/kg。

方法四：《河豚鱼、鳗鱼及烤鳗中九种糖皮质激素残留量的测定　液相色谱-串联质谱法》（GB/T 22957—2008），该标准适用于河豚、鳗鱼及烤鳗中九种糖皮质激素残留量的测定。该标准的检测限：泼尼松龙、泼尼松、氢化可的松、可的松、甲基泼尼松龙、倍他米松、地塞米松为 0.2 μg/kg；倍氯米松、醋酸氟氢可的松为 1.0 μg/kg。

方法五：《动物尿液中 9 种糖皮质激素的检测　液相色谱-串联质谱法》（农业部 1063 号公告 1—2008），该标准适用于动物尿液中 9 种糖皮质激素单个或混合物的测定。该标准的检测限为 0.5 μg/L，定量限为 1.0 μg/L。

方法六：《饲料中 5 种糖皮质激素的测定　高效液相色谱法》（农业部 1068 号公告 2—2008），该标准适用于配合饲料中泼尼松、醋酸可的松、甲基泼尼松龙、倍氯米松、氟氢可的松的测定。该标准的检测限：泼尼松龙、甲基泼尼松龙为 0.5 mg/kg；醋酸可的松、倍氯米松、氟氢可的松为 1.0 mg/kg。

方法七：《进出口动物源性食品中糖皮质激素类兽药残留量检测方法　液相色谱-质谱/质谱法》（SN/T 2222—2008），该标准适用于猪肉、猪肾中糖皮质激素类兽药残留量的检测和确证。该标准在猪肉中地塞米松的检测限为0.75 μg/kg，泼尼松龙的检测限为4 μg/kg，曲安西龙、氢化可的松、泼尼松、氟米松、曲安奈德的检测限为10 μg/kg；猪肾中地塞米松的检测限为0.75 μg/kg，曲安西龙、泼尼松龙、氢化可的松、泼尼松、氟米松、曲安奈德的检测限为10 μg/kg。

三十五、地塞米松

1. 基本信息

CAS号：50-02-2。

密度：(1.3±0.1) g/cm^3。

沸点：(568.2±50.0)℃ (760 mmHg)。

分子式：$C_{22}H_{29}FO_5$。

分子量：392.461。

化学结构式：

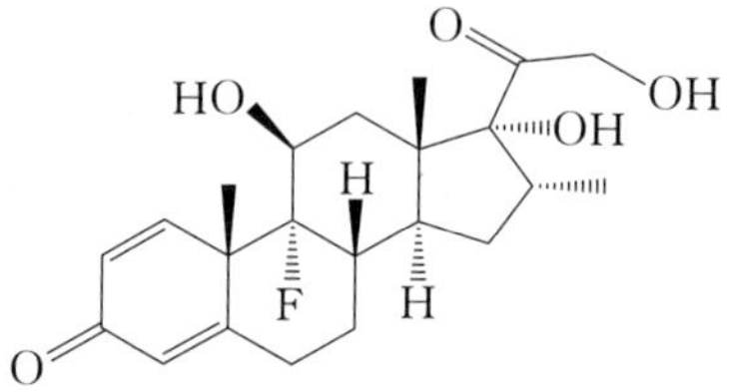

熔点：255～264 ℃。

闪点：(297.5±30.1)℃。

折射率：1.592。

外观性状：白色结晶固体。

溶解性：可溶于水，水中溶解度为10 mg/100 mL (25 ℃)；乙醇中溶解度为1 mg/mL。

2. 作用方式与用途

地塞米松为肾上腺糖皮质激素。主要适用于过敏性与自身免疫性炎症性疾病，如结缔组织病、严重的支气管哮喘、皮炎等过敏性疾病、溃疡性结肠炎、急性白血病、恶性淋巴瘤，还用于某些肾上腺皮质疾病的诊断、非感染性口腔黏膜溃疡的治疗。

抗炎作用：本产品可减轻和防止组织对炎症的反应，从而减轻炎症的表现。激素抑制炎症细胞，包括巨噬细胞和白细胞在炎症部位的集聚，并抑制吞噬作用、溶酶体酶的释放以及炎症化学中介物的合成和释放。可以减轻和防止组织对炎症的反应，从而减轻炎症的表现。

免疫抑制作用：包括防止或抑制细胞介导的免疫反应，延迟性的过敏反应，减少T淋巴细胞、单核细胞、嗜酸性细胞的数目，降低免疫球蛋白与细胞表面受体的结合能力，并抑制白介素的合成与释放，从而降低T淋巴细胞向淋巴母细胞转化，并减轻原发免疫反应的扩展。可降低免疫复合物通过基底膜，并能减少补体成分及免疫球蛋白的浓度。

3. 毒理信息

1%含量的组分被IARC鉴别为可能的或肯定的人类致癌物。

4. 毒性等级

急性毒性：经口（大鼠）LD_{50}＞3 000 mg/kg。

5. 每日允许摄入量（ADI）

0～0.015 μg/kg体重。

6. 最大残留限量

见表8-33。

表8-33　地塞米松最大残留限量

动物种类	靶组织	最大残留限量（μg/kg）
牛/猪/马	肌肉	1.0
	肝	2.0
	肾	1.0
牛	奶	0.3

7. 常用检验检测方法

方法一：《牛奶和奶粉中地塞米松残留量的测定　液相色谱-串联质谱法》（GB/T 22978—2008），该标准适用于牛奶和奶粉中地塞米松残留量的测定和确证。该标准的检测限：牛奶为0.2 μg/kg，奶粉为1.0 μg/kg。

方法二：《动物源性食品中糖皮质激素类药物多残留检测　液相色谱-串联质谱法》（农业部1031号公告　2—2008），该标准中泼尼松，泼尼松龙、甲基泼尼松龙、地塞米松、倍他米松在牛奶中的定量限为0.2 μg/L，肌肉和鸡蛋中定量限为0.5 μg/kg，肝脏中定量限为1 μg/kg；倍氯米松和氟氢可的松在牛奶中定量限为0.4 μg/L，肌肉和鸡蛋中定量限为1 μg/kg，肝脏中定量限为

2 μ/kg；氢化可的松在牛奶中定量限为 0.8 μg/L，肌肉和鸡蛋中定量限为 2 μg/kg，肝脏中定量限为 4 μg/kg。

方法三：《饲料中 9 种糖皮质激素的检测　液相色谱-串联质谱法》（农业部 1063 号公告—5—2008），该标准适用于配合饲料、浓缩饲料及预混合饲料中 9 种糖皮质激素单个或混合物的测定。该标准的检测限为 2 μg/kg，定量限为 5 μg/kg。

方法四：《河豚鱼、鳗鱼及烤鳗中九种糖皮质激素残留量的测定　液相色谱-串联质谱法》（GB/T 22957—2008），该标准适用于河豚、鳗鱼及烤鳗中九种糖皮质激素残留量的测定。该标准的检测限：泼尼松龙、泼尼松、氢化可的松、可的松、甲基泼尼松龙、倍他米松、地塞米松为 0.2 μg/kg；倍氯米松、醋酸氟氢可的松为 1.0 μg/kg。

方法五：《动物尿液中 9 种糖皮质激素的检测　液相色谱-串联质谱法》（农业部 1063 号公告—1—2008），该标准适用于动物尿液中 9 种糖皮质激素单个或混合物的测定。该标准的检测限为 0.5 μg/L，定量限为 1.0 μg/L。

方法六：《饲料中 5 种糖皮质激素的测定　高效液相色谱法》（农业部 1068 号公告—2—2008），该标准适用于配合饲料中泼尼松、醋酸可的松、甲基泼尼松龙、倍氯米松、氟氢可的松的测定。该标准检测限：泼尼松龙、甲基泼尼松龙为 0.5 mg/kg；醋酸可的松、倍氯米松、氟氢可的松为 1.0 mg/kg。

方法七：《进出口动物源性食品中糖皮质激素类兽药残留量检测方法　液相色谱-质谱/质谱法》（SN/T 2222—2008），该标准适用于猪肉、猪肾中糖皮质激素类兽药残留量的检测和确证。该标准在猪肉中地塞米松的检测限为 0.75 μg/kg，泼尼松龙检测限为 4 μg/kg，曲安西龙、氢化可的松、泼尼松、氟米松、曲安奈德的检测限为 10 μg/kg。猪肾中地塞米松的检测限为0.75 μg/kg，曲安西龙、泼尼松龙、氢化可的松、泼尼松、氟米松、曲安奈德的检测限为 10 μg/kg。

方法八：《畜及畜产品中糖皮质激素残留量检测方法　酶联免疫法》（SN/T 4141—2015），该标准适用于畜产品（牛、猪、羊等内脏组织与肌肉组织），牛奶和动物尿液中地塞米松、泼尼松龙、氟地塞米松、异氟泼尼龙、倍他米松和氟米龙等糖皮质激素残留量的筛选检验。该标准中地塞米松、泼尼松龙、氟地塞米松、异氟泼尼龙的检测限为 0.20 μ/kg。倍他米松、去炎松的检测限为 0.25 μg/kg，氟米龙的检测限为 0.74 μg/kg。

方法九：《畜禽肉中地塞米松残留量测定　液相色谱-串联质谱法》（GB/T 20741—2006），该标准规定了牛肉、猪肉、羊肉和鸡肉中地塞米松残留量的液相色谱-串联质谱测定方法。该标准适用于牛肉、猪肉、羊肉和鸡肉中地塞米松残留量的测定。该标准的检测限为 0.2 μg/kg。

方法十：《猪可食性组织中地塞米松残留检测方法 高效液相色谱法》（农业部 958 号公告—6—2007），该标准适用于猪肌肉和肝脏中地塞米松残留量检测。该方法在猪肌肉组织中检测限为 0.75 μg/kg，定量限为 1 μg/kg，在猪肝脏组织中检测限为 1 μg/kg，定量限为 2.0 μg/kg。

方法十一：《进出口动物源性食品中多种酸性和中性药物残留量的测定 液相色谱-质谱/质谱法》（SN/T 2443—2010），该标准规定了进出口动物源性食品中 64 种酸性和中性药物残留量测定的液相色谱-质谱/质谱测定和确证方法。该标准的检测限为 1 μg/kg。

方法十二：《动物源食品中激素多残留检测方法 液相色谱-质谱/质谱法》（GB/T 21981—2008），该标准规定了动物源食品中激素残留量的液相色谱-质谱/质谱测定方法该标准适用于猪肉、猪肝、鸡蛋、牛奶、牛肉、鸡肉和虾等动物源食品中 50 种激素残留的确证和定量测定，检测限为 0.4 μg/kg。

方法十三：《畜禽血液和尿液中 150 种兽药及其他化合物鉴别和确认 液相色谱-高分辨串联质谱仪法》（农业农村部公告第 197 号—9—2019），该标准适用于猪血、牛血、羊血和鸡血以及猪尿牛尿、羊尿中 150 种兽药及其他化合物的鉴别和确认。该标准的检测限为 5 ng/mL。

三十六、卡拉洛尔

1. 基本信息

英文名称：Carazolol。

分子量：298.379。

化学结构式：

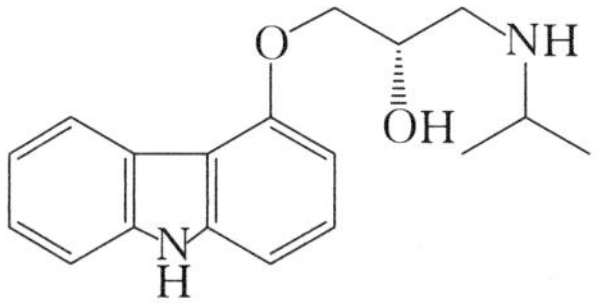

密度：(1.2±0.1) g/cm^3。

沸点：(531.2±40.0)℃ (760 mmHg)。

熔点：133～137 ℃。

CAS 号：57775 - 29 - 8。

分子式：$C_{18}H_{22}N_2O_2$。

颜色与性状：结晶体。

2. 作用方式与用途

卡拉洛尔属 β 肾上腺素受体阻断剂，常用于消除动物运输过程中的应激功

用作用阻断 β_1、β_2 受体，无内在拟交感活性，作用比普萘洛尔强。在兽医临床中常用于消除动物紧张，特别在运输过程中防止因应激导致的动物死亡。卡拉洛尔主要应用于猪、牛等动物，给药方式有静脉注射、肌肉注射等，缓解应激以降低动物在运输、交配、分娩等压力下的发病率和死亡率，更常用于动物屠宰前将动物从饲养场运输到屠宰厂的过程，消除动物紧张以保证肉的食用质量。

作用机制：为高度选择性地与 β_1、β_2 肾上腺素受体结合，从而阻断去甲肾上腺素能神经递质或拟肾上腺素药的 β 型作用；其药理作用广泛，但主要通过减慢心率、降低血压、减少心输出量等来发挥其药理作用。对兔口服或静脉注射卡拉洛尔，除血糖上升外，还可抑制异丙肾上腺素诱发的心跳过速；对狗静脉注射该药，显示在低剂量组中狗心率加快，并对心血管系统产生一定的抑制作用。

3. 毒理信息

急性毒性（经口）第 3 级；皮肤腐蚀/刺激第 2 级；严重损伤/刺激眼睛 2A 类。

4. 毒性等级

卡拉洛尔由于其毒性小，疗效确实，在国外兽医临床中常用于消除动物紧张，特别在运输过程中用于防止因应激导致的突然死亡。

5. 每日允许摄入量（ADI）

0～0.1 μg/kg 体重。

6. 最大残留限量

见表 8 - 34。

表 8 - 34　卡拉洛尔最大残留限量

动物种类	靶组织	最大残留限量（μg/kg）
猪	肌肉	5
	脂肪/皮	5
	肝	25
	肾	25

7. 常用检验检测方法

《进出口动物源性食品中卡拉洛尔残留量的测定　液相色谱-质谱/质谱法》

（SN/T 4144—2015），该标准适用于猪肉、鱼肉、虾肉、肝脏、肾脏、脂肪、奶、鸡蛋和蜂蜜中卡拉洛尔的测定和确证。该标准的检测限为 0.001 mg/kg。

三十七、克拉维酸

1. 基本信息

英文名称：Clavulanate。
CAS 号：58001－44－8。
分子量：199.161。

化学结构式：

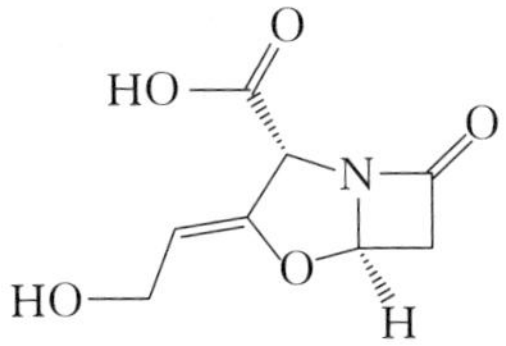

分子式：$C_8H_9NO_5$。
密度：（1.7±0.1）g/cm^3。
沸点：（545.8±50.0）℃（760 mmHg）。
闪点：（283.9±30.1）℃。
折射率：1.644。
性状：克拉维酸钾为针状结晶，易溶于水。

2. 作用方式与用途

抗菌作用：克拉维酸为广谱抗生素，但抗菌活性很弱。它对革兰氏阴性菌和阳性菌抑菌浓度多为 30～60 μg/mL，对绿脓杆菌与肠球菌无效，对淋球菌的最低抑菌浓度（MIC）为 5 μg/mL，对金葡菌、肺炎球菌、化脓性链球菌等革兰氏阳性菌的 MIC 为 12～15 μg/mL，对脆弱拟杆菌的 MIC 为 13.1 μg/mL，对其余多数菌 MIC 为 30～125 μg/mL。

作用机制：克拉维酸为广谱抑制剂，对革兰氏阳性菌（如金葡球菌）产生的β-内酰胺酶与革兰氏阴性菌产生的Ⅰ、Ⅱ、Ⅳ及Ⅴ型β-内酰胺酶有强大的抑制作用，但对Ⅰ型头孢菌素酶的抑制作用甚弱。克拉维酸可使不耐β-内酰胺酶的抗生素，如青霉素 G、氨苄西林、阿莫西林或头孢菌素Ⅱ（头孢噻吩）的抗菌谱增广，抗菌活性增强，且对多种产β-内酞胺酶的细菌产生明显地增效作用，如金葡菌、大肠杆菌、肺炎杆菌、奇异变形杆菌、普通变形杆菌、流感杆菌及脆弱杆菌等。但对阿莫西林或头孢噻啶敏感菌，与克拉维酸合用并无增效作用。

3. 每日允许摄入量（ADI）

0～50 μg/kg 体重。

4. 最大残留限量

见表 8－35。

表 8－35　克拉维酸最大残留限量

动物种类	靶组织	最大残留限量（μg/kg）
牛/猪	肌肉	100
	脂肪	100
	肝	200
	肾	400
牛	奶	200

5. 常用检验检测方法

《进出口动物源食品中克拉维酸残留量检测方法　液相色谱-质谱/质谱法（中英文版）》（SN/T 2488—2010），该标准适用于猪肉、猪肝、猪肾、牛肉、牛肝和牛奶等动物源食品中克拉维酸残留量的测定和确证。该标准中猪肉、猪肝、猪肾、牛肉、牛肝和牛奶中克拉维酸残留量的检测限均为 10.0 μg/kg。

三十八、达氟沙星

1. 基本信息

中文别名：丹诺沙星、达诺沙星。
CAS 号：112398－08－0。
分子式：$C_{19}H_{20}FN_3O_3$。
分子量：357.378 803。

化学结构式：

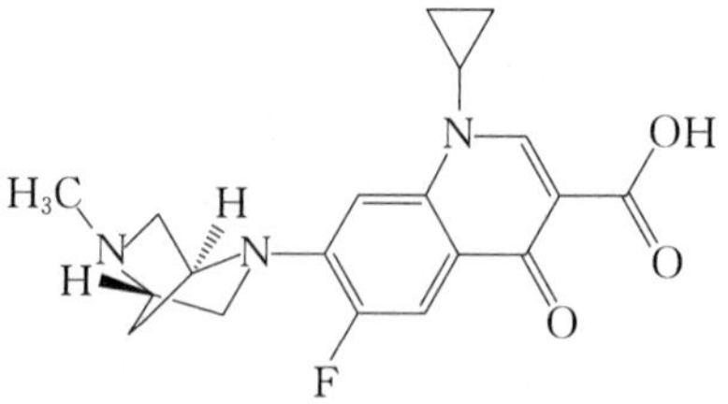

密度：1.485 g/cm^3。

熔点：268～272 ℃。

沸点：569.3 ℃（760 mmHg）。

折射率：1.679。

闪光点：298.1 ℃。

2. 作用方式与用途

氟喹诺酮类药物发明于 20 世纪 80 年代，达氟沙星是氟喹诺酮药物的一种，属于第 3 代喹诺酮类抗菌剂。它是一类新型氟取代的喹诺酮类衍生物，因其喹诺酮萘啶环的 6 位处被引入氟原子，因此，又被统称为氟喹诺酮类。氟喹诺酮是一类广谱性抗菌药物，可以有效抑制革兰氏阳性菌、革兰氏阴性菌、衣原体、支原体、螺旋体及某些厌氧菌。达氟沙星因其抑菌的广谱性和有效性，常作为兽类饲料添加剂、疫病预防与治疗药物得到广泛应用且其半衰期较长，稳定性较好，需要足够长的时间降解成其他物质。因此，达氟沙星不仅存在被滥用的风险，而且它的滥用也会导致一系列严重的后果，如增加细菌的耐药性、危害动物源食品安全和人类药物资源，并且有可能对人体安全造成直接危害。

作用机制：是通过抑制细菌 DNA 螺旋酶和拓扑异构酶Ⅳ的活性，阻碍 DNA 合成而导致细菌死亡。

3. 每日允许摄入量（ADI）

0～20 μg/kg 体重。

4. 最大残留限量

见表 8－36。

表 8－36　达氟沙星最大残留限量

动物种类	靶组织	最大残留限量（μg/kg）
牛/羊	肌肉	200
	脂肪	100
	肝	400
	肾	400
	奶	30
家禽（产蛋期禁用）	肌肉	200
	脂肪	100
	肝	400
	肾	400

（续）

动物种类	靶组织	最大残留限量（μg/kg）
猪	肌肉	100
	脂肪	100
	肝	50
	肾	200
鱼	皮+肉	100

5. 常用检验检测方法

方法一：《牛奶和奶粉中恩诺沙星、达氟沙星、环丙沙星、沙拉沙星、奥比沙星、二氟沙星和麻保沙星残留量的测定　液相色谱-串联质谱法》（GB/T 22985—2008），该标准适用于牛奶和奶粉中恩诺沙星、达氟沙星、环丙沙星、沙拉沙星、奥比沙星、二氟沙星和麻保沙星残留量的测定和确证。该标准的检测限：牛奶中恩诺沙星、达氟沙星、环丙沙星、沙拉沙星、奥比沙星、二氟沙星和麻保沙星均为 1 μg/kg；奶粉中恩诺沙星、达氟沙星、环丙沙星、沙拉沙星、奥比沙星、二氟沙星和麻保沙星均为 4 μg/kg。

方法二：《动物性食品中氟喹诺酮类药物残留检测　高效液相色谱法》（农业部 1025 号公告—14—2008），该标准适用于猪的肌肉、脂肪、肝脏和肾脏，鸡的肝脏和肾脏组织中达氟沙星、恩诺沙星、环丙沙星和沙拉沙星药物残留检测。该标准中达氟沙星、恩诺沙星、环丙沙星和沙拉沙星在鸡和猪的肌肉、脂肪、肝脏及肾脏组织中的检测限为 20 μg/kg。

方法三：《鸡蛋中氟喹诺酮类药物残留量的测定　高效液相色谱法》（农业部 781 号公告—6—2006），该标准适用于鸡蛋中氟喹诺酮类药物（环丙沙星、达氟沙星、恩诺沙星和沙拉沙星）含量的检测。该标准在鸡蛋中的环丙沙星、恩诺沙星和沙拉沙星检测限为 10 μg/kg，达氟沙星检测限为 2 μg/kg。

方法四：《动物性食品中氟喹诺酮类药物残留检测　酶联免疫吸附法》（农业部 1025 号公告—8—2008），该标准适用于检测动物源性食品中猪肌肉、鸡肌肉、鸡肝脏、蜂蜜、鸡蛋和虾中恩诺沙星、环丙沙星、诺氟沙星、氧氟沙星、洛美沙星、噁喹酸、依诺沙星、培氟沙星、达氟沙星、氟甲喹、麻保沙星、氨氟沙星残留量的检测。该标准在组织（猪肌肉/肝脏，鸡肌肉/肝脏、鱼、虾）样品中氟喹诺酮类药物的检测限为 3 μg/kg；在蜂蜜样品中氟喹诺酮类的检测限为 5 μg/kg；鸡蛋样品中氟喹诺酮类的检测限为 2 μg/kg。

方法五：《饲料中氟喹诺酮类药物的测定　液相色谱-串联质谱法》（农业部 2086 号公告—4—2014），该标准适用于配合饲料、浓缩饲料、添加剂预混合饲料和精料补充料中盐酸环丙沙星、恩诺沙星、诺氟沙星、氧氟沙星、甲磺酸达氟沙星、盐酸沙拉沙星含量的测定。该标准在配合饲料、浓缩饲料、添加剂预混合饲料和精料补充料中 6 种药物的检测限为 60.0 μg/kg，定量限为 200.0 μg/kg。

方法六：《饲料中氟喹诺酮类药物含量的检测方法　液相色谱-质谱/质谱法》（SN/T 3649—2013），该标准适用于配合饲料、浓缩饲料和添加剂预混合饲料中恩诺沙星、环丙沙星、诺氟沙星、氧氟沙星、单诺沙星、麻保沙星、沙拉沙星、司帕沙星、双氟沙星、奥比沙星、氟罗沙星、洛美沙星和依诺沙星的检测。该标准的检测限为 0.5 mg/kg。

方法七：《出口蜂王浆中氟喹诺酮类残留量测定方法　酶联免疫法》（SN/T 3027—2011），该标准适用于蜂王浆中那氟沙星、芦氟沙星、达氟沙星、恩诺沙星、盐酸环丙沙星、左氧氟沙星、氧氟沙星、培氟沙星、诺氟沙星、二氟沙星、沙拉沙星和依诺沙星残留总量的测定。该标准的检测限：那氟沙星、芦氟沙星、达氟沙星、恩诺沙星、盐酸环丙沙星、左氧氟沙星、氧氟沙星、培氟沙星、诺氟沙星、二氟沙星、沙粒沙星和依诺沙星均为 2.5 μg/kg。

方法八：《食品安全国家标准　蜂产品中喹诺酮类药物多残留的测定　液相色谱-串联质谱法》（GB 31657.2—2021），该标准适用于蜂蜜和蜂王浆中喹酸、萘啶酸、氟甲喹、西诺沙星、二氟沙星、沙拉沙星、氧氟沙星、恩诺沙星、洛美沙星、培氟沙星、诺氟沙星、环丙沙星、依诺沙星、达氟沙星、马波沙星、氟罗沙星、加替沙星、奥比沙星、吡哌酸和司帕沙星单个或多个药物残留量的测定。该标准的检测限为 0.5 μg/kg，定量限为 1.0 μg/kg。

方法九：《食品安全国家标准　动物性食品中四环素类、磺胺类和喹诺酮类药物残留量的测定　液相色谱-串联质谱法》（GB 31658.17—2021），该标准适用于牛、羊、猪和鸡的肌肉、肝脏和肾脏组织中四环素类（四环素、金霉素、土霉素、多西环素）、磺胺类（乙酰磺胺、磺胺吡啶、磺胺嘧啶、磺胺甲唑、磺胺噻唑、磺胺甲嘧啶、磺胺二甲异唑、磺胺甲噻二唑、苯甲酰磺胺、磺胺二甲异嘧啶、磺胺二甲嘧啶、磺胺间甲氧嘧啶、磺胺甲氧哒嗪、磺胺对甲氧嘧啶、磺胺氯哒嗪、磺胺邻二甲氧嘧啶、磺胺间二甲氧嘧啶、磺胺苯吡唑、酞磺胺噻唑）和喹诺酮类（诺氟沙星、依诺沙星、环丙沙星、培氟沙星、洛美沙星、达氟沙星、恩诺沙星、氧氟沙星、麻保沙星、沙拉沙星、二氟沙星、噁喹酸、氟甲喹）药物残留量的测定。该标准的检测限为 2 μg/kg，定量限为 10 μg/kg。

方法十：《进出口蜂王浆中 15 种喹诺酮类药物残留量的检测方法　液相色谱-质谱/质谱法》（SN/T 2578—2010），该标准规定了进出口蜂王浆中喹诺酮残留量测定的制样和液相色谱-质谱/质谱测定方法。喹诺酮类药物残留量检测限为 5 μg/kg。

方法十一：《出口蜂王浆中氟喹诺酮类残留量测定方法　酶联免疫法》(SN/T 3027—2011)，该标准规定了蜂王浆中氟喹诺酮类残留量的酶联免疫测定方法。该标准检测限 2.5 μg/kg。

方法十二：《食品安全国家标准　牛奶中喹诺酮类药物多残留的测定　高效液相色谱法》(GB 29692—2013)，该标准规定了牛奶中喹诺酮类药物残留量检测的制样和高效液相色谱测定方法。该标准环丙沙星，恩诺沙星，沙拉沙星和二氟沙星的检测限为 5 μg/kg，定量限为 10 μg/kg；达氟沙星的检测限为 1 μg/kg，定量限为 2 μg/kg。

方法十三：《出口猪肉、虾、蜂蜜中多类药物残留量的测定　液相色谱-质谱/质谱法》(SN/T 3155—2012)，该标准规定了猪肉、虾和蜂蜜中多类药物残留测定的制样和液相色谱-质谱/质谱测定方法。该标准方法的检测限分别为磺胺类药物 1.0 μg/kg，硝基咪唑类药物 1.0 μg/kg，喹诺酮类药物 2.0 μg/kg，大环内酯类药物 3.0 μg/kg，林可酰胺类药物 2.0 μg/kg，吡喹酮残留量 0.3 μg/kg。

方法十四：《进出口食用动物、饲料喹诺酮类筛选检测　胶体金免疫层析法》(SN/T 5122—2019)，该方法的检测限：动物组织：恩诺沙星、环丙沙星、诺氟沙星、达氟沙星、伊诺沙星、培氟沙星、氧氟沙星、氟甲喹、噁喹酸均为 10 μg/kg。动物血浆：恩诺沙星、环丙沙星、诺氟沙星、达氟沙星、伊诺沙星、培氟沙星、氧氟沙星氯甲喹、噁喹酸均为 50 μg/kg。动物尿液：诺氟沙星和氧氟沙星为 150 μg/kg，恩诺沙星、环丙沙星、达氟沙星、伊诺沙星、培氟沙星、氟甲喹、噁喹酸均为 100 μg/kg。饲料的检测限：恩诺沙星、环丙沙星、诺氟沙星、达氟沙星、伊诺沙星、培氟沙星、氧氟沙星、氟甲喹、噁喹酸均为 300 μg/kg。

方法十五：《畜禽血液和尿液中 150 种兽药及其他化合物鉴别和确认　液相色谱-高分辨串联质谱仪法》(农业农村部公告第 197 号—9—2019)，该标准适用于猪血、牛血、羊血和鸡血以及猪尿牛尿、羊尿中 150 种兽药及其他化合物的鉴别和确认。该标准检测限为 10 ng/mL。

三十九、二氟沙星

1. 基本信息

中文别名：双氟沙星。

英文名称：Difloxacin。

CAS 号：98106 - 17 - 3。

化学结构式：

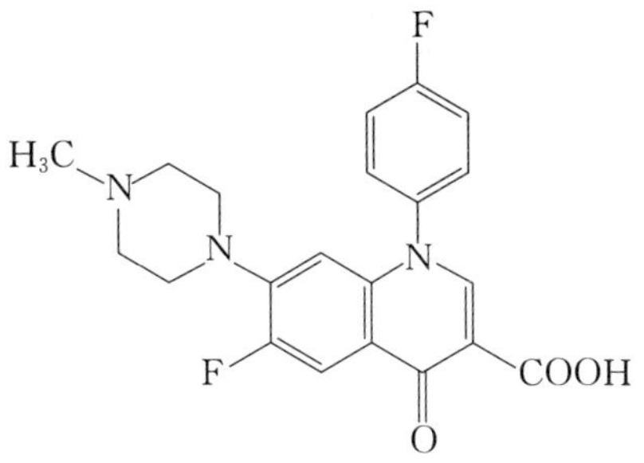

分子量：399.391。

密度：1.409 g/cm^3。

沸点：595.5 ℃（760 mmHg）。

分子式：$C_{21}H_{19}F_2N_3O_3$。

闪点：313.9 ℃。

外观性状：奶白色至淡黄色结晶粉末。

2. 作用方式与用途

二氟沙星是畜禽专用的第三代喹诺酮类药物，由美国 Abbott 公司在 1984 年研制，其盐酸盐制剂已经在国内兽医临床上有着广泛的应用。盐酸二氟沙星常用于敏感细菌，如大肠杆菌、绿脓杆菌、金黄色葡萄球菌、变形杆菌、多杀性巴氏杆菌等引起的畜禽慢性呼吸道病、气管炎、肠炎、肺炎、禽霍乱、链球菌病、伤寒等疾病，尤其对鸡的大肠杆菌病，仔猪红、黄、白痢有特效。

用途：二氟沙星是喹诺酮类抗生素。用于治疗由敏感细菌引起的消化系统、呼吸系统、泌尿系统等感染和霉形体及支原体感染。因在喹诺酮环的 N_1 位引入 4-氟苯基，抗菌谱扩大，抗革兰氏阳性菌尤其是链球菌和铜绿假单胞菌的活性进一步增强，并改善了药物动力学特征，相对减小了对幼年动物的软组织的损伤和毒副作用。在 C_7 位引入甲基哌嗪，增加了抗革兰氏阳性菌的活性，改善了对酶的拮抗作用。

3. 每日允许摄入量（ADI）

0～10 μg/kg 体重。

4. 最大残留限量

见表 8-37。

表 8-37 二氟沙星最大残留限量

动物种类	靶组织	最大残留限量（μg/kg）
牛/羊（泌乳期禁用）	肌肉	400
	脂肪	100
	肝	1 400
	肾	800
猪	肌肉	400
	脂肪	100
	肝	800
	肾	800
家禽（产蛋期禁用）	肌肉	300
	皮+脂	400
	肝	1 900
	肾	600
其他动物	肌肉	300
	脂肪	100
	肝	800
	肾	600
鱼	皮+肉	300

5. 常用检验检测方法

方法一：《牛奶和奶粉中恩诺沙星、达氟沙星、环丙沙星、沙拉沙星、奥比沙星、二氟沙星和麻保沙星残留量的测定　液相色谱-串联质谱法》（GB/T 22985—2008），该标准适用于牛奶和奶粉中恩诺沙星、达氟沙星、环丙沙星、沙拉沙星、奥比沙星、二氟沙星和麻保沙星残留量的测定和确证。该标准的检测限：牛奶中恩诺沙星、达氟沙星、环丙沙星、沙拉沙星、奥比沙星、二氟沙星和麻保沙星均为 1 μg/kg；奶粉中恩诺沙星、达氟沙星、环丙沙星、沙拉沙星、奥比沙星、二氟沙星和麻保沙星均为 4 μg/kg。

方法二：《出口蜂王浆中氟喹诺酮类残留量测定方法　酶联免疫法》（SN/T 3027—2011），该标准适用于蜂王浆中那氟沙星、芦氟沙星、达氟沙星、恩诺沙星、盐酸环丙沙星、左氧氟沙星、氧氟沙星、培氟沙星、诺氟沙星、二氟沙星、沙拉沙星和依诺沙星残留总量的测定。该标准的检测限：那氟沙星、芦氟沙星、达氟沙星，恩诺沙星、盐酸环丙沙星、左氧氟沙星、氧氟沙星、培氟沙星、诺氟沙星、二氟沙星、沙粒沙星和依诺沙星均为 2.5 μg/kg。

方法三：《食品安全国家标准　蜂产品中喹诺酮类药物多残留的测定　液相色谱-串联质谱法》（GB 31657.2—2021），该标准适用于蜂蜜和蜂王浆中喹酸、萘啶酸、氟甲喹、西诺沙星、二氟沙星、沙拉沙星、氧氟沙星、恩诺沙星、洛美沙星、培氟沙星、诺氟沙星、环丙沙星、依诺沙星、达氟沙星、马波沙星、氟罗沙星、加替沙星、奥比沙星、吡哌酸和司帕沙星单个或多个药物残留量的测定。该标准的检测限为 0.5 μg/kg，定量限为 1.0 μg/kg。

方法四：《食品安全国家标准　动物性食品中四环素类、磺胺类和喹诺酮类药物残留量的测定　液相色谱-串联质谱法》（GB 31658.17—2021），该标准规定了动物性食品中四环素类、磺胺类和喹诺酮类药物残留量检测的制样和液相色谱-串联质谱测定方法。该标准的检测限为 2 μg/kg，定量限为 10 μg/kg。

方法五：《进出口动物源食品中喹诺酮类药物残留量检测方法　第 2 部分：液相色谱-质谱/质谱法》（SN/T 1751.2—2007），该标准的检测限：萘啶酸、噁喹酸、氟甲喹、诺氟沙星、依诺沙星、环丙沙星、洛美沙星、丹诺沙星、恩诺沙星、氧氟沙星、沙拉沙星、二氟沙星、麻保沙星、培氟沙星、司帕沙星、奥比沙星均为 10.0 μg/kg。

方法六：《进出口动物源性食品中奎诺酮类药物残留量的测定　第 3 部分：高效液相色谱法》（SN/T 1751.3—2011），该标准的检测限为 1.0 μg/kg。

方法七：《饲料中磺胺类和喹诺酮类药物的测定　液相色谱-串联质谱法》（农业部 2349 号公告—5—2015），该标准的检测限为 0.05 mg/kg，定量限为 0.10 mg/kg。

方法八：《畜禽血液和尿液中 160 种兽药及其他化合物的测定　液相色谱-串联质谱法》（农业农村部公告第 197 号—10—2019），该标准的检测限为 0.3 μg/L，定量限为 1 μg/L。

方法九：《食品安全国家标准　牛奶中喹诺酮类药物多残留的测定　高效液相色谱法》（GB 29692—2013），该标准环丙沙星，恩诺沙星，沙拉沙星和二氟沙星的检测限为 5 μg/kg，定量限为 10 μg/kg；达氟沙星的检测限为1 μg/kg，定量限为 2 μg/kg。

四十、恩诺沙星

1. 基本信息

中文别名：达氟沙星、单诺沙星、达诺沙星。

英文名称：Enrofloxacin。

CAS号：93106－60－6。

分子量：359.395。

化学结构式：

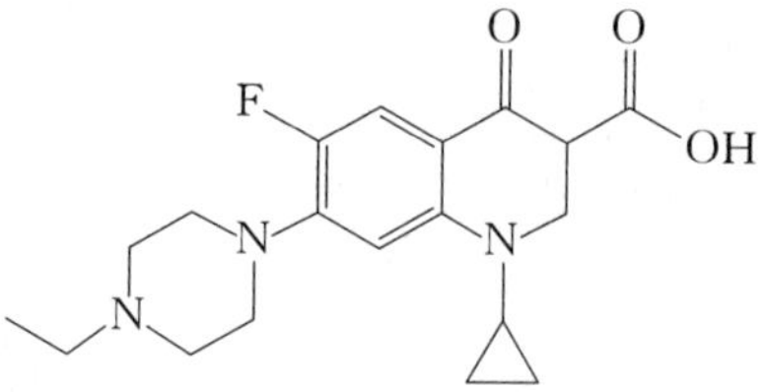

密度：（1.4±0.1）g/cm^3。

沸点：（560.5±50.0）℃（760 mmHg）。

分子式：$C_{19}H_{22}FN_3O_3$。

熔点：225 ℃。

闪点：（292.8±30.1）℃。

折射率：1.634。

溶解性：在酸性或碱性条件下溶解，在二甲基甲酰胺、氯仿中略溶，甲醇中微溶，水中不溶。

外观性状：无臭无味的类白色或微黄色针状结晶粉末。

2. 作用方式与用途

作用机制是通过阻断微生物 DNA 促旋酶和异构酶Ⅳ抑制细菌增殖而产生杀菌效果。

3. 环境归趋特征

水解是另外一种抗生素转化的重要非生物途径。Paul 等发现氟喹诺酮类抗生素在水中基本不水解，但对紫外线敏感。吴宝银等设计了恩诺沙星在不同酸碱度、不同光照、不同微生物条件下的水解，结果发现，恩诺沙星的水解产物没有环丙沙星，50 ℃、避光 5 d 后的恩诺沙星在 pH 1～10 的缓冲液中水解小于 10%，说明它在恒温避光条件下的半衰期超过 1 年，酸碱度的变化对于恩诺沙星的水解速度无显著影响。在环境中，抗生素还可以通过微生物发生生物降解。段丽丽等发现磺胺二甲嘧啶以及它的降解产物在土壤中很快降解，微生物的降解半衰期为 3.44 d 和 1.58 d。吴宝银等发现不同浓度条件下，微生物对恩诺沙星降解无显著影响。

喹诺酮类抗生素降解的主要选择还是生物降解。生物降解主要是利用微生物的酶催化反应来降解有机物。主要的处理方法有好氧处理、厌氧处理和厌氧-好氧处理等。相关研究发现，复合微氧水解-好氧工艺对于喹诺酮类抗生素有很好的消除效果。生物降解的方法会受到环境因素的影响，Girardi 等发现环丙沙星在液体环境中基本不降解，但在具有生物活性和非生物活性的土壤里都可以发生降解。

4. 毒理信息

急性毒性：大鼠经口 LD_{50} 为 5 mg/kg；小鼠经口 LD_{50} 为 4 336 mg/kg；小鼠静脉注射 LD_{50} 为 200 mg/kg；兔经口 LD_{50} 为 500 mg/kg。

5. 每日允许摄入量（ADI）

0～6.2 μg/kg 体重。

6. 最大残留限量

见表 8 - 38。

表 8 - 38　恩诺沙星最大残留限量

动物种类	靶组织	最大残留限量（μg/kg）
牛/羊	肌肉	100
	脂肪	100
	肝	300
	肾	200
	奶	100
猪/兔	肌肉	100
	脂肪	100
	肝	200
	肾	300
家禽（产蛋期禁用）	肌肉	100
	皮+脂	100
	肝	200
	肾	300
其他动物	肌肉	100
	脂肪	100
	肝	200
	肾	200
鱼	皮+肉	100

7. 常用检验检测方法

方法一：《水产品中诺氟沙星、盐酸环丙沙星、恩诺沙星残留量的测定　液相色谱法》（农业部 783 号公告—2—2006），该标准适用于水产品可食部分中诺氟沙星、盐酸环丙沙星、恩诺沙星残留量的测定。诺氟沙星的检测限可达到 5.0 μg/kg，环丙沙星的检测限可达到 1.0 μg/kg，恩诺沙星的检测限可达到 5.0 μg/kg。

方法二：《牛奶和奶粉中恩诺沙星、达氟沙星、环丙沙星、沙拉沙星、奥比沙星、二氟沙星和麻保沙星残留量的测定　液相色谱-串联质谱法》（GB/T 22985—2008），该标准适用于牛奶和奶粉中恩诺沙星、达氟沙星、环丙沙星、沙拉沙星、奥比沙星、二氟沙星和麻保沙星残留量的测定和确证。该标准的检测限：牛奶中恩诺沙星、达氟沙星、环丙沙星、沙拉沙星、奥比沙星、二氟沙星和麻保沙星均为 1 μg/kg；奶粉中恩诺沙星、达氟沙星、环丙沙星、沙拉沙星、奥比沙星、二氟沙星和麻保沙星均为 4 μg/kg。

方法三：《水产品中恩诺沙星、诺氟沙星和环丙沙星残留的快速筛选测定　胶体金免疫渗滤法》（农业部 1077 号公告—7—2008），该标准适用于水产品中恩诺沙星、诺氟沙星和环丙沙星三种喹诺酮类残留的快速筛选检测。该方法的检测限：恩诺沙星和环丙沙星均为 10 μg/kg，诺氟沙星为 20 μg/kg。

方法四：《动物源食品中恩诺沙星残留检测酶联免疫吸附法》（农业部 1025 号公告—25—2008），该标准适用于动物源食品（猪和鸡的肌肉和肝脏、水产、蜂蜜）中恩诺沙星残留量的筛选检验。该方法在猪、鸡肌肉中恩诺沙星的检测限为 1.0 μg/kg；在猪、鸡肝脏中恩诺沙星的检测限为 1.0 μg/kg；在水产中恩诺沙星的检测限为 1.5 μg/kg；在蜂蜜中恩诺沙星的检测限为2.0 μg/kg。该标准在样本中的定量限为 10.0 μg/kg。

方法五：《诺氟沙星、恩诺沙星水产养殖使用规范》（SC/T 1083—2007），该标准适用于水产养殖中细菌性败血症、肠炎病、赤皮病、打印病、白皮病、白头白嘴病、烂鳃病等相关细菌性疾病的治疗。

方法六：《食品安全国家标准　水产品中诺氯沙星、环丙沙星、恩诺沙星、氧氟沙星、噁喹酸、氯甲喹残留量的测定　高效液相色谱法》（GB 31656.3—2021），该标准适用于水产品中鱼类肌肉组织，虾、蟹、贝类的可食组织中诺氟沙星、环丙沙星、恩诺沙星、氧氟沙星、噁喹酸、氟甲喹残留量的检测。该标准诺氟沙星、环内沙星、恩诺沙星、氧氟沙星的检测限为 2.5 μg/kg，噁喹酸、氟甲喹的检测限为 5 μg/kg；诺氟沙星、环丙沙星、恩诺沙星、氧氟沙星的定量限为 5 μg/kg，噁喹酸、氟甲喹的定量限为 10 μg/kg。

方法七：《食品安全国家标准　蜂产品中喹诺酮类药物多残留的测定　液

相色谱-串联质谱法》(GB 31657.2—2021)，该标准适用于蜂蜜和蜂王浆中喹酸、萘啶酸、氟甲喹、西诺沙星、二氟沙星、沙拉沙星、氧氟沙星、恩诺沙星、洛美沙星、培氟沙星、诺氟沙星、环丙沙星、依诺沙星、达氟沙星、马波沙星、氟罗沙星、加替沙星、奥比沙星、吡哌酸和司帕沙星单个或多个药物残留量的测定。该标准的检测限为 0.5 μg/kg，定量限为 1.0 μg/kg。

方法八：《食品安全国家标准　动物性食品中四环素类、磺胺类和喹诺酮类药物残留量的测定　液相色谱-串联质谱法》(GB 31658.17—2021)，该标准适用于牛、羊、猪和鸡的肌肉、肝脏和肾脏组织中四环素类（四环素、金霉素、土霉素、多西环素）、磺胺类（乙酰磺胺、磺胺吡啶、磺胺嘧啶、磺胺甲唑、磺胺噻唑、磺胺甲嘧啶、磺胺二甲异唑、磺胺甲噻二唑、苯甲酰磺胺、磺胺二甲异嘧啶、磺胺二甲嘧啶、磺胺间甲氧嘧啶、磺胺甲氧哒嗪、磺胺对甲氧嘧啶、磺胺氯哒嗪、磺胺邻二甲氧嘧啶、磺胺间二甲氧嘧啶、磺胺苯吡唑、酞磺胺噻唑）和喹诺酮类（诺氟沙星、依诺沙星、环丙沙星、培氟沙星、洛美沙星、达氟沙星、恩诺沙星、氧氟沙星、麻保沙星、沙拉沙星、二氟沙星、噁喹酸、氟甲喹）药物残留量的测定。该标准的检测限为 2 μg/kg，定量限为 10 μg/kg。

方法九：《畜禽血液和尿液中 150 种兽药及其他化合物鉴别和确认　液相色谱-高分辨串联质谱仪法》(农业农村部公告第 197 号—9—2019)，该标准适用于猪血、牛血、羊血和鸡血以及猪尿牛尿、羊尿中 150 种兽药及其他化合物的鉴别和确认。该标准检测限为 5 ng/mL。

方法十：《进出口动物源食品中喹诺酮类药物残留量检测方法　第 2 部分：液相色谱-质谱/质谱法》(SN/T 1751.2—2007)，该标准的检测限：萘啶酸、噁喹酸、氟甲喹、诺氟沙星、依诺沙星、环丙沙星、洛美沙星、丹诺沙星、恩诺沙星、氧氟沙星、沙拉沙星、二氟沙星、麻保沙星、培氟沙星、司帕沙星、奥比沙星均为 10.0 μg/kg。

方法十一：《动物源产品中喹诺酮类残留量的测定　液相色谱-串联质谱法》(GB/T 20366—2006)，该标准规定了动物源产品中 11 种喹诺酮类残留量液相色谱-串联质谱的测定方法。该标准的检测限：伊诺沙星、氧氟沙星、诺氟沙星、培氟沙星、环丙沙星、洛美沙星、沙拉沙星、双氟沙星、司帕沙星为 0.1 μg/kg；恩诺沙星、丹诺沙星为 0.5 μg/kg。

方法十二：《出口猪肉、虾、蜂蜜中多类药物残留量的测定　液相色谱-质谱/质谱法》(SN/T 3155—2012)，该标准规定了猪肉、虾和蜂蜜中多类药物残留测定的制样和液相色谱-质谱/质谱测定方法。该标准的检测限分别为磺胺类药物 1.0 μg/kg，硝基咪唑类药物 1.0 μg/kg，喹诺酮类药物 2.0 μg/kg，大环内酯类药物 3.0 μg/kg，林可酰胺类药物 2.0 μg/kg，吡喹酮残留量 0.3 μg/kg。

方法十三：《饲料中氟喹诺酮类药物含量的检测方法　液相色谱-质谱/质谱法》(SN/T 3649—2013)，该标准适用于配合饲料，浓缩饲料和添加剂预混合饲料中恩诺沙星、环丙沙星、诺氟沙星、氧氟沙星、单诺沙星、麻保沙星、沙拉沙星、司帕沙星、双氟沙星、奥比沙星、氟罗少星、洛美沙星和依诺沙星的检测。该标准的检测限为 0.5 mg/kg。

方法十四：《饲料中氟喹诺酮类药物的测定　液相色谱-串联质谱法》(农业部 2086 号公告—4—2014)，该标准在配合饲料、浓缩饲料、添加剂预混合饲料和精料补充料中 6 种药物的检测限为 60 μg/kg，定量限为 200.0 μg/kg。

方法十五：《畜禽血液和尿液中 160 种兽药及其他化合物的测定　液相色谱-串联质谱法》(农业农村部公告第 197 号—10—2019)，该标准适用于猪血、牛血、羊血和鸡血及猪尿、牛尿、羊尿中 160 种兽药及其他化合物的测定。该标准的检测限为 0.3 μg/L，定量限为 1 μg/L。

方法十六：《动物性食品中氟喹诺酮类药物残留检测　酶联免疫吸附法》(农业部 1025 号公告—8—2008)，该标准在组织（猪肌肉/肝脏，鸡肌肉/肝脏、鱼、虾）样品中氟喹诺酮类药物的检测限 3 μg/kg；在蜂蜜样品中氟喹诺酮类的检测限 5 μg/kg；鸡蛋样品中氟喹诺酮类的检测限 2 μg/kg。

方法十七：《出口蜂王浆中氟喹诺酮类残留量测定方法　酶联免疫法》(SN/T 3027—2011)，该标准检测限是那氟沙星、芦氟沙星、达氟沙星，恩诺沙星、盐酸环丙沙星、左氧氟沙星、氧氟沙星、培氟沙星、诺氟沙星、二氟沙星、沙粒沙星和依诺沙星残留总量 2.5 μg/kg。

方法十八：《鳗鱼及制品中十五种喹诺酮类药物残留量的测定　液相色谱-串联质谱法》(GB/T 20751—2006)，该标准适用于鳗鱼及制品中十五种喹诺酮类药物的测定。该标准的检测限 5 μg/kg。

方法十九：《进出口蜂王浆中 15 种喹诺酮类药物残留量的检测方法　液相色谱-质谱/质谱法》(SN/T 2578—2010)，该标准规定了进出口蜂王浆中喹诺酮残留量测定的制样和液相色谱-质谱/质谱测定方法，喹诺酮类药物残留量检测限为 5 μg/kg。

方法二十：《动物源性食品中 14 种喹诺酮药物残留检测方法　液相色谱-质谱/质谱法》(GB/T 21312—2007)，该标准规定了动物源性食品中 14 种喹诺酮药物残留量检测的制样方法和高效液相色谱-质谱/质谱检测方法。

方法二十一：《有机肥料中 19 种兽药残留量的测定　液相色谱串联质谱法》(GB/T 40462—2021)，该标准检测限分别为：磺胺噻唑、磺胺-6-甲氧嘧啶、磺胺甲噻二唑和磺胺氯哒嗪均为 20 μg/kg；其余目标物均为 5 μg/kg。

方法二十二：《动物性食品中氟喹诺酮类药物残留检测　高效液相色谱法》（农业部 1025 号公告—14—2008），该标准中达氟沙星、恩诺沙星、环丙沙星和沙拉沙星在鸡和猪的肌肉、脂肪、肝脏及肾脏组织中的检测限为 20 μg/kg。

方法二十三：《鸡蛋中氟喹诺酮类药物残留量的测定　高效液相色谱法》（农业部 781 号公告—6—2006），该标准在鸡蛋中的环丙沙星，恩诺沙星和沙拉沙星的检测限为 10 μg/kg，达氟沙星的检测限为 2 μg/kg。

方法二十四：《食品安全国家标准　牛奶中喹诺酮类药物多残留的测定　高效液相色谱法》（GB 29692—2013），该标准规定了牛奶中喹诺酮类药物残留量检测的制样和高效液相色谱测定方法。该标准环丙沙星、恩诺沙星、沙拉沙星和二氟沙星的检测限为 5 μg/kg，定量限为 10 μg/kg；达氟沙星的检测限为 1 μg/kg，定量限为 2 μg/kg。

方法二十五：《进出口动物源性食品中奎诺酮类药物残留量的测定　第 3 部分：高效液相色谱法》（SN/T 1751.3—2011），该标准适用于虾肉、鱼肉、鸡肉和奶粉中环丙沙星、丹诺沙星、恩诺沙星、沙拉沙星、氟甲喹、诺氟沙星、二氟沙星、麻保沙星、噁喹酸、萘啶酸、培氟沙星、司帕沙星、奥比沙星、氟罗沙星和洛美沙星残留量的测定。该标准的检测限为 1.0 μg/kg。

方法二十六：《进出口食用动物、饲料喹诺酮类筛选检测　胶体金免疫层析法》（SN/T 5122—2019），该标准规定了进出口食用动物、饲料中恩诺沙星、环丙沙星、诺氟沙星、达氟沙星、伊诺沙星、培氟沙星、氧氟沙星、氟甲喹、噁喹酸残留量的胶体金免疫层析检测方法。

四十一、氟甲喹

1. 基本信息

化学名称：9 -氟- 6,7 -二氢- 5 -甲基- 1 -氧代- 1H,5H -苯并（ij）喹嗪- 2 -羧酸。

英文名称：Flumequine。

CAS 号：42835 - 25 - 6。

分子式：$C_{14}H_{12}FNO_3$。

分子量：261.248 4。

化学结构式：

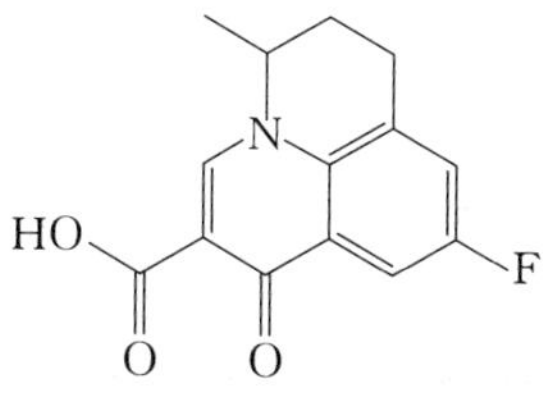

性状：粉末。

熔点：253～255 ℃。

沸点：440 ℃。

2. 作用方式与用途

氟甲喹是第2代喹诺酮类药物，一种光谱抗菌药。因其具有低毒，安全的特点，被广泛应用于养殖业。主要适用于畜禽类呼吸道疾病、大肠杆菌病、沙门氏菌病、白痢、禽类霍乱、伤寒、葡萄球菌病、传染性鼻炎。其对水产动物的大肠杆菌病、单孢菌属和球菌属病、嗜水气单胞菌也有强烈的抑制作用。具有效果好，口服吸收好，安全范围广，残留小，不易产生交叉耐药性的特点，广泛用于畜禽类，海水、淡水鱼类，虾蟹类养殖。

作用机制：氟甲喹通过抑制细菌核酸的合成，阻断细菌DNA复制，从而达到杀菌的效果。

3. 环境归趋特征

氟甲喹对映体在海水中的降解无立体选择性；与自然条件相比，无菌条件下氧氟沙星及氟甲喹对映体的降解速率常数和降解半衰期均有所降低，而无光条件下氧氟沙星及氟甲喹对映体几乎不降解，这表明海水中的微生物对氧氟沙星及氟甲喹对映体的降解有促进作用，而光照是导致氧氟沙星及氟甲喹对映体降解的主要因素。

4. 每日允许摄入量（ADI）

0～30 μg/kg 体重。

5. 最大残留限量

见表8-39。

表8-39　氟甲喹最大残留限量

动物种类	靶组织	最大残留限量（μg/kg）
牛/羊/猪	肌肉	500
	脂肪	1 000
	肝	500
	肾	3 000
牛/羊	奶	50

（续）

动物种类	靶组织	最大残留限量（μg/kg）
鸡（产蛋期禁用）	肌肉	500
	皮+脂	1 000
	肝	500
	肾	3 000
鱼	皮+肉	500

6. 常用检验检测方法

方法一：《进出口动物源性食品中氟甲喹残留量检测方法　液相色谱-质谱/质谱法》（SN/T 1921—2007），该标准适用于动物组织、内脏、蛋、奶、鱼和虾中氟甲喹残留量的检测。该标准的检测限为 0.000 5 mg/kg。

方法二：《食品安全国家标准　水产品中诺氯沙星、环丙沙星、恩诺沙星、氧氟沙星、噁喹酸、氯甲喹残留量的测定　高效液相色谱法》（GB 31656.3—2021），该标准适用于水产品中鱼类肌肉组织，虾、蟹、贝类的可食组织中诺氟沙星、环丙沙星、恩诺沙星、氧氟沙星、噁喹酸、氟甲喹残留量的检测。该标准诺氟沙星、环内沙星、恩诺沙星、氧氟沙星的检测限为 2.5 μg/kg，噁喹酸、氟甲喹的检测限为 5 μg/kg；诺氟沙星、环丙沙星、恩诺沙星、氧氟沙星的定量限为 5 μg/kg，噁喹酸、氟甲喹的定量限为 10 μg/kg。

方法三：《食品安全国家标准　蜂产品中喹诺酮类药物多残留的测定　液相色谱-串联质谱法》（GB 31657.2—2021），该标准适用于蜂蜜和蜂王浆中喹酸、萘啶酸、氟甲喹、西诺沙星、二氟沙星、沙拉沙星、氧氟沙星、恩诺沙星、洛美沙星、培氟沙星、诺氟沙星、环丙沙星、依诺沙星、达氟沙星、马波沙星、氟罗沙星、加替沙星、奥比沙星、吡哌酸和司帕沙星单个或多个药物残留量的测定。该标准的检测限为 0.5 μg/kg，定量限为 1.0 μg/kg。

方法四：《食品安全国家标准　动物性食品中四环素类、磺胺类和喹诺酮类药物残留量的测定　液相色谱-串联质谱法》（GB 31658.17—2021），该标准的检测限为 2 μg/kg，定量限为 10 μg/kg。

方法五：《进出口动物源食品中喹诺酮类药物残留量检测方法　第 2 部分：液相色谱-质谱/质谱法》（SN/T 1751.2—2007），该标准的检测限：萘啶酸、噁喹酸、氟甲喹、诺氟沙星、依诺沙星、环丙沙星、洛美沙星、丹诺沙星、恩诺沙星、氧氟沙星、沙拉沙星、二氟沙星、麻保沙星、培氟沙星、司帕沙星、奥比沙星均为 10.0 μg/kg。

方法六：《出口猪肉、虾、蜂蜜中多类药物残留量的测定　液相色谱-质谱/

质谱法》(SN/T 3155—2012),该标准规定了猪肉、虾和蜂蜜中多类药物残留测定的制样和液相色谱-质谱/质谱测定方法。该标准的检测限分别为磺胺类药物 1.0 μg/kg,硝基咪唑类药物 1.0 μg/kg,喹诺酮类药物 2.0 μg/kg,大环内酯类药物 3.0 μg/kg,林可酰胺类药物 2.0 μg/kg,吡喹酮残留量 0.3 μg/kg。

方法七:《饲料中磺胺类和喹诺酮类药物的测定　液相色谱-串联质谱法》(农业部 2349 号公告—5—2015),该标准的检测限为 0.05 mg/kg,定量限为 0.10 mg/kg。

方法八:《畜禽血液和尿液中 160 种兽药及其他化合物的测定　液相色谱-串联质谱法》(农业农村部公告第 197 号—10—2019),该标准的检测限为 0.3 μg/L,定量限为 1 μg/L。

方法九:《鳗鱼及制品中十五种喹诺酮类药物残留量的测定　液相色谱-串联质谱法》(GB/T 20751—2006),该标准适用于鳗鱼及制品中 15 种喹诺酮类药物的测定。该标准的检测限:十五种喹诺酮类药物的检测限均为 5 μg/kg。

方法十:《水产品中 17 种磺胺类及 15 种喹诺酮类药物残留量的测定　液相色谱-串联质谱法》(农业部 1077 号公告—1—2008),该标准的检测限均为 1.0 μg/kg,定量限均为 2.0 μg/kg。

方法十一:《进出口蜂王浆中 15 种喹诺酮类药物残留量的检测方法　液相色谱-质谱/质谱法》(SN/T 2578—2010),该标准规定了进出口蜂王浆中喹诺酮残留量测定的制样和液相色谱-质谱/质谱测定方法,喹诺酮类药物残留量检测限为 5 μg/kg。

方法十二:《动物源性食品中 14 种喹诺酮药物残留检测方法　液相色谱-质谱/质谱法》(GB/T 21312—2007),该标准规定了动物源性食品中 14 种喹诺酮药物残留量检测的制样方法和高效液相色谱-质谱/质谱检测方法。

方法十三:《动物性食品中氟喹诺酮类药物残留检测　酶联免疫吸附法》(农业部 1025 号公告—8—2008),该标准在组织(猪肌肉/肝脏,鸡肌肉/肝脏、鱼、虾)样品中氟喹诺酮类药物的检测限 3 μg/kg;在蜂蜜样品中氟喹诺酮类的检测限 5 μg/kg;鸡蛋样品中氟喹诺酮类的检测限 2 μg/kg。

方法十四:《进出口动物源性食品中奎诺酮类药物残留量的测定　第 3 部分:高效液相色谱法》(SN/T 1751.3—2011),该标准规定了动物源性食品中 15 种喹诺酮药物残留量的高效液相色谱测定方法。该标准的检测限为 1.0 μg/kg。

方法十五:《食品安全国家标准　牛奶中喹诺酮类药物多残留的测定　高效液相色谱法》(GB 29692—2013),该标准规定了牛奶中喹诺酮类药物残留量检测的制样和高效液相色谱测定方法。该标准环丙沙星、恩诺沙星、沙拉沙星和二氟沙星的检测限为 5 μg/kg,定量限为 10 μg/kg;达氟沙星的检测限为

1 μg/kg，定量限为 2 μg/kg。

方法十六：《畜禽血液和尿液中 150 种兽药及其他化合物鉴别和确认　液相色谱-高分辨串联质谱仪法》（农业农村部公告第 197 号—9—2019），该标准规定了猪血、牛血、羊血和鸡血以及猪尿、牛尿、羊尿中 150 种兽药及其他化合物的液相色谱-高分辨串联质谱鉴别和确认方法。该标准适用于猪血、牛血、羊血和鸡血以及猪尿牛尿、羊尿中 150 种兽药及其他化合物的鉴别和确认。该标准的检测限为 5 ng/mL。

四十二、噁喹酸

1. 基本信息

英文名称：Oxolinic Acid。

CAS 号：14698 - 29 - 4。

EINECS：238 - 750 - 8。

分子式：$C_{13}H_{11}NO_5$。

分子量：261.23。

化学结构式：

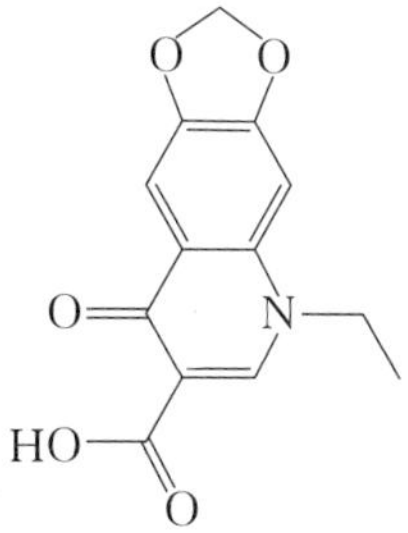

性质：固体。熔点为 310 ℃，相对密度为 1.55（25 ℃）。25 ℃时在丙酮、乙酸乙酯、甲醇中溶解度<1.0%，水中溶解度为 0.003 mg/L。能与氢氧化钠作用生成盐，其盐易溶于水。对热、湿、光稳定。

2. 作用方式与用途

1966 年，噁喹酸首先由美国 Warner - Lambert Pharmaceutical Company 获得美国专利；1974—1975 年，由英、法、意、美四国用于尿道抗菌药物。到 1985 年为止先后有 9 个国家 21 个厂家获得准许上市，遍布欧洲、北美洲、南美洲。20 世纪 80 年代初，发现该药有导致膀胱、肾结石的副作用，于 1985 年停止作为人药使用。英、美等国用于奶牛的乳腺炎治疗，日本等国在渔业上使用。1990 年日本厂商（Sumitomo Chemical Co. Ltd）获得兽药应用许可 1992 年获得农药应用许可。随后 1994 年，日本厂商（三鹰株式会社）获得我国农业部的兽药许可认证。1996 年，日本田边制药株式会社又获得了我国农业部的兽药许可认证。

作用机制：为对革兰氏阴性菌有广范围的抗菌活性，但对革兰氏阳性菌的活性较弱，对真菌无活性。通过抑制 DNA 的合成，从而阻碍了病菌分裂和增殖。在细菌的菌体内，对于 DNA 的超卷曲结构导入反向超卷曲的酶，可与此酶的亚组 A 结合，从而使其机能受压抑而使 DNA 无法复制，不久引起死亡。

3. 毒理信息

急性毒性：小鼠口经 LD_{50} 为 525 mg/kg；大鼠 LD_{50} 为 1 890 mg/kg；致肿瘤为 43 800 mg/kg。

经皮（大鼠）LD_{50}＞2 000 mg/kg。

潜在的健康影响：吸入可能有害，引起呼吸道刺激。摄入误吞对人体有害。通过皮肤吸收可能有害，可能引起皮肤刺激。

4. 每日允许摄入量（ADI）

0～2.5 μg/kg 体重。

5. 最大残留限量

见表 8-40。

表 8-40　噁喹酸最大残留限量

动物种类	靶组织	最大残留限量（μg/kg）
牛/猪/鸡（产蛋期禁用）	肌肉	100
	脂肪	50
	肝	150
	肾	150
鱼	皮＋肉	100

6. 常用检验检测方法

方法一：《食品安全国家标准　水产品中诺氯沙星、环丙沙星、恩诺沙星、氧氟沙星、噁喹酸、氯甲喹残留量的测定　高效液相色谱法》（GB 31656.3—2021），该标准适用于水产品中鱼类肌肉组织，虾、蟹、贝类的可食组织中诺氟沙星、环丙沙星、恩诺沙星、氧氟沙星、噁喹酸、氟甲喹残留量的检测。该标准诺氟沙星、环内沙星、恩诺沙星、氧氟沙星的检测限为 2.5 μg/kg，噁喹酸、氟甲喹的检测限为 5 μg/kg；诺氟沙星、环丙沙星、恩诺沙星、氧氟沙星的定量限为 5 μg/kg，噁喹酸、氟甲喹的定量限为 10 μg/kg。

方法二：《食品安全国家标准　蜂产品中喹诺酮类药物多残留的测定　液相色谱-串联质谱法》（GB 31657.2—2021），该标准适用于蜂蜜和蜂王浆中喹酸、萘啶酸、氟甲喹、西诺沙星、二氟沙星、沙拉沙星、氧氟沙星、恩诺沙星、洛美沙星、培氟沙星、诺氟沙星、环丙沙星、依诺沙星、达氟沙星、马波沙星、氟罗沙星、加替沙星、奥比沙星、吡哌酸和司帕沙星单个或多个药物残留量的测定。该标准的检测限为 0.5 μg/kg，定量限为 1.0 μg/kg。

方法三：《食品安全国家标准　动物性食品中四环素类、磺胺类和喹诺酮类药物残留量的测定　液相色谱-串联质谱法》（GB 31658.17—2021），该标准的检测限为 2 μg/kg，定量限为 10 μg/kg。

方法四：《饲料中磺胺类和喹诺酮类药物的测定　液相色谱-串联质谱法》（农业部 2349 号公告—5—2015），该标准的检测限为 0.05 mg/kg，定量限为 0.10 mg/kg。

方法五：《出口猪肉、虾、蜂蜜中多类药物残留量的测定　液相色谱-质谱/质谱法》（SN/T 3155—2012），该标准规定了猪肉、虾和蜂蜜中多类药物残留测定的制样和液相色谱-质谱/质谱测定方法。该标准的检测限分别为磺胺类药物 1.0 μg/kg，硝基咪唑类药物 1.0 μg/kg，喹诺酮类药物 2.0 μg/kg，大环内酯类药物 3.0 μg/kg，林可酰胺类药物 2.0 μg/kg，吡喹酮残留量 0.3 μg/kg。

方法六：《畜禽血液和尿液中 150 种兽药及其他化合物鉴别和确认　液相色谱-高分辨串联质谱仪法》（农业农村部公告第 197 号—9—2019），该标准适用于猪血、牛血、羊血和鸡血以及猪尿牛尿、羊尿中 150 种兽药及其他化合物的鉴别和确认。该标准的检测限为 5 ng/mL。

方法七：《进出口动物源食品中喹诺酮类药物残留量检测方法　第 2 部分：液相色谱-质谱/质谱法》（SN/T 1751.2—2007），该标准的检测限：萘啶酸、噁喹酸、氟甲喹、诺氟沙星、依诺沙星、环丙沙星、洛美沙星、丹诺沙星、恩诺沙星、氧氟沙星、沙拉沙星、二氟沙星、麻保沙星、培氟沙星、司帕沙星、奥比沙星均为 10.0 μg/kg。

方法九：《出口猪肉、虾、蜂蜜中多类药物残留量的测定　液相色谱-质谱/质谱法》（SN/T 3155—2012），该标准规定了猪肉、虾和蜂蜜中多类药物残留测定的制样和液相色谱-质谱/质谱测定方法。该标准的检测限分别为磺胺类药物 1.0 μg/kg，硝基咪唑类药物 1.0 μg/kg，喹诺酮类药物 2.0 μg/kg，大环内酯类药物 3.0 μg/kg，林可酰胺类药物 2.0 μg/kg，吡喹酮残留量0.3 μg/kg。

方法十：《饲料中磺胺类和喹诺酮类药物的测定　液相色谱-串联质谱法》（农业部 2349 号公告—5—2015），该标准的检测限为 0.05 mg/kg，定量限为

0.10 mg/kg。

方法十一：《畜禽血液和尿液中160种兽药及其他化合物的测定　液相色谱-串联质谱法》（农业农村部公告第197号—10—2019），该标准适用于猪血、牛血、羊血和鸡血及猪尿、牛尿、羊尿中160种兽药及其他化合物的测定。该标准的检测限为0.3 μg/L，定量限为1 μg/L。

方法十二：《鳗鱼及制品中十五种喹诺酮类药物残留量的测定　液相色谱-串联质谱法》（GB/T 20751—2006），该标准适用于鳗鱼及制品中十五种喹诺酮类药物的测定。该标准的检测限：15种喹诺酮类药物的检测限均为5 μg/kg。

方法十三：《水产品中17种磺胺类及15种喹诺酮类药物残留量的测定　液相色谱-串联质谱法》（农业部1077号公告—1—2008），该标准的检测限均为1.0 μg/kg，定量限均为2.0 μg/kg。

方法十四：《进出口蜂王浆中15种喹诺酮类药物残留量的检测方法　液相色谱-质谱/质谱法》（SN/T 2578—2010），该标准规定了进出口蜂王浆中喹诺酮残留量测定的制样和液相色谱-质谱/质谱测定方法，喹诺酮类药物残留量测定低限为5 μg/kg。

方法十五：《动物源性食品中14种喹诺酮药物残留检测方法　液相色谱-质谱/质谱法》（GB/T 21312—2007），该标准规定了动物源性食品中14种喹诺酮药物残留量检测的制样方法和高效液相色谱-质谱/质谱检测方法。

方法十六：《动物性食品中氟喹诺酮类药物残留检测　酶联免疫吸附法》（农业部1025号公告—8—2008），该标准在组织（猪肌肉/肝脏，鸡肌肉/肝脏、鱼、虾）样品中氟喹诺酮类药物的检测限3 μg/kg；在蜂蜜样品中氟喹诺酮类的检测限5 μg/kg；鸡蛋样品中氟喹诺酮类的检测限2 μg/kg。

方法十七：《进出口动物源性食品中奎诺酮类药物残留量的测定　第3部分：高效液相色谱法》（SN/T 1751.3—2011），该标准规定了动物源性食品中15种喹诺酮药物残留量的高效液相色谱测定方法。该标准的检测限为1.0 μg/kg。

方法十八：《食品安全国家标准　牛奶中喹诺酮类药物多残留的测定　高效液相色谱法》（GB 29692—2013），该标准环丙沙星、恩诺沙星、沙拉沙星和二氟沙星的检测限为5 μg/kg，定量限为10 μg/kg；达氟沙星的检测限为1 μg/kg，定量限为2 μg/kg。

方法十九：《畜禽血液和尿液中150种兽药及其他化合物鉴别和确认　液相色谱-高分辨串联质谱仪法》（农业农村部公告第197号—9—2019），该标准规定了猪血、牛血、羊血和鸡血以及猪尿、牛尿、羊尿中150种兽药及其他化合物的液相色谱-高分辨串联质谱鉴别和确认方法。该标准适用于猪血、牛血、羊血和鸡血以及猪尿牛尿、羊尿中 150 种兽药及其他化合物的鉴别和确认。该标准检测限为 5 ng/mL。

方法二十：《进出口食用动物、饲料喹诺酮类筛选检测　胶体金免疫层析法》（SN/T 5122—2019），该标准规定了进出口食用动物、饲料中恩诺沙星、环丙沙星、诺氟沙星、达氟沙星、伊诺沙星、培氟沙星、氧氟沙星、氟甲喹、噁喹酸残留量的胶体金免疫层析检测方法。

四十三、沙拉沙星

1. 基本信息

英文名称：Sarafloxacin。

CAS 号：98105－99－8。

分子式：$C_{20}H_{17}F_{2}N_{3}O_{3}$。

分子量：385.36。

化学结构式：

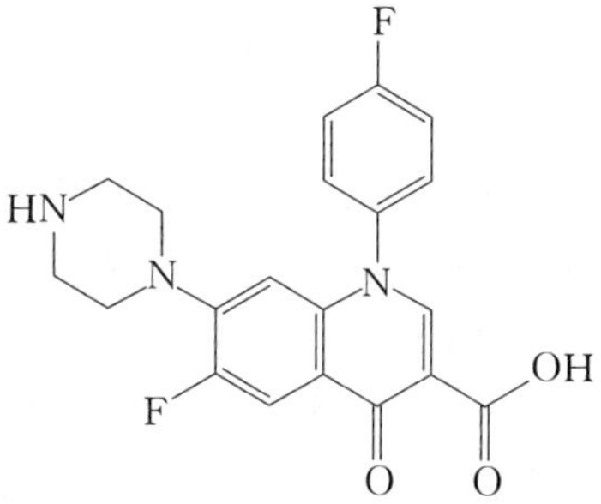

熔点：282～285 ℃。

沸点：(621.4±55.0)℃。

密度：(1.436±0.06) g/cm^3。

酸度系数：6.17±0.41。

2. 作用方式与用途

沙拉沙星是动物专用广谱抗菌药物，对革兰氏阴性菌、革兰氏阳性菌及支原体均具较好抗菌活性，对大肠杆菌、沙门菌、变形杆菌、志贺菌和巴氏杆菌的 MIC≤0.125 μg/mL，对绿脓杆菌、金黄色葡萄球菌、溶血性链球菌的 MIC≤0.5 μg/mL，支原体的 MIC≤2 μg/mL。抗菌活性为诺氟沙星的 2～10 倍。

用途：主要用于敏感菌引起的感染，如鸡白痢、鸡大肠杆菌病、禽霍乱、鸡传染性鼻炎、猪链球菌病、仔猪白痢、鸡慢性呼吸道病、猪霉形体肺炎等。

3. 每日允许摄入量（ADI）

0～0.3 μg/kg 体重。

4. 最大残留限量

见表 8－41。

表 8－41　沙拉沙星最大残留限量

动物种类	靶组织	最大残留限量（μg/kg）
鸡/火鸡（产蛋期禁用）	肌肉	10
	脂肪	20
	肝	80
	肾	80
鱼	皮＋肉	30

5. 常用检验检测方法

方法一：《牛奶和奶粉中恩诺沙星、达氟沙星、环丙沙星、沙拉沙星、奥比沙星、二氟沙星和麻保沙星残留量的测定　液相色谱-串联质谱法》（GB/T 22985—2008），该标准适用于牛奶和奶粉中恩诺沙星、达氟沙星、环丙沙星、沙拉沙星、奥比沙星、二氟沙星和麻保沙星残留量的测定和确证。该标准的检测限：牛奶中恩诺沙星、达氟沙星、环丙沙星、沙拉沙星、奥比沙星、二氟沙星和麻保沙星均为 1 μg/kg；奶粉中恩诺沙星、达氟沙星、环丙沙星、沙拉沙星、奥比沙星、二氟沙星和麻保沙星均为 4 μg/kg。

方法二：《食品安全国家标准　蜂产品中喹诺酮类药物多残留的测定　液相色谱-串联质谱法》（GB 31657.2—2021），该标准适用于蜂蜜和蜂王浆中喹酸、萘啶酸、氟甲喹、西诺沙星、二氟沙星、沙拉沙星、氧氟沙星、恩诺沙星、洛美沙星、培氟沙星、诺氟沙星、环丙沙星、依诺沙星、达氟沙星、马波沙星、氟罗沙星、加替沙星、奥比沙星、吡哌酸和司帕沙星单个或多个药物残留量的测定。该标准的检测限为 0.5 μg/kg，定量限为 1.0 μg/kg。

方法三：《食品安全国家标准　动物性食品中四环素类、磺胺类和喹诺酮类药物残留量的测定　液相色谱-串联质谱法》（GB 31658.17—2021），该标准的检测限为 2 μg/kg，定量限为 10 μg/kg。

方法四：《进出口动物源食品中喹诺酮类药物残留量检测方法　第 2 部分：液相色谱-质谱/质谱法》（SN/T 1751.2—2007），该标准的检测限：萘啶酸、噁喹酸、氟甲喹、诺氟沙星、依诺沙星、环丙沙星、洛美沙星、丹诺沙星、恩诺沙星、氧氟沙星、沙拉沙星、二氟沙星、麻保沙星、培氟沙星、司帕沙星、奥比沙星均为 10.0 μg/kg。

方法五：《动物源产品中喹诺酮类残留量的测定　液相色谱-串联质谱法》（GB/T 20366—2006），该标准的检测限：伊诺沙星、氧氟沙星、诺氟沙星、培氟沙星、环丙沙星、洛美沙星、沙拉沙星、双氟沙星、司帕沙星为 0.1 μg/kg；恩诺沙星、丹诺沙星为 0.5 μg/kg。

方法六：《出口猪肉、虾、蜂蜜中多类药物残留量的测定　液相色谱-质谱/质谱法》（SN/T 3155—2012），该标准规定了猪肉、虾和蜂蜜中多类药物残留测定的制样和液相色谱-质谱/质谱测定方法。该标准的检测限分别为磺胺类药物 1.0 μg/kg，硝基咪唑类药物 1.0 μg/kg，喹诺酮类药物 2.0 μg/kg，大环内酯类药物 3.0 μg/kg，林可酰胺类药物 2.0 μg/kg，吡喹酮残留量 0.3 μg/kg。

方法七：《饲料中氟喹诺酮类药物含量的检测方法　液相色谱-质谱/质谱法》（SN/T 3649—2013），该标准规定了饲料中恩诺沙星、环丙沙星、诺氟沙星、氧氟沙星、单诺沙星、麻保沙星、沙拉沙星、司帕沙星、双氟沙星、奥比沙星、氟罗沙星洛美沙星和依诺沙星的制样、液相色谱-质谱/质谱方法。该标准的检测限为 0.5 mg/kg。

方法八：《饲料中氟喹诺酮类药物的测定液相色谱-串联质谱法》（农业部 2086 号公告—4—2014），该标准在配合饲料、浓缩饲料、添加剂预混合饲料和精料补充料中 6 种药物的检测限为 60 μg/kg，定量限为 200.0 μg/kg。

方法九：《饲料中磺胺类和喹诺酮类药物的测定　液相色谱-串联质谱法》（农业部 2349 号公告—5—2015），该标准检测限为 0.05 mg/kg，定量限为 0.10 mg/kg。

方法十：《畜禽血液和尿液中 160 种兽药及其他化合物的测定　液相色谱-串联质谱法》（农业农村部公告第 197 号—10—2019），该标准的检测限为 0.3 μg/L，定量限为 1 μg/L。

方法十一：《水产品中 17 种磺胺类及 15 种喹诺酮类药物残留量的测定　液相色谱-串联质谱法》（农业部 1077 号公告—1—2008），该标准的检测限均为 1.0 μg/kg，定量限均为 2.0 μg/kg。

方法十二：《鳗鱼及制品中十五种喹诺酮类药物残留量的测定　液相色谱-串联质谱法》（GB/T 20751—2006），该标准适用于鳗鱼及制品中 15 种喹诺酮类药物的测定。该标准的检测限 5 μg/kg。

方法十三：《进出口蜂王浆中 15 种喹诺酮类药物残留量的检测方法　液相色谱-质谱/质谱法》（SN/T 2578—2010），该标准喹诺酮类药物残留量检测限为 5 μg/kg。

方法十四：《动物源性食品中 14 种喹诺酮药物残留检测方法　液相色谱-质谱/质谱法》（GB/T 21312—2007），该标准规定了动物源性食品中 14 种喹诺酮药物残留量检测的制样方法和高效液相色谱-质谱/质谱检测方法。

方法十五：《动物性食品中氟喹诺酮类药物残留检测高效液相色谱法》（农业部 1025 号公告—14—2008），该标准规定了动物性食品中达氟沙星、恩诺沙星、环丙沙星和沙拉沙星药物残留检测的制样和高效液相色谱测定方法。该标准中达氟沙星、恩诺沙星、环丙沙星和沙拉沙星在鸡和猪的肌肉、脂肪、肝脏及肾脏组织中的检测限为 20 μg/kg。

方法十六：《鸡蛋中氟喹诺酮类药物残留量的测定　高效液相色谱法》（农业部 781 号公告—6—2006），该标准在鸡蛋中的环丙沙星，恩诺沙星和沙拉沙星检测限为 10 μg/kg，达氟沙星检测限为 2 μg/kg。

方法十七：《食品安全国家标准　牛奶中喹诺酮类药物多残留的测定　高效液相色谱法》（GB 29692—2013），该标准环丙沙星、恩诺沙星、沙拉沙星和二氟沙星的检测限为 5 μg/kg，定量限为 10 μg/kg；达氟沙星的检测限为 1 μg/kg，定量限为 2 μg/kg。

方法十八：《进出口动物源性食品中奎诺酮类药物残留量的测定　第 3 部分：高效液相色谱法》（SN/T 1751.3—2011），该标准的检测限为 2.0 μg/kg。

方法十八：《出口蜂王浆中氟喹诺酮类残留量测定方法　酶联免疫法》（SN/T 3027—2011），该标准规定了蜂王浆中氟喹诺酮类残留量的酶联免府测定方法。该标准的检测限是那氟沙星、芦氟沙星、达氟沙星、恩诺沙星、盐酸环丙沙星、左氧氟沙星、氧氟沙星、培氟沙星、诺氟沙星、二氟沙星、沙粒沙星和依诺沙星残留总量为 2.5 μg/kg。

四十四、醋酸美仑孕酮

1. 基本信息

熔点：267.5 ℃。

CAS 号：2529－45－5。

分子量：406.488。

化学结构式：

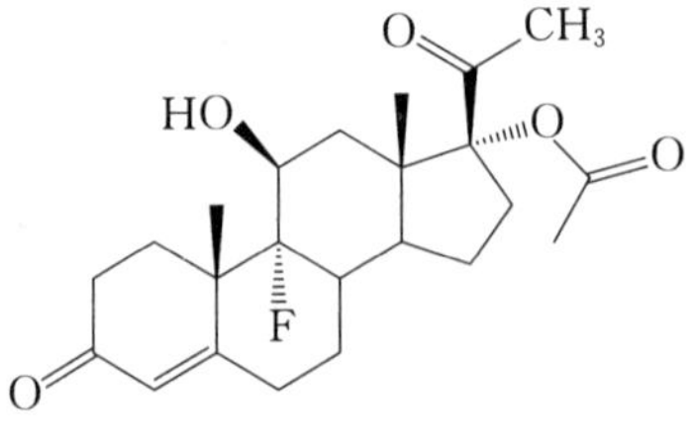

CH_3 O HO O O F O

密度：(1.2±0.1) g/cm^3。
沸点：(526.7±50.0)℃ (760 mmHg)。
分子式：$C_{23}H_{31}FO_5$。

2. 作用方式与用途

醋酸美仑孕酮属于乙酰孕激素，是人工合成的甾体药物，能促进畜禽生长，提高饲料转化率，有利于蛋白质沉积。

3. 每日允许摄入量（ADI）

0～0.3 μg/kg 体重。

4. 最大残留限量

见表 8－42。

表 8－42　醋酸美仑孕酮最大残留限量

动物种类	靶组织	最大残留限量（μg/kg）
羊	肌肉	0.5
	脂肪	0.5
	肝	0.5
	肾	0.5
	奶	1

四十五、磺胺二甲嘧啶及磺胺类

1. 基本信息

熔点：176 ℃。
沸点：294 ℃。
密度：1.299。
折射率：1.644 0。
溶解性：水中的溶解度为 150 mg/100 mL（29 ℃）；在热乙醇中溶解，不溶于乙醚，易溶于稀酸或稀碱溶液。

化学结构式：

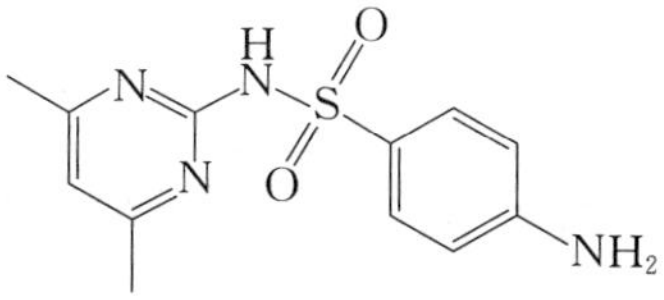

性状：白色或微黄结晶或粉末。无嗅，味微苦，遇光颜色逐渐变深。

2. 作用方式和用途

一种抗菌磺胺药，用于防治葡萄球菌及溶解性链球菌等的感染，对溶血性链球菌及胸膜炎球菌等细菌有抑制作用，主要治疗禽霍乱、禽伤寒、鸡球虫病等。

作用机制：诱导 CYP3A4 表达，以及通过 N-乙酰转移酶乙酰化；表现出性依赖的药物代谢动力学，通过雄性特定同源异构体 CYP2C11 产生代谢变化；抑制二氢叶酸合成酶，达到阻碍叶酸合成的效果。

3. 每日允许摄入量（ADI）

0～50 μg/kg 体重。

4. 磺胺二甲嘧啶最大残留限量

见表 8-43。

表 8-43　磺胺二甲嘧啶最大残留限量

动物种类	靶组织	最大残留限量（μg/kg）
所有食品动物（产蛋期禁用）	肌肉	100
	脂肪	100
	肝	100
	肾	100
牛	奶	25

5. 磺胺类最大残留限量

见表 8-44。

表 8-44　磺胺类最大残留限量

动物种类	靶组织	最大残留限量（μg/kg）
所有食品动物（产蛋期禁用）	肌肉	100
	脂肪	100
	肝	100
	肾	100
牛、羊	奶	100（磺胺二甲嘧啶除外）
鱼	皮+肉	100

6. 常用检验检测方法

方法一：《食品安全国家标准　动物性食品中 13 种磺胺类药物多残留的测定　高效液相色谱法》（GB 29694—2013），该标准猪和鸡的肌肉组织的检测限为 5 μg/kg，定量限为 10 μg/kg；猪和鸡的肝脏组织的检测限为 12 μg/kg，定量限为 25 μg/kg。

方法二：《食品安全国家标准　动物性食品中四环素类、磺胺类和喹诺酮类药物残留量的测定　液相色谱-串联质谱法》（GB 31658.17—2021），该标准规定了动物性食品中四环素类、磺胺类和喹诺酮类药物残留量检测的制样和液相色谱-串联质谱测定方法。该标准的检测限为 2 μg/kg，定量限为 10 μg/kg。

方法三：《动物源性食品中磺胺类药物残留量的测定　液相色谱-质谱/质谱法》（GB/T 21316—2007），该标准规定了动物源性食品中硝胺类共计 2 种磺胺药物残留量高效液色谱-质谱/质谱测定方法。该标准在动物肝、肾、肌肉组织和牛奶中 23 种磺胺药物残留的定量限均为 50 μg/kg；在水产品中 23 种磺胺药物残留的定量限为 10 μg/kg。

方法四：《水产品中 17 种磺胺类及 15 种喹诺酮类药物残留量的测定　液相色谱-串联质谱法》（农业部 1077 号公告—1—2008），该标准规定了水产品中 17 种磺胺及 15 种喹诺酮类药物残留量的液相色谱-串联质谱测定法。该标准的检测限均为 1.0 μg/kg，定量限均为 2.0 μg/kg。

方法五：《畜禽肉中十六种磺胺类药物残留量的测定　液相色谱-串联质谱法》（GB/T 20759—2006），该标准的检测限：磺胺甲噻二唑为 2.5 μg/kg，磺胺醋酰、磺胺嘧啶、磺胺吡啶、磺胺二甲异噁唑、磺胺甲基嘧啶、磺胺氯哒嗪、磺胺- 6 -甲氧嘧啶、磺胺邻二甲氧嘧啶、磺胺甲基异噁唑为 5.0 μg/kg，磺胺噻唑、磺胺甲氧哒嗪、磺胺间二甲氧嘧啶为 10.0 μg/kg，磺胺对甲氧嘧啶、磺胺二甲嘧啶为 20.0 μg/kg，磺胺苯吡唑为 40.0 μg/kg。

方法六：《水产品中磺胺类药物残留量的测定　液相色谱法》（农业部 958 号公告—12—2007），该标准的检测限：磺胺为 2.5 μg/kg；磺胺嘧啶、磺胺噻唑、磺胺甲基嘧啶、磺胺二甲基嘧啶为 5 μg/kg；磺胺 5 -甲氧嘧啶、磺胺甲氧哒嗪、磺胺 6 -甲氧嘧啶、磺胺甲基异噁唑、磺胺多辛、磺胺异噁唑、磺胺二甲氧哒嗪为 10 μg/kg；磺胺喹噁啉为 20 μg/kg。

方法七：《饲料中磺胺类和喹诺酮类药物的测定　液相色谱-串联质谱法》（农业部 2349 号公告—5—2015），该标准的检测限为 0.05 mg/kg，定量限为 0.10 mg/kg。

方法八：《蜂蜜中 16 种磺胺残留量的测定方法　液相色谱-串联质谱法》（GB/T 18932.17—2003），该标准的检测限：磺胺甲噻二唑为 1.0 μg/kg；磺胺醋酰、磺胺嘧啶、磺胺吡啶、磺胺二甲异噁唑、磺胺甲基嘧啶、磺胺氯哒嗪、磺胺-6-甲氧嘧啶、磺胺邻二甲氧嘧啶、磺胺甲基异噁唑为 2.0 μg/kg；磺胺噻唑、磺胺甲氧哒嗪、磺胺间二甲氧嘧啶为 4.0 μg/kg；磺胺甲氧嘧啶、磺胺二甲嘧啶为 8.0 μg/kg；磺胺苯吡唑为 12.0 μg/kg。

方法九：《蜂王浆中十八种磺胺类药物残留量的测定 液相色谱-串联质谱法》（GB/T 22947—2008），该标准适用于蜂王浆中十八种磺胺类药物残留量的测定。该标准的检测限均为 5.0 μg/kg。

方法十：《饲料中 9 种磺胺类药物的测定 高效液相色谱法》（农业部 1486 号公告—7—2010），该标准的检测限为 0.1 mg/kg，定量限为 0.5 mg/kg。

方法十一：《动物源食品中磺胺二甲嘧啶残留检测酶联免疫吸附法》（农业部 1025 号公告—24—2008），该标准适用于猪的肌肉，脂肪、肝脏和肾脏，鸡的肝脏和肾脏组织中达氟沙星、恩诺沙星、环丙沙星和沙拉沙星药物残留量检测。达氟沙星、恩诺沙星、环丙沙星和沙拉沙星在鸡和猪的肌肉、脂肪、肝脏及肾脏组织中的检测限为 20 μg/kg。

方法十二：《畜禽肉中磺胺二甲嘧啶、磺胺甲噁唑的测定》（NY/T 3411—2018），该标准适用于畜禽肉中磺胺二甲嘧啶、磺胺甲噁唑的测定。该标准检测限为 0.01 μg/mL，当取样量为 5 g 时，检测限为 2 μg/kg。

方法十三：《出口动物源食品中磺胺类药物残留的测定》（SN/T 5140—2019），该标准的检测限为 10 μg/kg。

方法十四：《食品安全国家标准 动物性食品中四环素类、磺胺类和喹诺酮类药物残留量的测定 液相色谱-串联质谱法》（GB 31658.17—2021），该标准的检测限为 2 μg/kg，定量限为 10 μg/kg。

方法十五：《河豚鱼、鳗鱼中十八种磺胺类药物残留量的测定 液相色谱-串联质谱法》（GB/T 22951—2008），该标准适用于河豚鱼、鱼鳗中 18 种磺胺类药物残留量的测定。该标准的检测限均为 5.0 μg/kg。

方法十六：《出口动物源性食品中磺胺类药物残留量的测定 免疫亲和柱净化-HPLC 和 LC-MS/MS 法》（SN/T 4057—2014），该标准的检测限为 0.01 mg/kg。

方法十七：《有机肥中磺胺类药物含量的测定 液相色谱-串联质谱法》（NY/T 3167—2017），该标准磺胺醋酰、磺胺噻唑、磺胺甲噻二唑和磺胺氯哒嗪的检测限均为 6 μg/kg，定量限均为 20 μg/kg；其余 15 种磺胺类药物含量的检测限均 3 μg/kg，定量限均为 10 μg/kg。

方法十八：《动物性食品中磺胺类药物残留检测 酶联免疫吸附法》（农业部 1025 号公告—7—2008），该标准在猪肌肉、猪肝脏、鸡肌肉、鸡肝脏和鸡蛋样品中的检测限均为 2.0 μg/kg。

方法十九：《牛奶和奶粉中 16 种磺胺类药物残留量的测定　液相色谱-串联质谱法》（GB/T 22966—2008），该标准规定了牛奶和奶粉中 16 种磺胺类药物残留量液相色谱-质谐/质谱测定方法。

方法二十：《牛奶中磺胺类药物残留量的测定液相色谱-串联质谱法》（农业部 781 号公告—12—2006），该标准规定了牛奶中 9 种磺胺类药物残留量的液相色谱-串联质谱确认检测方法。

方法二十一：《土壤中四环素类、氟喹诺酮类、磺胺类、大环内酯类和氯霉素类抗生素含量同步检测方法　高效液相色谱法》（NY/T 3787—2020）磺胺二甲嘧啶检测限为 0.6 μg/kg，定量限为 1.9 μg/kg；磺胺间甲氧嘧啶的检测限为 0.1 μg/kg，定量限为 0.3 μg/kg；磺胺噻唑的检测限为 1.0 μg/kg，定量限为 3.1 μg/kg；磺胺甲噁唑的检测限为 0.9 μg/kg，定量限为 2.8 μg/kg。

四十六、甲氧苄啶

1. 基本信息

外文名：Trimethoprim。

化学名称：2,4 -二氨基- 5 -(3,4,5 -三甲氧基苄基)嘧啶、5 -[(3,4,5 -三甲氧基苯基)-甲基]- 2,4 -嘧啶二胺。

化学式：$C_{14}H_{18}N_4O_3$。

分子量：290.318。

化学结构式：

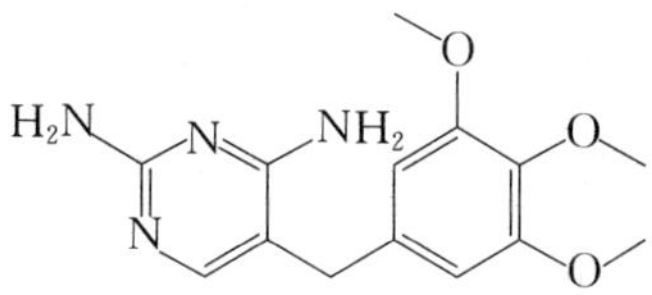

外观：白色或类白色结晶性粉末。

CAS 号：738 - 70 - 5。

密度：1.252 g/cm^3。

熔点：199～203 ℃。

沸点：526 ℃。

闪点：271.9 ℃。

2. 作用方式和用途

甲氧苄啶为合成的广谱抗菌剂，单独用于呼吸道感染、泌尿道感染、肠道感染等病症，可用于治疗敏感菌所致的败血症、脑膜炎、中耳炎、伤寒、志贺菌病（菌痢）等。

3. 每日允许摄入量（ADI）

0～4.2 μg/kg 体重。

4. 最大残留限量

见表 8-45。

表 8-45 甲氧苄啶最大残留限量

动物种类	靶组织	最大残留限量（μg/kg）
牛	肌肉	50
	脂肪	50
	肝	50
	肾	50
	奶	50
猪+家禽（产蛋期禁用）	肌肉	50
	皮+脂	50
	肝	50
	肾	50
马	肌肉	100
	脂肪	100
	肝	100
	肾	100
鱼	皮+肉	50

5. 常用检验检测方法

方法一：《食品安全国家标准　水产品中甲氧苄啶残留量的测定　高效液相色谱法》（GB 29702—2013），该标准规定了水产品中甲氧苄啶残留量的制样和高效液相色谱测定方法。

方法二：《饲料中磺胺类和喹诺酮类药物的测定　液相色谱-串联质谱法》（农业部 2349 号公告—5—2015），该标准的检测限为 0.05 mg/kg，定量限为 0.10 mg/kg。

方法三：《动物源性食品中磺胺类药物残留量的测定　液相色谱-质谱/质谱法》（GB/T 21316—2007），该标准在动物肝、肾、肌肉组织和牛奶中 23 种磺胺药物残留的定量限均为 50 μg/kg；在水产品中 23 种磺胺药物残留的定量限为 10 μg/kg。

方法四：《畜禽血液和尿液中 160 种兽药及其他化合物的测定　液相色谱-串联质谱法》（农业农村部公告第 197 号—10—2019），该标准的检测限为 0.3 μg/L，定量限为 1 μg/L。

附　录

附表1　猪肌肉限用兽药残留限量明细表

序号	兽药残留	残留限量（μg/kg）	序号	兽药残留	残留限量（μg/kg）
1	阿苯达唑	100	25	拉沙洛西	—
2	越霉素A	2 000	26	马度米星铵	—
3	莫昔克丁	—	27	莫能菌素	—
4	噻苯达唑	100	28	甲基盐霉素	15
5	阿维菌素	—	29	尼卡巴嗪	—
6	多拉菌素	5	30	氯苯胍	—
7	乙酰氨基阿维菌素	—	31	盐霉素	15
8	非班太尔	100	32	赛杜霉素	—
9	芬苯达唑	100	33	托曲珠利	100
10	奥芬达唑	100	34	氯氰碘柳胺	—
11	氟苯达唑	10	35	硝碘酚腈	—
12	伊维菌素	30	36	碘醚柳胺	—
13	左旋咪唑	10	37	三氯苯达唑	—
14	甲苯咪唑	—	38	三氮脒	—
15	奥苯达唑	100	39	氮氨菲啶	—
16	哌嗪	400	40	咪多卡	—
17	敌百虫	—	41	双甲脒	—
18	氨丙啉	—	42	氟氯氰菊酯	—
19	氯羟吡啶	200	43	三氟氯氰菊酯	20
20	癸氧喹酯	—	44	氯氰菊酯/α-氯氰菊酯	—
21	地克珠利	—	45	环丙氨嗪	—
22	二硝托胺	—	46	溴氰菊酯	—
23	乙氧酰胺苯甲酯	—	47	二嗪农	20
24	常山酮	—	48	敌敌畏	100

（续）

序号	兽药残留	残留限量（μg/kg）	序号	兽药残留	残留限量（μg/kg）
49	倍硫磷	100	77	金霉素	200
50	氰戊菊酯	—	78	四环素	200
51	氟氯苯氰菊酯	—	79	红霉素	200
52	氟胺氰菊酯	10	80	吉他霉素	200
53	马拉硫磷	4 000	81	螺旋霉素	200
54	辛硫磷	50	82	替米考星	100
55	巴胺磷	—	83	泰乐菌素	100
56	地昔尼尔	—	84	泰万菌素	50
57	氟佐隆	—	85	氟苯尼考	300
58	阿莫西林	50	86	甲砜霉素	50
59	氨苄西林	50	87	林可霉素	200
60	青霉素/普鲁卡因青霉素	50	88	吡利霉素	—
61	氯唑西林	300	89	泰妙菌素	100
62	苯唑西林	300	90	安乃近	100
63	安普霉素	—	91	氮哌酮	60
64	庆大霉素	100	92	倍他米松	0.75
65	卡那霉素	100	93	地塞米松	1.0
66	新霉素	500	94	卡拉洛尔	5
67	大观霉素	500	95	克拉维酸	100
68	链霉素/双氢链霉素	600	96	达氟沙星	100
69	阿维拉霉素	200	97	二氟沙星	400
70	杆菌肽	500	98	恩诺沙星	100
71	黏菌素	150	99	氟甲喹	500
72	头孢氨苄	—	100	噁喹酸	100
73	头孢喹肟	50	101	沙拉沙星	—
74	头孢噻呋	1 000	102	醋酸氟孕酮	—
75	多西环素	100	103	磺胺二甲嘧啶及磺胺类	100
76	土霉素	200	104	甲氧苄啶	50

附表2 猪脂肪限用兽药残留限量明细表

序号	兽药残留	残留限量 (μg/kg)	序号	兽药残留	残留限量 (μg/kg)
1	阿苯达唑	100	28	甲基盐霉素	50
2	越霉素A	2 000	29	尼卡巴嗪	—
3	莫昔克丁	—	30	氯苯胍	—
4	噻苯达唑	100	31	盐霉素	50
5	阿维菌素	—	32	赛杜霉素	—
6	多拉菌素	150	33	托曲珠利	150
7	乙酰氨基阿维菌素	—	34	氯氰碘柳胺	—
8	非班太尔	100	35	硝碘酚腈	—
9	芬苯达唑	100	36	碘醚柳胺	—
10	奥芬达唑	100	37	三氯苯达唑	—
11	氟苯达唑	—	38	三氮脒	—
12	伊维菌素	100	39	氮氨菲啶	—
13	左旋咪唑	10	40	咪多卡	—
14	甲苯咪唑	—	41	双甲脒	400
15	奥苯达唑	500 (皮+脂)	42	氟氯氰菊酯	—
			43	三氟氯氰菊酯	400
16	哌嗪	800 (皮+脂)	44	氯氰菊酯/α-氯氰菊酯	—
			45	环丙氨嗪	—
17	敌百虫	—	46	溴氰菊酯	—
18	氨丙啉	—	47	二嗪农	700
19	氯羟吡啶	200	48	敌敌畏	100
20	癸氧喹酯	—	49	倍硫磷	100
21	地克珠利	—	50	氰戊菊酯	—
22	二硝托胺	—	51	氟氯苯氰菊酯	—
23	乙氧酰胺苯甲酯	—	52	氟胺氰菊酯	10
24	常山酮	—	53	马拉硫磷	4 000
25	拉沙洛西	—	54	辛硫磷	400
26	马度米星铵	—	55	巴胺磷	—
27	莫能菌素	—	56	地昔尼尔	—

（续）

序号	兽药残留	残留限量 (μg/kg)	序号	兽药残留	残留限量 (μg/kg)
57	氟佐隆	—	82	替米考星	100（皮+脂）
58	阿莫西林	50			
59	氨苄西林	50	83	泰乐菌素	100
60	青霉素/普鲁卡因青霉素	—	84	泰万菌素	50（皮+脂）
61	氯唑西林	300			
62	苯唑西林	300	85	氟苯尼考	500（皮+脂）
63	安普霉素	—			
64	庆大霉素	100	86	甲砜霉素	50
65	卡那霉素	100（皮+脂）	87	林可霉素	—
			88	吡利霉素	—
66	新霉素	500	89	泰妙菌素	—
67	大观霉素	2 000	90	安乃近	100
68	链霉素/双氢链霉素	600	91	氮哌酮	60
69	阿维拉霉素	200	92	倍他米松	—
70	杆菌肽	500	93	地塞米松	—
71	黏菌素	150	94	卡拉洛尔	5
72	头孢氨苄	—	95	克拉维酸	100
73	头孢喹肟	50	96	达氟沙星	100
74	头孢噻呋	2 000	97	二氟沙星	100
75	多西环素	300（皮+脂）	98	恩诺沙星	100
			99	氟甲喹	1 000
76	土霉素	—	100	噁喹酸	50
77	金霉素	—	101	沙拉沙星	—
78	四环素	—	102	醋酸氟孕酮	—
79	红霉素	200	103	磺胺二甲嘧啶及磺胺类	100
80	吉他霉素	—	104	甲氧苄啶	50（皮+脂）
81	螺旋霉素	300			

附表 3 猪肝限用兽药残留限量明细表

序号	兽药残留	残留限量 (μg/kg)	序号	兽药残留	残留限量 (μg/kg)
1	阿苯达唑	5 000	26	马度米星铵	—
2	越霉素 A	2 000	27	莫能菌素	—
3	莫昔克丁	—	28	甲基盐霉素	50
4	噻苯达唑	100	29	尼卡巴嗪	—
5	阿维菌素	—	30	氯苯胍	—
6	多拉菌素	100	31	盐霉素	50
7	乙酰氨基阿维菌素	—	32	赛杜霉素	—
8	非班太尔	500	33	托曲珠利	500
9	芬苯达唑	500	34	氯氰碘柳胺	—
10	奥芬达唑	500	35	硝碘酚腈	—
11	氟苯达唑	10	36	碘醚柳胺	—
12	伊维菌素	100	37	三氯苯达唑	—
13	左旋咪唑	100	38	三氮脒	—
14	甲苯咪唑	—	39	氮氨菲啶	—
15	奥苯达唑	200	40	咪多卡	—
16	哌嗪	2 000	41	双甲脒	200
17	敌百虫	—	42	氟氯氰菊酯	—
18	氨丙啉	—	43	三氟氯氰菊酯	20
19	氯羟吡啶	200	44	氯氰菊酯/α-氯氰菊酯	—
20	癸氧喹酯	—	45	环丙氨嗪	—
21	地克珠利	—	46	溴氰菊酯	—
22	二硝托胺	—	47	二嗪农	20
23	乙氧酰胺苯甲酯	—	48	敌敌畏	100
24	常山酮	—	49	倍硫磷	100
25	拉沙洛西	—	50	氰戊菊酯	—

（续）

序号	兽药残留	残留限量（μg/kg）	序号	兽药残留	残留限量（μg/kg）
51	氟氯苯氰菊酯	—	78	四环素	600
52	氟胺氰菊酯	10	79	红霉素	200
53	马拉硫磷	4 000	80	吉他霉素	200
54	辛硫磷	50	81	螺旋霉素	600
55	巴胺磷	—	82	替米考星	1 500
56	地昔尼尔	—	83	泰乐菌素	100
57	氟佐隆	—	84	泰万菌素	50
58	阿莫西林	50	85	氟苯尼考	2 000
59	氨苄西林	50	86	甲砜霉素	50
60	青霉素/普鲁卡因青霉素	50	87	林可霉素	500
61	氯唑西林	300	88	吡利霉素	—
62	苯唑西林	300	89	泰妙菌素	500
63	安普霉素	—	90	安乃近	100
64	庆大霉素	2 000	91	氮哌酮	100
65	卡那霉素	600	92	倍他米松	2
66	新霉素	5 500	93	地塞米松	2.0
67	大观霉素	2 000	94	卡拉洛尔	25
68	链霉素/双氢链霉素	600	95	克拉维酸	200
69	阿维拉霉素	300	96	达氟沙星	50
70	杆菌肽	500	97	二氟沙星	800
71	黏菌素	150	98	恩诺沙星	200
72	头孢氨苄	200	99	氟甲喹	500
73	头孢喹肟	100	100	噁喹酸	150
74	头孢噻呋	2 000	101	沙拉沙星	—
75	多西环素	300	102	醋酸氟孕酮	—
76	土霉素	600	103	磺胺二甲嘧啶及磺胺类	100
77	金霉素	600	104	甲氧苄啶	50

附表4　猪肾限用兽药残留限量明细表

序号	兽药残留	残留限量（μg/kg）	序号	兽药残留	残留限量（μg/kg）
1	阿苯达唑	5 000	26	马度米星铵	—
2	越霉素A	2 000	27	莫能菌素	—
3	莫昔克丁	—	28	甲基盐霉素	15
4	噻苯达唑	100	29	尼卡巴嗪	—
5	阿维菌素	—	30	氯苯胍	—
6	多拉菌素	30	31	盐霉素	15
7	乙酰氨基阿维菌素	—	32	赛杜霉素	—
8	非班太尔	100	33	托曲珠利	250
9	芬苯达唑	100	34	氯氰碘柳胺	—
10	奥芬达唑	100	35	硝碘酚腈	—
11	氟苯达唑	—	36	碘醚柳胺	—
12	伊维菌素	30	37	三氯苯达唑	—
13	左旋咪唑	10	38	三氮脒	—
14	甲苯咪唑	—	39	氮氨菲啶	—
15	奥苯达唑	100	40	咪多卡	—
16	哌嗪	1 000	41	双甲脒	200
17	敌百虫	—	42	氟氯氰菊酯	—
18	氨丙啉	—	43	三氟氯氰菊酯	20
19	氯羟吡啶	200	44	氯氰菊酯/α-氯氰菊酯	—
20	癸氧喹酯	—	45	环丙氨嗪	—
21	地克珠利	—	46	溴氰菊酯	—
22	二硝托胺	—	47	二嗪农	20
23	乙氧酰胺苯甲酯	—	48	敌敌畏	100
24	常山酮	—	49	倍硫磷	100
25	拉沙洛西	—	50	氰戊菊酯	—

（续）

序号	兽药残留	残留限量（μg/kg）	序号	兽药残留	残留限量（μg/kg）
51	氟氯苯氰菊酯	—	78	四环素	1 200
52	氟胺氰菊酯	10	79	红霉素	200
53	马拉硫磷	4 000	80	吉他霉素	200
54	辛硫磷	50	81	螺旋霉素	300
55	巴胺磷	—	82	替米考星	1 000
56	地昔尼尔	—	83	泰乐菌素	100
57	氟佐隆	—	84	泰万菌素	50
58	阿莫西林	50	85	氟苯尼考	500
59	氨苄西林	50	86	甲砜霉素	50
60	青霉素/普鲁卡因青霉素	50	87	林可霉素	1 500
61	氯唑西林	300	88	吡利霉素	—
62	苯唑西林	300	89	泰妙菌素	—
63	安普霉素	100	90	安乃近	100
64	庆大霉素	5 000	91	氮哌酮	100
65	卡那霉素	2 500	92	倍他米松	0.75
66	新霉素	9 000	93	地塞米松	1.0
67	大观霉素	5 000	94	卡拉洛尔	25
68	链霉素/双氢链霉素	1 000	95	克拉维酸	400
69	阿维拉霉素	200	96	达氟沙星	200
70	杆菌肽	500	97	二氟沙星	800
71	黏菌素	200	98	恩诺沙星	300
72	头孢氨苄	1 000	99	氟甲喹	3 000
73	头孢喹肟	200	100	噁喹酸	150
74	头孢噻呋	6 000	101	沙拉沙星	—
75	多西环素	600	102	醋酸氟孕酮	—
76	土霉素	1 200	103	磺胺二甲嘧啶及磺胺类	100
77	金霉素	1 200	104	甲氧苄啶	50

附表5　牛肌肉限用兽药残留限量明细表

序号	兽药残留	残留限量（μg/kg）	序号	兽药残留	残留限量（μg/kg）
1	阿苯达唑	100	26	马度米星铵	—
2	越霉素 A	—	27	莫能菌素	10
3	莫昔克丁	20	28	甲基盐霉素	15
4	噻苯达唑	100	29	尼卡巴嗪	—
5	阿维菌素	—	30	氯苯胍	—
6	多拉菌素	10	31	盐霉素	15
7	乙酰氨基阿维菌素	100	32	赛杜霉素	—
8	非班太尔	100	33	托曲珠利	100
9	芬苯达唑	100	34	氯氰碘柳胺	1 000
10	奥芬达唑	100	35	硝碘酚腈	400
11	氟苯达唑	—	36	碘醚柳胺	30
12	伊维菌素	30	37	三氯苯达唑	250
13	左旋咪唑	10	38	三氮脒	500
14	甲苯咪唑	—	39	氮氨菲啶	100
15	奥苯达唑	—	40	咪多卡	300
16	哌嗪	—	41	双甲脒	—
17	敌百虫	50	42	氟氯氰菊酯	20
18	氨丙啉	500	43	三氟氯氰菊酯	20
19	氯羟吡啶	200	44	氯氰菊酯/α-氯氰菊酯	50
20	癸氧喹酯	—	45	环丙氨嗪	—
21	地克珠利	—	46	溴氰菊酯	30
22	二硝托胺	—	47	二嗪农	20
23	乙氧酰胺苯甲酯	—	48	敌敌畏	—
24	常山酮	10	49	倍硫磷	100
25	拉沙洛西	—	50	氰戊菊酯	25

（续）

序号	兽药残留	残留限量（μg/kg）	序号	兽药残留	残留限量（μg/kg）
51	氟氯苯氰菊酯	10	78	四环素	200
52	氟胺氰菊酯	10	79	红霉素	200
53	马拉硫磷	4 000	80	吉他霉素	—
54	辛硫磷	—	81	螺旋霉素	200
55	巴胺磷	—	82	替米考星	100
56	地昔尼尔	—	83	泰乐菌素	100
57	氟佐隆	200	84	泰万菌素	—
58	阿莫西林	50	85	氟苯尼考	200
59	氨苄西林	50	86	甲砜霉素	50
60	青霉素/普鲁卡因青霉素	50	87	林可霉素	100
61	氯唑西林	300	88	吡利霉素	100
62	苯唑西林	300	89	泰妙菌素	—
63	安普霉素	—	90	安乃近	100
64	庆大霉素	100	91	氮哌酮	—
65	卡那霉素	100	92	倍他米松	0.75
66	新霉素	500	93	地塞米松	1.0
67	大观霉素	500	94	卡拉洛尔	—
68	链霉素/双氢链霉素	600	95	克拉维酸	100
69	阿维拉霉素	—	96	达氟沙星	200
70	杆菌肽	500	97	二氟沙星	400
71	黏菌素	150	98	恩诺沙星	100
72	头孢氨苄	200	99	氟甲喹	500
73	头孢喹肟	50	100	噁喹酸	100
74	头孢噻呋	1 000	101	沙拉沙星	—
75	多西环素	100	102	醋酸氟孕酮	—
76	土霉素	200	103	磺胺二甲嘧啶及磺胺类	100
77	金霉素	200	104	甲氧苄啶	50

附表6　牛脂肪限用兽药残留限量明细表

序号	兽药残留	残留限量（μg/kg）	序号	兽药残留	残留限量（μg/kg）
1	阿苯达唑	100	26	马度米星铵	—
2	越霉素 A	—	27	莫能菌素	100
3	莫昔克丁	500	28	甲基盐霉素	50
4	噻苯达唑	100	29	尼卡巴嗪	—
5	阿维菌素	100	30	氯苯胍	—
6	多拉菌素	150	31	盐霉素	50
7	乙酰氨基阿维菌素	250	32	赛杜霉素	—
8	非班太尔	100	33	托曲珠利	150
9	芬苯达唑	100	34	氯氰碘柳胺	3 000
10	奥芬达唑	100	35	硝碘酚腈	200
11	氟苯达唑	—	36	碘醚柳胺	30
12	伊维菌素	100	37	三氯苯达唑	100
13	左旋咪唑	10	38	三氮脒	—
14	甲苯咪唑	—	39	氮氨菲啶	100
15	奥苯达唑	—	40	咪多卡	50
16	哌嗪	—	41	双甲脒	200
17	敌百虫	50	42	氟氯氰菊酯	200
18	氨丙啉	2 000	43	三氟氯氰菊酯	400
19	氯羟吡啶	—	44	氯氰菊酯/α-氯氰菊酯	1 000
20	癸氧喹酯	—	45	环丙氨嗪	—
21	地克珠利	—	46	溴氰菊酯	500
22	二硝托胺	—	47	二嗪农	700
23	乙氧酰胺苯甲酯	—	48	敌敌畏	—
24	常山酮	25	49	倍硫磷	100
25	拉沙洛西	—	50	氰戊菊酯	250

（续）

序号	兽药残留	残留限量 (μg/kg)	序号	兽药残留	残留限量 (μg/kg)
51	氟氯苯氰菊酯	150	78	四环素	—
52	氟胺氰菊酯	10	79	红霉素	200
53	马拉硫磷	4 000	80	吉他霉素	—
54	辛硫磷	—	81	螺旋霉素	300
55	巴胺磷	—	82	替米考星	100
56	地昔尼尔	—	83	泰乐菌素	100
57	氟佐隆	7 000	84	泰万菌素	—
58	阿莫西林	50	85	氟苯尼考	—
59	氨苄西林	50	86	甲砜霉素	50
60	青霉素/普鲁卡因青霉素	—	87	林可霉素	50
61	氯唑西林	300	88	吡利霉素	100
62	苯唑西林	300	89	泰妙菌素	—
63	安普霉素	—	90	安乃近	100
64	庆大霉素	100	91	氮哌酮	—
65	卡那霉素	100（皮＋脂）	92	倍他米松	—
			93	地塞米松	—
66	新霉素	500	94	卡拉洛尔	—
67	大观霉素	2 000	95	克拉维酸	100
68	链霉素/双氢链霉素	600	96	达氟沙星	100
69	阿维拉霉素	—	97	二氟沙星	100
70	杆菌肽	500	98	恩诺沙星	100
71	黏菌素	150	99	氟甲喹	1 000
72	头孢氨苄	200	100	噁喹酸	50
73	头孢喹肟	50	101	沙拉沙星	—
74	头孢噻呋	2 000	102	醋酸氟孕酮	—
75	多西环素	300	103	磺胺二甲嘧啶及磺胺类	100
76	土霉素	—	104	甲氧苄啶	50
77	金霉素	—			

附表 7　牛肝限用兽药残留限量明细表

序号	兽药残留	残留限量（μg/kg）	序号	兽药残留	残留限量（μg/kg）
1	阿苯达唑	5 000	26	马度米星铵	—
2	越霉素 A	—	27	莫能菌素	100
3	莫昔克丁	100	28	甲基盐霉素	50
4	噻苯达唑	100	29	尼卡巴嗪	—
5	阿维菌素	100	30	氯苯胍	—
6	多拉菌素	100	31	盐霉素	50
7	乙酰氨基阿维菌素	2 000	32	赛杜霉素	—
8	非班太尔	500	33	托曲珠利	500
9	芬苯达唑	500	34	氯氰碘柳胺	1 000
10	奥芬达唑	500	35	硝碘酚腈	20
11	氟苯达唑	—	36	碘醚柳胺	10
12	伊维菌素	100	37	三氯苯达唑	850
13	左旋咪唑	100	38	三氮脒	12 000
14	甲苯咪唑	—	39	氮氨菲啶	500
15	奥苯达唑	—	40	咪多卡	1 500
16	哌嗪	—	41	双甲脒	200
17	敌百虫	50	42	氟氯氰菊酯	20
18	氨丙啉	500	43	三氟氯氰菊酯	20
19	氯羟吡啶	1 500	44	氯氰菊酯/α-氯氰菊酯	50
20	癸氧喹酯	—	45	环丙氨嗪	—
21	地克珠利	—	46	溴氰菊酯	50
22	二硝托胺	—	47	二嗪农	20
23	乙氧酰胺苯甲酯	—	48	敌敌畏	—
24	常山酮	30	49	倍硫磷	—
25	拉沙洛西	700	50	氰戊菊酯	25

（续）

序号	兽药残留	残留限量（μg/kg）	序号	兽药残留	残留限量（μg/kg）
51	氟氯苯氰菊酯	20	78	四环素	600
52	氟胺氰菊酯	—	79	红霉素	200
53	马拉硫磷	4 000	80	吉他霉素	—
54	辛硫磷	—	81	螺旋霉素	600
55	巴胺磷	—	82	替米考星	1 000
56	地昔尼尔	—	83	泰乐菌素	100
57	氟佐隆	500	84	泰万菌素	—
58	阿莫西林	50	85	氟苯尼考	3 000
59	氨苄西林	50	86	甲砜霉素	50
60	青霉素/普鲁卡因青霉素	50	87	林可霉素	500
61	氯唑西林	300	88	吡利霉素	1 000
62	苯唑西林	300	89	泰妙菌素	—
63	安普霉素	—	90	安乃近	100
64	庆大霉素	2 000	91	氮哌酮	—
65	卡那霉素	600	92	倍他米松	2
66	新霉素	5 500	93	地塞米松	2.0
67	大观霉素	2 000	94	卡拉洛尔	—
68	链霉素/双氢链霉素	600	95	克拉维酸	200
69	阿维拉霉素	—	96	达氟沙星	400
70	杆菌肽	500	97	二氟沙星	1 400
71	黏菌素	150	98	恩诺沙星	300
72	头孢氨苄	200	99	氟甲喹	500
73	头孢喹肟	100	100	噁喹酸	150
74	头孢噻呋	2 000	101	沙拉沙星	—
75	多西环素	300	102	醋酸氟孕酮	—
76	土霉素	600	103	磺胺二甲嘧啶及磺胺类	100
77	金霉素	600	104	甲氧苄啶	50

附表8　牛肾限用兽药残留限量明细表

序号	兽药残留	残留限量（μg/kg）	序号	兽药残留	残留限量（μg/kg）
1	阿苯达唑	5 000	26	马度米星铵	—
2	越霉素 A	—	27	莫能菌素	10
3	莫昔克丁	50	28	甲基盐霉素	15
4	噻苯达唑	100	29	尼卡巴嗪	—
5	阿维菌素	50	30	氯苯胍	—
6	多拉菌素	30	31	盐霉素	15
7	乙酰氨基阿维菌素	300	32	赛杜霉素	—
8	非班太尔	100	33	托曲珠利	250
9	芬苯达唑	100	34	氯氰碘柳胺	3 000
10	奥芬达唑	100	35	硝碘酚腈	400
11	氟苯达唑	—	36	碘醚柳胺	40
12	伊维菌素	30	37	三氯苯达唑	400
13	左旋咪唑	10	38	三氮脒	6 000
14	甲苯咪唑	—	39	氮氨菲啶	1 000
15	奥苯达唑	—	40	咪多卡	2 000
16	哌嗪	—	41	双甲脒	200
17	敌百虫	50	42	氟氯氰菊酯	20
18	氨丙啉	500	43	三氟氯氰菊酯	20
19	氯羟吡啶	3 000	44	氯氰菊酯/α-氯氰菊酯	50
20	癸氧喹酯	—	45	环丙氨嗪	—
21	地克珠利	—	46	溴氰菊酯	50
22	二硝托胺	—	47	二嗪农	20
23	乙氧酰胺苯甲酯	—	48	敌敌畏	—
24	常山酮	30	49	倍硫磷	—
25	拉沙洛西	—	50	氰戊菊酯	25

（续）

序号	兽药残留	残留限量（μg/kg）	序号	兽药残留	残留限量（μg/kg）
51	氟氯苯氰菊酯	10	78	四环素	1 200
52	氟胺氰菊酯	10	79	红霉素	200
53	马拉硫磷	4 000	80	吉他霉素	—
54	辛硫磷	—	81	螺旋霉素	300
55	巴胺磷	—	82	替米考星	300
56	地昔尼尔	—	83	泰乐菌素	100
57	氟佐隆	500	84	泰万菌素	—
58	阿莫西林	50	85	氟苯尼考	300
59	氨苄西林	50	86	甲砜霉素	50
60	青霉素/普鲁卡因青霉素	50	87	林可霉素	1 500
61	氯唑西林	300	88	吡利霉素	400
62	苯唑西林	300	89	泰妙菌素	—
63	安普霉素	—	90	安乃近	100
64	庆大霉素	5 000	91	氮哌酮	—
65	卡那霉素	2 500	92	倍他米松	0.75
66	新霉素	9 000	93	地塞米松	1.0
67	大观霉素	5 000	94	卡拉洛尔	—
68	链霉素/双氢链霉素	1 000	95	克拉维酸	400
69	阿维拉霉素	—	96	达氟沙星	400
70	杆菌肽	500	97	二氟沙星	800
71	黏菌素	200	98	恩诺沙星	200
72	头孢氨苄	1 000	99	氟甲喹	3 000
73	头孢喹肟	200	100	噁喹酸	150
74	头孢噻呋	6 000	101	沙拉沙星	—
75	多西环素	600	102	醋酸氟孕酮	—
76	土霉素	1 200	103	磺胺二甲嘧啶及磺胺类	100
77	金霉素	1 200	104	甲氧苄啶	50

附表 9　羊肌肉限用兽药残留限量明细表

序号	兽药残留	残留限量（μg/kg）	序号	兽药残留	残留限量（μg/kg）
1	阿苯达唑	100	26	马度米星铵	—
2	越霉素 A	—	27	莫能菌素	10
3	莫昔克丁	50（绵羊）	28	甲基盐霉素	—
4	噻苯达唑	100	29	尼卡巴嗪	—
5	阿维菌素	20	30	氯苯胍	—
6	多拉菌素	40	31	盐霉素	—
7	乙酰氨基阿维菌素	—	32	赛杜霉素	—
8	非班太尔	100	33	托曲珠利	100
9	芬苯达唑	100	34	氯氰碘柳胺	1 500
10	奥芬达唑	100	35	硝碘酚腈	400
11	氟苯达唑	—	36	碘醚柳胺	100
12	伊维菌素	30	37	三氯苯达唑	200
13	左旋咪唑	10	38	三氮脒	—
14	甲苯咪唑	60	39	氮氨菲啶	—
15	奥苯达唑	—	40	咪多卡	—
16	哌嗪	—	41	双甲脒	—
17	敌百虫	—	42	氟氯氰菊酯	—
18	氨丙啉	—	43	三氟氯氰菊酯	20（绵羊）
19	氯羟吡啶	200	44	氯氰菊酯/α-氯氰菊酯	50（绵羊）
20	癸氧喹酯	—	45	环丙氨嗪	300
21	地克珠利	500（绵羊）	46	溴氰菊酯	30
22	二硝托胺	—	47	二嗪农	20
23	乙氧酰胺苯甲酯	—	48	敌敌畏	—
24	常山酮	—	49	倍硫磷	—
25	拉沙洛西	—	50	氰戊菊酯	25

（续）

序号	兽药残留	残留限量 (μg/kg)	序号	兽药残留	残留限量 (μg/kg)
51	氟氯苯氰菊酯	10	78	四环素	200
52	氟胺氰菊酯	10	79	红霉素	200
53	马拉硫磷	4 000	80	吉他霉素	—
54	辛硫磷	50	81	螺旋霉素	—
55	巴胺磷	—	82	替米考星	100
56	地昔尼尔	150（绵羊）	83	泰乐菌素	—
57	氟佐隆	—	84	泰万菌素	—
58	阿莫西林	50	85	氟苯尼考	200
59	氨苄西林	50	86	甲砜霉素	50
60	青霉素/普鲁卡因青霉素	—	87	林可霉素	100
61	氯唑西林	300	88	吡利霉素	—
62	苯唑西林	300	89	泰妙菌素	—
63	安普霉素	—	90	安乃近	100
64	庆大霉素	—	91	氮哌酮	—
65	卡那霉素	100	92	倍他米松	—
66	新霉素	500	93	地塞米松	—
67	大观霉素	500	94	卡拉洛尔	—
68	链霉素/双氢链霉素	600	95	克拉维酸	—
69	阿维拉霉素	—	96	达氟沙星	200
70	杆菌肽	—	97	二氟沙星	400
71	黏菌素	150	98	恩诺沙星	100
72	头孢氨苄	—	99	氟甲喹	500
73	头孢喹肟	—	100	噁喹酸	—
74	头孢噻呋	—	101	沙拉沙星	—
75	多西环素	—	102	醋酸氟孕酮	0.5
76	土霉素	200	103	磺胺二甲嘧啶及磺胺类	100
77	金霉素	200	104	甲氧苄啶	—

附表10　羊脂肪限用兽药残留限量明细表

序号	兽药残留	残留限量 (μg/kg)	序号	兽药残留	残留限量 (μg/kg)
1	阿苯达唑	100	27	莫能菌素	100
2	越霉素A	—	28	甲基盐霉素	—
3	莫昔克丁	500（绵羊）	29	尼卡巴嗪	—
4	噻苯达唑	100	30	氯苯胍	—
5	阿维菌素	50	31	盐霉素	—
6	多拉菌素	150	32	赛杜霉素	—
7	乙酰氨基阿维菌素	—	33	托曲珠利	150（皮+脂）
8	非班太尔	100			
9	芬苯达唑	100	34	氯氰碘柳胺	2 000
10	奥芬达唑	100	35	硝碘酚腈	200
11	氟苯达唑	—	36	碘醚柳胺	250
12	伊维菌素	100	37	三氯苯达唑	100
13	左旋咪唑	10	38	三氮脒	—
14	甲苯咪唑	60	39	氮氨菲啶	—
15	奥苯达唑	—	40	咪多卡	—
16	哌嗪	—	41	双甲脒	400（绵羊）、200（山羊）
17	敌百虫	—			
18	氨丙啉	—	42	氟氯氰菊酯	—
19	氯羟吡啶	—	43	三氟氯氰菊酯	400（绵羊）
20	癸氧喹酯	—	44	氯氰菊酯/α-氯氰菊酯	1 000（绵羊）
21	地克珠利	1 000（绵羊）	45	环丙氨嗪	300
22	二硝托胺	—	46	溴氰菊酯	500
23	乙氧酰胺苯甲酯	—	47	二嗪农	700
24	常山酮	—	48	敌敌畏	—
25	拉沙洛西	—	49	倍硫磷	—
26	马度米星铵	—	50	氰戊菊酯	—

（续）

序号	兽药残留	残留限量（μg/kg）	序号	兽药残留	残留限量（μg/kg）
51	氟氯苯氰菊酯	150	78	四环素	—
52	氟胺氰菊酯	10	79	红霉素	200
53	马拉硫磷	4 000	80	吉他霉素	—
54	辛硫磷	400	81	螺旋霉素	—
55	巴胺磷	90	82	替米考星	100
56	地昔尼尔	200（绵羊）	83	泰乐菌素	—
57	氟佐隆	—	84	泰万菌素	—
58	阿莫西林	50	85	氟苯尼考	—
59	氨苄西林	50	86	甲砜霉素	50
60	青霉素/普鲁卡因青霉素	—	87	林可霉素	50
61	氯唑西林	300	88	吡利霉素	—
62	苯唑西林	300	89	泰妙菌素	—
63	安普霉素	—	90	安乃近	100
64	庆大霉素	—	91	氮哌酮	—
65	卡那霉素	100（皮+脂）	92	倍他米松	—
			93	地塞米松	—
66	新霉素	500	94	卡拉洛尔	—
67	大观霉素	2 000	95	克拉维酸	—
68	链霉素/双氢链霉素	600	96	达氟沙星	100
69	阿维拉霉素	—	97	二氟沙星	100
70	杆菌肽	—	98	恩诺沙星	100
71	黏菌素	150	99	氟甲喹	1 000
72	头孢氨苄	—	100	噁喹酸	—
73	头孢喹肟	—	101	沙拉沙星	—
74	头孢噻呋	—	102	醋酸氟孕酮	0.5
75	多西环素	—	103	磺胺二甲嘧啶及磺胺类	100
76	土霉素	—	104	甲氧苄啶	—
77	金霉素	—			

附表 11　羊肝限用兽药残留限量明细表

序号	兽药残留	残留限量 (μg/kg)	序号	兽药残留	残留限量 (μg/kg)
1	阿苯达唑	5 000	26	马度米星铵	—
2	越霉素 A	—	27	莫能菌素	20
3	莫昔克丁	100（绵羊）	28	甲基盐霉素	—
4	噻苯达唑	100	29	尼卡巴嗪	—
5	阿维菌素	25	30	氯苯胍	—
6	多拉菌素	100	31	盐霉素	—
7	乙酰氨基阿维菌素	—	32	赛杜霉素	—
8	非班太尔	500	33	托曲珠利	500
9	芬苯达唑	500	34	氯氰碘柳胺	1 500
10	奥芬达唑	500	35	硝碘酚腈	20
11	氟苯达唑	—	36	碘醚柳胺	150
12	伊维菌素	100	37	三氯苯达唑	300
13	左旋咪唑	100	38	三氮脒	—
14	甲苯咪唑	400	39	氮氨菲啶	—
15	奥苯达唑	—	40	咪多卡	—
16	哌嗪	—	41	双甲脒	100
17	敌百虫	—	42	氟氯氰菊酯	—
18	氨丙啉	—	43	三氟氯氰菊酯	50（绵羊）
19	氯羟吡啶	1 500	44	氯氰菊酯/α-氯氰菊酯	50（绵羊）
20	癸氧喹酯	—	45	环丙氨嗪	300
21	地克珠利	3 000（绵羊）	46	溴氰菊酯	50
22	二硝托胺	—	47	二嗪农	20
23	乙氧酰胺苯甲酯	—	48	敌敌畏	—
24	常山酮	—	49	倍硫磷	—
25	拉沙洛西	1 000	50	氰戊菊酯	—

（续）

序号	兽药残留	残留限量（μg/kg）	序号	兽药残留	残留限量（μg/kg）
51	氟氯苯氰菊酯	20	78	四环素	600
52	氟胺氰菊酯	10	79	红霉素	200
53	马拉硫磷	4 000	80	吉他霉素	—
54	辛硫磷	50	81	螺旋霉素	—
55	巴胺磷	—	82	替米考星	1 000
56	地昔尼尔	125（绵羊）	83	泰乐菌素	—
57	氟佐隆	—	84	泰万菌素	—
58	阿莫西林	50	85	氟苯尼考	3 000
59	氨苄西林	50	86	甲砜霉素	50
60	青霉素/普鲁卡因青霉素	—	87	林可霉素	500
61	氯唑西林	300	88	吡利霉素	—
62	苯唑西林	300	89	泰妙菌素	—
63	安普霉素	—	90	安乃近	100
64	庆大霉素	—	91	氮哌酮	—
65	卡那霉素	600	92	倍他米松	—
66	新霉素	5 500	93	地塞米松	—
67	大观霉素	2 000	94	卡拉洛尔	—
68	链霉素/双氢链霉素	600	95	克拉维酸	—
69	阿维拉霉素	—	96	达氟沙星	400
70	杆菌肽	—	97	二氟沙星	1 400
71	黏菌素	150	98	恩诺沙星	300
72	头孢氨苄	—	99	氟甲喹	500
73	头孢喹肟	—	100	噁喹酸	—
74	头孢噻呋	—	101	沙拉沙星	—
75	多西环素	—	102	醋酸氟孕酮	0.5
76	土霉素	600	103	磺胺二甲嘧啶及磺胺类	100
77	金霉素	600	104	甲氧苄啶	—

附表12 羊肾限用兽药残留限量明细表

序号	兽药残留	残留限量（μg/kg）	序号	兽药残留	残留限量（μg/kg）
1	阿苯达唑	5 000	26	马度米星铵	—
2	越霉素A	—	27	莫能菌素	10
3	莫昔克丁	50（绵羊）	28	甲基盐霉素	—
4	噻苯达唑	100	29	尼卡巴嗪	—
5	阿维菌素	20	30	氯苯胍	—
6	多拉菌素	60	31	盐霉素	—
7	乙酰氨基阿维菌素	—	32	赛杜霉素	—
8	非班太尔	100	33	托曲珠利	250
9	芬苯达唑	100	34	氯氰碘柳胺	5 000
10	奥芬达唑	100	35	硝碘酚腈	400
11	氟苯达唑	—	36	碘醚柳胺	150
12	伊维菌素	30	37	三氯苯达唑	200
13	左旋咪唑	10	38	三氮脒	—
14	甲苯咪唑	60	39	氮氨菲啶	—
15	奥苯达唑	—	40	咪多卡	—
16	哌嗪	—	41	双甲脒	200
17	敌百虫	—	42	氟氯氰菊酯	—
18	氨丙啉	—	43	三氟氯氰菊酯	20（绵羊）
19	氯羟吡啶	3 000	44	氯氰菊酯/α-氯氰菊酯	50（绵羊）
20	癸氧喹酯	2 000	45	环丙氨嗪	300
21	地克珠利	2 000（绵羊）	46	溴氰菊酯	50
22	二硝托胺	—	47	二嗪农	20
23	乙氧酰胺苯甲酯	—	48	敌敌畏	—
24	常山酮	—	49	倍硫磷	—
25	拉沙洛西	—	50	氰戊菊酯	—

（续）

序号	兽药残留	残留限量（μg/kg）	序号	兽药残留	残留限量（μg/kg）
51	氟氯苯氰菊酯	10	78	四环素	1 200
52	氟胺氰菊酯	10	79	红霉素	200
53	马拉硫磷	4 000	80	吉他霉素	—
54	辛硫磷	50	81	螺旋霉素	—
55	巴胺磷	90	82	替米考星	300
56	地昔尼尔	125（绵羊）	83	泰乐菌素	—
57	氟佐隆	—	84	泰万菌素	—
58	阿莫西林	50	85	氟苯尼考	300
59	氨苄西林	50	86	甲砜霉素	50
60	青霉素/普鲁卡因青霉素	—	87	林可霉素	1 500
61	氯唑西林	300	88	吡利霉素	—
62	苯唑西林	300	89	泰妙菌素	—
63	安普霉素	—	90	安乃近	100
64	庆大霉素	—	91	氮哌酮	—
65	卡那霉素	2 500	92	倍他米松	—
66	新霉素	9 000	93	地塞米松	—
67	大观霉素	5 000	94	卡拉洛尔	—
68	链霉素/双氢链霉素	1 000	95	克拉维酸	—
69	阿维拉霉素	—	96	达氟沙星	400
70	杆菌肽	—	97	二氟沙星	800
71	黏菌素	200	98	恩诺沙星	200
72	头孢氨苄	—	99	氟甲喹	3 000
73	头孢喹肟	—	100	噁喹酸	—
74	头孢噻呋	—	101	沙拉沙星	—
75	多西环素	—	102	醋酸氟孕酮	0.5
76	土霉素	1 200	103	磺胺二甲嘧啶及磺胺类	100
77	金霉素	1 200	104	甲氧苄啶	—

附表13　禽肌肉限用兽药残留限量明细表

序号	兽药残留	残留限量（μg/kg）	序号	兽药残留	残留限量（μg/kg）
1	阿苯达唑	100	26	马度米星铵	240（鸡）
2	越霉素A	2 000（鸡）	27	莫能菌素	10（鸡、火鸡、鹌鹑）
3	莫昔克丁	—			
4	噻苯达唑	—	28	甲基盐霉素	15（鸡）
5	阿维菌素	—	29	尼卡巴嗪	200（鸡）
6	多拉菌素	—	30	氯苯胍	100（鸡）
7	乙酰氨基阿维菌素	—	31	盐霉素	600（鸡）
8	非班太尔	—	32	赛杜霉素	130（鸡）
9	芬苯达唑	50	33	托曲珠利	100
10	奥芬达唑	—	34	氯氰碘柳胺	—
11	氟苯达唑	200	35	硝碘酚腈	—
12	伊维菌素	—	36	碘醚柳胺	—
13	左旋咪唑	10	37	三氯苯达唑	—
14	甲苯咪唑	—	38	三氮脒	—
15	奥苯达唑	—	39	氮氨菲啶	—
16	哌嗪	—	40	咪多卡	—
17	敌百虫	—	41	双甲脒	—
18	氨丙啉	500（鸡、火鸡）	42	氟氯氰菊酯	—
19	氯羟吡啶	5 000（鸡、火鸡）	43	三氟氯氰菊酯	—
20	癸氧喹酯	1 000	44	氯氰菊酯/α-氯氰菊酯	—
21	地克珠利	500	45	环丙氨嗪	50
22	二硝托胺	3 000（鸡、火鸡）	46	溴氰菊酯	30（鸡）
23	乙氧酰胺苯甲酯	500（鸡）	47	二嗪农	—
24	常山酮	100（鸡、火鸡）	48	敌敌畏	—
25	拉沙洛西	—	49	倍硫磷	100

（续）

序号	兽药残留	残留限量（μg/kg）	序号	兽药残留	残留限量（μg/kg）
50	氰戊菊酯	—	77	金霉素	200
51	氟氯苯氰菊酯	—	78	四环素	200
52	氟胺氰菊酯	10	79	红霉素	100
53	马拉硫磷	4 000	80	吉他霉素	200
54	辛硫磷	—	81	螺旋霉素	200（鸡）
55	巴胺磷	—	82	替米考星	150
56	地昔尼尔	—	83	泰乐菌素	100（鸡、火鸡）
57	氟佐隆	—	84	泰万菌素	—
58	阿莫西林	50	85	氟苯尼考	100
59	氨苄西林	50	86	甲砜霉素	50
60	青霉素/普鲁卡因青霉素	50	87	林可霉素	200
			88	吡利霉素	—
61	氯唑西林	300	89	泰妙菌素	100（鸡、火鸡）
62	苯唑西林	300	90	安乃近	—
63	安普霉素	—	91	氮哌酮	—
64	庆大霉素	100（鸡、火鸡）	92	倍他米松	—
65	卡那霉素	100	93	地塞米松	—
66	新霉素	500	94	卡拉洛尔	—
67	大观霉素	500（鸡）	95	克拉维酸	—
68	链霉素/双氢链霉素	600	96	达氟沙星	200
69	阿维拉霉素	200	97	二氟沙星	300
70	杆菌肽	500	98	恩诺沙星	100
71	黏菌素	150（鸡、火鸡）	99	氟甲喹	500（鸡）
72	头孢氨苄	—	100	噁喹酸	100（鸡）
73	头孢喹肟	—	101	沙拉沙星	10（鸡、火鸡）
74	头孢噻呋	—	102	醋酸氟孕酮	—
75	多西环素	100	103	磺胺二甲嘧啶及磺胺类	100
76	土霉素	200	104	甲氧苄啶	50

附表 14　禽脂肪限用兽药残留限量明细表

序号	兽药残留	残留限量（μg/kg）	序号	兽药残留	残留限量（μg/kg）
1	阿苯达唑	100	26	马度米星铵	480（皮）（鸡）
2	越霉素 A	2 000（鸡）	27	莫能菌素	100（鸡、火鸡、鹌鹑）
3	莫昔克丁	—	28	甲基盐霉素	50（皮＋脂）（鸡）
4	噻苯达唑	—	29	尼卡巴嗪	200（皮＋脂）（鸡）
5	阿维菌素	—	30	氯苯胍	200（皮＋脂）（鸡）
6	多拉菌素	—	31	盐霉素	50（皮＋脂）（鸡）
7	乙酰氨基阿维菌素	—	32	赛杜霉素	—
8	非班太尔	—	33	托曲珠利	200（皮＋脂）
9	芬苯达唑	50（皮＋脂肪）	34	氯氰碘柳胺	—
10	奥芬达唑	—	35	硝碘酚腈	—
11	氟苯达唑	—	36	碘醚柳胺	—
12	伊维菌素	—	37	三氯苯达唑	—
13	左旋咪唑	10	38	三氮脒	—
14	甲苯咪唑	—	39	氮氨菲啶	—
15	奥苯达唑	—	40	咪多卡	—
16	哌嗪	—	41	双甲脒	—
17	敌百虫	—	42	氟氯氰菊酯	—
18	氨丙啉	—	43	三氟氯氰菊酯	—
19	氯羟吡啶	—	44	氯氰菊酯/α-氯氰菊酯	—
20	癸氧喹酯	2 000（鸡）	45	环丙氨嗪	50
21	地克珠利	1 000（皮＋脂）	46	溴氰菊酯	500（皮＋脂）
22	二硝托胺	2 000（鸡）	47	二嗪农	—
23	乙氧酰胺苯甲酯	—	48	敌敌畏	—
24	常山酮	200（皮＋脂）（鸡、火鸡）	49	倍硫磷	100
			50	氰戊菊酯	—
25	拉沙洛西	400（皮＋脂）（火鸡） 1 200（皮＋脂）（鸡）	51	氟氯苯氰菊酯	—
			52	氟胺氰菊酯	10

（续）

序号	兽药残留	残留限量 (μg/kg)	序号	兽药残留	残留限量 (μg/kg)
53	马拉硫磷	4 000	79	红霉素	200
54	辛硫磷	—	80	吉他霉素	—
55	巴胺磷	—	81	螺旋霉素	300（鸡）
56	地昔尼尔	—	82	替米考星	250（皮＋脂）
57	氟佐隆	—	83	泰乐菌素	100（鸡、火鸡）
58	阿莫西林	50	84	泰万菌素	50（皮＋脂）
59	氨苄西林	50	85	氟苯尼考	200（皮＋脂）
60	青霉素/普鲁卡因青霉素	—	86	甲砜霉素	50（皮＋脂）
			87	林可霉素	100
61	氯唑西林	300	88	吡利霉素	—
62	苯唑西林	300	89	泰妙菌素	100（皮＋脂）（鸡、火鸡）
63	安普霉素	—			
64	庆大霉素	100（鸡、火鸡）	90	安乃近	—
65	卡那霉素	100（皮＋脂）	91	氮哌酮	—
66	新霉素	500	92	倍他米松	—
67	大观霉素	2 000（鸡）	93	地塞米松	—
68	链霉素/双氢链霉素	600	94	卡拉洛尔	—
69	阿维拉霉素	200（皮＋脂）（鸡、火鸡）	95	克拉维酸	—
			96	达氟沙星	100
70	杆菌肽	500	97	二氟沙星	400（皮＋脂）
71	黏菌素	150（皮＋脂肪）	98	恩诺沙星	100（皮＋脂）
72	头孢氨苄	—	99	氟甲喹	1 000（皮＋脂）（鸡）
73	头孢喹肟	—	100	噁喹酸	50（鸡）
74	头孢噻呋	—	101	沙拉沙星	20（鸡、火鸡）
75	多西环素	300（皮＋脂）	102	醋酸氟孕酮	—
76	土霉素	—	103	磺胺二甲嘧啶及磺胺类	100
77	金霉素	—	104	甲氧苄啶	50（皮＋脂）
78	四环素	—			

附表 15　禽肝限用兽药残留限量明细表

序号	兽药残留	残留限量（μg/kg）	序号	兽药残留	残留限量（μg/kg）
1	阿苯达唑	5 000	25	拉沙洛西	400（鸡、火鸡）
2	越霉素 A	2 000（鸡）	26	马度米星铵	720（鸡）
3	莫昔克丁	—	27	莫能菌素	10（鸡、火鸡、鹌鹑）
4	噻苯达唑	—	28	甲基盐霉素	50（鸡）
5	阿维菌素	—	29	尼卡巴嗪	200（鸡）
6	多拉菌素	—	30	氯苯胍	100（鸡）
7	乙酰氨基阿维菌素	—	31	盐霉素	1 800（鸡）
8	非班太尔	—	32	赛杜霉素	400（鸡）
9	芬苯达唑	500	33	托曲珠利	600
10	奥芬达唑	—	34	氯氰碘柳胺	—
11	氟苯达唑	500	35	硝碘酚腈	—
12	伊维菌素	—	36	碘醚柳胺	—
13	左旋咪唑	100	37	三氯苯达唑	—
14	甲苯咪唑	—	38	三氮脒	—
15	奥苯达唑	—	39	氮氨菲啶	—
16	哌嗪	—	40	咪多卡	—
17	敌百虫	—	41	双甲脒	—
18	氨丙啉	1 000（鸡、火鸡）	42	氟氯氰菊酯	—
19	氯羟吡啶	15 000（鸡、火鸡）	43	三氟氯氰菊酯	—
20	癸氧喹酯	2 000（鸡）	44	氯氰菊酯/α-氯氰菊酯	—
21	地克珠利	3 000	45	环丙氨嗪	—
22	二硝托胺	600（鸡） 3 000（火鸡）	46	溴氰菊酯	50（鸡）
			47	二嗪农	—
23	乙氧酰胺苯甲酯	1 500（鸡）	48	敌敌畏	—
24	常山酮	130（鸡、火鸡）	49	倍硫磷	100

（续）

序号	兽药残留	残留限量（μg/kg）	序号	兽药残留	残留限量（μg/kg）
50	氰戊菊酯	—	78	四环素	600
51	氟氯苯氰菊酯	—	79	红霉素	200
52	氟胺氰菊酯	10	80	吉他霉素	200
53	马拉硫磷	4 000	81	螺旋霉素	600（鸡）
54	辛硫磷	—	82	替米考星	2 400
55	巴胺磷	—	83	泰乐菌素	100（鸡、火鸡）
56	地昔尼尔	—	84	泰万菌素	100
57	氟佐隆	—	85	氟苯尼考	2 500
58	阿莫西林	50	86	甲砜霉素	50
59	氨苄西林	50	87	林可霉素	500
60	青霉素/普鲁卡因青霉素	50	88	吡利霉素	—
61	氯唑西林	300	89	泰妙菌素	1 000（鸡） 300（火鸡）
62	苯唑西林	300	90	安乃近	—
63	安普霉素	—	91	氮哌酮	—
64	庆大霉素	100（鸡、火鸡）	92	倍他米松	—
65	卡那霉素	600	93	地塞米松	—
66	新霉素	5 500	94	卡拉洛尔	—
67	大观霉素	2 000（鸡）	95	克拉维酸	—
68	链霉素/双氢链霉素	600（鸡）	96	达氟沙星	400
69	阿维拉霉素	300	97	二氟沙星	1 900
70	杆菌肽	500	98	恩诺沙星	200
71	黏菌素	150（鸡、火鸡）	99	氟甲喹	500（鸡）
72	头孢氨苄	—	100	噁喹酸	150（鸡）
73	头孢喹肟	—	101	沙拉沙星	80（鸡、火鸡）
74	头孢噻呋	—	102	醋酸氟孕酮	—
75	多西环素	300	103	磺胺二甲嘧啶及磺胺类	100
76	土霉素	600	104	甲氧苄啶	50
77	金霉素	600			

附表16 禽肾限用兽药残留限量明细表

序号	兽药残留	残留限量 (μg/kg)	序号	兽药残留	残留限量 (μg/kg)
1	阿苯达唑	5 000	26	马度米星铵	—
2	越霉素A	2 000（鸡）	27	莫能菌素	10（鸡、火鸡、鹌鹑）
3	莫昔克丁	—	28	甲基盐霉素	15（鸡）
4	噻苯达唑	—	29	尼卡巴嗪	200（鸡）
5	阿维菌素	—	30	氯苯胍	100（鸡）
6	多拉菌素	—	31	盐霉素	—
7	乙酰氨基阿维菌素	50	32	赛杜霉素	—
8	非班太尔	—	33	托曲珠利	400
9	芬苯达唑	50	34	氯氰碘柳胺	—
10	奥芬达唑	—	35	硝碘酚腈	—
11	氟苯达唑	—	36	碘醚柳胺	—
12	伊维菌素	—	37	三氯苯达唑	—
13	左旋咪唑	10	38	三氮脒	—
14	甲苯咪唑	—	39	氮氨菲啶	—
15	奥苯达唑	—	40	咪多卡	—
16	哌嗪	—	41	双甲脒	—
17	敌百虫	—	42	氟氯氰菊酯	—
18	氨丙啉	1 000（鸡、火鸡）	43	三氟氯氰菊酯	—
19	氯羟吡啶	15 000（鸡、火鸡）	44	氯氰菊酯/α-氯氰菊酯	—
20	癸氧喹酯	2 000（鸡）	45	环丙氨嗪	50
21	地克珠利	2 000	46	溴氰菊酯	50（鸡）
22	二硝托胺	6 000（鸡、火鸡）	47	二嗪农	—
23	乙氧酰胺苯甲酯	1 500（鸡）	48	敌敌畏	—
24	常山酮	—	49	倍硫磷	100
25	拉沙洛西	—	50	氰戊菊酯	—

（续）

序号	兽药残留	残留限量（μg/kg）	序号	兽药残留	残留限量（μg/kg）
51	氟氯苯氰菊酯	—	78	四环素	1 200
52	氟胺氰菊酯	10	79	红霉素	200
53	马拉硫磷	4 000	80	吉他霉素	200
54	辛硫磷	—	81	螺旋霉素	800（鸡）
55	巴胺磷	—	82	替米考星	600
56	地昔尼尔	—	83	泰乐菌素	100（鸡、火鸡）
57	氟佐隆	—	84	泰万菌素	—
58	阿莫西林	50	85	氟苯尼考	750
59	氨苄西林	50	86	甲砜霉素	50
60	青霉素/普鲁卡因青霉素	50	87	林可霉素	500
			88	吡利霉素	—
61	氯唑西林	300	89	泰妙菌素	—
62	苯唑西林	300	90	安乃近	—
63	安普霉素	—	91	氮哌酮	—
64	庆大霉素	100（鸡、火鸡）	92	倍他米松	—
65	卡那霉素	2 500	93	地塞米松	—
66	新霉素	9 000	94	卡拉洛尔	—
67	大观霉素	5 000（鸡）	95	克拉维酸	—
68	链霉素/双氢链霉素	1 000（鸡）	96	达氟沙星	400
69	阿维拉霉素	200	97	二氟沙星	600
70	杆菌肽	500	98	恩诺沙星	200
71	黏菌素	200	99	氟甲喹	3 000（鸡）
72	头孢氨苄	—	100	噁喹酸	150（鸡）
73	头孢喹肟	—	101	沙拉沙星	80（鸡、火鸡）
74	头孢噻呋	—	102	醋酸氟孕酮	—
75	多西环素	600	103	磺胺二甲嘧啶及磺胺类	100
76	土霉素	1 200	104	甲氧苄啶	50
77	金霉素	1 200			

附表 17 所有食品动物奶限用兽药残留限量明细表

序号	兽药残留	残留限量（μg/kg）	序号	兽药残留	残留限量（μg/kg）
1	阿苯达唑	100	26	马度米星铵	—
2	越霉素 A	—	27	莫能菌素	2（牛）
3	莫昔克丁	40（牛、绵羊）	28	甲基盐霉素	—
4	噻苯达唑	100（牛、羊）	29	尼卡巴嗪	—
5	阿维菌素	泌乳期禁用（牛、羊）	30	氯苯胍	—
6	多拉菌素	15（牛）	31	盐霉素	—
7	乙酰氨基阿维菌素	20（牛）	32	赛杜霉素	—
8	非班太尔	100（牛、羊）	33	托曲珠利	泌乳期禁用
9	芬苯达唑	100（牛、羊）	34	氯氰碘柳胺	45（牛、羊）
10	奥芬达唑	100（牛、羊）	35	硝碘酚腈	20（牛、羊）
11	氟苯达唑	—	36	碘醚柳胺	10（牛、羊）
12	伊维菌素	10（牛）	37	三氯苯达唑	10（牛、羊）
13	左旋咪唑	泌乳期禁用（牛、羊）	38	三氮脒	150（牛）
14	甲苯咪唑	泌乳期禁用（羊）	39	氮氨菲啶	100（牛）
15	奥苯达唑	—	40	咪多卡	50（牛）
16	哌嗪	—	41	双甲脒	10（牛、绵羊、山羊）
17	敌百虫	50（牛）	42	氟氯氰菊酯	40（牛）
18	氨丙啉	—	43	三氟氯氰菊酯	30（牛）
19	氯羟吡啶	20（牛）	44	氯氰菊酯/α-氯氰菊酯	100（牛）
20	癸氧喹酯	—	45	环丙氨嗪	泌乳期禁用（羊）
21	地克珠利	—	46	溴氰菊酯	30（牛）
22	二硝托胺	—	47	二嗪农	20（牛、羊）
23	乙氧酰胺苯甲酯	—	48	敌敌畏	—
24	常山酮	泌乳期禁用（牛）	49	倍硫磷	—
25	拉沙洛西	—	50	氰戊菊酯	40（牛）

（续）

序号	兽药残留	残留限量（μg/kg）	序号	兽药残留	残留限量（μg/kg）
51	氟氯苯氰菊酯	30（牛）	79	红霉素	40
52	氟胺氰菊酯	泌乳期禁用（羊）	80	吉他霉素	—
53	马拉硫磷	—	81	螺旋霉素	200（牛）
54	辛硫磷	—	82	替米考星	50（牛、羊）
55	巴胺磷	泌乳期禁用（羊）	83	泰乐菌素	100（牛）
56	地昔尼尔	—	84	泰万菌素	—
57	氟佐隆	—	85	氟苯尼考	泌乳期禁用（牛、羊）
58	阿莫西林	4	86	甲砜霉素	50（牛）
59	氨苄西林	4	87	林可霉素	150（牛、羊）
60	青霉素/普鲁卡因青霉素	4（牛）	88	吡利霉素	200（牛）
			89	泰妙菌素	—
61	氯唑西林	30	90	安乃近	50（牛、羊）
62	苯唑西林	30	91	氮哌酮	—
63	安普霉素	—	92	倍他米松	0.3（牛）
64	庆大霉素	200（牛）	93	地塞米松	0.3（牛）
65	卡那霉素	150	94	卡拉洛尔	—
66	新霉素	1 500	95	克拉维酸	200（牛）
67	大观霉素	200（牛）	96	达氟沙星	30（牛、羊）
68	链霉素/双氢链霉素	200（牛、羊）	97	二氟沙星	泌乳期禁用（牛、羊）
			98	恩诺沙星	100（牛、羊）
69	阿维拉霉素	—	99	氟甲喹	50（牛、羊）
70	杆菌肽	500（牛）	100	噁喹酸	—
71	黏菌素	50（牛、羊）	101	沙拉沙星	—
72	头孢氨苄	100（牛）	102	醋酸氟孕酮	1（羊）
73	头孢喹肟	20（牛）	103	磺胺二甲嘧啶及磺胺类	磺胺二甲嘧啶 25（牛） 磺胺类 100（牛、羊）
74	头孢噻呋	100（牛）			
75	多西环素	—			
76	土霉素	100（牛、羊）			
77	金霉素	100（牛、羊）	104	甲氧苄啶	50（牛）
78	四环素	100（牛、羊）			

附表18　所有食品动物蛋限用兽药残留限量明细表

序号	兽药残留	残留限量（μg/kg）	序号	兽药残留	残留限量（μg/kg）
1	阿苯达唑	—	26	马度米星铵	—
2	越霉素A	—	27	莫能菌素	—
3	莫昔克丁	—	28	甲基盐霉素	—
4	噻苯达唑	—	29	尼卡巴嗪	—
5	阿维菌素	—	30	氯苯胍	—
6	多拉菌素	—	31	盐霉素	—
7	乙酰氨基阿维菌素	—	32	赛杜霉素	—
8	非班太尔	—	33	托曲珠利	产蛋期禁用
9	芬苯达唑	1 300	34	氯氰碘柳胺	—
10	奥芬达唑	—	35	硝碘酚腈	—
11	氟苯达唑	400	36	碘醚柳胺	—
12	伊维菌素	—	37	三氯苯达唑	—
13	左旋咪唑	产蛋期禁用	38	三氮脒	—
14	甲苯咪唑	—	39	氮氨菲啶	—
15	奥苯达唑	—	40	咪多卡	—
16	哌嗪	2 000（鸡）	41	双甲脒	—
17	敌百虫	—	42	氟氯氰菊酯	—
18	氨丙啉	4 000	43	三氟氯氰菊酯	—
19	氯羟吡啶	—	44	氯氰菊酯/α-氯氰菊酯	—
20	癸氧喹酯	—	45	环丙氨嗪	50
21	地克珠利	产蛋期禁用	46	溴氰菊酯	30（鸡）
22	二硝托胺	—	47	二嗪农	—
23	乙氧酰胺苯甲酯	—	48	敌敌畏	—
24	常山酮	—	49	倍硫磷	—
25	拉沙洛西	—	50	氰戊菊酯	—

（续）

序号	兽药残留	残留限量（μg/kg）	序号	兽药残留	残留限量（μg/kg）
51	氟氯苯氰菊酯	—	78	金霉素	400
52	氟胺氰菊酯	—	79	四环素	400
53	马拉硫磷	4 000	80	红霉素	150
54	辛硫磷	—	81	吉他霉素	—
55	巴胺磷	—	82	螺旋霉素	—
56	地昔尼尔	—	83	替米考星	产蛋期禁用（鸡）
57	氟佐隆	—	84	泰乐菌素	300（鸡）
58	阿莫西林	产蛋期禁用	85	泰万菌素	200
59	氨苄西林	产蛋期禁用	86	氟苯尼考	产蛋期禁用
60	青霉素/普鲁卡因青霉素	—	87	甲砜霉素	产蛋期禁用
			88	林可霉素	50（鸡）
61	氯唑西林	产蛋期禁用	89	吡利霉素	—
62	苯唑西林	产蛋期禁用	90	泰妙菌素	1 000（鸡）
63	安普霉素	—	91	安乃近	—
64	庆大霉素	—	92	氮哌酮	—
65	卡那霉素	—	93	倍他米松	—
66	新霉素	500	94	地塞米松	—
67	大观霉素	2 000（鸡）	95	卡拉洛尔	—
68	链霉素/双氢链霉素	—	96	克拉维酸	—
69	阿维拉霉素	产蛋期禁用（鸡、火鸡）	97	达氟沙星	产蛋期禁用
			98	二氟沙星	产蛋期禁用
70	杆菌肽	500	99	恩诺沙星	产蛋期禁用
71	黏菌素	300（鸡）	100	氟甲喹	产蛋期禁用
72	吉尼亚霉素	—	101	噁喹酸	产蛋期禁用
73	头孢氨苄	—	102	沙拉沙星	—
74	头孢喹肟	—	103	醋酸氟孕酮	—
75	头孢噻呋	—	104	磺胺二甲嘧啶及磺胺类	产蛋期禁用
76	多西环素	产蛋期禁用	105	甲氧苄啶	产蛋期禁用
77	土霉素	400			

附表19　所有食品动物鱼限用兽药残留限量明细表

序号	兽药残留	残留限量（μg/kg）	序号	兽药残留	残留限量（μg/kg）
1	阿苯达唑	100	26	马度米星铵	—
2	越霉素A	—	27	莫能菌素	—
3	莫昔克丁	—	28	甲基盐霉素	—
4	噻苯达唑	—	29	尼卡巴嗪	—
5	阿维菌素	—	30	氯苯胍	—
6	多拉菌素	—	31	盐霉素	—
7	乙酰氨基阿维菌素	—	32	赛杜霉素	—
8	非班太尔	—	33	托曲珠利	—
9	芬苯达唑	—	34	氯氰碘柳胺	—
10	奥芬达唑	—	35	硝碘酚腈	—
11	氟苯达唑	—	36	碘醚柳胺	—
12	伊维菌素	—	37	三氯苯达唑	—
13	左旋咪唑	—	38	三氮脒	—
14	甲苯咪唑	—	39	氮氨菲啶	—
15	奥苯达唑	—	40	咪多卡	—
16	哌嗪	—	41	双甲脒	—
17	敌百虫	—	42	氟氯氰菊酯	—
18	氨丙啉	—	43	三氟氯氰菊酯	—
19	氯羟吡啶	—	44	氯氰菊酯/α-氯氰菊酯	50（皮＋肉）
20	癸氧喹酯	—	45	环丙氨嗪	—
21	地克珠利	—	46	溴氰菊酯	30（皮＋肉）
22	二硝托胺	—	47	二嗪农	—
23	乙氧酰胺苯甲酯	—	48	敌敌畏	—
24	常山酮	—	49	倍硫磷	—
25	拉沙洛西	—	50	氰戊菊酯	—

（续）

序号	兽药残留	残留限量（μg/kg）	序号	兽药残留	残留限量（μg/kg）
51	氟氯苯氰菊酯	—	79	四环素	200（皮＋肉）
52	氟胺氰菊酯	—	80	红霉素	200（皮＋肉）
53	马拉硫磷	—	81	吉他霉素	—
54	辛硫磷	—	82	螺旋霉素	—
55	巴胺磷	—	83	替米考星	—
56	地昔尼尔	—	84	泰乐菌素	—
57	氟佐隆	—	85	泰万菌素	—
58	阿莫西林	50（皮＋肉）	86	氟苯尼考	1 000（皮＋肉）
59	氨苄西林	50（皮＋肉）	87	甲砜霉素	50（皮＋肉）
60	青霉素/普鲁卡因青霉素	50（皮＋肉）	88	林可霉素	100（皮＋肉）
61	氯唑西林	300（皮＋肉）	89	吡利霉素	—
62	苯唑西林	300（皮＋肉）	90	泰妙菌素	—
63	安普霉素	—	91	安乃近	—
64	庆大霉素	—	92	氮哌酮	—
65	卡那霉素	—	93	倍他米松	—
66	新霉素	500（皮＋肉）	94	地塞米松	—
67	大观霉素	—	95	卡拉洛尔	—
68	链霉素/双氢链霉素	—	96	克拉维酸	—
69	阿维拉霉素	—	97	达氟沙星	100（皮＋肉）
70	杆菌肽	—	98	二氟沙星	300（皮＋肉）
71	黏菌素	—	99	恩诺沙星	100（皮＋肉）
72	吉尼亚霉素	—	100	氟甲喹	500（皮＋肉）
73	头孢氨苄	—	101	噁喹酸	100（皮＋肉）
74	头孢喹肟	—	102	沙拉沙星	30（皮＋肉）
75	头孢噻呋	—	103	醋酸氟孕酮	—
76	多西环素	100（皮＋肉）	104	磺胺二甲嘧啶及磺胺类	100（皮＋肉）
77	土霉素	200（皮＋肉）	105	甲氧苄啶	50（皮＋肉）
78	金霉素	200（皮＋肉）			

主要参考文献
REFERENCES

安肖，2016. 安乃近在山羊体内代谢、消除规律最大残留限量标准制定研究［D］. 北京：中国农业科学院研究生院.

刘永涛，余琳雪，王桢月，等，2017. 改良的 QuEChERS 结合高效液相色谱-串联质谱同时测定水产品中 7 种阿维菌素类药物残留［J］. 色谱，35（12）：1276－1285.

杨露，谭会泽，刘松柏，等，2021. 禽饲料中 5 种聚醚类抗球虫药物检测方法研究［J］. 粮食与饲料工业（1）：59－61.

尹晖，王亦琳，叶妮，等，2020. 液相色谱-三重四极杆/线性离子阱符合质谱技术检测牛奶中莫西丁克残留［J］. 中国兽药杂志，54（10）：30－35.

张睿，王海涛，姚燕林，等，2008. 柱前衍生高效液相色谱法检测动物源性食品中 4 种阿维菌素类药物残留［J］. 检验检疫科学，18（4）：29－32.

张振东，杨亚军，刘希望，等，2019. 3 种固相萃取柱在测定牛血清样品中乙酰氨基阿维菌素前处理中的比较研究［J］. 动物医学进展（4）：53－57.

赵海双，2001. 抗肝片吸虫药——硝碘酚腈的合成研究［D］. 杨凌：西北农林科技大学.

中国兽药典委员会，2021. 中华人民共和国兽药典　2020 年版　一部［M］. 北京：中国农业出版社.

中国兽药典委员会，2021. 中华人民共和国兽药典　2020 年版　二部［M］. 北京：中国农业出版社.

中国兽药典委员会，2021. 中华人民共和国兽药典　2020 年版　三部［M］. 北京：中国农业出版社.